全国高职高专规划教材·数学系列

五年制高职数学(第3册)

(第二版)

主　编　吕保献
副主编　胡永才　王晓凤

内 容 简 介

本教材是“全国高职高专规划教材·数学系列”之一，是按照高等职业技术学校的培养目标编写的。在内容编排上，删去了一些烦琐的推理和证明，相比传统数学教材增加了一些实际应用的内容，力求把数学内容讲得简单易懂，使学生养成数学的思想方法和思维习惯。本教材具有简明、实用、通俗易懂、直观性强的特点，适合教师教学和学生自学。

五年制高职数学教材分3册出版。第3册内容包括：函数、极限与连续，导数与微分，导数的应用，不定积分，定积分及其应用，常微分方程，无穷级数，线性代数初步，拉普拉斯变换，概率与数理统计初步等。

图书在版编目(CIP)数据

五年制高职数学. 第3册/吕保献主编. —2版. —北京：北京大学出版社，2013.3
(全国高职高专规划教材·数学系列)
ISBN 978-7-301-22131-0

Ⅰ. ①五… Ⅱ. ①吕… Ⅲ. ①高等数学—高等职业教育—教材 Ⅳ. ①O13

中国版本图书馆CIP数据核字(2013)第026672号

书　　名：五年制高职数学(第3册)(第二版)
著作责任者：吕保献　主编
策 划 编 辑：胡伟晔
责 任 编 辑：胡伟晔
标 准 书 号：ISBN 978-7-301-22131-0/O·0913
出　版　者：北京大学出版社
地　　址：北京市海淀区成府路205号　100871
电　　话：邮购部62752015　发行部62750672　编辑部62765126　出版部62754962
网　　址：http://www.pup.cn　新浪官方微博:@北京大学出版社
电 子 信 箱：zyjy@pup.cn
印　刷　者：北京鑫海金澳胶印有限公司
发　行　者：北京大学出版社
经　销　者：新华书店
787毫米×1092毫米　16开本　19.75印张　487千字
2005年6月第1版
2013年3月第2版　2018年8月第4次印刷　总第8次印刷
定　　价：37.00元

前　　言

为适应我国高等职业技术教育蓬勃发展的需要，加速教材建设步伐，我们受北京大学出版社的委托，根据教育部有关文件精神，考虑到高等职业技术院校基础课的教学应以应用为目的，以“必需、够用”为度，并参照《五年制高职数学课程教学基本要求》，由高等职业技术院校多年从事高职数学教学的资深教师编写了本套教材。可供招收初中毕业生的五年制高职院校的学生使用。

本套数学教材是五年制高等职业技术教育规划教材之一，它是在2005年第一版的基础上按照高等职业技术学校的培养目标改编而成的，以降低理论、加强应用、注重基础、强化能力、适当更新、稳定体系为指导思想。在内容编排上，注重理论联系实际，注意由浅入深，由易到难，由具体到抽象，循序渐进，并兼顾体系，加强素质教育和能力方面的培养。删去了一些烦琐的推理和证明，相比传统数学教材增加了一些实际应用的内容，力求把数学内容讲得简单易懂，使学生养成数学的思想方法和思维习惯。本教材具有简明、实用、通俗易懂、直观性强的特点，适合教师教学和学生自学。

全套教材分三册出版。第一册内容包括：集合与不等式，函数，幂函数、指数函数与对数函数，任意角的三角函数，加法定理及其推论、正弦型曲线，复数等。第二册内容包括：立体几何直线，二次曲线，数列，排列、组合、二项式定理等。第三册内容包括：函数、极限与连续，导数与微分，导数的应用，不定积分，定积分及其应用，常微分方程，无穷级数，线性代数初步，拉普拉斯变换，概率与数理统计初步等。

教材中每节后面配有一定数量的习题。每章后面的复习题分主客观题两类，供复习巩固本章内容和习题课选用。书末附有习题答案供参考。

本教材由吕保献担任主编，由胡永才、王晓凤担任副主编，吕保献负责最后统稿。其中第一章由孙叶平编写，第二章由汤志浩编写，第三章、第四章由胡永才编写，第五章由王晓凤编写，第六章由李德雪编写，第七章由李海洋编写，第八章、第九章由余小飞编写，第十章由吕保献编写。

由于编者水平有限，书中不当之处在所难免，恳请教师和读者批评指正，以便进一步修改完善。

编　者

2012年10月

目　　录

第一章　函数、极限与连续

高等数学的研究对象是函数，极限是高等数学中最重要、最基本的概念之一，是学习微积分学的重要基础. 极限的思想和分析方法是高等数学中最重要的一种思想方法，将贯穿整个学习高等数学的始终. 在后面的几章学习中可以看到，微积分中的重要概念都将借助于极限来定义.

本章主要讨论函数、极限与连续的基本知识，为今后的学习奠定基础.

第一节　函　　数

千姿百态的物质世界，时刻处在运动、变化和发展之中. 函数是刻画各种运动变化中变量的相依关系的数学模型. 1837 年，德国数学家狄利克莱(Dirichlet，1805—1859)提出了现今通用的函数的定义，使函数关系更加简明精确.

一、函数的概念及其表示法

在工程技术及人们的日常生活中，往往有多个变量在变化着，这些变量并不是孤立地在变化，而是相互联系并遵循着一定的变化规律. 为了揭示这些变量之间的联系以及它们所遵循的规律，我们先来看几个例子.

引例 1.1【匀速直线运动的位移】 物体做匀速直线运动的位移 s 和时间 t 的关系可表示为

$$s=vt.$$

引例 1.2【出租车计费标准】 某城市的出租车收费标准为起步价 10 元(含 3 千米)，超过 3 千米后每千米计价 2 元，超过 10 千米后每千米计价 3 元，各运行区间不足 1 千米的按 1 千米计费，如表 1-1 所示.

表 1-1　出租车计费标准

里程 y	$0<y\leqslant 3$(千米)	$3<y\leqslant 10$(千米)	$y>10$(千米)
计费标准 x	10(元)	2(元/千米)	3(元/千米)

引例 1.3【气温变化】 图 1-1 记录了某一城市夏季的一天中气温 T(℃)随时间 t(h)变化的情况.

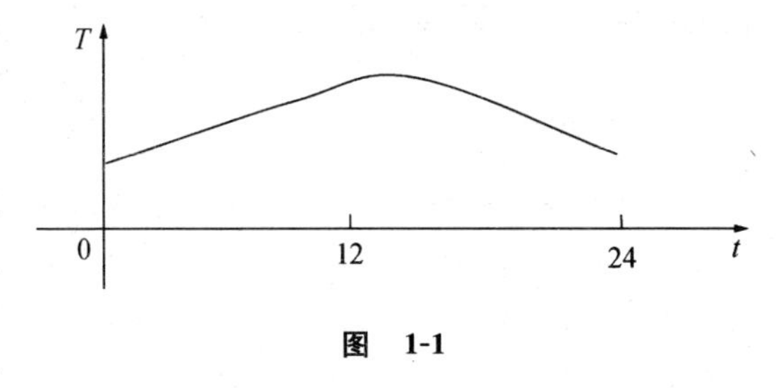

图　1-1

以上三例均表达了两个变量之间的相依关系，当其中一个变量在某一数集内任意取一个值时，另一变量就依此关系有一确定的值与之对应. 两个变量之间的这种关系称为函数关系.

1. 函数的概念

定义 1.1 设D是一个数集，如果对于属于D中的每一个数x，依照某个对应法则f，都有唯一确定的数值y与之对应，则称y是数集D上的x的**函数**，记作$y=f(x)$. x称为函数的**自变量**，数集D称为函数的**定义域**. 数集$M=\{y|y=f(x),x\in D\}$称为函数的**值域**.

当$x=x_0\in D$时，对应的函数值为$f(x_0)$.

由函数的定义可知，确定函数有两个要素：定义域和对应法则.

根据函数的定义，引例1.1位移s是时间t的函数，引例1.2中出租车费用y是里程x的函数，引例1.3中气温T是时间t的函数.

2. 函数的表示法

函数的表示法常用的有以下三种.

解析法：用解析式来表示两个变量之间函数关系的方法称为解析法(引例1.1).

列表法：用表格来表示两个变量间函数关系的方法称为列表法(引例1.2).

图像法：用图像来表示两个变量间函数关系的方法称为图像法(引例1.3).

3. 函数的定义域

在实际问题中，根据所考察问题的实际意义来确定其定义域. 对于不具有实际意义的抽象函数，其定义域是使得函数有意义的实数全体构成的集合. 一般常见的有以下几种情况：

(1) 在分式函数中，分母不能为零；

(2) 在根式函数中，负数不能开偶次方；

(3) 在对数函数中，真数大于零；

(4) 在三角函数和反三角函数中，要符合它们的定义域；

(5) 在含有多个式子的函数中，应取各部分定义域的交集.

例 1 求下列函数的定义域：

(1) $y=\dfrac{1}{2x+1}$； (2) $y=\sqrt{3x+2}+\sqrt{1-2x}$.

解 (1) 要使函数$y=\dfrac{1}{2x+1}$有意义，必须使$2x+1\neq0$，解得$x\neq-\dfrac{1}{2}$. 所以函数$y=\dfrac{1}{2x+1}$的定义域为$\left(-\infty,-\dfrac{1}{2}\right)\cup\left(-\dfrac{1}{2},+\infty\right)$.

(2) 要使函数$y=\sqrt{3x+2}+\sqrt{1-2x}$有意义，必须使$\begin{cases}3x+2\geqslant0\\1-2x\geqslant0\end{cases}$，解得$-\dfrac{2}{3}\leqslant x\leqslant\dfrac{1}{2}$. 所以函数$y=\sqrt{3x+2}+\sqrt{1-2x}$的定义域为$\left[-\dfrac{2}{3},\dfrac{1}{2}\right]$.

4. 反函数

定义 1.2 设函数$y=f(x)$，定义域为D，值域为M. 如果对于M中的每一个y值，都可由$y=f(x)$确定唯一的x值与之对应，这样就确定一个以y为自变量的函数x，该函数称为函数$y=f(x)$的**反函数**，记作$x=f^{-1}(y)$. 显然，函数$x=f^{-1}(y)$的定义域为M，值域为D.

习惯上常用x表示自变量，y表示函数，故常把$y=f(x)$的反函数记为$y=f^{-1}(x)$. 若

把函数 $y=f(x)$ 与其反函数 $y=f^{-1}(x)$ 的图像画在同一个平面直角坐标系内，则这两个图像关于直线 $y=x$ 对称.

例如，函数 $x=2y-1$ 是函数 $y=\frac{x+1}{2}$ 的反函数，将 x 和 y 互换，则函数 $y=\frac{x+1}{2}$ 的反函数为 $y=2x-1$(如图 1-2 所示).

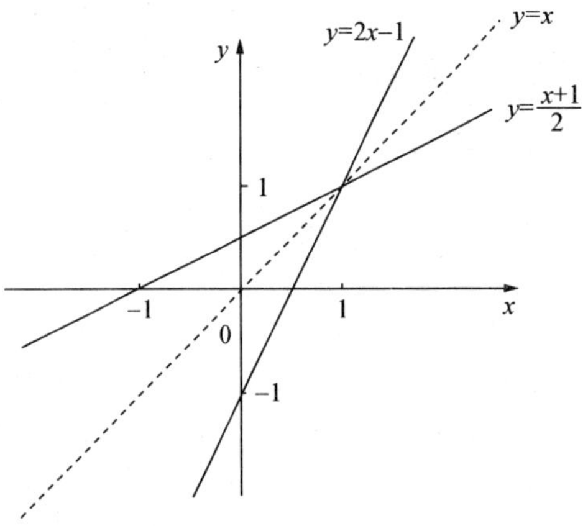

图　1-2

例 2　求下列函数的反函数：

(1) $y=2x^{\frac{1}{3}}-5$；　　(2) $y=\frac{2x-1}{x+1}$.

解　(1) 由 $y=2x^{\frac{1}{3}}-5$ 得 $x=\frac{1}{8}(y+5)^3$，所以函数 $y=2x^{\frac{1}{3}}-5$ 的反函数是 $y=\frac{1}{8}(x+5)^3$.

(2) 由 $y=\frac{2x-1}{x+1}$ 得 $x=\frac{1+y}{2-y}$，所以函数 $y=\frac{2x-1}{x+1}$ 的反函数是 $y=\frac{1+x}{2-x}$.

二、函数的性质

1. 奇偶性

定义 1.3　如果函数 $y=f(x)$ 的定义域 D 关于原点对称，且对于任意的 $x\in D$，都有 $f(-x)=-f(x)$，则称 $y=f(x)$ 为**奇函数**；如果对于任意的 $x\in D$，都有 $f(-x)=f(x)$，则称 $y=f(x)$ 为**偶函数**；如果函数 $y=f(x)$ 既不是奇函数也不是偶函数，则称 $y=f(x)$ 为**非奇非偶函数**.

奇函数和偶函数的图像有下面的性质：奇函数的图像关于原点对称(如图 1-3 所示)；偶函数的图像关于 y 轴对称(如图 1-4 所示).

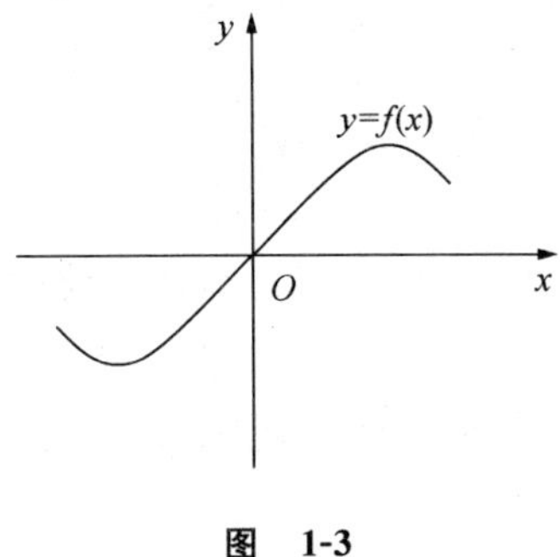

图　1-3

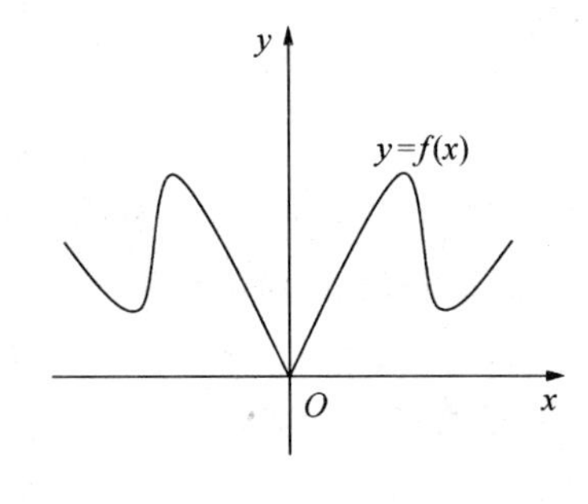

图　1-4

例 3　判断下列函数的奇偶性：

(1) $f(x)=3x^2+5$；　　(2) $f(x)=x^{\frac{3}{5}}$；　　(3) $f(x)=1-2x$.

解　(1) 因为 $f(-x)=3(-x)^2+5=3x^2+5=f(x)$，所以 $f(x)=3x^2+5$ 是偶函数.

(2) 因为 $f(-x)=(-x)^{\frac{3}{5}}=-x^{\frac{3}{5}}=-f(x)$，所以 $f(x)=x^{\frac{3}{5}}$ 是奇函数.

(3) 因为 $f(-x)=1+2x$，显然 $f(-x)\neq f(x)$，$f(-x)\neq -f(x)$，所以 $f(x)=1-2x$ 是非奇非偶函数.

2. 单调性

定义 1.4 设函数 $f(x)$ 在区间 I 上有定义(即 I 是函数 $f(x)$ 的定义域或定义域的一部分). 如果对于区间 I 上任意两点 x_1 与 x_2，当 $x_1<x_2$ 时，均有 $f(x_1)<f(x_2)$，则称函数 $f(x)$ 在区间 I 上**单调增加**；如果对于区间 I 上任意两点 x_1 与 x_2，当 $x_1<x_2$ 时，均有 $f(x_1)>f(x_2)$，则称函数 $f(x)$ 在区间 I 上**单调减少**.

如果函数 $y=f(x)$ 在某个区间上是**单调增加**(或**单调减少**)，就说函数 $f(x)$ 在这一区间上具有单调性，函数 $y=f(x)$ 称为**单调函数**，这个区间称为函数 $f(x)$ 的**单调区间**.

显然，单调增加函数的图像沿 x 轴正向是逐渐上升的(如图 1-5 所示)；单调减少函数的图像沿 x 轴正向是逐渐下降的(如图 1-6 所示).

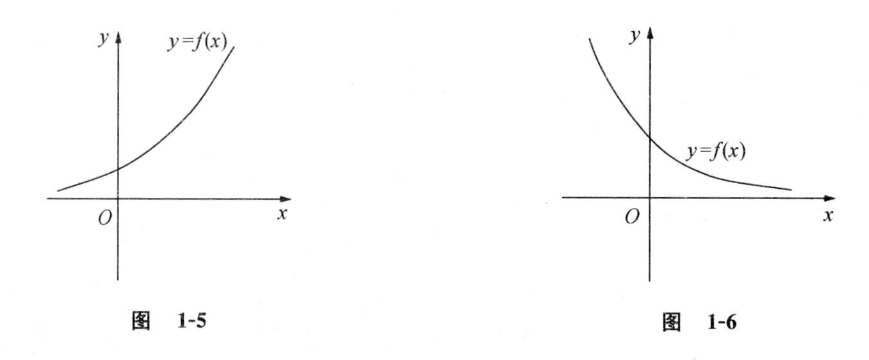

图 1-5　　　　图 1-6

例如，指数函数 $y=e^x$ 在其定义域 $(-\infty,+\infty)$ 内是单调增加的. 幂函数 $y=x^2$ 在区间 $(0,+\infty)$ 内是单调增加的，在区间 $(-\infty,0)$ 内是单调减少的，所以函数 $y=x^2$ 在定义域 $(-\infty,+\infty)$ 内不是单调函数.

3. 周期性

定义 1.5 对于函数 $f(x)$，如果存在一个非零常数 T，使得对于其定义域内的每一个 x，都有

$$f(x+T)=f(x)$$

成立，则称 $f(x)$ 是**周期函数**，T 称为其**周期**.

显然，如果 T 是 $f(x)$ 的周期，则 nT(n 是整数)均为其周期. 函数 $f(x)$ 的周期中的最小正值称为 $f(x)$ 的最小正周期. 一般提到的周期均指最小正周期.

我们常见的三角函数 $y=\sin x$，$y=\cos x$，$y=\tan x$，$y=\cot x$ 都是周期函数. 而且正弦函数和余弦函数的周期为 2π，正切函数和余切函数的周期为 π.

4. 有界性

定义 1.6 设函数 $f(x)$ 在区间 I 内有定义，如果存在一个正数 M，使得对于任意 $x\in I$，恒有 $|f(x)|\leqslant M$ 成立，那么称 $f(x)$ 为**有界函数**；如果不存在这样的数 M，那么称 $f(x)$ 为**无界函数**.

例如，函数 $y=\sin x$ 和 $y=\cos x$，存在正数 $M=1$，使得对于任意的 $x\in \mathbf{R}$，均有 $|\sin x|\leqslant 1$，

$|\cos x|\leqslant 1$，所以函数 $y=\sin x$ 和 $y=\cos x$ 在其定义域 R 内是有界函数. 而函数 $y=\dfrac{1}{x}(x\neq 0)$ 是无界函数.

三、基本初等函数

基本初等函数为以下六类函数：常量函数、幂函数、指数函数、对数函数、三角函数、反三角函数(见表 1-2).

表 1-2　基本初等函数一览表

函数名称	函数表达式	函数的图像	定义域、值域
常量函数	$y=C$ (C 为常数)	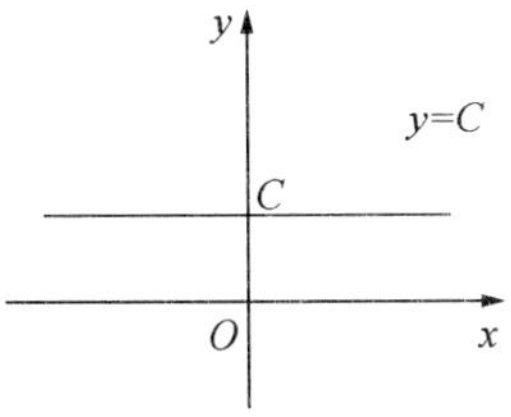 y $y=C$ C O x	$x\in(-\infty,+\infty)$ $y=C$
幂函数	$y=x^{\mu}$ (μ 为常数)	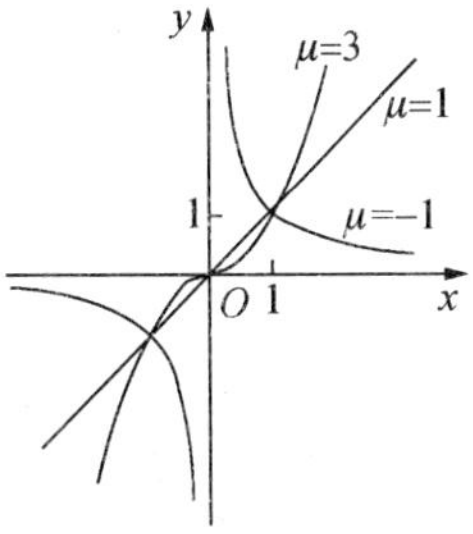 y $\mu=3$ $\mu=1$ 1 $\mu=-1$ O 1 x	取决于常数 μ
指数函数	$y=a^{x}$ (a 为常数且 $a>0,a\neq 1$)	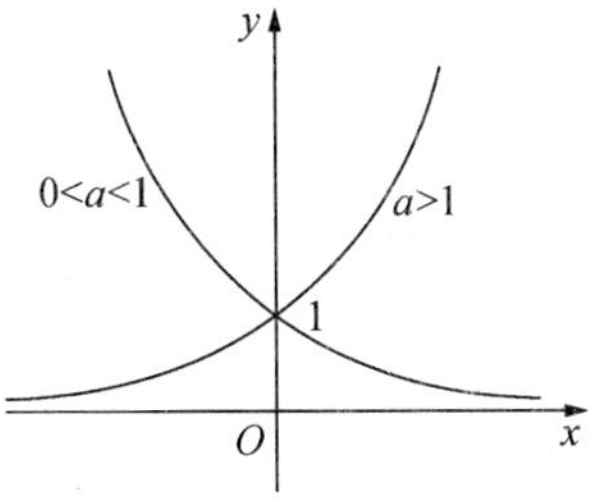 y $0<a<1$ $a>1$ 1 O x	$x\in(-\infty,+\infty)$ $y\in(0,+\infty)$
对数函数	$y=\log_{a}x$ (a 为常数且 $a>0,a\neq 1$)	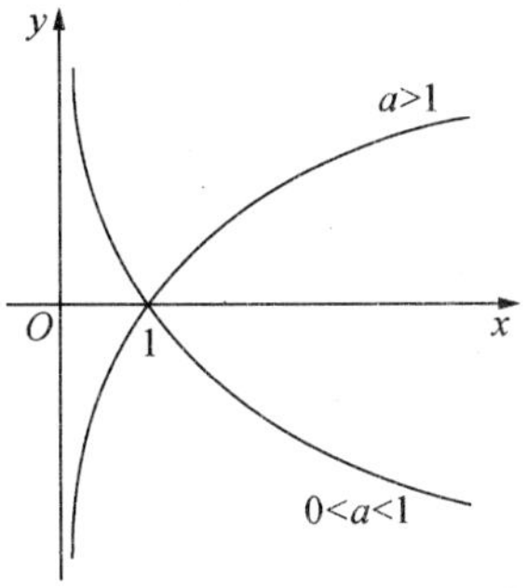 y $a>1$ O 1 x $0<a<1$	$x\in(0,+\infty)$ $y\in(-\infty,+\infty)$

（续表）

函数名称	函数表达式	函数的图像	定义域、值域
三角函数	正弦函数 $y=\sin x$	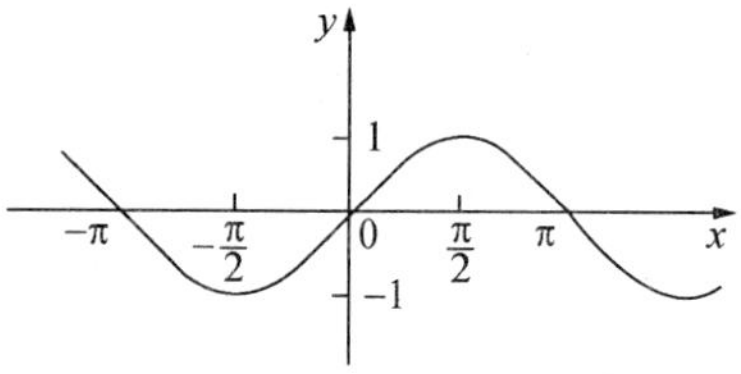	$x\in(-\infty,+\infty)$ $y\in[-1,1]$
	余弦函数 $y=\cos x$	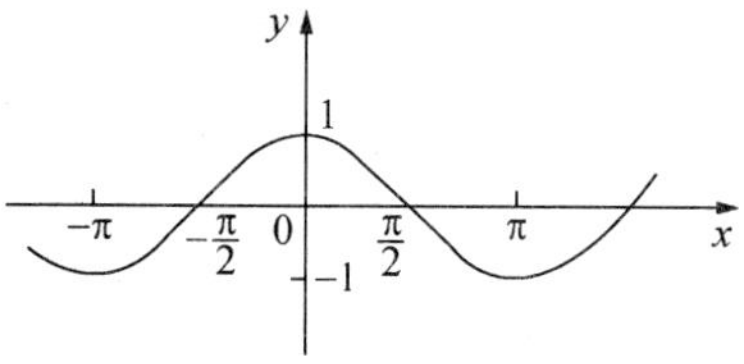	$x\in(-\infty,+\infty)$ $y\in[-1,1]$
	正切函数 $y=\tan x$	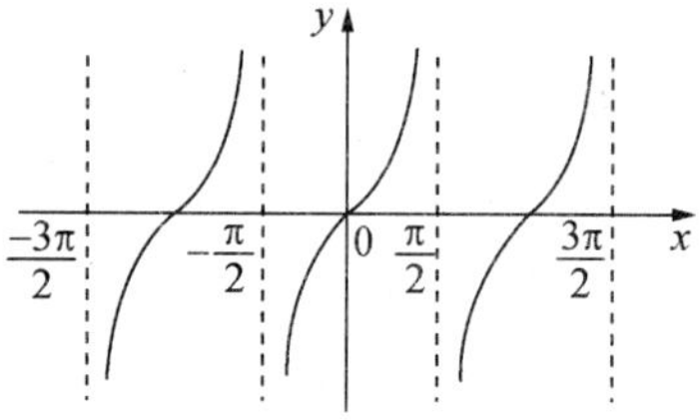	$x\neq k\pi+\frac{\pi}{2}(k\in\mathbf{Z})$ $y\in(-\infty,+\infty)$
	余切函数 $y=\cot x$	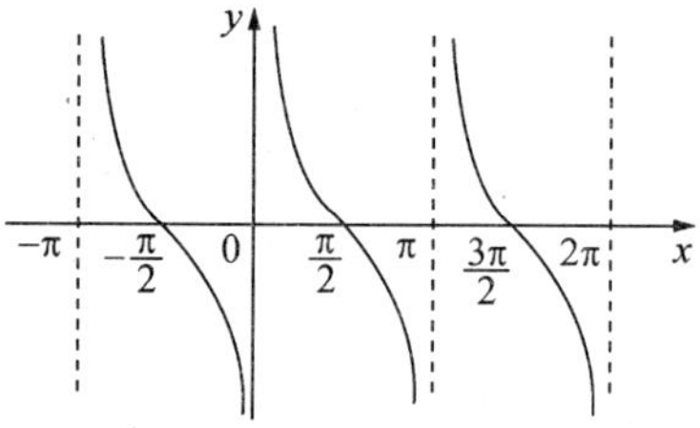	$x\neq k\pi(k\in\mathbf{Z})$ $y\in(-\infty,+\infty)$
反三角函数	反正弦函数 $y=\arcsin x$	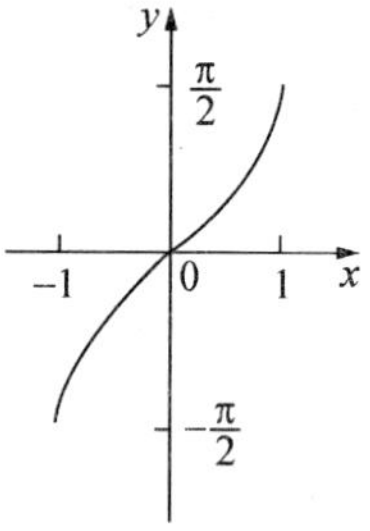	$x\in[-1,1]$ $y\in\left[-\frac{\pi}{2},\frac{\pi}{2}\right]$
	反余弦函数 $y=\arccos x$	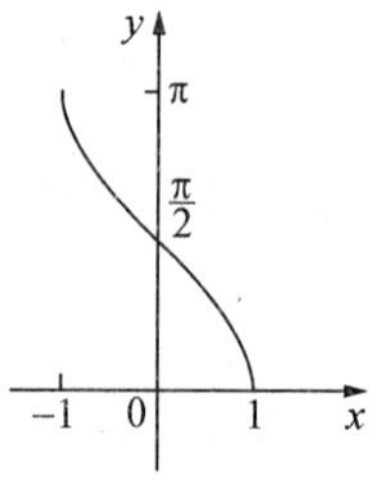	$x\in[-1,1]$ $y\in[0,\pi]$

（续表）

函数名称	函数表达式	函数的图像	定义域、值域
	反正切函数 $y=\arctan x$	y, $\frac{\pi}{2}$, 0, x, $-\frac{\pi}{2}$	$x\in(-\infty,+\infty)$ $y\in\left(-\frac{\pi}{2},\frac{\pi}{2}\right)$
	反余切函数 $y=\operatorname{arccot} x$	y, π, $\frac{\pi}{2}$, 0, x	$x\in(-\infty,+\infty)$ $y\in(0,\pi)$

另外，三角函数中还包括正割函数 $y=\sec x$ 和余割函数 $y=\csc x$，并且根据三角函数的定义知道 $\sec x=\dfrac{1}{\cos x}$，$\csc x=\dfrac{1}{\sin x}$.

四、复合函数与初等函数

事实上，大量函数并不是基本初等函数，而是由基本初等函数构成的函数. 如 $y=x\ln x$，$y=\tan 2x$ 等.

1. 复合函数

定义 1.7　设 $y=f(u)$是 u 的函数，$u=\varphi(x)$是 x 的函数，如果函数 $u=\varphi(x)$值域与 $y=f(u)$定义域的交集非空，则 y 通过中间变量 u 成为 x 的函数，我们称 y 为 x 的**复合函数**. 记作

$$y=f[\varphi(x)].$$

其中 u 称为**中间变量**.

例 4　试求由下列函数复合而成的函数：

(1) $y=e^u$，$u=3x+1$；　　(2) $y=u^2$，$u=\ln v$，$v=x^2-5$.

解　(1) $y=e^u$，$u=3x+1$ 的复合函数是 $y=e^{3x+1}$；

(2) $y=u^2$，$u=\ln v$，$v=x^2-5$ 的复合函数是 $y=\ln^2(x^2-5)$.

例 5　指出下列函数的复合过程：

(1) $y=e^{\arcsin x}$；　　(2) $y=\ln\sqrt{1-x}$.

解　(1) 函数 $y=e^{\arcsin x}$是由 $y=e^u$ 和 $u=\arcsin x$ 复合而成的.

(2) 函数 $y=\ln\sqrt{1-x}$是由 $y=\ln u$，$u=\sqrt{v}$和 $v=1-x$ 复合而成的.

2. 初等函数

定义 1.8　由基本初等函数经过有限次四则运算或有限次复合运算构成的，并且能用一

个解析式表示的函数称为**初等函数**.

例如，函数 $y=\frac{1}{x}+\ln(2+x^2)$，$y=3-\sin\sqrt{x}$ 和 $y=x\ln x$ 等都是初等函数.

五、分段函数

在自然科学及工程技术中，还有一类常见的函数——**分段函数**，它在不同的区间内用不同的函数表达式表示. 如函数

$$f(x)=\begin{cases}\sqrt{x}, x\geqslant 0,\\ -x, x<0\end{cases}$$

是定义在区间 $(-\infty,+\infty)$ 内的一个函数. 当 $x\geqslant 0$ 时，$f(x)=\sqrt{x}$；当 $x<0$ 时，$f(x)=-x$.

分段函数是用几个解析式来表示的一个函数，而不是表示几个函数. 求分段函数在某一点处的函数值时，应把自变量的值代入相应取值范围的表达式中进行计算. 如在上面的分段函数中，$f(4)=\sqrt{4}=2$，$f(-4)=-(-4)=4$.

六、建立函数关系举例

为了解决应用问题，先要给问题建立数学模型，即建立函数关系. 为此需要明确问题中有因变量与自变量，再根据题意建立等式，从而得出函数关系，再确定函数的定义域. 应用问题的定义域，除使函数的解析式有意义外，还要考虑变量在实际问题中的含义. 下面就一些简单实际问题，说明建立函数关系的过程.

例 6 一物体做直线运动，已知所受阻力 f 的大小与其运动速度 v 成正比，方向相反. 设物体的速度为 100 米/秒时，所受阻力为 1.98 牛顿，试建立 f 与 v 的函数关系.

解 因为 f 与 v 成正比，方向相反，所以可设 $f=-kv$. 由题设知，当 $v=100$ 时，$f=1.98$，于是

$$1.98=-100k,$$

得

$$k=-1.98\times 10^{-2},$$

因此，有函数关系

$$f=-1.98\times 10^{-2}v.$$

习 题 1-1

1. 求下列函数的定义域：

(1) $y=\frac{2}{2x-1}$； (2) $y=\sqrt{3x+5}$；

(3) $y=\ln(x^2-3x+2)$； (4) $y=\tan 2x$；

(5) $y=\frac{1}{x-1}+\sqrt{x+2}$； (6) $y=2\tan x-\sin 2x$.

2. 已知函数 $f(x)=\frac{2+x}{2-x}$，求 $f(0)$，$f(1)$，$f(1+x)$，$f(-x)$.

3. 已知函数 $f(x)=\begin{cases}1-x, & x<-2,\\ \sin x, & -2<x<2,\\ 1+x, & x>2.\end{cases}$ 求 $f(-4)$，$f(0)$，$f(4)$.

4. 求下列函数的反函数：

(1) $y=3x+2$；　　(2) $y=e^{x-1}$；

(3) $y=x^3+1$.

5. 指出下列函数的奇偶性：

(1) $y=2x^4-5x^2+1$；　　(2) $y=x\sin x$；

(3) $y=\sin x+\tan x$；　　(4) $y=\lg\frac{1-x}{1+x}$.

6. 判断下列函数的单调性：

(1) $y=-x+2$；　　(2) $y=2x^2(x\geqslant 0)$.

7. 指出下列函数的复合过程：

(1) $y=\cos 3x$；　　(2) $y=\sqrt{4x-1}$；

(3) $y=\ln\sin x$；　　(4) $y=(2+\tan x)^4$.

8. 在半径为 R 的球内作内接圆柱体，试将圆柱体的体积 V 表示为高 h 的函数.

第二节　函数的极限

函数概念刻画了变量之间的相依关系，而极限概念着重刻画变量的变化趋势. 极限是学习高等数学的基础和工具.

一、函数极限的概念

引例 1.4【截杖问题】 战国时期哲学家庄周所著的《庄子·天下篇》中有这样的记载：**"一尺之棰，日取其半，万世不竭."**这句话的意思为：有一根一尺长的木棍，每天截去它的一半长，随着天数的增加，木棍的长度会越来越短，当天数无限增大后，木棍的长度会无限接近于 0，但永远不为 0(万世不竭).

每天截后剩下的棒的长度分别为：第 1 天剩下$\frac{1}{2}$；第 2 天剩下$\frac{1}{2^2}$；第 3 天剩下$\frac{1}{2^3}$；…；第 n 天剩下$\frac{1}{2^n}$；…. 它可以用数列$\frac{1}{2},\frac{1}{2^2},\frac{1}{2^3},\cdots,\frac{1}{2^n},\cdots$表示. 可以看出，当 n 无限增大时，该数列无限趋近于 0. 它反映了两千多年前，我国古人就有了初步的极限思想.

1. $x\to\infty$ 时函数 $f(x)$ 的极限

引例 1.5【水温的变化趋势】 将一盆 100℃ 的开水放在一间室温恒为 20℃ 的房间里，水温逐渐降低，随着时间 t 的推移，水温会越来越接近室温 20℃.

引例 1.6【盐的溶解度】 在室温下，将盐逐渐加入到 100 g 的水中，水中盐的含量会逐渐增加，但随着时间 t 的推移，水中盐的含量不可能无限地增加，它会达到饱和状态，饱和状态就是时间 $t\to\infty$ 时水中盐的含量为 36 g，即盐的溶解度.

引例 1.5 和引例 1.6 都有一个共同的特征：当自变量逐渐增大时，相应的函数值会趋于某一个常数.

对于这种情况，我们给出下面的定义：

定义 1.9 如果当 x 的绝对值无限增大(即 $x\to\infty$)时，函数 $f(x)$ 无限接近于一个确定的常数 A，那么 A 就叫做函数 $f(x)$ 当 $x\to\infty$ 时的极限，记作

$$\lim_{x\to\infty}f(x)=A\text{(或当 }x\to\infty\text{ 时，}f(x)\to A\text{)}.$$

如果当 $x\to+\infty$ 时，函数 $f(x)$ 无限接近于一个确定的常数 A，则称 A 为函数 $f(x)$ 当 $x\to+\infty$ 时的极限，记作

$$\lim_{x\to+\infty} f(x)=A(\text{或当 } x\to+\infty \text{ 时}, f(x)\to A).$$

如果当 $x\to-\infty$ 时，函数 $f(x)$ 无限接近于一个确定的常数 A，则称 A 为函数 $f(x)$ 当 $x\to-\infty$ 时的极限，记作

$$\lim_{x\to-\infty} f(x)=A(\text{或当 } x\to-\infty \text{ 时}, f(x)\to A).$$

例 1 考察当 $x\to\infty$ 时，函数 $f(x)=\dfrac{1}{x}$ 的变化趋势.

解 由图 1-7 可以看出，当 x 的绝对值无限增大时，$f(x)=\dfrac{1}{x}$ 的值都无限地接近于常数 0.

$$\lim_{x\to\infty}\frac{1}{x}=\lim_{x\to+\infty}\frac{1}{x}=\lim_{x\to-\infty}\frac{1}{x}=0.$$

又如，$\lim\limits_{x\to+\infty}\arctan x=\dfrac{\pi}{2}$，$\lim\limits_{x\to-\infty}\arctan x=-\dfrac{\pi}{2}$，因为 $\lim\limits_{x\to+\infty}\arctan x\neq\lim\limits_{x\to-\infty}\arctan x$，所以 $\lim\limits_{x\to\infty}\arctan x$ 不存在.

这就是说，函数 $f(x)$ 在 $x\to\infty$ 时的极限与在 $x\to+\infty$，$x\to-\infty$ 时的极限有下列关系：

定理 1.1 $\lim\limits_{x\to\infty}f(x)=A$ 的充分必要条件是 $\lim\limits_{x\to+\infty}f(x)=\lim\limits_{x\to-\infty}f(x)=A$.

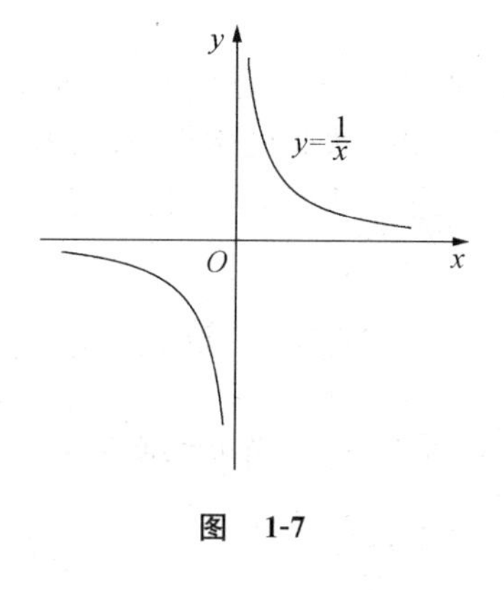

图 1-7

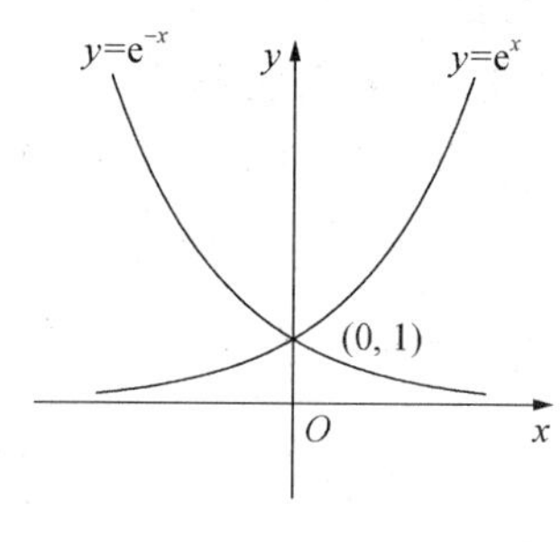

图 1-8

例 2 考察 $\lim\limits_{x\to-\infty}e^{x}$ 和 $\lim\limits_{x\to+\infty}e^{-x}$.

解 由图 1-8 可知

$$\lim_{x\to-\infty}e^{x}=0,\ \lim_{x\to+\infty}e^{-x}=0.$$

2. $x\to x_0$ 时函数 $f(x)$ 的极限

引例 1.7【人影长度】 若一个人沿直线走向路灯，其终点是路灯的正下方，根据生活常识可知，人距离路灯越近，其影子长度越短，当人越来越接近终点时，其影子长度越来越接近于 0.

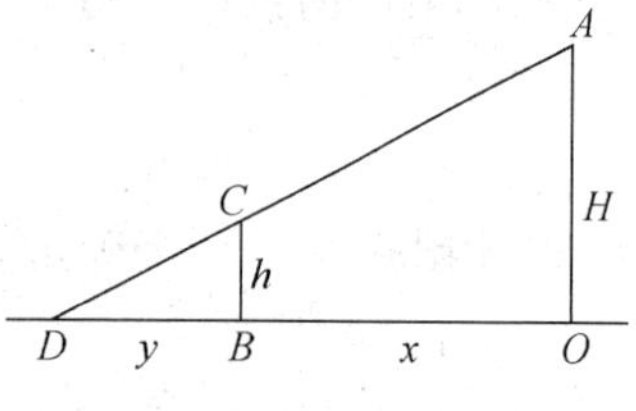

解 设路灯的高为 H，人的高为 h，人离终点的距离为 x，人影长为 y，如图 1-9 可知，

$$\frac{y}{y+x}=\frac{h}{H},$$

图 1-9

所以，$y=\frac{h}{H-h}x$，易见，当 x 趋近于零时，y 也跟着趋近于零.

引例 1.7 讨论的是当自变量 x 无限趋近于某一定值时相应的函数值 y 的变化趋势.

$x\to x_0$ 表示 x 无限趋近于定值 $x_0(x\neq x_0)$，它包含三种情况：

(1) x 从大于 x_0 的一侧趋近于 x_0，记作 $x\to x_0^+$；

(2) x 从小于 x_0 的一侧趋近于 x_0，记作 $x\to x_0^-$；

(3) x 从 x_0 的两侧趋近于 x_0，记作 $x\to x_0$.

例 3　考察当 $x\to 3$ 时，函数 $f(x)=\frac{x}{3}+1$ 的变化趋势.

解　由图 1-10 可以看出：当 x 从 3 的左侧无限接近于 3 时，记为 $x\to 3^-$，例如 x 取 2.9，2.99，2.999，…，→3 时，对应的函数 $f(x)$ 取值为

$$1.97, 1.997, 1.9997, \cdots, \to 2.$$

当 x 从 3 的右侧无限接近于 3 时，记为 $x\to 3^+$，例如 x 取 3.1，3.01，3.001，…，→3 时，对应的函数 $f(x)$ 取值为

$$2.03, 2.003, 2.0003, \cdots, \to 2.$$

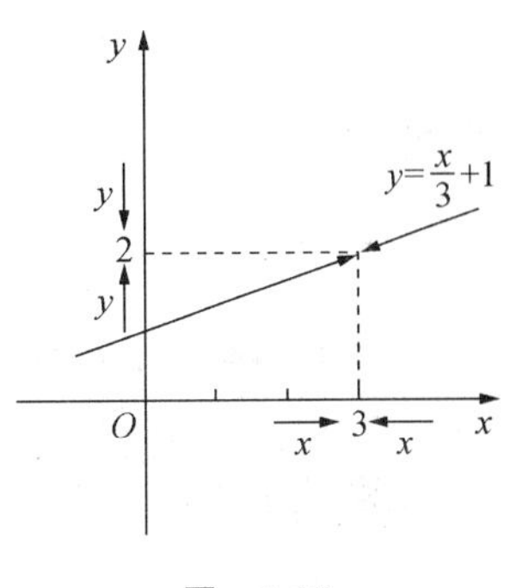

图　1-10

由此可知，当 $x\to 3$ 时，函数 $f(x)=\frac{x}{3}+1$ 的值无限接近于 2.

对于函数的这种变化趋势，给出如下定义：

定义 1.10　设函数 $y=f(x)$ 在 x_0 的附近有定义，如果当 x 无限趋近于定点 x_0（x 可以不等于 x_0）时，函数值无限趋近于一个确定的常数 A，那么 A 就叫做**函数 $y=f(x)$ 当 $x\to x_0$ 时的极限**. 记作

$$\lim_{x\to x_0} f(x)=A\text{（或当 } x\to x_0 \text{ 时，} f(x)\to A\text{）}.$$

需要注意：函数在点 x_0 的极限情况与函数在该点是否有定义及如何定义无关.

例 4　讨论极限 $\lim\limits_{x\to x_0}C$ 和 $\lim\limits_{x\to x_0}x$.

解　因为函数 $y=C$ 是常量函数，函数值恒等于常数 C，所以 $\lim\limits_{x\to x_0}C=C$.

因为函数 $y=x$ 的函数值与自变量相等，所以当 $x\to x_0$ 时函数值 $y=x$ 也趋于 x_0，因此 $\lim\limits_{x\to x_0}x=x_0$.

3. $x\to x_0$ 时函数 $f(x)$ 的左极限与右极限

定义 1.11　如果当 $x\to x_0^-$ 时，函数 $f(x)$ 无限趋近于一个确定的常数 A，那么 A 就叫做**函数 $f(x)$ 当 $x\to x_0$ 时的左极限**，记作

$$\lim_{x\to x_0^-} f(x)=A\text{（或当 } x\to x_0^- \text{ 时，} f(x)\to A\text{）}.$$

如果当 $x\to x_0^+$ 时，函数 $f(x)$ 无限趋近于一个确定的常数 A，那么 A 就叫做**函数 $f(x)$ 当 $x\to x_0$ 时的右极限**，记作

$$\lim_{x\to x_0^+} f(x)=A\text{（或当 } x\to x_0^+ \text{ 时，} f(x)\to A\text{）}.$$

由例 3 可知，$\lim\limits_{x\to 3^-}f(x)=\lim\limits_{x\to 3^-}\left(\frac{x}{3}+1\right)=2$. $\lim\limits_{x\to 3^+}f(x)=\lim\limits_{x\to 3^+}\left(\frac{x}{3}+1\right)=2$. 它们都等于当

$x\to 3$ 时函数 $f(x)=\frac{x}{3}+1$ 的极限.

定理 1.2 $\lim\limits_{x\to x_0}f(x)=A$ 的充分必要条件是 $\lim\limits_{x\to x_0^+}f(x)=\lim\limits_{x\to x_0^-}f(x)=A$.

例 5 讨论当 $x\to 0$ 时，函数 $f(x)=\begin{cases}x, & x\geqslant 0,\\ -x, & x<0\end{cases}$ 的极限.

解 由图 1-11 可以看出：当 $x\to 0$ 时，函数 $f(x)$ 的左极限为

$$\lim_{x\to 0^-}f(x)=\lim_{x\to 0^-}(-x)=0,$$

右极限为

$$\lim_{x\to 0^+}f(x)=\lim_{x\to 0^+}x=0,$$

所以

$$\lim_{x\to 0}f(x)=0.$$

例 6 讨论当 $x\to 0$ 时，函数 $f(x)-\begin{cases}x-1, & x<0,\\ 0, & x=0,\\ x+1, & x>0.\end{cases}$ 的极限.

解 由图 1-12 可以看出：函数 $f(x)$ 当 $x\to 0$ 时的左极限为

$$\lim_{x\to 0^-}f(x)=\lim_{x\to 0^-}(x-1)=-1,$$

右极限为

$$\lim_{x\to 0^+}f(x)=\lim_{x\to 0^+}(x+1)=1,$$

由于 $f(x)$ 的左、右极限都存在但不相等，所以 $\lim\limits_{x\to 0}f(x)$ 不存在.

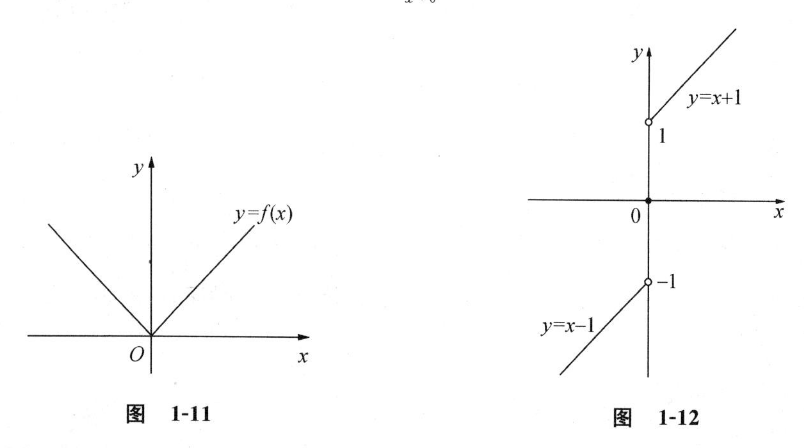

图 1-11　　图 1-12

二、函数极限的四则运算法则

利用极限的定义只能求一些简单函数的极限，对于复杂函数的极限却无法解决. 下面介绍极限的运算法则，进而解决复杂函数的求极限问题.

设 $\lim\limits_{x\to x_0}f(x)=A$，$\lim\limits_{x\to x_0}g(x)=B$，则

法则 1 $\lim\limits_{x\to x_0}[f(x)\pm g(x)]=\lim\limits_{x\to x_0}f(x)\pm\lim\limits_{x\to x_0}g(x)=A\pm B$；

法则 2 $\lim\limits_{x\to x_0}[f(x)\cdot g(x)]=\lim\limits_{x\to x_0}f(x)\cdot\lim\limits_{x\to x_0}g(x)=A\cdot B$；

法则 3　$\lim\limits_{x\to x_0}kf(x)=k\lim\limits_{x\to x_0}f(x)=kA$　（k 为常数）；

法则 4　$\lim\limits_{x\to x_0}\dfrac{f(x)}{g(x)}=\dfrac{\lim\limits_{x\to x_0}f(x)}{\lim\limits_{x\to x_0}g(x)}=\dfrac{A}{B}$　（$B\neq 0$）；

法则 5　$\lim\limits_{x\to x_0}[f(x)]^n=\left[\lim\limits_{x\to x_0}f(x)\right]^n=A^n$　（n 为正整数）.

以上结论仅就 $x\to x_0$ 时加以叙述，对于自变量 x 的其他变化趋势同样成立. 其中，法则 1、2 可以推广到有限个函数的情形.

例 7　求极限 $\lim\limits_{x\to 1}(3x-5)$.

解　根据法则 1 和法则 3，得

$$\lim_{x\to 1}(3x-5)=\lim_{x\to 1}(3x)-\lim_{x\to 1}5=3\lim_{x\to 1}x-\lim_{x\to 1}5=3-5=-2.$$

例 8　求极限 $\lim\limits_{x\to -1}\dfrac{2x^2-5x-1}{x+3}$.

解　因为 $\lim\limits_{x\to -1}(x+3)=\lim\limits_{x\to -1}x+\lim\limits_{x\to -1}3=-1+3=2\neq 0$，所以由法则 4，得

$$\lim_{x\to -1}\frac{2x^2-5x-1}{x+3}=\frac{\lim\limits_{x\to -1}(2x^2-5x-1)}{\lim\limits_{x\to -1}(x+3)}=\frac{\lim\limits_{x\to -1}2x^2-\lim\limits_{x\to -1}(5x)-\lim\limits_{x\to -1}1}{\lim\limits_{x\to -1}x+\lim\limits_{x\to -1}3}=\frac{2+5-1}{-1+3}=3.$$

例 9　求极限 $\lim\limits_{x\to -2}\dfrac{x^2-4}{x+2}$.

解　因为 $\lim\limits_{x\to -2}(x+2)=0$，所以不能直接运用法则 3 计算，但是，分子和分母有公因子，约去公因子，得

$$\lim_{x\to -2}\frac{x^2-4}{x+2}=\lim_{x\to -2}\frac{(x+2)(x-2)}{x+2}=\lim_{x\to -2}(x-2)=\lim_{x\to -2}x-\lim_{x\to -2}2=-2-2=-4.$$

例 10　求极限 $\lim\limits_{x\to\infty}\dfrac{2x^2-3x+1}{5x^2+x+2}$.

解　因为当 $x\to\infty$ 时，分式的分子与分母极限都不存在，所以不能直接运用法则. 可把分式变形，使其符合法则的要求，再运用法则求极限. 因此，分子与分母同除以 x 的最高次幂 x^2 再进行计算，得

$$\lim_{x\to\infty}\frac{2x^2-3x+1}{5x^2+x+2}=\lim_{x\to\infty}\frac{2-\dfrac{3}{x}+\dfrac{1}{x^2}}{5+\dfrac{1}{x}+\dfrac{2}{x^2}}=\frac{\lim\limits_{x\to\infty}\left(2-\dfrac{3}{x}+\dfrac{1}{x^2}\right)}{\lim\limits_{x\to\infty}\left(5+\dfrac{1}{x}+\dfrac{2}{x^2}\right)}=\frac{2}{5}.$$

例 11　求极限 $\lim\limits_{x\to\infty}\dfrac{3x^3+2x^2+1}{2x^4+1}$.

解　分子与分母同除以 x 的最高次幂 x^4，得

$$\lim_{x\to\infty}\frac{3x^3+2x^2+1}{2x^4+1}=\lim_{x\to\infty}\frac{\dfrac{3}{x}+\dfrac{2}{x^2}+\dfrac{1}{x^4}}{2+\dfrac{1}{x^4}}=\frac{\lim\limits_{x\to\infty}\left(\dfrac{3}{x}+\dfrac{2}{x^2}+\dfrac{1}{x^4}\right)}{\lim\limits_{x\to\infty}\left(2+\dfrac{1}{x^4}\right)}=0.$$

三、两个重要极限

1. 第一个重要极限

$$\lim_{x\to 0}\frac{\sin x}{x}=1.$$

由图 1-13 可以看出，当 $x\to 0$ 时，函数$\frac{\sin x}{x}\to 1$.

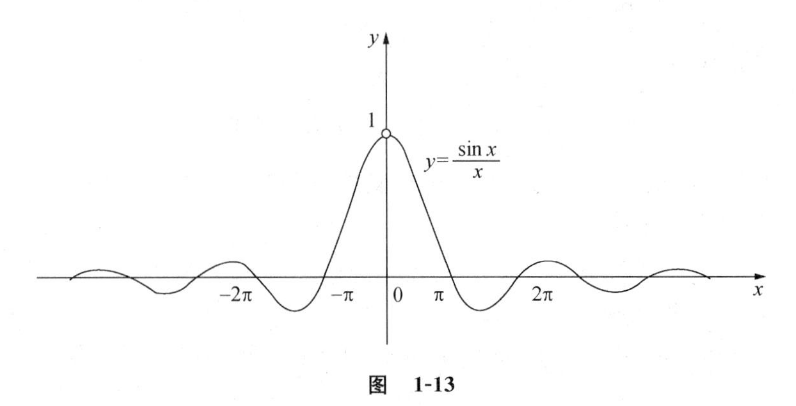

图　1-13

重要极限$\lim\limits_{x\to 0}\frac{\sin x}{x}=1$可进一步推广为

$$\lim_{\square\to 0}\frac{\sin\square}{\square}=1,$$

其中方框□代表同一个变量.

例 12　求极限$\lim\limits_{x\to 0}\frac{\sin 2x}{5x}$.

解　$\lim\limits_{x\to 0}\frac{\sin 2x}{5x}=\lim\limits_{x\to 0}\frac{2\sin 2x}{5\times 2x}=\frac{2}{5}\lim\limits_{x\to 0}\frac{\sin 2x}{2x}=\frac{2}{5}$.

例 13　求极限$\lim\limits_{x\to 0}\frac{\tan x}{x}$.

解　$\lim\limits_{x\to 0}\frac{\tan x}{x}=\lim\limits_{x\to 0}\left(\frac{\sin x}{x}\cdot\frac{1}{\cos x}\right)=\lim\limits_{x\to 0}\frac{\sin x}{x}\cdot\lim\limits_{x\to 0}\frac{1}{\cos x}=1$.

例 14　求极限$\lim\limits_{x\to 0}\frac{1-\cos x}{x^2}$.

解　$\lim\limits_{x\to 0}\frac{1-\cos x}{x^2}=\lim\limits_{x\to 0}\frac{2\sin^2\frac{x}{2}}{x^2}=\frac{1}{2}\lim\limits_{\frac{x}{2}\to 0}\frac{\sin^2\frac{x}{2}}{\left(\frac{x}{2}\right)^2}=\frac{1}{2}$.

例 15　求$\lim\limits_{x\to\infty}x\sin\frac{1}{x}$.

解　$\lim\limits_{x\to\infty}x\sin\frac{1}{x}=\lim\limits_{x\to\infty}\frac{\sin\frac{1}{x}}{\frac{1}{x}}=1$.

2. 第二个重要极限

$$\lim_{x\to\infty}\left(1+\frac{1}{x}\right)^x=\mathrm{e}\quad 或\quad \lim_{x\to 0}(1+x)^{\frac{1}{x}}=\mathrm{e}.$$

表 1-3 列出了函数$\left(1+\frac{1}{x}\right)^x$在 x 的绝对值无限增大时的一些函数值.

表 1-3　$\left(1+\frac{1}{x}\right)^x$ 的函数值

x	10	100	1000	10 000	100 000	1 000 000	…
$\left(1+\frac{1}{x}\right)^x$	2.593 74	2.704 81	2.716 92	2.718 15	2.718 27	2.718 28	…
x	−10	−100	−1000	−10 000	−100 000	−1 000 000	…
$\left(1+\frac{1}{x}\right)^x$	2.867 97	2.732 00	2.719 64	2.718 42	2.718 30	2.718 28	…

从表 1-3 可以看出，当 $x\to\infty$ 时，函数 $\left(1+\frac{1}{x}\right)^x$ 的值越来越接近于无理数 e(其中 e＝2.718 281 828 459 045…).

重要极限 $\lim\limits_{x\to\infty}\left(1+\frac{1}{x}\right)^x=e$ 可进一步推广为

$$\lim_{\square\to\infty}\left(1+\frac{1}{\square}\right)^{\square}=e,$$

其中方框□代表同一个变量.

例 16　求极限 $\lim\limits_{x\to\infty}\left(1-\frac{1}{x}\right)^x$.

解　$\lim\limits_{x\to\infty}\left(1-\frac{1}{x}\right)^x=\lim\limits_{x\to\infty}\left[\left(1+\frac{1}{-x}\right)^{-x}\right]^{-1}=\left[\lim\limits_{x\to\infty}\left(1+\frac{1}{-x}\right)^{-x}\right]^{-1}=e^{-1}$.

例 17　求极限 $\lim\limits_{x\to\infty}\left(1+\frac{2}{x}\right)^x$.

解　$\lim\limits_{x\to\infty}\left(1+\frac{2}{x}\right)^x=\lim\limits_{x\to\infty}\left[\left(1+\frac{2}{x}\right)^{\frac{x}{2}}\right]^2=\left[\lim\limits_{x\to\infty}\left(1+\frac{2}{x}\right)^{\frac{x}{2}}\right]^2=e^2$.

例 18　求极限 $\lim\limits_{x\to\infty}\left(1+\frac{1}{2x}\right)^{3x+1}$.

解
$$\begin{aligned}\lim_{x\to\infty}\left(1+\frac{1}{2x}\right)^{3x+1}&=\lim_{x\to\infty}\left[\left(1+\frac{1}{2x}\right)^{3x}\cdot\left(1+\frac{1}{2x}\right)\right]=\lim_{x\to\infty}\left(1+\frac{1}{2x}\right)^{3x}\cdot\lim_{x\to\infty}\left(1+\frac{1}{2x}\right)\\&=\left[\lim_{x\to\infty}\left(1+\frac{1}{2x}\right)^{2x}\right]^{\frac{3}{2}}\cdot\lim_{x\to\infty}\left(1+\frac{1}{2x}\right)=e^{\frac{3}{2}}\cdot 1=e^{\frac{3}{2}}.\end{aligned}$$

习 题 1-2

1. 观察当 $n\to\infty$ 时下列数列的变化趋势，写出它们的极限：

(1) $x_n=\frac{1}{2^n}$;　　(2) $x_n=\frac{n-1}{n}$;

(3) $x_n=2-\frac{1}{10^n}$;　　(4) $x_n=(-1)^{n-1}\frac{1}{5^n}$.

2. 观察函数的变化趋势，写出它们的极限：

(1) $\lim\limits_{x\to\infty}\frac{1}{x^3}$;　　(2) $\lim\limits_{x\to-\infty}2^x$;　　(3) $\lim\limits_{x\to+\infty}\left(\frac{1}{2}\right)^x$.

3. 观察函数的变化趋势，写出它们的极限：

(1) $\lim\limits_{x\to0}e^x$;　　(2) $\lim\limits_{x\to1}\lg x$;　　(3) $\lim\limits_{x\to2}\frac{x^2-4}{x-2}$.

4. 讨论当 $x\to 0$ 时，函数 $f(x)=\begin{cases}x^2-1, & x<0,\\ 0, & x=0,\\ x^2+1, & x>0\end{cases}$ 的极限.

5. 求下列极限：

(1) $\lim\limits_{x\to 1}(x^3+2x+1)$；

(2) $\lim\limits_{x\to 4}\dfrac{x^2-16}{x-4}$；

(3) $\lim\limits_{x\to\infty}\dfrac{2x^2+x-5}{x^2-4x+2}$；

(4) $\lim\limits_{x\to\infty}\dfrac{x^2+x+1}{x^3+2x^2+3x+1}$.

6. 求下列极限：

(1) $\lim\limits_{x\to 0}\dfrac{\sin 6x}{2x}$；

(2) $\lim\limits_{x\to 0}\dfrac{\tan 2x}{x}$；

(3) $\lim\limits_{x\to\infty}\left(1-\dfrac{2}{x}\right)^x$；

(4) $\lim\limits_{x\to\infty}\left(1+\dfrac{1}{2x}\right)^x$.

7. 假设某种疾病随着时间的延续，感染的人数越来越多，感染的人数 N 与时间 t 的函数关系为

$$N(t)=\frac{10^6}{1+5\times 10^3\mathrm{e}^{-0.1t}}.$$

问从长远来看，将有多少人染上这种疾病？

8. 一物体放在温度恒为150℃的火炉上，它的温度满足如下模型

$$T=100-100\mathrm{e}^{-0.029t},$$

t 表示时间(单位：min)，问：当 $t\to+\infty$ 时，物体的温度为多少？

第三节　无穷小量与无穷大量

一、无穷小量

1. 无穷小量的定义

引例 1.8【容器中空气含量】 一个容器中装满了空气，用抽气机来抽容器中的空气，在抽气过程中，容器中的空气含量随着抽气时间的增加而逐渐减少并趋近于零.

在对许多事物进行研究时，常遇到事物数量的变化趋势为零的情形. 对于这种变量，给出下面的定义：

定义 1.12 如果当 $x\to x_0$（或 $x\to\infty$）时，函数 $f(x)\to 0$，则称当 $x\to x_0$（或 $x\to\infty$）时，函数 $f(x)$ 为**无穷小量**，简称**无穷小**.

注意

(1) 无穷小是以零为极限的函数. 当我们说函数 $f(x)$ 是无穷小量时，必须同时指明自变量 x 的变化趋向.

例如，当 $x\to\infty$ 时，函数 $f(x)=\dfrac{1}{x}$ 是无穷小量，而当 $x\to 1$ 时，函数 $f(x)=\dfrac{1}{x}$ 就不是无穷小量.

(2) 常数中只有“0”是无穷小，这是因为 $\lim\limits_{\substack{x\to x_0\\(x\to\infty)}} 0=0$.

对于其他常数，尽管它的值可以很小，因其值已取定（不为零），极限都不是0，因此都不能说成是无穷小.

2. 无穷小量的性质

性质 1　有限个无穷小的代数和是无穷小.

性质 2　有限个无穷小的乘积是无穷小.

性质 3　有界函数与无穷小的乘积是无穷小.

例 1　求极限$\lim\limits_{x\to 0}x^3\sin\dfrac{1}{x}$.

解　因为$\lim\limits_{x\to 0}x^3=0$,即当 $x\to 0$ 时 x^3 是无穷小,而$\left|\sin\dfrac{1}{x}\right|\leqslant 1$,即 $\sin\dfrac{1}{x}$是有界函数,所以,由性质 3 得,当 $x\to 0$ 时 $x^3\sin\dfrac{1}{x}$是无穷小,即

$$\lim_{x\to 0}x^3\sin\frac{1}{x}=0.$$

二、无穷大量

1. 无穷大量的定义

引例 1.9【存款分析】　小张有本金 A,银行的存款利率为 r,不考虑个人所得税,第 n 年,小张所得的本利和为 $A(1+r)^n$,存款时间越长,本利和越多,当存款时间无限延长时,本利和将无限增大.

定义 1.13　如果当 $x\to x_0$(或 $x\to\infty$)时,函数 $f(x)$的绝对值无限增大,则称当 $x\to x_0$(或 $x\to\infty$)时,函数 $f(x)$为**无穷大量**,简称**无穷大**.

例如,当 $x\to 1$ 时,函数 $f(x)=\dfrac{1}{x-1}$是无穷大量.

应当注意:(1) 说函数 $f(x)$是无穷大量,必须同时指明自变量 x 的变化趋势.

例如,当 $x\to 1$ 时,函数 $f(x)=\dfrac{1}{x-1}$是无穷大量,但当 $x\to\infty$时,函数 $f(x)=\dfrac{1}{x-1}$就是无穷小量.

(2) 一定要把绝对值很大的数与无穷大量区分开.

因为绝对值很大的数,无论多么大,都是常数,不会随着自变量的变化而绝对值无限增大,所以都不是无穷大量.

根据定义,函数 $f(x)$是无穷大时,其极限是不存在的,但为了便于叙述,我们常说函数 $f(x)$的极限是无穷大,并记作

$$\lim_{\substack{x\to x_0\\(x\to\infty)}}f(x)=\infty.$$

如果当 $x\to x_0$(或 $x\to\infty$)时,$f(x)$取正值而无限增大,记作

$$\lim_{\substack{x\to x_0\\(x\to\infty)}}f(x)=+\infty.$$

如果当 $x\to x_0$(或 $x\to\infty$)时,$f(x)$取负值而绝对值无限增大,记作

$$\lim_{\substack{x\to x_0\\(x\to\infty)}}f(x)=-\infty.$$

例如,$\lim\limits_{x\to\infty}x^2=+\infty$,$\lim\limits_{x\to 0^+}\lg x=-\infty$.

三、无穷大与无穷小的关系

为了说明无穷大与无穷小的关系，我们先考察下面的例子：

当$x\to\infty$时，函数$f(x)=\frac{1}{x}$是无穷小，而函数$\frac{1}{f(x)}=x$则是无穷大；

当$x\to 1$时，函数$f(x)=\frac{1}{x-1}$是无穷大，而函数$\frac{1}{f(x)}=x-1$是无穷小.

一般地，在自变量的同一变化过程中，如果$f(x)$是无穷大，那么$\frac{1}{f(x)}$是无穷小；如果$f(x)$是无穷小，且$f(x)\neq 0$，那么$\frac{1}{f(x)}$是无穷大.

例2　求极限$\lim\limits_{x\to 1}\frac{2x-1}{x-1}$.

解　因为当$x\to 1$时，分母的极限为0，所以不能运用极限运算法则. 而极限

$$\lim_{x\to 1}\frac{x-1}{2x-1}=0.$$

即当$x\to 1$时，$\frac{1}{f(x)}=\frac{x-1}{2x-1}$是无穷小，那么$f(x)=\frac{2x-1}{x-1}$是$x\to 1$时的无穷大，因此

$$\lim_{x\to 1}\frac{2x-1}{x-1}=\infty.$$

例3　求极限$\lim\limits_{x\to\infty}(x^2+5x-3)$.

解　因为当$x\to\infty$时，x^2，$5x$的极限都不存在，所以不能运用极限运算法则，而

$$\lim_{x\to\infty}\frac{1}{x^2+5x-3}=\lim_{x\to\infty}\frac{\frac{1}{x^2}}{1+\frac{5}{x}-\frac{3}{x^2}}=0,$$

即当$x\to\infty$时，$\frac{1}{x^2+5x-3}$是无穷小，那么x^2+5x-3是当$x\to\infty$时的无穷大，因此

$$\lim_{x\to\infty}(x^2+5x-3)=\infty.$$

四、无穷小量的比较

无穷小虽然都是趋近于0的变量，但不同的无穷小趋近于0的速度却不一定相同，有时可能差别很大.

如当$x\to 0$时，x，$2x$，x^2都是无穷小，但它们趋近于0的速度却不一样，列表如下：

x	1	0.5	0.1	0.01	0.001	$\cdots\to 0$
$2x$	2	1	0.2	0.02	0.002	$\cdots\to 0$
x^2	1	0.25	0.01	0.0001	0.000001	$\cdots\to 0$

显然，x^2比x与$2x$趋近于0的速度都快得多. 快慢是相对的，是相互比较而言的，下面通过比较两无穷小趋于0的速度引入无穷小的阶的概念.

定义1.14　设$\lim\limits_{x\to x_0}f(x)=0$，$\lim\limits_{x\to x_0}g(x)=0$.

若$\lim\limits_{x\to x_0}\dfrac{f(x)}{g(x)}=0$,则称当$x\to x_0$时,$f(x)$是比$g(x)$较高阶的无穷小.

若$\lim\limits_{x\to x_0}\dfrac{f(x)}{g(x)}=\infty$,则称当$x\to x_0$时,$f(x)$是比$g(x)$较低阶的无穷小.

若$\lim\limits_{x\to x_0}\dfrac{f(x)}{g(x)}=k\neq 0$,则称当$x\to x_0$时,$f(x)$与$g(x)$是同阶的无穷小.特别是当$k=1$时,称$f(x)$与$g(x)$是等价无穷小,记作$f(x)\sim g(x)$.

例如,$\lim\limits_{x\to 0}\dfrac{x^2}{x}=0$,所以当$x\to 0$时,$x^2$是比$x$较高阶的无穷小量.反之,当$x\to 0$时,$x$是比$x^2$较低阶的无穷小量.

又如,$\lim\limits_{x\to 0}\dfrac{x}{2x}=\dfrac{1}{2}$,所以当$x\to 0$时,$x$与$2x$是同阶无穷小量.

在极限的运算中,常利用等价无穷小替代来简化极限的计算.

定理 1.3　设α,β是自变量在同一变化趋势中的无穷小,$\alpha\sim\alpha'$,$\beta\sim\beta'$,且$\lim\dfrac{\beta'}{\alpha'}$存在,则

$$\lim\frac{\beta}{\alpha}=\lim\frac{\beta'}{\alpha'}.$$

即在极限计算中,函数分子、分母中的无穷小因子用与其等价的无穷小来替代,函数的极限值不变.

常用的等价无穷小有:

当$x\to 0$时,$\sin x\sim x$;$\tan x\sim x$;$1-\cos x\sim\dfrac{x^2}{2}$;$e^x-1\sim x$;$\ln(1+x)\sim x$.

例 4　求$\lim\limits_{x\to 0}\dfrac{\tan 2x}{\sin 5x}$.

解　因为当$x\to 0$时,$\tan 2x\sim 2x$,$\sin 5x\sim 5x$,所以

$$\lim_{x\to 0}\frac{\tan 2x}{\sin 5x}=\lim_{x\to 0}\frac{2x}{5x}=\frac{2}{5}.$$

例 5　求$\lim\limits_{x\to 0}\dfrac{e^{-x}-1}{x}$.

解　因为当$x\to 0$时,$e^{-x}-1\sim -x$,所以

$$\lim_{x\to 0}\frac{e^{-x}-1}{x}=\lim_{x\to 0}\frac{-x}{x}=-1.$$

注意

等价无穷小替代是对分子或分母的整体进行替换,也可以对分子或分母的因式进行替换,而对分子、分母中由"+"、"−"号连接的部分不可用等价无穷小替换.

习 题 1-3

1. 下列数列哪些是无穷小?哪些是无穷大?

(1) $1,2,3,\cdots,n,\cdots$;　　(2) $1,\dfrac{1}{2},\dfrac{1}{3},\dfrac{1}{4},\cdots,\dfrac{1}{n},\cdots$;

(3) $-1,-3,-5,\cdots,1-2n,\cdots$;　　(4) $1,\dfrac{1}{4},\dfrac{1}{9},\cdots,\dfrac{1}{n^2},\cdots$.

2. 求下列极限:

(1) $\lim\limits_{x\to\infty}\dfrac{\sin x}{x}$;　　(2) $\lim\limits_{x\to 0}x^3(1+\cos x)$;

(3) $\lim\limits_{x\to\infty}(x^4-3x^2-5)$；　　(4) $\lim\limits_{x\to3}\dfrac{2x+4}{x-3}$.

3. 比较当 $x\to0$ 时，无穷小 x^2 与 $\sqrt{1+x}-\sqrt{1-x}$ 阶数的高低.

4. 计算下列极限：

(1) $\lim\limits_{x\to0}x\arctan\dfrac{1}{x}$；　　(2) $\lim\limits_{x\to1}(x-1)\cos\dfrac{1}{x-1}$；

(3) $\lim\limits_{x\to0}\dfrac{\ln(1+2x)}{\sin3x}$；　　(4) $\lim\limits_{x\to0}\dfrac{e^{2x}-1}{\sin x}$.

第四节　函数的连续性

连续性是函数的重要性态之一，它反映了许多自然现象的一个共性. 例如气温的变化、动植物的生长、空气的流动等，都是随着时间在连续不断地变化着的. 这些现象反映在数学上，就是函数的连续性.

一、连续函数的概念

1. 函数的增量

设函数 $y=f(x)$ 在点 x_0 处及其附近有定义，当自变量 x 从 x_0（称为初值）变化到 x_1（称为终值）时，终值与初值之差 x_1-x_0 称为自变量的**增量**（或**改变量**），记为

$$\Delta x=x_1-x_0.$$

相应地，函数的终值 $f(x_1)$ 与初值 $f(x_0)$ 之差 $f(x_1)-f(x_0)=f(x_0+\Delta x)-f(x_0)$ 称为函数的增量，记为

$$\Delta y=f(x_0+\Delta x)-f(x_0).$$

容易理解，增量可以是正值，可以是负值，也可以是零.

例 1　设 $y=3x^2-1$，求适合下列条件的自变量的增量 Δx 和函数的增量 Δy：

(1) x 从 1 变到 1.5 时；

(2) x 从 1 变到 0.5 时；

(3) x 从 1 变到 $1+\Delta x$ 时.

解　(1) $\Delta x=1.5-1=0.5$,

$\Delta y=f(1.5)-f(1)=[3\times(1.5)^2-1]-(3\times1^2-1)=3.75.$

(2) $\Delta x=0.5-1=-0.5$,

$\Delta y=f(0.5)-f(1)=[3\times(0.5)^2-1]-(3\times1^2-1)=-2.25.$

(3) $\Delta x=(1+\Delta x)-1=\Delta x$,

$\Delta y=f(1+\Delta x)-f(1)=[3(1+\Delta x)^2-1]-(3\times1^2-1)=6\Delta x+3(\Delta x)^2.$

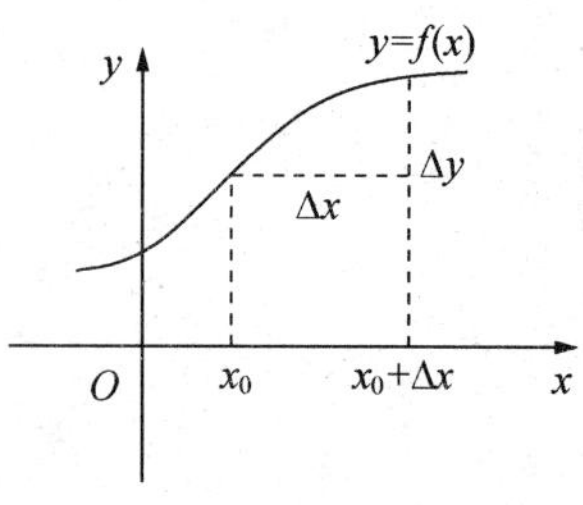

图　1-14

2. 函数 $f(x)$ 在点 x_0 处的连续性

函数 $f(x)$ 在点 x_0 处连续，反映到图像上即为曲线在 x_0 的左右近旁是连绵不断的，如图 1-14 所示，给自变量一个增量 Δx，对应就有函数的增量 Δy，且当 Δx 趋近于 0 时，Δy 的值也无限趋近于 0.

定义 1.15　设函数 $y=f(x)$ 在点 x_0 处及其附近有定义，如

果在点 x_0 处自变量的增量 Δx 趋近于 0 时，相应函数的增量 Δy 也趋近于 0，即 $\lim\limits_{\Delta x\to 0}\Delta y=0$，则称**函数 $y=f(x)$ 在点 x_0 处连续**.

例 2　利用定义证明函数 $y=x^2+1$ 在点 $x=1$ 处连续.

证明　在 $x=1$ 处给自变量一个增量 Δx，相应函数的增量

$$\Delta y=[(1+\Delta x)^2+1]-[1^2+1]=2\Delta x+(\Delta x)^2,$$

于是

$$\lim_{\Delta x\to 0}\Delta y=\lim_{\Delta x\to 0}[2\Delta x+(\Delta x)]^2=0,$$

所以，函数 $y=x^2+1$ 在点 $x=1$ 处连续.

令 $x=x_0+\Delta x$，则当 $\Delta x\to 0$ 时，$x\to x_0$，同时 $\Delta y=f(x)-f(x_0)\to 0$ 时，$f(x)\to f(x_0)$. 于是，函数 $y=f(x)$ 在点 x_0 处连续也可描述成下面的定义.

定义 1.16　设函数 $y=f(x)$ 在点 x_0 处及其附近有定义，如果当 $x\to x_0$ 时，函数 $f(x)$ 的极限存在，且等于 $f(x)$ 在 x_0 点的函数值 $f(x_0)$，即 $\lim\limits_{x\to x_0}f(x)=f(x_0)$，则称**函数 $y=f(x)$ 在点 x_0 处连续**.

由定义可以看出，函数 $y=f(x)$ 在点 x_0 处连续，必须同时满足如下条件：

(1) 函数 $y=f(x)$ 在点 x_0 处及其附近必须有定义；

(2) 函数 $y=f(x)$ 在点 x_0 处必须有极限；

(3) 函数 $y=f(x)$ 在点 x_0 处的极限值必须等于它在点 x_0 处的函数值，即

$$\lim_{x\to x_0}f(x)=f(x_0).$$

函数 $f(x)$ 在点 x_0 处连续与函数 $f(x)$ 当 $x\to x_0$ 时有极限的区别：函数 $f(x)$ 在点 x_0 处连续能保证 $\lim\limits_{x\to x_0}f(x)$ 存在，同时还能保证 $f(x)$ 在点 x_0 处有定义，并且极限值 $\lim\limits_{x\to x_0}f(x)$ 与函数值 $f(x_0)$ 相等. 反之，仅当 $\lim\limits_{x\to x_0}f(x)$ 存在时，$f(x)$ 在点 x_0 处不一定连续，甚至 $f(x)$ 在 x_0 处可能没有定义，所以，函数 $f(x)$ 在 $x\to x_0$ 时有极限，是 $f(x)$ 在点 x_0 处连续的必要条件.

如果 $\lim\limits_{x\to x_0^-}f(x)=f(x_0)$，则称函数 $f(x)$ 在点 x_0 处**左连续**.

如果 $\lim\limits_{x\to x_0^+}f(x)=f(x_0)$，则称函数 $f(x)$ 在点 x_0 处**右连续**.

函数 $f(x)$ 在点 x_0 处连续的充分必要条件是 $f(x)$ 在点 x_0 处既左连续又右连续.

3. 函数 $f(x)$ 在开区间内和闭区间上的连续性

如果函数 $y=f(x)$ 在区间 (a,b) 内的任一点处都连续，那么称**函数 $y=f(x)$ 在区间 (a,b) 内连续**. 此时，函数 $y=f(x)$ 称为区间 (a,b) 内的**连续函数**，区间 (a,b) 称为 $y=f(x)$ 的**连续区间**.

如果函数 $y=f(x)$ 在区间 (a,b) 内连续，且在区间的左端点 a 处右连续，在区间的右端点 b 处左连续，则称**函数 $y=f(x)$ 在闭区间 $[a,b]$ 上连续**.

二、函数的间断点

若函数 $f(x)$ 在点 x_0 处不连续，则称 $f(x)$ 在点 x_0 处**间断**，x_0 称为 $f(x)$ 的**间断点**.

由函数连续的定义可知，函数在点 x_0 处间断有下列几种情况：

(1) 函数 $f(x)$ 在点 x_0 处没有定义；

(2) $\lim\limits_{x \to x_0} f(x)$不存在；

(3) 虽然$\lim\limits_{x \to x_0} f(x)$存在，但$\lim\limits_{x \to x_0} f(x) \neq f(x_0)$.

如果函数 $f(x)$在点 x_0 处出现上述一种或几种情况时，点 x_0 是就函数 $f(x)$的间断点.

函数的间断点一般可以分为两类：如果当 $x \to x_0$ 时，$f(x)$的左、右极限都存在，则称 x_0 为 $f(x)$的**第一类间断点**；否则，称 x_0 为 $f(x)$的**第二类间断点**.

第一类间断点可分为以下两种情形：

(1) $f(x)$在点 x_0 处的左、右极限都存在且相等（即$\lim\limits_{x \to x_0} f(x)$存在），这时称 x_0 为 $f(x)$的**可去间断点**；

(2) $f(x)$在点 x_0 处的左、右极限都存在但不相等，这时称 x_0 为 $f(x)$的**跳跃间断点**.

第二类间断点可分为以下两种情形：

(1) $f(x)$在点 x_0 处的左、右极限至少有一个为∞，称 x_0 为 $f(x)$的**无穷间断点**；

(2) $f(x)$在点 x_0 处的左、右极限至少有一个不存在，并且不是∞，称 x_0 为 $f(x)$的**非无穷间断点**.

例 3 判断 $f(x)=\begin{cases} x^2\sin\dfrac{1}{x}, & x \neq 0, \\ 1, & x=0 \end{cases}$ 在点 $x=0$ 处的连续性.

解 因为 $\lim\limits_{x \to 0} f(x)=\lim\limits_{x \to 0} x^2\sin\dfrac{1}{x}=0$，$f(0)=1$，所以$\lim\limits_{x \to 0} f(x) \neq f(0)$，因此 $f(x)$在 $x=0$ 处间断，且 $x=0$ 是函数 $f(x)$的可去间断点.

例 4 判断函数 $f(x)=\begin{cases} 2x, & x<-1, \\ 1+x^2, & x \geqslant -1 \end{cases}$ 在点 $x=-1$ 处的连续性.

解 因为

$$\lim_{x \to -1^-} f(x)=\lim_{x \to 1^-} 2x=-2, \quad \lim_{x \to -1^+} f(x)=\lim_{x \to -1^+}(1+x^2)=2,$$

所以

$$\lim_{x \to 0^+} f(x) \neq \lim_{x \to 0^-} f(x).$$

所以函数 $f(x)$在点 $x=-1$ 处间断. 且 $x=-1$ 是函数 $f(x)$的跳跃间断点.

例 5 判断函数 $f(x)=\dfrac{x^2+3x-1}{x-2}$在点 $x=2$ 处的连续性.

解 因为函数 $f(x)=\dfrac{x^2+3x-1}{x-2}$在点 $x=2$ 处无定义，且$\lim\limits_{x \to 2}\dfrac{x^2+3x-1}{x-2}=\infty$，所以函数 $f(x)$在 $x=2$ 处间断，且 $x=2$ 是函数 $f(x)$的无穷间断点.

例 6 判断函数 $y=\sin\dfrac{1}{x}$在点 $x=0$ 处的连续性.

解 因为函数 $y=\sin\dfrac{1}{x}$在点 $x=0$ 处无定义，$\lim\limits_{x \to 0}\sin\dfrac{1}{x}$不存在，所以函数 $f(x)$在 $x=0$ 处间断，且 $x=0$ 是 $f(x)$的第二类间断点，且为非无穷间断点.

三、初等函数的连续性

1. 连续函数的运算法则

定理 1.4 如果函数 $f(x)$，$g(x)$在点 x_0 处连续，则它们的和、差、积、商（分母极限不为

零)在点 x_0 处也连续. 即

$$\lim_{x\to x_0}[f(x)\pm g(x)]=f(x_0)\pm g(x_0);$$

$$\lim_{x\to x_0}[f(x)\cdot g(x)]=f(x_0)\cdot g(x_0);$$

$$\lim_{x\to x_0}\frac{f(x)}{g(x)}=\frac{f(x_0)}{g(x_0)}\quad (g(x_0)\neq 0).$$

例如,函数 $f(x)=c$(c 为常数)与 $g(x)=x^n(n\in\mathbf{Z}^+)$都是连续函数,所以多项式函数 $F(x)=a_0x^n+a_1x^{n-1}+\cdots+a_{n-1}x+a_n$ 在$(-\infty,+\infty)$内也是连续函数.

2. 复合函数的连续性

定理 1.5　由连续函数经过有限次复合构成的函数在它的定义域内仍然连续.

定理 1.5 表明,设由函数 $y=f(u)$,$u=\varphi(x)$复合而成的复合函数为 $y=f[\varphi(x)]$,若函数 $u=\varphi(x)$在点 x_0 处连续,函数 $y=f(u)$在 $u_0=\varphi(x_0)$处也连续,即

$$\lim_{x\to x_0}u=\lim_{x\to x_0}\varphi(x)=\varphi(x_0)=u_0,\text{且}\lim_{u\to u_0}y=\lim_{u\to u_0}f(u)=f(u_0),$$

则复合函数 $y=f[\varphi(x)]$在点 x_0 处的极限值等于该复合函数在点 x_0 处的函数值

$$\lim_{x\to x_0}f[\varphi(x)]=f[\varphi(x_0)].$$

需要说明的是,有时 $u=\varphi(x)$在点 x_0 处不连续,但$\lim\limits_{x\to x_0}\varphi(x)=a$ 存在,而 $y=f(u)$在 $u=a$ 点处连续(即$\lim\limits_{u\to a}y=\lim\limits_{u\to a}f(u)=f(a)$),此时按下式求该复合函数的极限

$$\lim_{x\to x_0}f[\varphi(x)]=f[\lim_{x\to x_0}\varphi(x)]=f(a).$$

上式说明,求复合函数的极限时,函数符号与极限符号可以交换运算次序,也可以直接代入求值.

例 7　求极限$\lim\limits_{x\to\frac{\pi}{4}}\sin 4x$.

解　设 $y=\sin 4x$,它是由 $y=\sin u$ 和 $u=4x$ 复合而成的函数,函数 $u=4x$ 在点 $x=\frac{\pi}{4}$处连续,而函数 $y=\sin u$ 在对应点 $u=4\times\frac{\pi}{4}=\pi$ 处也连续,所以

$$\lim_{x\to\frac{\pi}{4}}\sin 4x=\sin\left(4\times\frac{\pi}{4}\right)=\sin\pi=0.$$

例 8　求极限$\lim\limits_{x\to 0}\ln(1+x)^{\frac{1}{x}}$.

解　设 $y=\ln(1+x)^{\frac{1}{x}}$,它是由 $y=\ln u$ 和 $u=(1+x)^{\frac{1}{x}}$复合而成的函数,因为

$$\lim_{x\to 0}u=\lim_{x\to 0}(1+x)^{\frac{1}{x}}=\mathrm{e},$$

而 $y=\ln u$ 在点 $u=\mathrm{e}$ 处连续,所以

$$\lim_{x\to 0}\ln(1+x)^{\frac{1}{x}}=\ln\lim_{x\to 0}(1+x)^{\frac{1}{x}}=\ln\mathrm{e}=1.$$

3. 初等函数的连续性

定理 1.6　基本初等函数在其定义域内都是连续的;一切初等函数在其定义域内都是连续的.

由此可知,初等函数的连续区间与其定义域是相同的.

例如，指数函数 $y=a^x(a>0$ 且 $a\neq1)$ 在定义域 $(-\infty,+\infty)$ 内是连续的. 对数函数 $y=\log_a x(a>0$ 且 $a\neq1)$ 在定义域 $(0,+\infty)$ 内是连续的. 初等函数 $y=x\ln x$ 在定义域 $(0,+\infty)$ 内是连续的.

4. 利用函数的连续性求极限

根据以上所述，可以得出求连续函数的极限的方法：对于初等函数 $y=f(x)$，当 x_0 是其定义域内的点时，就有

$$\lim_{x\to x_0} f(x)=f(x_0).$$

这就是说，求连续函数的极限时只需把 x_0 直接代入函数式求出函数值即可.

例 9 求极限 $\lim\limits_{x\to1}(2x^2+3x-1)$.

解 因为函数 $f(x)=2x^2+3x-1$ 的定义域是 $(-\infty,+\infty)$，所以

$$\lim_{x\to1}(2x^2+3x-1)=2\times1^2+3\times1-1=4.$$

例 10 求极限 $\lim\limits_{x\to-1}\sqrt{4-x^2}$.

解 因为函数 $f(x)=\sqrt{4-x^2}$ 的定义域是 $[-2,2]$，且 $-1\in[-2,2]$，所以

$$\lim_{x\to-1}\sqrt{4-x^2}=\sqrt{4-(-1)^2}=\sqrt{3}.$$

四、闭区间上连续函数的性质

1. 最大值和最小值性质

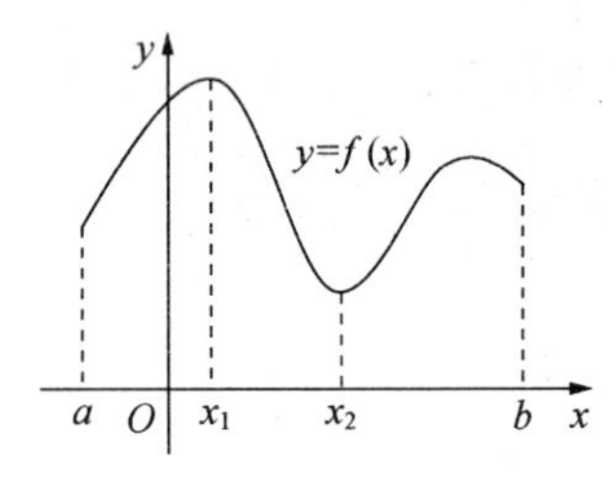

图 1-15

定理 1.7(最大值和最小值定理) 闭区间上的连续函数，一定取得最大值和最小值.

如图 1-15 所示，函数 $y=f(x)$ 在闭区间 $[a,b]$ 上连续，那么至少存在一点 $x_1\in[a,b]$，使得 $y=f(x)$ 在点 x_1 处取得最大值；又至少存在一点 $x_2\in[a,b]$，使得函数 $y=f(x)$ 在点 x_2 处取得最小值.

一般说来，开区间上的连续函数可能没有最大值或最小值. 例如，函数 $f(x)=\dfrac{1}{x}$ 在区间 $(0,1)$ 内既没有最大值，也没有最小值.

由上述性质可知，闭区间上连续函数在该区间上一定有界.

2. 介值性质

定理 1.8(介值定理) 如果函数 $y=f(x)$ 在闭区间 $[a,b]$ 上连续，M 和 m 分别是函数 $y=f(x)$ 在 $[a,b]$ 上的最大值和最小值，那么对于任意介于 M 和 m 之间的常数 c，至少存在一点 $\xi\in(a,b)$，使得

$$f(\xi)=c.$$

介值定理的几何意义是，连续曲线 $y=f(x)$ 与水平直线 $y=c$（常数 c 介于函数 $y=f(x)$ 在 $[a,b]$ 上的最大值 M 和最小值 m 之间）至少有一个交点.

推论(零点定理) 如果函数 $y=f(x)$ 在闭区间 $[a,b]$ 上连续，且函数在两端点的函数值 $f(a)$ 与 $f(b)$ 异号，那么至少存在一点 $\xi\in(a,b)$，使得

$$f(\xi)=0.$$

零点定理的几何意义是：如果连续曲线 $y=f(x)$ 的两个端点位于 x 轴的不同侧，那么这段曲线与 x 轴至少有一个交点. 这一推论也叫做根的存在定理.

由图 1-16 可以看出，曲线 $y=f(x)$ 连续地从负值 $f(a)$ 变到正值 $f(b)$，必定要与 x 轴相交(至少相交一次)，交点的横坐标 ξ_1、ξ_2、ξ_3 处就是性质中的 ξ.

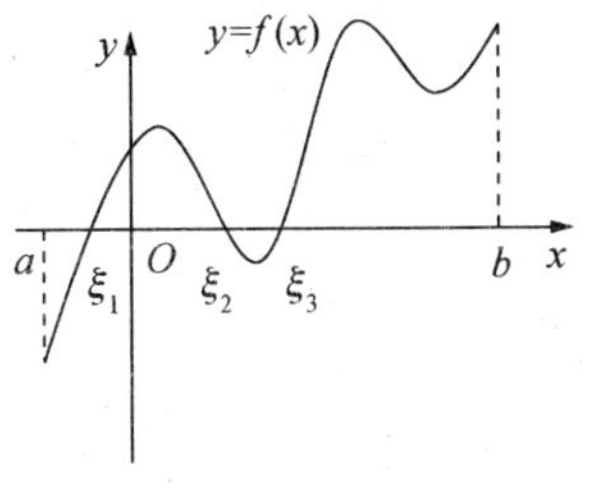

图 1-16

例 11　证明方程 $x^3-2x+3=0$ 在 $(-2,1)$ 内至少有一个根.

证明　设 $f(x)=x^3-2x+3$，则 $f(x)$ 的定义域是 $(-\infty,+\infty)$.

因为 $f(x)$ 是初等函数，所以 $f(x)$ 在闭区间 $[-2,1]$ 上连续，且在区间端点的函数值为

$$f(-2)=-1<0, f(1)=2>0,$$

根据零点定理可知，在 $(-2,1)$ 内至少有一点 ξ，使得 $f(\xi)=0$. 即

$$\xi^3-2\xi+3=0 \quad (-2<\xi<1).$$

这说明方程 $x^3-2x+3=0$ 在 $(-2,1)$ 内至少有一个根.

习 题 1-4

1. 判断下列函数在指定点处的连续性：

(1) $y=3x+2, x=1$；　　(2) $y=\dfrac{1}{x+1}, x=-1$；

(3) $y=\begin{cases}-1, & x<0, \\ 0, & x=0, \\ 1, & x>0.\end{cases}$ $x=0$；　　(4) $y=\begin{cases}\dfrac{x^2-4}{x-2}, & x\neq 2, \\ 1, & x=2.\end{cases}$ $x=2$.

2. 求下列函数的间断点：

(1) $y=\dfrac{x-2}{x^2-5x+6}$；　　(2) $y=\begin{cases}x-1, & x\leqslant 0, \\ x+1, & x>0.\end{cases}$

3. 求下列极限：

(1) $\lim\limits_{x\to 0}\sqrt{x^2+5x+4}$；　　(2) $\lim\limits_{x\to 1}\dfrac{x^2-3x+2}{x-1}$；

(3) $\lim\limits_{h\to 0}\dfrac{(x+h)^2-x^2}{h}$；　　(4) $\lim\limits_{x\to 1}\left(\dfrac{1}{1-x}-\dfrac{1}{1-x^3}\right)$.

复 习 题 一

1. 设函数 $f(x)=x^2-3x+5$，求 $f(0), f(1), f(-1), f(x-1)$.

2. 设函数 $f(x)=\begin{cases}x+1, & x<0, \\ 1+x^2, & x\geqslant 0.\end{cases}$ 求 $f(-1), f(0), f(1)$.

3. 求下列函数的定义域：

(1) $f(x)=\dfrac{x-1}{x^2-1}$；　　(2) $f(x)=\sqrt{x^2-5x+6}$；

(3) $f(x)=\log_2(3x-2-x^2)$；　　(4) $f(x)=\sqrt{x+3}+\tan\dfrac{x}{2}$.

4. 判断下列函数的奇偶性：

(1) $f(x)=x^3-\sin x$；　　(2) $f(x)=x^2\cos x$；

(3) $f(x)=e^x+e^{-x}$；　　(4) $f(x)=\lg(x+\sqrt{x^2+1})$.

5. 求下列极限：

(1) $\lim\limits_{x\to 2}(x^2-3x+4)$；　　(2) $\lim\limits_{x\to 1}\dfrac{x^2-1}{x+2}$；

(3) $\lim\limits_{x\to 1}\dfrac{x^2-1}{x^3-1}$；　　(4) $\lim\limits_{x\to \infty}\dfrac{x+1}{x^2+2}$；

(5) $\lim\limits_{x\to \infty}\dfrac{2x^2+5}{4-4x^2}$；　　(6) $\lim\limits_{x\to 0}\dfrac{\sqrt{1+x^2}-1}{x}$；

(7) $\lim\limits_{x\to 0}\dfrac{\sin 3x}{x}$；　　(8) $\lim\limits_{x\to 0}\dfrac{\tan x-\sin x}{x^2}$；

(9) $\lim\limits_{x\to 1}\dfrac{\sin(x-1)}{x-1}$；　　(10) $\lim\limits_{x\to \infty}\left(1+\dfrac{2}{x}\right)^x$；

(11) $\lim\limits_{x\to \infty}\left(1+\dfrac{2}{x+1}\right)^{x+1}$；　　(12) $\lim\limits_{x\to \infty}\left(\dfrac{x-1}{x+1}\right)^x$.

6. 讨论函数 $f(x)=\begin{cases}1+x, & x<0,\\ 1+x^2, & x\geqslant 0.\end{cases}$ 在点 $x=0$ 处的连续性.

7. 讨论函数 $f(x)=\begin{cases}1+x, & x<-1,\\ x^2-1, & -1\leqslant x\leqslant 1,\\ 1-x, & x>1.\end{cases}$ 在点 $x=-1$ 和 $x=1$ 处的连续性.

【数学史典故1】

古典数学的奠基者——刘徽

刘徽

（约225—295）

刘徽（约225—295），中国魏晋间杰出的数学家，中国古典数学理论的奠基者之一．籍贯及生卒年月不详．幼年曾学习过《九章算术》，成年后又继续深入研究，在魏景元四年（263）注《九章算术》，并撰《重差》作为《九章算术注》第十卷．刘徽全面论述了《九章算术》所载的方法和公式，指出并且纠正了其中的错误，在数学方法和数学理论上做出了杰出的贡献．

他的“割圆术”思想是现代人经常引用的伟大成果之一．这是他创造的一种运用极限思想证明圆面积公式的方法．首先从圆内接正6边形开始割圆，依次得正12边形、正24边形……割得越细，正多边形的面积与圆面积之差越小，“割之又割，以至于不可割，则与圆周合体而无所失矣”．这一思想又提供了计算圆周率的科学方法．正是他提出的计算圆周率的方法，使后来的祖冲之能够进一步将圆周率可靠数字推进到八位．奠定了此后千余年中国圆周率计算在世界上的领先地位．

这种将无穷小分割方法与极限思想引入数学证明，以现代的观点看，是刘徽最杰出的贡献．除了用极限思想严格证明了《九章算术》提出的圆面积公式，他还提出并用极限方法证明了一个与体积有关的重要原理，现在称为刘徽原理．可以说，刘徽的极限思想的深度超过古希腊的同类思想．

他的另一项著名成果是提出了解决球体积公式的正确途径．另外他是世界上最早提出十进制小数概念的人，并用十进制小数来表示无理数的立方根．在代数方面，他正确地提出了正负数的概念及其加减运算的法则，改进了线性方程组的解法.

除了这些具体的数学成果之外，刘徽的重要贡献还体现在他的数学思想上.他以严密的数学用语描述了有关数学概念，提出并定义了许多数学概念，从而改变了以前靠约定俗成确定数学概念的含义的做法.他提出了许多公认正确的判断作为证明的前提.他的大多数推理、证明都合乎逻辑，十分严谨，从而把《九章算术》及他自己提出的解法、公式建立在必然性的基础之上.对《九章算术》中的许多结论给出了严格证明.通过"析理以辞、解体用图"，给概念以定义，给判断和命题以逻辑证明，并建立了它们之间的有机联系.

刘徽成为我国古典数学理论的奠基者之一.吴文俊先生说："从对数学贡献的角度来衡量，刘徽应该与欧几里得、阿基米德等相提并论."

（摘自《百度文库》）

第二章　导数与微分

我们在解决实际问题时，除了需要了解变量之间的函数关系以外，有时还需要研究变量变化的快慢程度．例如，力学中物体运动的速度、加速度，电学中的电流强度，化学中的反应速度，生物学中的繁殖率，几何中的切线斜率等．而这些问题只有在引进导数概念以后，才能更好地说明这些量的变化情况．

本章我们将在函数极限概念的基础上研究微分学的两个基本概念——函数的导数与微分．

第一节　导数的概念

导数能反映函数相对于自变量的变化快慢程度．恩格斯(F. Engels，1820—1895)指出："在一切理论成就中，未必再有什么像17世纪下半叶微积分的发明那样被看做人类精神的最高胜利了．"

一、引例

引例 2.1【变速直线运动的瞬时速度】　设物体做变速直线运动，其运动规律为 $s=s(t)$．其中 s 表示路程，t 表示时间，$s(t)$是连续函数．求物体在某时刻 $t=t_0$ 运动的瞬时速度$v(t_0)$．

当时间由 t_0 改变到 $t_0+\Delta t$ 时，物体在 Δt 这一段时间内，所经过的距离为

$$\Delta s=s(t_0+\Delta t)-s(t_0).$$

当物体做匀速运动时，它的速度不随时间而改变，即

$$v=\frac{\Delta s}{\Delta t}=\frac{s(t_0+\Delta t)-s(t_0)}{\Delta t}$$

是一个常量，它是物体在时刻 t_0 的速度，也是物体在任意时刻的速度．

但是，当物体作变速运动时，它的速度随时间而变化，此时$\frac{\Delta s}{\Delta t}$表示时刻从 t_0 到 $t_0+\Delta t$ 这一段时间内的平均速度 $\bar{v}$，即

$$\bar{v}=\frac{\Delta s}{\Delta t}=\frac{s(t_0+\Delta t)-s(t_0)}{\Delta t}.$$

当 Δt 很小时，可以用 $\bar{v}$ 近似地表示物体在时刻 t_0 的速度，Δt 愈小，近似程度愈好．当 Δt 无限趋近于零时，平均速度将无限趋近于瞬时速度．当 $\Delta t\to 0$ 时，如果极限$\lim\limits_{\Delta t\to 0}\frac{\Delta s}{\Delta t}$存在，就称此极限为物体在时刻 t_0 时的瞬时速度，即

$$v(t_0)=\lim_{\Delta t\to 0}\frac{\Delta s}{\Delta t}=\lim_{\Delta t\to 0}\frac{s(t_0+\Delta t)-s(t_0)}{\Delta t}.$$

引例 2.2【过曲线上某点处的切线斜率】　已知一平面曲线 L 的方程为 $y=f(x)$，$P_0(x_0,y_0)$为曲线上的一点，求曲线在该点处的切线斜率．

首先我们利用极限的思想给出平面曲线切线的概念．

在曲线 L 上点 $P_0(x_0,y_0)$ 的附近另取一点 P，作割线 P_0P. 若当点 P 沿曲线移动而趋向于点 P_0 时，割线 P_0P 绕 P_0 旋转趋向于某一极限位置 P_0T，则直线 P_0T 就称为曲线 L 在点 P_0 处的切线(如图 2-1 所示).

根据图 2-1 可知，曲线 L 的割线 P_0P 的斜率为

$$\tan\varphi=\frac{\Delta y}{\Delta x}=\frac{f(x_0+\Delta x)-f(x_0)}{\Delta x},$$

其中 φ 为割线 P_0P 的倾斜角.

显然，当点 P 沿曲线 L 趋向于点 P_0 时，$\Delta x\to 0$，此时

$$\varphi\to\alpha,\tan\varphi\to\tan\alpha.$$

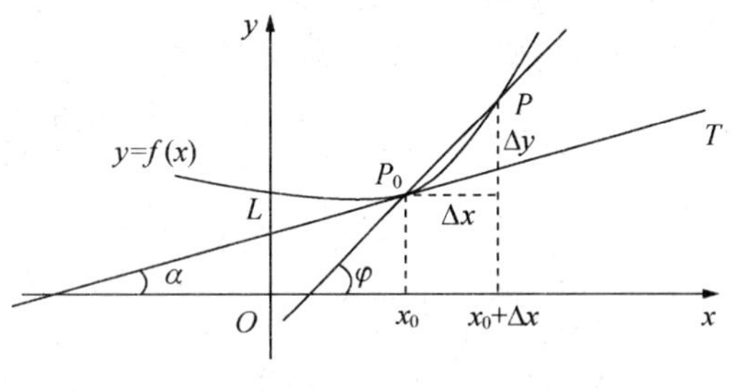

图　2-1

如果当 $\Delta x\to 0$ 时，割线的斜率 $\tan\varphi$ 的极限存在，记为 k，即

$$k=\tan\alpha=\lim_{\Delta x\to 0}\tan\varphi=\lim_{\Delta x\to 0}\frac{\Delta y}{\Delta x}=\lim_{\Delta x\to 0}\frac{f(x_0+\Delta x)-f(x_0)}{\Delta x}.$$

这里，k 就是割线 P_0P 斜率的极限，因此根据曲线 L 在点 P_0 处的切线定义，k 就是切线 P_0T 的斜率.

由此可见，曲线 $y=f(x)$ 在点 P_0 处的纵坐标的增量 Δy 与横坐标的增量 Δx 之比，当 $\Delta x\to 0$ 时的极限即为曲线 $y=f(x)$ 上点 P_0 处的切线斜率.

以上两个例子，尽管实际意义不同，但它们的数学方法是相同的，都归结为求函数增量与自变量增量之比，当自变量增量趋向于零时的极限. 在自然科学和工程技术中，还有很多问题，如交流电路中的电流强度、角速度、线密度等都可以归结为这种极限形式. 我们抛开这些量的具体意义，抓住它们在数量关系上的共性——求函数值增量与自变量增量比值的极限，给出函数导数的概念.

二、导数的概念

定义 2.1　设函数 $y=f(x)$ 在点 x_0 处及其附近定义，当自变量 x 在 x_0 处有增量 $\Delta x(\Delta x\neq 0)$ 时，相应地函数有增量 $\Delta y=f(x_0+\Delta x)-f(x_0)$，若极限 $\lim\limits_{\Delta x\to 0}\frac{\Delta y}{\Delta x}$ 存在，则称函数 $y=f(x)$ 在点 x_0 处可导，并把这个极限值称为**函数 $y=f(x)$ 在点 x_0 处的导数**，记作

$$f'(x_0),y'\big|_{x=x_0},\frac{\mathrm{d}y}{\mathrm{d}x}\Big|_{x=x_0}\text{或}\frac{\mathrm{d}f(x)}{\mathrm{d}x}\Big|_{x=x_0},$$

即

$$f'(x_0)=\lim_{\Delta x\to 0}\frac{\Delta y}{\Delta x}=\lim_{\Delta x\to 0}\frac{f(x_0+\Delta x)-f(x_0)}{\Delta x}.$$

函数 $f(x)$ 在点 x_0 处可导有时也说成 $f(x)$ 在点 x_0 处具有导数或导数存在. 如果极限 $\lim\limits_{\Delta x\to 0}\frac{\Delta y}{\Delta x}$ 不存在，就说函数 $f(x)$ 在点 x_0 处不可导.

在实际中，点 x_0 处函数 $f(x)$ 的导数也经常表示为如下形式

$$f'(x_0)=\lim_{\Delta x\to 0}\frac{\Delta y}{\Delta x}=\lim_{h\to 0}\frac{f(x_0+h)-f(x_0)}{h},$$

或

$$f'(x_0)=\lim_{\Delta x\to 0}\frac{\Delta y}{\Delta x}=\lim_{x\to x_0}\frac{f(x)-f(x_0)}{x-x_0}.$$

定义2.1给出了函数在一点处可导的概念.若函数 $y=f(x)$ 在某一区间 (a,b) 内每一点处都可导,则称 $y=f(x)$ 在该区间内可导.这时,对于任意 $x\in(a,b)$,都对应着 $f(x)$ 的一个确定的导数值 $f'(x)$,这样就构成了一个新函数,我们称这个新函数为函数 $y=f(x)$ 在区间 (a,b) 内的**导函数**,记作 y',$f'(x)$,$\frac{\mathrm{d}y}{\mathrm{d}x}$ 或 $\frac{\mathrm{d}f(x)}{\mathrm{d}x}$. 即

$$f'(x)=\lim_{\Delta x\to 0}\frac{f(x+\Delta x)-f(x)}{\Delta x},x\in(a,b).$$

显然,$f'(x_0)$ 是导函数 $f'(x)$ 在点 x_0 处的函数值.

今后,在不至于引起混淆的情况下,导函数也简称为导数.

由导数定义可知:

(1) 引例2.1中,变速直线运动的速度 $v(t)$ 是路程 $s(t)$ 对时间 t 的导数,即

$$v(t)=s'(t)=\frac{\mathrm{d}s}{\mathrm{d}t}.$$

(2) 引例2.2中,曲线 $y=f(x)$ 在其上一点 $M(x_0,y_0)$ 处的切线斜率为

$$k=f'(x_0).$$

三、导数的几何意义

由本节引例2.2可知导数的几何意义是:函数 $y=f(x)$ 在点 x_0 处的导数 $f'(x_0)$,就是曲线 $y=f(x)$ 在其上一点 $P(x_0,f(x_0))$ 处的切线的斜率.

由此可知,曲线 $y=f(x)$ 上的点 $P(x_0,f(x_0))$ 处的切线的斜率为

$$k=f'(x_0).$$

切线方程为

$$y-f(x_0)=f'(x_0)(x-x_0).$$

过点 $P(x_0,f(x_0))$ 且与切线垂直的直线叫做曲线 $y=f(x)$ 在该点处的**法线**,其方程为

$$y-f(x_0)=-\frac{1}{f'(x_0)}(x-x_0)\ (f'(x_0)\neq 0).$$

例1 求曲线 $y=\frac{1}{x}$ 在点 $\left(2,\frac{1}{2}\right)$ 处的切线方程和法线方程.

解 由导数的几何意义可知,曲线 $y=\frac{1}{x}$ 在点 $\left(2,\frac{1}{2}\right)$ 处的切线斜率为

$$k=y'|_{x=2}=\left(\frac{1}{x}\right)'\bigg|_{x=2}=-\frac{1}{x^2}\bigg|_{x=2}=-\frac{1}{4},$$

所以,曲线 $y=\frac{1}{x}$ 在点 $\left(2,\frac{1}{2}\right)$ 处的切线方程为

$$y-\frac{1}{2}=-\frac{1}{4}(x-2),$$

即

$$x+4y-4=0.$$

法线方程为

$$y-\frac{1}{2}=4(x-2),$$

即

$$8x-2y-15=0.$$

四、函数可导与连续的关系

定理 2.1　如果函数 $y=f(x)$ 在点 x_0 处可导，则 $f(x)$ 在点 x_0 处连续.

反之，函数 $y=f(x)$ 在 x_0 处连续时，$y=f(x)$ 在点 x_0 处不一定可导. 即函数 $y=f(x)$ 在点 x_0 处连续是它在该点处可导的必要条件，但不是充分条件.

例 2　讨论函数 $y=|x|=\begin{cases}x, & x\geqslant 0,\\ -x, & x<0\end{cases}$ 在点 $x=0$ 处的连续性与可导性.

解　因为

$$\lim_{x\to 0}y=\lim_{x\to 0}|x|=0=f(0),$$

所以 $y=|x|$ 点 $x=0$ 处连续. 但是由于

$$\frac{\Delta y}{\Delta x}=\frac{|\Delta x|}{\Delta x}=\begin{cases}1, & \Delta x>0,\\ -1, & \Delta x<0.\end{cases}$$

$$\lim_{\Delta x\to 0^+}\frac{\Delta y}{\Delta x}=1,\ \lim_{\Delta x\to 0^-}\frac{\Delta y}{\Delta x}=-1,$$

所以 $\lim\limits_{\Delta x\to 0}\dfrac{\Delta y}{\Delta x}$ 不存在，即 $y=|x|$ 点 $x=0$ 处不可导.

这在图像中表现为 $y=|x|$ 在点 $x=0$ 处没有切线，如图 2-2 所示.

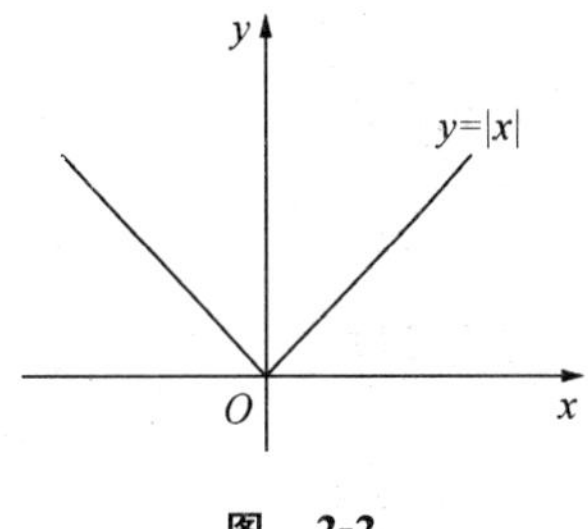

图　2-2

习 题 2-1

1. 根据导数的定义，求下列函数在给定点处的导数值：

(1) $y=\dfrac{2}{x}$，$x_0=1$；　　(2) $y=2x^2+1$，$x_0=-1$.

2. 根据导数的定义，求函数 $f(x)=ax^2+bx+c$（其中 a,b,c 为常数）的导函数 $f'(x)$ 及 $f'(0)$，$f'(-1)$.

3. 将一物体垂直上抛，其运动方程为 $s=16.2t-4.9t^2$，试求：

(1) 在 1 秒末至 2 秒末内的平均速度；

(2) 在 1 秒末和 2 秒末的瞬时速度.

4. 求曲线 $y=x^3$ 在点 $(2,8)$ 处的切线方程和法线方程.

5. 在正弦曲线 $y=\sin x$ 在区间 $[0,\pi]$ 上求一点：

(1) 在该点处的切线与 x 轴平行；

(2) 在该点处的切线与 x 轴成 45° 的角.

6. a,b 取何值时，函数 $f(x)=\begin{cases}x^2, & x\leqslant 1,\\ ax+b, & x>1\end{cases}$ 在 $x=1$ 处连续且可导.

第二节　导数的运算

第一节我们利用导数的定义，求出了一些简单函数的导数，但对于复杂的函数，直接利用导数定义去求其导数，计算量很大，有时甚至是很困难的. 为了便于计算，本节给出基本初等函数的求导公式和导数的运算法则，这样在求一般函数的导数时，可以不再按导数的定义推导计算.

一、几个基本初等函数的导数

由导数的定义知，求函数 $y=f(x)$ 的导数 y' 可以分为以下三个步骤：

（1）求增量：$\Delta y=f(x+\Delta x)-f(x)$；

（2）求比值：$\dfrac{\Delta y}{\Delta x}=\dfrac{f(x+\Delta x)-f(x)}{\Delta x}$；

（3）取极限：$y'=\lim\limits_{\Delta x\to 0}\dfrac{\Delta y}{\Delta x}=\lim\limits_{\Delta x\to 0}\dfrac{f(x+\Delta x)-f(x)}{\Delta x}$.

应用这三个步骤，我们来求出几个基本初等函数的导数，得出的结果以后可作为公式使用.

1. 常量函数 $f(x)=C$（C 为常数）的导数

因为无论 x 取什么值，y 的值恒为常数 C. 所以求增量，得

$$\Delta y=f(x+\Delta x)-f(x)=C-C=0,$$

求比值，得

$$\frac{\Delta y}{\Delta x}=\frac{0}{\Delta x}=0,$$

取极限，得

$$y'=\lim_{\Delta x\to 0}\frac{\Delta y}{\Delta x}=\lim_{\Delta x\to 0}0=0.$$

即

$$C'=0.$$

这就是说，**常数的导数等于零.**

2. 幂函数 $f(x)=x^{\alpha}$ 的导数

我们分别考察函数 $y=x$ 和 $y=x^2$ 的导数.

（1）对于函数 $y=f(x)=x$，求增量，得

$$\Delta y=f(x+\Delta x)-f(x)=x+\Delta x-x=\Delta x,$$

算比值，得

$$\frac{\Delta y}{\Delta x}=\frac{\Delta x}{\Delta x}=1,$$

取极限，得

$$f'(x)=\lim_{\Delta x\to 0}\frac{\Delta y}{\Delta x}=\lim_{\Delta x\to 0}1=1.$$

即

$$x'=1.$$

（2）对于函数 $y=f(x)=x^2$，求增量，得

$$\Delta y=f(x+\Delta x)-f(x)=(x+\Delta x)^2-x^2=2x\Delta x+(\Delta x)^2,$$

算比值，得

$$\frac{\Delta y}{\Delta x}=\frac{2x\Delta x+(\Delta x)^2}{\Delta x}=2x+\Delta x,$$

取极限，得

$$f'(x)=\lim_{\Delta x\to 0}\frac{\Delta y}{\Delta x}=\lim_{\Delta x\to 0}(2x+\Delta x)=2x.$$

即

$$(x^2)'=2x.$$

类似地，可以得到$(x^3)'=3x^2$，$(x^{-1})'=-x^{-2}$.

一般地，对于幂函数 $f(x)=x^\alpha$（α 是任意实数）有导数公式

$$(x^\alpha)'=\alpha x^{\alpha-1}.$$

例 1　利用幂函数的求导公式求下列函数的导数：

(1) $y=\sqrt[3]{x}$；　　(2) $y=x^3\sqrt[4]{x}$.

解　(1) 因为

$$y=\sqrt[3]{x}=x^{\frac{1}{3}},$$

所以

$$y'=\left(x^{\frac{1}{3}}\right)'=\frac{1}{3}x^{\frac{1}{3}-1}=\frac{1}{3}x^{-\frac{2}{3}}=\frac{1}{3\sqrt[3]{x^2}}.$$

(2) 因为

$$y=x^3\sqrt[4]{x}=x^{\frac{13}{4}},$$

所以

$$y'=\left(x^{\frac{13}{4}}\right)'=\frac{13}{4}x^{\frac{13}{4}-1}=\frac{13}{4}x^{\frac{9}{4}}=\frac{13}{4}x^2\sqrt[4]{x}.$$

3. 函数 $f(x)=\sin x$ 的导数

求增量，得

$$\Delta y=\sin(x+\Delta x)-\sin x=2\sin\frac{\Delta x}{2}\cos\left(x+\frac{\Delta x}{2}\right),$$

求比值，得

$$\frac{\Delta y}{\Delta x}=\frac{2\sin\frac{\Delta x}{2}\cos\left(x+\frac{\Delta x}{2}\right)}{\Delta x}=\frac{\sin\frac{\Delta x}{2}}{\frac{\Delta x}{2}}\cdot\cos\left(x+\frac{\Delta x}{2}\right),$$

取极限，得

$$f'(x)=\lim_{\Delta x\to 0}\frac{\Delta y}{\Delta x}=\lim_{\Delta x\to 0}\frac{\sin\frac{\Delta x}{2}}{\frac{\Delta x}{2}}\cdot\cos\left(x+\frac{\Delta x}{2}\right)$$

$$=\lim_{\Delta x\to 0}\frac{\sin\frac{\Delta x}{2}}{\frac{\Delta x}{2}}\cdot\lim_{\Delta x\to 0}\cos\left(x+\frac{\Delta x}{2}\right)=\cos x.$$

所以

$$(\sin x)'=\cos x.$$

同理可以得到

$$(\cos x)'=-\sin x.$$

例 2　求函数 $y=\sin x$ 在点 $x=-\frac{\pi}{4}$ 处的导数.

解 因为 $y'=(\sin x)'=\cos x$，所以

$$y'\big|_{x=-\frac{\pi}{4}}=\cos x\big|_{x=-\frac{\pi}{4}}=\cos\left(-\frac{\pi}{4}\right)=\frac{\sqrt{2}}{2}.$$

4. 对数函数 $y=\log_a x(a>0,a\neq 1)$ 的导数

求增量，得

$$\Delta y=\log_a(x+\Delta x)-\log_a x=\log_a\left(1+\frac{\Delta x}{x}\right),$$

求比值，得

$$\frac{\Delta y}{\Delta x}=\frac{\log_a\left(1+\dfrac{\Delta x}{x}\right)}{\Delta x}=\log_a\left(1+\frac{\Delta x}{x}\right)^{\frac{1}{\Delta x}},$$

取极限，得

$$\begin{aligned}\lim_{\Delta x\to 0}\frac{\Delta y}{\Delta x}&=\lim_{\Delta x\to 0}\log_a\left(1+\frac{\Delta x}{x}\right)^{\frac{1}{\Delta x}}=\lim_{\Delta x\to 0}\log_a\left[\left(1+\frac{\Delta x}{x}\right)^{\frac{x}{\Delta x}}\right]^{\frac{1}{x}}\\&=\lim_{\Delta x\to 0}\frac{1}{x}\log_a\left(1+\frac{\Delta x}{x}\right)^{\frac{x}{\Delta x}}=\frac{1}{x}\lim_{\Delta x\to 0}\log_a\left(1+\frac{\Delta x}{x}\right)^{\frac{x}{\Delta x}}\\&=\frac{1}{x}\log_a\lim_{\Delta x\to 0}\left(1+\frac{\Delta x}{x}\right)^{\frac{x}{\Delta x}}=\frac{1}{x}\log_a e=\frac{1}{x\ln a}.\end{aligned}$$

即

$$(\log_a x)'=\frac{1}{x\ln a}.$$

特别地，有

$$(\ln x)'=\frac{1}{x}.$$

二、函数和、差、积、商的导数

定理 2.2 设函数 $u=u(x)$，$v=v(x)$ 在点 x 处均可导，则它们的和、差、积、商（分母不为零）在点 x 处也可导，且有以下法则：

(1) $(u\pm v)'=u'\pm v'$；

(2) $(uv)'=u'v+uv'$；

特别地，$(Cu)'=Cu'$ （C 为常数）；

(3) $\left(\dfrac{u}{v}\right)'=\dfrac{u'v-uv'}{v^2}$ （$v\neq 0$）.

例 3 求下列函数的导数：

(1) 已知 $y=2x^{\frac{2}{3}}-3\sin x+\cos\dfrac{\pi}{5}$，求 y'；

(2) 设 $f(x)=(x^3-2x^2+5)e^x$，求 $f'(x)$.

解 (1) $y'=\left(2x^{\frac{2}{3}}-3\sin x+\cos\dfrac{\pi}{5}\right)'=(2x^{\frac{2}{3}})'-(3\sin x)'+\left(\cos\dfrac{\pi}{5}\right)'$

$$=2\times\frac{2}{3}x^{\frac{2}{3}-1}-3\cos x+0=\frac{4}{3}x^{-\frac{1}{3}}-3\cos x;$$

(2) $f'(x)=(x^3-2x^2+5)'e^x+(x^3-2x^2+5)(e^x)'$

$$=(3x^2-4x)e^x+(x^3-2x^2+5)e^x=(x^3+x^2-4x+5)e^x.$$

例 4　求下列函数的导数：

(1) $y=\dfrac{x-1}{x+1}$；　　(2) $y=\dfrac{x^2+2\sqrt{x}-6}{x}$.

解　(1) $y'=\left(\dfrac{x-1}{x+1}\right)'=\dfrac{(x-1)'(x+1)-(x-1)(x+1)'}{(x+1)^2}=\dfrac{2}{(x+1)^2}$；

(2)因为

$$y=\frac{x^2+2\sqrt{x}-6}{x}=x+2x^{-\frac{1}{2}}-6x^{-1},$$

所以

$$y'=(x+2x^{-\frac{1}{2}}-6x^{-1})'=1-x^{-\frac{3}{2}}+6x^{-2}.$$

例 5　求函数 $y=\tan x$ 导数.

解　因为

$$y=\tan x=\frac{\sin x}{\cos x},$$

所以

$$y'=\left(\frac{\sin x}{\cos x}\right)'=\frac{(\sin x)'\cos x-\sin x(\cos x)'}{\cos^2 x}=\frac{\cos^2 x+\sin^2 x}{\cos^2 x}=\sec^2 x,$$

即

$$(\tan x)'=\sec^2 x.$$

同理可得

$$(\cot x)'=-\csc^2 x.$$

例 6　求函数 $y=\sec x$ 导数.

解　因为

$$y=\sec x=\frac{1}{\cos x},$$

所以

$$y'=\left(\frac{1}{\cos x}\right)'=\frac{(1)'\cdot\cos x-1\cdot(\cos x)'}{\cos^2 x}=\frac{\sin x}{\cos^2 x}=\sec x\tan x,$$

即

$$(\sec x)'=\sec x\tan x.$$

同理可得

$$(\csc x)'=-\csc x\cot x.$$

三、基本初等函数的求导公式

前面我们推导出了几个基本初等函数的导数公式，又给出了函数的和、差、积、商的求导法则，这些公式和法则都是求导的基础，要求熟练掌握. 为了便于记忆和查阅，下面将基本初等函数的求导的公式归纳如下：

(1) $(C)'=0$　(C 为常数)；　　(2) $(x^\alpha)'=\alpha x^{\alpha-1}$　($\alpha\in\mathbf{R}$)；

(3) $(a^x)'=a^x\ln a$　($a>0,a\neq1$)；　　(4) $(e^x)'=e^x$；

(5) $(\log_a x)'=\dfrac{1}{x\ln a}$　($a>0,a\neq1$)；　　(6) $(\ln x)'=\dfrac{1}{x}$；

(7) $(\sin x)'=\cos x$；

(8) $(\cos x)'=-\sin x$；

(9) $(\tan x)'=\sec^2 x$；

(10) $(\cot x)'=-\csc^2 x$；

(11) $(\sec x)'=\sec x\tan x$；

(12) $(\csc x)'=-\csc x\cot x$；

(13) $(\arcsin x)'=\dfrac{1}{\sqrt{1-x^2}}$；

(14) $(\arccos x)'=-\dfrac{1}{\sqrt{1-x^2}}$；

(15) $(\arctan x)'=\dfrac{1}{1+x^2}$；

(16) $(\mathrm{arccot}\, x)'=-\dfrac{1}{1+x^2}$.

四、复合函数的求导法则

设 $y=f(\varphi(x))$是由 $y=f(u)$和 $u=\varphi(x)$复合而成的. 如果 $u=\varphi(x)$在点 x 处可导，$y=f(u)$在对应点 u 处可导，则复合函数 $y=f[\varphi(x)]$在点 x 处也可导，且

$$\frac{\mathrm{d}y}{\mathrm{d}x}=\frac{\mathrm{d}y}{\mathrm{d}u}\cdot\frac{\mathrm{d}u}{\mathrm{d}x}=f'(u)\cdot\varphi'(x)=f'[\varphi(x)]\cdot\varphi'(x).$$

也可表示为

$$y'_x=y'_u\cdot u'_x.$$

即复合函数的导数等于 y 对中间变量 u 的导数乘以中间变量 u 对自变量 x 的导数.

例 7 求下列函数的导数：

(1) $y=e^{\sin x}$；

(2) $y=\sqrt{x+1}$.

解 (1)函数的复合过程为 $y=e^u$，$u=\sin x$，则

$$y'_x=y'_u\cdot u'_x=(e^u)'\cdot(\sin x)'=e^u\cos x=e^{\sin x}\cos x.$$

(2)函数的复合过程为 $y=\sqrt{u}$，$u=x+1$，则

$$y'_x=y'_u\cdot u'_x=(\sqrt{u})'\cdot(x+1)'=\frac{1}{2\sqrt{u}}=\frac{1}{2\sqrt{x+1}}.$$

对于复合函数的复合过程比较熟练后，复合过程和中间变量可不必写出来，而直接利用复合函数的求导法则，由外向里，逐层求导即可.

例 8 求函数 $y=\ln\sin\dfrac{x^2}{2}$的导数.

解 $$y'_x=\left(\ln\sin\frac{x^2}{2}\right)'=\frac{1}{\sin\frac{x^2}{2}}\cdot\left(\sin\frac{x^2}{2}\right)'=\frac{1}{\sin\frac{x^2}{2}}\cdot\cos\frac{x^2}{2}\cdot\left(\frac{x^2}{2}\right)'=x\cot\frac{x^2}{2}.$$

例 9 求函数 $y=\sin^2\left(2x+\dfrac{\pi}{4}\right)$的导数.

解 $$\begin{aligned}y'&=2\sin\left(2x+\frac{\pi}{4}\right)\cdot\left[\sin\left(2x+\frac{\pi}{4}\right)\right]'=2\sin\left(2x+\frac{\pi}{4}\right)\cdot\cos\left(2x+\frac{\pi}{4}\right)\cdot\left(2x+\frac{\pi}{4}\right)'\\&=2\sin\left(4x+\frac{\pi}{2}\right)=2\cos 4x.\end{aligned}$$

有时，计算函数的导数需要同时运用函数和、差、积、商的求导法则和复合函数的求导法则.

例 10 求函数 $y=(x-1)\sqrt{x^2-1}$的导数.

解 $$\begin{aligned}y'&=(x-1)'\sqrt{x^2-1}+(x-1)(\sqrt{x^2-1})'=\sqrt{x^2-1}+(x-1)\cdot\frac{1}{2\sqrt{x^2-1}}(x^2-1)'\\&=\sqrt{x^2-1}+(x-1)\cdot\frac{2x}{2\sqrt{x^2-1}}=\frac{2x^2-x-1}{\sqrt{x^2-1}}.\end{aligned}$$

在求函数的导数时，为计算简便起见，有时还需要先把函数变形为易于求导的形式，然后再进行求导.

例 11　求下列函数的导数：

(1) $y=\frac{1}{x-\sqrt{x^2+1}}$；　(2) $y=\frac{\sin^2 x}{1-\cos x}$；　(3) $y=\log_5 \frac{x}{1-x}$.

解　(1)因为

$$y=\frac{1}{x-\sqrt{x^2+1}}=\frac{x+\sqrt{x^2+1}}{(x-\sqrt{x^2+1})(x+\sqrt{x^2+1})}=-x-\sqrt{x^2+1},$$

所以

$$y'=-1-\frac{1}{2\sqrt{x^2+1}}\cdot(x^2+1)'=-1-\frac{x}{\sqrt{x^2+1}}.$$

(2)因为

$$y=\frac{\sin^2 x}{1-\cos x}=\frac{1-\cos^2 x}{1-\cos x}=1+\cos x,$$

所以

$$y'=(1+\cos x)'=-\sin x.$$

(3)因为

$$y=\log_5 \frac{x}{1-x}=\log_5 x-\log_5(1-x),$$

所以

$$y'=\frac{1}{x\ln 5}-\frac{1}{(1-x)\ln 5}(1-x)'=\frac{1}{x\ln 5}+\frac{1}{(1-x)\ln 5}=\frac{1}{x(1-x)\ln 5}.$$

例 12　求函数 $y=\ln\sqrt{\frac{1+x^2}{1-x^2}}$ 的导数.

解　由对数性质，有

$$y=\frac{1}{2}[\ln(1+x^2)-\ln(1-x^2)],$$

所以

$$y'=\frac{1}{2}\left(\frac{2x}{1+x^2}-\frac{-2x}{1-x^2}\right)=\frac{2x}{1-x^4}.$$

例 13　一个装有 100℃热水的水瓶，加上盖，放在 20℃的环境温度中冷却，t 小时后水瓶中水温 $T=20+80e^{-3t}$（单位：℃），求水瓶中水温下降的速度.

解　水瓶中水温下降的速度为

$$T'=(20+80e^{-3t})'=-240e^{-3t}.$$

由于初等函数是用基本初等函数经过有限次四则运算或有限次复合而成，且可以用一个表达式表示的函数. 因此，有了基本初等函数求导公式、函数求导的四则运算法则和复合函数的求导法则，一切初等函数的求导数问题都已解决.

五、高阶导数

引例 2.3【物体运动的加速度】　已知作变速直线运动物体的运动方程为 $s=s(t)$，求物体在任意时刻 t 的加速度.

根据导数的定义，物体在时刻 t 的运动速度为

$$v=\frac{\mathrm{d}s}{\mathrm{d}t}\quad 或 \quad v=s'(t),$$

而加速度 a 是速度 v 对时间 t 的变化率，也就是说，加速度 a 是速度 v 对时间 t 的导数，即

$$a=\frac{\mathrm{d}v}{\mathrm{d}t}.$$

所以

$$a=\frac{\mathrm{d}v}{\mathrm{d}t}=\frac{\mathrm{d}}{\mathrm{d}t}\left(\frac{\mathrm{d}s}{\mathrm{d}t}\right)\quad 或 \quad a=(s'(t))'.$$

这种函数 $s=s(t)$ 导数的导数 $\frac{\mathrm{d}}{\mathrm{d}t}\left(\frac{\mathrm{d}s}{\mathrm{d}t}\right)$ 或 $(s'(t))'$ 叫做 s 对 t 的二阶导数，于是，有下面定义.

定义 2.2　如果函数 $y=f(x)$ 的导数 $y'=f'(x)$ 仍然是 x 的可导函数，就称 $y'=f'(x)$ 的导数为函数 $y=f(x)$ 的**二阶导数**，记作 y''，$f''(x)$ 或 $\frac{\mathrm{d}^2y}{\mathrm{d}x^2}$，即

$$y''=(y')'=f''(x) 或 \frac{\mathrm{d}^2y}{\mathrm{d}x^2}=\frac{\mathrm{d}}{\mathrm{d}x}\left(\frac{\mathrm{d}y}{\mathrm{d}x}\right).$$

类似地，函数 $y=f(x)$ 的二阶导数的导数称为 $y=f(x)$ 的三阶导数；函数 $y=f(x)$ 的三阶导数的导数称为 $y=f(x)$ 的四阶导数；……一般地，函数 $y=f(x)$ 的 $n-1$ 阶导数的导数称为 $y=f(x)$ 的 n 阶导数，它们分别记作

$$y''',y^{(4)},\cdots,y^{(n)}\quad 或 \quad \frac{\mathrm{d}^3y}{\mathrm{d}x^3},\frac{\mathrm{d}^4y}{\mathrm{d}x^4},\cdots,\frac{\mathrm{d}^ny}{\mathrm{d}x^n}.$$

二阶及二阶以上的导数统称为 $y=f(x)$ 的**高阶导数**，相应地 y' 称为 $y=f(x)$ 的一阶导数.

根据高阶导数的定义，求函数的高阶导数只需要进行一系列的一阶导数的求导运算即可.

例 14　求下列函数的二阶导数：

(1) $y=\sin^2\frac{x}{2}$；　　　　(2) $y=x(2+\ln x)$.

解　(1)因为

$$y'=2\sin\frac{x}{2}\cdot\left(\sin\frac{x}{2}\right)'=2\sin\frac{x}{2}\cdot\left(\cos\frac{x}{2}\right)\cdot\left(\frac{x}{2}\right)'=\frac{1}{2}\sin x,$$

所以

$$y''=\left(\frac{1}{2}\sin x\right)'=\frac{1}{2}\cos x.$$

(2)因为

$$y'=(x)'(2+\ln x)+x(2+\ln x)'=(2+\ln x)+x\cdot\frac{1}{x}=3+\ln x,$$

所以

$$y''=\frac{1}{x}.$$

例 15　求函数 $y=x\mathrm{e}^x$ 的 n 阶导数.

解　因为

$$y=x\mathrm{e}^x,$$

所以

$$y'=e^x+xe^x=(1+x)e^x,$$
$$y''=e^x+(1+x)e^x=(2+x)e^x,$$
$$y'''=e^x+(2+x)e^x=(3+x)e^x,$$
$$\cdots\cdots$$
$$y^{(n)}=(n+x)e^x.$$

例 16　求函数 $y=\sin x$ 的 n 阶导数.

解　因为

$$y=\sin x,$$

所以

$$y'=\cos x=\sin\left(\frac{\pi}{2}+x\right),$$
$$y''=\cos\left(\frac{\pi}{2}+x\right)=\sin\left[\frac{\pi}{2}+\left(\frac{\pi}{2}+x\right)\right]=\sin\left(2\cdot\frac{\pi}{2}+x\right),$$
$$y'''=\cos\left(2\cdot\frac{\pi}{2}+x\right)=\sin\left[\frac{\pi}{2}+\left(2\cdot\frac{\pi}{2}+x\right)\right]=\sin\left(3\cdot\frac{\pi}{2}+x\right),$$
$$\cdots\cdots$$
$$y^{(n)}=\sin\left(n\cdot\frac{\pi}{2}+x\right).$$

在求这种高阶导数的过程中,要注意总结归纳,找出共同的规律.

习 题 2-2

1. 求下列函数的导数:

(1) $y=x-\frac{1}{3}\tan x$;　(2) $y=\frac{x^2}{1-x^2}$;

(3) $y=x\cot x$;　(4) $y=\sqrt{2}x^2\sec x$;

(5) $y=\sqrt[3]{x^2}-\frac{\sqrt{2}}{2}$;　(6) $y=x\tan x-2\csc x$;

(7) $y=\frac{2}{x^3-1}$;　(8) $y=\frac{\sin t}{\sin t+\cos t}$;

(9) $y=\frac{x^5+\sqrt{x}+1}{x^3}$;　(10) $y=(\sqrt{x}+1)\left(\frac{1}{\sqrt{x}}-1\right)$;

(11) $y=\frac{x^2+2x-3}{x^2-x-12}$;　(12) $y=\frac{1}{1+\sqrt{x}}+\frac{1}{1-\sqrt{x}}$;

(13) $y=x^2\cot x+2\csc x$;　(14) $y=\frac{x}{x-1}-7x^2$;

(15) $y=\sqrt{x}\tan x+3\sin\frac{\pi}{3}$;　(16) $y=\sqrt{x}(x^2+3x-\sqrt{x}+1)$.

2. 求下列函数的导数:

(1) $y=\ln(1-x^2)$;　(2) $y=\cot\frac{x}{3}$;

(3) $y=\sqrt{a^2-x^2}$　(a 为常数);　(4) $y=\cos x\cdot\tan 2x$;

(5) $y=\frac{\sin x}{x}-\frac{1}{2}\cos^2 x$;　(6) $y=\frac{\sin x^2}{x+1}$;

(7) $y=\cot 2x-\sec^2 x$;　(8) $y=\cos\frac{3x+1}{2}$;

(9) $y=\sec^3(\ln x)$；　　(10) $y=\frac{x^2}{\sqrt{1+x^2}}$.

3. 求下列函数在给定点处的导数：

(1) $y=x^2-2\sin x$ 在点 $x=0$ 及 $x=\frac{\pi}{2}$ 处；

(2) $y=\frac{1}{1+x}$在点 $x=0$ 及 $x=2$ 处；

(3) $y=x-2x^2+1$ 在点 $x=0$ 及 $x=1$ 处；

(4) $y=x\cos x+3$ 在点 $x=\pi$ 及 $x=-\pi$ 处；

(5) $y=\sqrt[3]{4-3x}$在点 $x=1$ 处；

(6) $y=\ln\frac{2-3x^3}{x^3+2}$在点 $x=-1$ 处；

(7) $f(x)=\ln\tan x$ 在点 $x=\frac{\pi}{6}$处；

(8) $f(x)=\sqrt{1+\ln^2 x}$在点 $x=\mathrm{e}$ 处.

4. 求下列函数的二阶导数：

(1) $y=x^3+2x^2+3x+4$；　　(2) $y=(2+x^2)(1+\ln x)$；

(3) $y=(1+x^2)\sin\frac{x}{2}$；　　(4) $y=x\ln^2 x$；

(5) $y=\cos^2 x\ln x$；　　(6) $y=3^{2x}$；

(7) $y=\ln x$；　　(8) $y=\mathrm{e}^{2x}\sin x$；

(9) $y=\mathrm{e}^{2x}+x^{2\mathrm{e}}$；　　(10) $y=\frac{\mathrm{e}^x}{x}$.

5. 过点 $M(1,1)$作抛物线 $y=2-x^2$ 的切线，求切线方程.

6. 求曲线 $y=\frac{x^2-3x+6}{x^2}$在横坐标 $x=3$ 处的切线方程和法线方程.

7. 曲线 $y=(x^2-1)(x+1)$在 $x=0$ 处的切线斜率是多少？曲线上哪一点的切线平行于 x 轴？

8. 以初速度 v_0 上抛的物体，其上升的高度 H 和时间 t 的关系是 $H(t)=v_0t-\frac{1}{2}gt^2$，求：(1) 上抛物体的速度 $v(t)$；(2) 经过多少时间，它的速度为零.

9. 某电器厂在对冰箱制冷后断电测试其制冷效果，t 小时后冰箱的温度为 $T=\frac{2t}{0.05t+1}-20$（单位：℃）. 问冰箱温度 T 关于时间 t 的变化率是多少？

10. 已知质点上作简谐运动时的运动方程为 $s=A\sin\frac{2\pi}{T}t$，其中 A 为振幅，T 为周期，求在 $t=\frac{T}{4}$时质点的运动速度.

第三节　隐函数及由参数方程所确定的函数的导数

本节将介绍一些特殊函数的求导方法：隐函数及由参数方程所确定的函数的求导的方法.

一、隐函数的导数

1. 隐函数的概念

前面所讨论的函数，其自变量 x 与因变量 y 之间的关系，可以用解析形式表示成 $y=f(x)$，如 $y=x+3$，$y=3x^2-2x+5$，$y=\mathrm{e}^x+1$ 等，这种形式的函数称为**显函数**；

如果变量 x 与 y 之间的函数关系 $y=f(x)$ 由一个含 x 和 y 的方程 $F(x,y)=0$ 所确定的，即 y 与 x 的关系隐含在方程 $F(x,y)=0$ 中，称这类函数为**隐函数**.

如由方程 $y^3+xy+x^4=0$，$\mathrm{e}^y+\sin xy=1$ 等方程所确定的函数 $y=f(x)$ 都是隐函数.

将隐函数化为显函数的过程称为隐函数的显化，但有些函数是不可显化的，如 $\mathrm{e}^y+\sin xy=1$ 无法显化成 $y=f(x)$.

2. 隐函数的求导方法

隐函数求导具体方法是：

(1) 方程 $F(x,y)=0$ 两边同时对 x 求导，把 $F(x,y)=0$ 中的 y 看成 x 的函数，利用复合函数求导法则，得到一个含有 y' 的方程式.

(2) 解出 y'，所得结论中允许保留 y.

例 1　求由方程 $\mathrm{e}^y=x+y$ 所确定的函数的导数 y'_x.

解　方程两边对 x 求导，得

$$\mathrm{e}^y\cdot y'_x=1+y'_x,$$

所以

$$y'_x=\frac{1}{\mathrm{e}^y-1}.$$

例 2　求由方程 $x-y+\frac{1}{2}\sin y=0$ 所确定的隐函数 y 的二阶导数 y''.

解　应用隐函数求导方法，方程两边分别对 x 求导，得

$$1-y'+\frac{1}{2}\cos y\cdot y'=0$$

于是

$$y'=\frac{2}{2-\cos y},$$

上式两边再对 x 求导，得

$$y''=\frac{-2\sin y\cdot y'}{(2-\cos y)^2}=\frac{-4\sin y}{(2-\cos y)^3}.$$

例 3　求曲线 $xy+\ln y=1$ 在点 $M(1,1)$ 处的切线方程.

解　先求由 $xy+\ln y=1$ 所确定的隐函数的导数. 方程两边对 x 求导，得

$$y+xy'+\frac{1}{y}y'=0,$$

解出 y'，得

$$y'=\frac{-y}{x+\frac{1}{y}}=-\frac{y^2}{xy+1}.$$

在点 $M(1,1)$ 处，有

$$k=y'\big|_{\substack{x=1\\y=1}}=-\frac{1}{2},$$

于是，在点 $M(1,1)$ 处的切线方程为

$$y-1=-\frac{1}{2}(x-1),$$

即

$$x+2y-3=0.$$

二、对数求导法

对某些函数的求导，先将函数 $y=f(x)$两边取对数（一般取自然对数），然后将等式两边分别对 x 求导数，再解出 y'_x，这种方法称为**对数求导法**.

当函数为多因式相乘、相除、乘方、开方或为幂指函数 $y=u(x)^{v(x)}$时，可采用对数求导法求此类函数的导数.

例 4 求函数 $y=\sqrt[3]{\dfrac{(x+1)^2}{(x-1)(x+2)}}$的导数.

解 将等式两边取自然对数，得

$$\ln y=\frac{1}{3}[2\ln(x+1)-\ln(x-1)-\ln(x+2)],$$

上式两边同时对 x 求导，得

$$\frac{1}{y}\cdot y'=\frac{1}{3}\left[\frac{2(x+1)'}{x+1}-\frac{(x-1)'}{x-1}-\frac{(x+2)'}{x+2}\right]=\frac{1}{3}\left(\frac{2}{x+1}-\frac{1}{x-1}-\frac{1}{x+2}\right),$$

所以

$$y'=\frac{1}{3}\sqrt[3]{\frac{(x+1)^2}{(x-1)(x+1)}}\left(\frac{2}{x+1}-\frac{1}{x-1}-\frac{1}{x+2}\right).$$

例 5 求 $y=x^{\sin x}$的导数$(x>0)$.

解 将等式两边取自然对数，得

$$\ln y=\sin x\ln x,$$

上式两边同时对 x 求导，得

$$\frac{1}{y}\cdot y'=\cos x\ln x+\frac{1}{x}\sin x,$$

所以

$$y'=x^{\sin x}\left(\cos x\ln x+\frac{1}{x}\sin x\right).$$

三、由参数方程所确定的函数的导数

1. 参函数的概念

如果参数方程$\begin{cases}x=x(t),\\y=y(t)\end{cases}$$(\alpha\leqslant t\leqslant\beta)$确定 y 与 x 之间函数关系 $y=f(x)$，其中 t 为参数.则称此函数关系所表达的函数为**由参数方程所确定的函数**，简称为**参函数**.

2. 由参数方程所确定的函数的求导方法

在实际问题中，需要计算由参数方程所确定的函数的导数，但直接消去参数 t 有时会有困难，所以，希望有一种方法能直接由参数方程算出它们所确定的函数的导数.下面就来讨论这种求导数的方法.

设参数方程$\begin{cases}x=x(t),\\y=y(t)\end{cases}$确定了 y 是 x 的函数，且 $x=x(t)$，$y=y(t)$都可导，$x'(t)\neq 0$，$x=x(t)$有反函数 $t=x^{-1}(x)$，则

$$\frac{\mathrm{d}y}{\mathrm{d}x}=\frac{\frac{\mathrm{d}y}{\mathrm{d}t}}{\frac{\mathrm{d}x}{\mathrm{d}t}}=\frac{y'_t}{x'_t}.$$

这就是由参数方程所确定的函数的导数公式.

例 6　已知椭圆的参数方程为$\begin{cases}x=a\cos\theta,\\ y=b\sin\theta\end{cases}$($a>0$,$\theta$ 为参数),求$\frac{\mathrm{d}y}{\mathrm{d}x}$.

解　因为

$$\frac{\mathrm{d}x}{\mathrm{d}\theta}=-a\sin\theta,\quad \frac{\mathrm{d}y}{\mathrm{d}\theta}=b\cos\theta,$$

所以

$$\frac{\mathrm{d}y}{\mathrm{d}x}=\frac{\frac{\mathrm{d}y}{\mathrm{d}\theta}}{\frac{\mathrm{d}x}{\mathrm{d}\theta}}=\frac{b\cos\theta}{-a\sin\theta}=-\frac{b}{a}\cot\theta.$$

例 7　已知摆线的参数方程为$\begin{cases}x=a(t-\sin t),\\ y=a(1-\cos t)\end{cases}$($0\leqslant t\leqslant 2\pi$),求:

(1) 在摆线上任意点处的切线的斜率;

(2) 在 $t=\frac{\pi}{3}$处的切线方程.

解　(1)在摆线上任意点处的切线的斜率为

$$\frac{\mathrm{d}y}{\mathrm{d}x}=\frac{\frac{\mathrm{d}y}{\mathrm{d}t}}{\frac{\mathrm{d}x}{\mathrm{d}t}}=\frac{a\sin t}{a(1-\cos t)}=\frac{\sin t}{1-\cos t}.$$

(2)当 $t=\frac{\pi}{3}$时,摆线上对应点为$\left(a\left(\frac{\pi}{3}-\frac{\sqrt{3}}{2}\right),\frac{1}{2}a\right)$,在此点的切线的斜率为

$$\left.\frac{\mathrm{d}y}{\mathrm{d}x}\right|_{t=\frac{\pi}{3}}=\left.\frac{\sin t}{1-\cos t}\right|_{t=\frac{\pi}{3}}=\sqrt{3},$$

于是,所求的切线方程为

$$y-\frac{1}{2}a=\sqrt{3}\left[x-a\left(\frac{\pi}{3}-\frac{\sqrt{3}}{2}\right)\right],$$

即

$$3x-\sqrt{3}y+(2\sqrt{3}-\pi)a=0.$$

习 题 2-3

1. 求由下列方程所确定的函数 $y=y(x)$的导数$\frac{\mathrm{d}y}{\mathrm{d}x}$:

(1) $x^2-y^2=36$;　　(2) $x\cos y=\sin(x+y)$;

(3) $ye^x+\ln y=1$;　　(4) $\ln x=\frac{y}{x}+1$;

(5) $y=1-xe^y$;　　(6) $2x^2y-xy^2+y^3=6$.

2. 用对数求导法求下列函数的导数：

(1) $y=\dfrac{\sqrt{x+2}(3-x)^4}{(x+5)^5}$；　　(2) $x^y=y^x$；

(3) $y=\sqrt[5]{\dfrac{2x+3}{\sqrt[3]{x^2+1}}}$；　　(4) $y=\left(\dfrac{x}{1+x}\right)^x$.

3. 求下列方程所确定的隐函数的导数$\dfrac{dy}{dx}$：

(1) $y^3-x^2y=2$；　　(2) $y=\sin(x+y)$.

4. 设方程 $e^y+xy=e$ 确定了函数 $y=y(x)$，求$y'|_{x=0}$.

5. 求下列参数方程所确定的函数的导数$\dfrac{dy}{dx}$：

(1) $\begin{cases}x=1-t^2,\\y=t-t^3;\end{cases}$　　(2) $\begin{cases}x=\sin t,\\y=t.\end{cases}$

6. 已知参数方程$\begin{cases}x=e^t\sin t,\\y=e^t\cos t,\end{cases}$ 求$\left.\dfrac{dy}{dx}\right|_{t=\frac{\pi}{3}}$.

7. 求曲线$\begin{cases}x=1+2t-t^2,\\y=4t^2\end{cases}$ 在点(1,16)处的切线方程和法线方程.

8. 以初速度 v_0，发射角 α 发射炮弹，炮弹的运动方程为$\begin{cases}x=v_0t\cos\alpha,\\y=v_0t\sin\alpha-\dfrac{1}{2}gt^2,\end{cases}$ 求：(1) 炮弹在时刻 t 的运动方向(即切线的方向)；(2) 炮弹在时刻 t 的速度大小.

第四节　函数的微分及其应用

在许多实际问题中，需要计算当自变量微小变化时函数的增量. 当函数较为复杂时，Δy 的精确计算会相当麻烦，这就需要寻求计算函数增量近似值的方法. 为此，我们引出微分学中的另一个重要概念——微分.

一、微分的定义

引例 2.4【金属薄片热胀后面积变化】 如图 2-3 所示，一块正方形金属薄片，受热膨胀，其边长由 x_0 变到 $x_0+\Delta x$，此薄片的面积增加了多少？

设正方形的面积为 S，面积增加量为 ΔS，则

$$\Delta S=(x_0+\Delta x)^2-x_0^2=2x_0\Delta x+(\Delta x)^2.$$

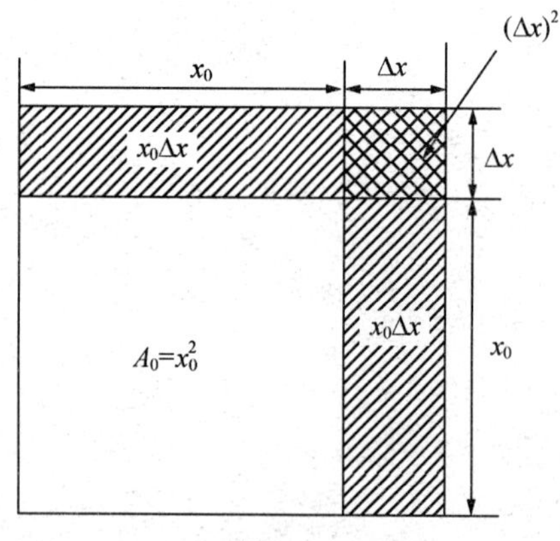

图 2-3

由上式可知，ΔS 由两部分组成：第一部分 $2x_0\Delta x$ 是 Δx 线性函数. 当 $\Delta x\to 0$ 时，它是 Δx 的同阶无穷小；而第二部分$(\Delta x)^2$，当 $\Delta x\to 0$ 时，是比 Δx 的较高阶无穷小，即

$$\lim_{\Delta x\to 0}\frac{2x_0\Delta x}{\Delta x}=2x_0,\ \lim_{\Delta x\to 0}\frac{(\Delta x)^2}{\Delta x}=0.$$

因此，对 ΔS 来说，当$|\Delta x|$很小时，$(\Delta x)^2$ 可以忽略不计，而 $2x_0\Delta x$ 可以作为其较好的近似值. 由于 $2x_0\Delta x$ 的计算既简便又有一定的精确度，我们可以把它作为 ΔS 的近似值.

定义 2.3　若函数 $y=f(x)$在点 x 处可导，并且函数增量 $\Delta y=f(x+\Delta x)-f(x)$能表示成

$$\Delta y=A\cdot\Delta x+o(\Delta x),$$

其中 $o(\Delta x)$为 $\Delta x(\Delta x\to 0)$的较高阶无穷小，则称函数 $y=f(x)$在点 x 处**可微**，并称其线性部分 $A\cdot\Delta x$ 为 $y=f(x)$在点 x 处的**微分**，记为 $\mathrm{d}y$ 或 $\mathrm{d}f(x)$，且有 $A=f'(x)$，即

$$\mathrm{d}y=A\cdot\Delta x=f'(x)\cdot\Delta x,$$

于是，自变量 x 的微分

$$\mathrm{d}x=\Delta x.$$

从而，函数 $y=f(x)$的微分可以写成

$$\mathrm{d}y=f'(x)\cdot\Delta x=f'(x)\mathrm{d}x.$$

当 $x=x_0$ 时，$\mathrm{d}y|_{x=x_0}=f'(x_0)\mathrm{d}x$ 为函数在点 x_0 处的微分.

定理 2.3　函数 $y=f(x)$在点 x_0 处可微的充分必要条件是 $y=f(x)$在点 x_0 处可导.

引进微分的概念之后，导数$\frac{\mathrm{d}y}{\mathrm{d}x}$就是函数 y 的微分 $\mathrm{d}y$ 与自变量 x 的微分 $\mathrm{d}x$ 之商，因此，导数又叫**微商**.

例 1　设 $y=\ln(x^3-2)$，求 $\mathrm{d}y$.

解　$\mathrm{d}y=f'(x)\mathrm{d}x=[\ln(x^3-2)]'\mathrm{d}x=\frac{3x^2}{x^3-2}\mathrm{d}x.$

例 2　设 $y=\mathrm{e}^x\sin x$，求 $\mathrm{d}y$.

解　$\mathrm{d}y=f'(x)\mathrm{d}x=[\mathrm{e}^x\sin x]'\mathrm{d}x=\mathrm{e}^x(\sin x+\cos x)\mathrm{d}x.$

例 3　半径为 r 的球，其体积为 $V=\frac{4}{3}\pi r^3$，当半径增大 Δr 时，求体积的增量及微分.

解　体积的增量为

$$\Delta V=\frac{4}{3}\pi(r+\Delta r)^3-\frac{4}{3}\pi r^3=4\pi r^2\Delta r+4\pi r(\Delta r)^2+\frac{4}{3}\pi(\Delta r)^3,$$

体积的微分为

$$\mathrm{d}V=V'\mathrm{d}r=\left(\frac{4}{3}\pi r^3\right)'\mathrm{d}r=4\pi r^2\mathrm{d}r.$$

二、基本初等函数的微分公式和运算法则

因为函数 $y=f(x)$的微分 $\mathrm{d}y=f'(x)\mathrm{d}x$，所以根据导数公式和导数运算法则，就能得到相应的微分公式和微分运算法则.

1. 基本初等函数的微分公式

(1) $\mathrm{d}(C)=0$　(C 为常数)；

(2) $\mathrm{d}(x^\alpha)=\alpha x^{\alpha-1}\mathrm{d}x$　($\alpha\in\mathbf{R}$)；

(3) $\mathrm{d}(a^x)=a^x\ln a\mathrm{d}x$　($a>0,a\neq 1$)；

(4) $\mathrm{d}(\mathrm{e}^x)=\mathrm{e}^x\mathrm{d}x$；

(5) $\mathrm{d}(\log_a x)=\frac{\mathrm{d}x}{x\ln a}$　($a>0,a\neq 1$)；

(6) $\mathrm{d}(\ln x)=\frac{\mathrm{d}x}{x}$；

(7) $\mathrm{d}(\sin x)=\cos x\mathrm{d}x$；

(8) $\mathrm{d}(\cos x)=-\sin x\mathrm{d}x$；

(9) $\mathrm{d}(\tan x)=\sec^2 x\mathrm{d}x$；

(10) $\mathrm{d}(\cot x)=-\csc^2 x\mathrm{d}x$；

(11) $\mathrm{d}(\sec x)=\sec x\tan x\mathrm{d}x$；

(12) $\mathrm{d}(\csc x)=-\csc x\cot x\mathrm{d}x$；

(13) $d(\arcsin x)=\frac{dx}{\sqrt{1-x^2}}$；

(14) $d(\arccos x)=-\frac{dx}{\sqrt{1-x^2}}$；

(15) $d(\arctan x)=\frac{dx}{1+x^2}$；

(16) $d(\text{arccot}x)=-\frac{dx}{1+x^2}$.

2. 函数和、差、积、商的微分法则

设 $u=u(x)$，$v=v(x)$可微，则

(1) $d(u\pm v)=du\pm dv$；

(2) $d(uv)=udv+vdu$，

特别地，$d(Cu)=Cdu$ （C为常数）；

(3) $d\left(\frac{u}{v}\right)=\frac{vdu-udv}{v^2}$ （$v\neq 0$）.

3. 复合函数的微分运算法则（一阶微分形式不变性）

设函数 $y=f(u)$，根据微分的定义，当 u 是自变量时，函数 $y=f(u)$的微分是

$$dy=f'(u)du.$$

如果 u 不是自变量，而是 x 的导函数 $u=\varphi(x)$，则复合函数 $y=f[\varphi(x)]$的微分为

$$dy=y'_x dx=f'(u)\varphi'(x)dx=f'(u)du.$$

由此可见，不论 u 是自变量还是函数（中间变量），函数 $y=f(u)$的微分总保持同一形式 $dy=f'(u)du$，这一性质称为一阶微分形式不变性.

例 4 求函数 $y=\cos\sqrt{x}$的微分 dy.

解 (1)用公式 $dy=f'(x)dx$，得

$$dy=(\cos\sqrt{x})'dx=-\frac{1}{2\sqrt{x}}\sin\sqrt{x}dx.$$

(2)用一阶微分形式不变性，得

$$dy=d(\cos\sqrt{x})=-\sin\sqrt{x}d(\sqrt{x})=-\sin\sqrt{x}\cdot\frac{1}{2\sqrt{x}}dx=-\frac{1}{2\sqrt{x}}\sin\sqrt{x}dx.$$

例 5 设 $y=e^{\sin x}$，求 dy.

解 用一阶微分形式不变性，得

$$dy=d(e^{\sin x})=e^{\sin x}d(\sin x)=e^{\sin x}\cos x dx.$$

例 6 设 $e^{xy}=a^x b^y$，求 dy.

解 对方程两边同时求微分，有 $de^{xy}=d(a^x b^y)$，即

$$e^{xy}d(xy)=b^y d(a^x)+a^x d(b^y),$$

也就是

$$e^{xy}(ydx+xdy)=b^y a^x \ln a dx+a^x b^y \ln b dy.$$

解之得

$$dy=\frac{\ln a-y}{x-\ln b}dx.$$

例 7 将适当的函数填入下列括号，使等式成立：

(1) $dx^4=($ $)dx$；

(2) $d($ $)=xdx$；

(3) $d(\cos^2 x)=($ $)d(\cos x)$；

(4) $d($ $)=e^{-x}dx$.

解 (1)由于$(x^4)'=4x^3$，所以根据微分与导数之间的关系得

$$dx^4=(4x^3)dx.$$

(2)因为 $d(x^2)=2xdx$,所以 $xdx=\frac{1}{2}d(x^2)=d\left(\frac{x^2}{2}\right)$,即 $d\left(\frac{x^2}{2}\right)=xdx$. 又因为任意常数 C 的微分 $d(C)=0$,所以

$$d\left(\frac{x^2}{2}+C\right)=xdx\quad (C\text{是任意常数}).$$

(3)根据一阶微分形式不变性得

$$d(\cos^2 x)=(2\cos x)d\cos x.$$

(4)因为 $d(e^{-x})=-e^{-x}dx$,所以 $e^{-x}dx=-d(e^{-x})=d(-e^{-x})$,即 $d(-e^{-x})=e^{-x}dx$. 又因为任意常数 C 的微分 $d(C)=0$,所以

$$d(-e^{-x}+C)=e^{-x}dx\quad (C\text{是任意常数}).$$

三、微分在近似计算中的应用

在实际问题中,经常利用微分作近似计算.

当函数 $y=f(x)$ 在点 x_0 处的导数 $f'(x_0)\neq 0$,且 $|\Delta x|$ 很小时,函数微分可作为函数增量的近似值,有近似计算公式

$$\Delta y\approx dy=f'(x_0)\Delta x.$$

及

$$f(x_0+\Delta x)\approx f(x_0)+f'(x_0)\Delta x.$$

例 8　一种金属圆片,半径为 20 cm;加热后半径增大了 0.05 cm,那么圆的面积增大了多少?

解　圆面积公式为 $S=\pi r^2$　(r 为圆的半径).

此题是求函数 S 的增量问题,$\Delta r=dr=0.05$,可以认为是比较小的,所以可以用微分 dS 来近似代替 ΔS.

$$\Delta S\approx dS=(\pi r^2)'|_{r=20}dr=2\pi r|_{r=20}\cdot\Delta r=2\pi\times 20\times 0.05=2\pi(\text{cm}^2).$$

因此,当半径增大 0.05 cm 时,圆面积增大了 $2\pi\,\text{cm}^2$.

例 9　计算 $e^{0.002}$ 的近似值.

解　设 $f(x)=e^x$,$x_0=0$,$\Delta x=0.002$,则

$$f'(x)=e^x,$$

所以

$$f(x_0)=e^0=1,\ f'(x_0)=e^0=1,$$

由式 $f(x_0+\Delta x)\approx f(x_0)+f'(x_0)\Delta x$,得

$$e^{0.002}\approx 1+1\times 0.002=1.002.$$

例 10　计算 $\sin 31^\circ$ 的近似值.

解　设 $f(x)=\sin x$,当 $|\Delta x|$ 很小时,利用 $f(x_0+\Delta x)\approx f(x_0)+f'(x_0)\Delta x$,有

$$\sin(x_0+\Delta x)\approx\sin x_0+\cos x_0\cdot\Delta x.$$

取 $x_0=\frac{\pi}{6}$,$\Delta x=\frac{\pi}{180}$,有

$$\sin 31^\circ=\sin\left(\frac{\pi}{6}+\frac{\pi}{180}\right)\approx\sin\frac{\pi}{6}+\cos\frac{\pi}{6}\cdot\frac{\pi}{180}=\frac{1}{2}+\frac{\sqrt{3}}{2}\cdot\frac{\pi}{180}\approx 0.5151.$$

利用公式 $f(x_0+\Delta x)\approx f(x_0)+f'(x_0)\Delta x$,当 $|x|$ 很小时,可以得到工程上常用的近似

公式：

(1) $\sqrt[n]{1+x}\approx 1+\frac{1}{n}x$；

(2) $\sin x\approx x$ （x 用弧度作单位）；

(3) $\tan x\approx x$ （x 用弧度作单位）；

(4) $e^x\approx 1+x$；

(5) $\ln(1+x)\approx x$.

习 题 2-4

1. 求下列函数在给定条件下的增量和微分：

(1) $y=2x-1$，x 由 0 变到 0.02；

(2) $y=x^2-2x+3$，x 由 2 变到 1.99.

2. 求下列函数的微分：

(1) $y=\frac{1}{x}+2\sqrt{x}$；

(2) $y=x\sin 2x$；

(3) $y=[\ln(1-x)]^2$；

(4) $y=e^{-2x}\cos(3+2x)$；

(5) $y=e^{\sin 2x}$；

(6) $y=\ln(\ln x)$；

(7) $y=\cos 3x$；

(8) $y=\tan^2(1-2x)$；

(9) $y=(3x^3+2x^2-5x)^2$；

(10) $y=(e^x+e^{-x})^2$；

(11) $y=e^{x^2}\sin 2x$；

(12) $y=\ln\cos^2 2x$；

(13) $y=\sec^2(1-2x^3)$；

(14) $y=\cos x-\ln(3x+2)$；

(15) $y=5^{\ln\tan x}$；

(16) $y=(a^2-x^2)^5$.

3. 将适当的函数填入下列括号内，使等式成立.

(1) d(　　)$=5\mathrm{d}x$；

(2) d(　　)$=x^2\mathrm{d}x$；

(3) d(　　)$=\sin\omega x\mathrm{d}x$；

(4) d(　　)$=\frac{1}{x-1}\mathrm{d}x$；

(5) d(　　)$=e^{x^2}\mathrm{d}(x^2)$；

(6) $\mathrm{d}[\ln(2x+3)]=$(　　)$\mathrm{d}(2x+3)$；

(7) d(　　)$=e^{-2x}\mathrm{d}x$；

(8) $\mathrm{d}(\sin^2 x)=$(　　)$\mathrm{d}x$.

4. 计算下列函数在给定条件下的微分：

(1) $y=\cos^2\varphi$，当 φ 由 60° 变到 $60^\circ30'$ 时；

(2) $y=x^3+2x^2$，当 x 由 -1 变到 -0.98 时.

5. 求近似值：

(1) $\sqrt[5]{1.03}$；

(2) $\sin 1^\circ$；

(3) $\ln 1.02$；

(4) $\tan 0.02$.

6. 某公司生产一种新型电子产品，若能全部出售，收入函数为 $R(x)=18x-\frac{x^2}{60}$（其中 x 为公司的日产量），若日产量从 150 增加到 160，请估算公司每天收入的增加量.

7. 求外径为 10 cm，壳厚为 0.125 cm 的球壳体积的近似值.

复 习 题 二

1. 判断题：

(1) 若曲线 $y=f(x)$ 处处有切线，则函数 $y=f(x)$ 必处处可导.　　(　　)

(2) 设函数 $y=f(x)$ 和函数 $y=g(x)$ 在同一区间内可导且 $f'(x)=g'(x)$，则 $f(x)=$

$g(x)$.　(　)

(3) 若函数 $y=f(x)$ 在点 x_0 处可导，则 $f(x)$ 在点 x_0 处必可微.　(　)

(4) 函数 $y=f(x)$ 在点 x_0 处可导，则 $[f(x_0)]'=f'(x_0)$.　(　)

(5) $x\mathrm{d}x=\mathrm{d}(x^2)$.　(　)

(6) $\sin x\mathrm{d}x=\mathrm{d}(\cos x)$.　(　)

2. 选择题：

(1) 设函数 $y=f(x)$ 在点 x_0 处可导，且 $f'(x_0)<0$，则曲线 $y=f(x)$ 在点 $(x_0,f(x_0))$ 处的切线的倾斜角是(　　).

A. $0°$　B. $90°$　C. 锐角　D. 钝角

(2) 已知 $f(x)=\sin(ax^2)$，则 $f'(a)=$(　　).

A. $\cos ax^2$　B. $2a^2\cos a^3$　C. $a^2\cos ax^2$　D. $a^2\cos a^3$

(3) 设 $y=\sin x+\cos\frac{\pi}{6}$，则 $y'=$(　　).

A. $\sin x$　B. $\cos x$

C. $\cos x-\sin\frac{\pi}{6}$　D. $\cos x+\sin\frac{\pi}{6}$

(4) 曲线 $y=x\ln x$ 的平行于 $x-y+1=0$ 的切线方程是(　　).

A. $y=x-1$　B. $y=-(x+1)$

C. $y=x+3e^{-2}$　D. $y=(\ln x+1)(x-1)$

(5) 下列导函数中错误的是(　　).

A. $(x^{n-1})'=(n-1)x^{n-2}$　B. $(\log_a x)'=\frac{1}{x}\log_a e$

C. $(x^x)'=x^x\ln x$　D. $(a^x)'=a^x\ln a$

(6) 下列导函数 $f'(x)$ 中正确的是(　　).

A. $(\tan 2x)'=\sec^2 2x$　B. $(a^x)'=xa^{x-1}$

C. $\left(\cos\frac{1}{x}\right)'=\frac{1}{x^2}\sin\frac{1}{x}$　D. $(\cot\sqrt{x})'=-\frac{1}{x+1}$

(7) 若 $s=a\cos(2\omega t+\varphi)$，那么 $s'_t=$(　　).

A. $-a\sin(2\omega t+\varphi)$　B. $-2a\omega\sin(2\omega t+\varphi)$

C. $a\sin(2\omega t+\varphi)$　D. $2a\omega\sin(2\omega t+\varphi)$

(8) 若等式 d(　　)$=-2xe^{-x^2}\mathrm{d}x$ 成立，那么应填入的函数应是(　　).

A. $-2xe^{-x^2}+C$　B. $-e^{-x^2}+C$

C. $e^{-x^2}+C$　D. $2xe^{-x^2}+C$

3. 填空题：

(1) 若曲线 $y=f(x)$ 在点 x_0 处可导，且 $f'(x_0)\neq 0$，则该曲线在点 $M(x_0,y_0)$ 处的切线方程为________，曲线在该点处的法线方程为__________.

(2) 若连续函数 $y=f(x)$ 在点 x_0 处可导，且 $|\Delta x|$ 很小，$f'(x_0)\neq 0$，则 $f(x_0+\Delta x)-f(x_0)\approx$__________.

(3) 已知函数 $y=f(x)$ 的图像上点 $(3,f(3))$ 处的切线倾斜角为 $\frac{2\pi}{3}$，则 $f'(3)=$______.

(4) 设 $y=\ln\sqrt{3}$，则 $y'=$________.

(5) 设 $f(x)=\ln(1+x)$，则 $f''(0)=$________.

(6) 火车在刹车后所行距离 s 是时间 t 的函数 $s=50t-5t^2$（单位为米），则刹车开始时的速度是__________，火车经过______秒时才能停止.

4. 求下列函数的导数：

(1) $y=\dfrac{x^2+2x-3\sqrt{x}-6}{x}$；

(2) $y=\dfrac{1}{1+\sqrt{t}}+\dfrac{1}{1-\sqrt{t}}$；

(3) $y=\ln\sqrt{\dfrac{1+\sin x}{1-\sin x}}$；

(4) $y=\dfrac{1}{2}\cot^2 x+\ln\cos x$；

(5) $y=\sqrt[3]{\dfrac{1}{1+x^2}}$；

(6) $y=\sec^2 2x+e^{-3x}$；

(7) $y=e^{\tan\frac{1}{x}}\sin\dfrac{1}{x}$；

(8) $y=\dfrac{1}{4}\ln\dfrac{1+x}{1-x}$；

(9) $y=\arcsin(2x^2-1)+\arcsin\dfrac{1}{2}$；

(10) $y=\arccos\sqrt{x}$；

(11) $y=\arctan\dfrac{x}{2}+\arctan\dfrac{2}{x}$；

(12) $y=e^{2x}+\operatorname{arccot}x^2$.

5. 求下列各函数的微分：

(1) $y=a^2\sin^2 ax+b^2\cos^2 bx$；

(2) $y=\dfrac{x^3-1}{x^3+1}$；

(3) $y=3^{\ln 2x}$；

(4) $y=[\ln(1+2x)]^{-2}$；

(5) $y=\arctan e^x+\arctan\dfrac{1}{x}$；

(6) $y=x^x$.

6. 求下列函数的二阶导数：

(1) $y=xe^x+3x-1$；

(2) $y=\cot x$；

(3) $y=x^3\ln x$；

(4) $y=\sqrt{1-x^2}$.

7. 设一物体沿直线运动，它的运动方程为 $s=(t+e^{-at})$，其中 a 是常数，试求物体在 $t=\dfrac{1}{2a}$时的速度和加速度.

8. 求下列函数在给定点处的导数：

(1) $f(x)=(x\sqrt{x}+1)x$，求 $y'|_{x=0}$ 与 $y'|_{x=1}$；

(2) $f(x)=\dfrac{\sin x}{x^2}$，求 $f'\left(\dfrac{\pi}{2}\right)$；

(3) $f(x)=x\sin x+\cos x$，求 $f'(0)$ 与 $f'(\pi)$；

(4) $s(t)=\dfrac{3}{5-t}+\dfrac{t^2}{5}$，求 $s'(0)$ 与 $s'(2)$.

9. 求由下列方程所确定的隐函数 $y=f(x)$ 的导数：

(1) $x^3+y^3-3axy=0$；

(2) $y=1+xe^y$；

(3) $y=\tan(x-y)$；

(4) $x^y=y^x$.

10. 求由下列参数方程所确定的隐函数的导数$\dfrac{dy}{dx}$：

(1) $\begin{cases}x=t(1-\sin t),\\y=t\cos t\end{cases}$；　　(2) $\begin{cases}x=3\mathrm{e}^{-t},\\y=3\mathrm{e}^{t}+t.\end{cases}$

11. 求曲线 $y=x-\frac{1}{x}$ 与 x 轴交点处的切线方程.

12. 已知单摆的振动周期 $T=2\pi\sqrt{\frac{l}{g}}$，其中 $g=980\,\mathrm{cm/s^2}$，l 为摆长(单位:cm)，设原摆长为 20 cm，为使周期 T 增大 0.05s，摆长需增加多少？

【数学史典故 2】

英国数学家牛顿的故事

一、少年牛顿

1642 年的圣诞节前夜，在英格兰林肯郡沃尔斯索浦的一个农民家庭里，牛顿诞生了.牛顿是一个早产儿，出生时只有 3 磅重.接生婆和他的双亲都担心他能否活下来.谁也没有料到他会成为一位震古烁今的科学巨人，并且竟活到了 85 岁的高龄.

牛顿
(1642—1727)

牛顿出生前三个月父亲便去世了.在他两岁时，母亲改嫁.从此牛顿便由外祖母抚养.11 岁时，母亲的后夫去世，牛顿才回到了母亲身边.大约从 5 岁开始，牛顿被送到公立学校读书，12 岁时进入中学.少年时的牛顿并不是神童，他资质平常，成绩一般，但他喜欢读书，喜欢看一些介绍各种简单机械模型制作方法的读物，并从中受到启发，自己动手制作些奇奇怪怪的小玩意儿，如风车、木钟、折叠式提灯等.后来，迫于生活，母亲让牛顿停学在家务农.但牛顿对务农并不感兴趣，一有机会便埋首书卷.牛顿的好学精神感动了舅父，于是舅父劝服了母亲让牛顿复学.牛顿又重新回到了学校，如饥似渴地汲取着书本上的营养.

二、求学岁月

牛顿 19 岁时进入剑桥大学，成为三一学院的减费生，靠为学院做杂务的收入支付学费.在这里，牛顿开始接触到大量自然科学著作，经常参加学院举办的各类讲座，包括地理、物理、天文和数学.牛顿的第一任教授伊萨克·巴罗是位博学多才的学者.这位学者独具慧眼，看出了牛顿具有深邃的观察力、敏锐的理解力.于是将自己的数学知识，包括计算曲线图形面积的方法，全部传授给牛顿，并把牛顿引向了近代自然科学的研究领域.

当时，牛顿在数学上很大程度是依靠自学.他学习了欧几里得的《几何原本》、笛卡儿的《几何学》、沃利斯的《无穷算术》、巴罗的《数学讲义》及韦达等许多数学家的著作.其中，对牛顿具有决定性影响的要数笛卡儿的《几何学》和沃利斯的《无穷算术》，它们将牛顿迅速引导到当时数学最前沿——解析几何与微积分.1664 年，牛顿被选为巴罗的助手，第二年，剑桥大学评议会通过了授予牛顿大学学士学位的决定.

正当牛顿准备留校继续深造时，严重的鼠疫席卷了英国，剑桥大学因此而关闭，牛顿离校返乡.这短暂的时光成为牛顿科学生涯中的黄金岁月，他的三大成就：微积分、万有引力、光学分析的思想就是在这时孕育成形的.

三、怪异的牛顿

1667年复活节后不久,牛顿返回到剑桥大学,10月被选为三一学院初级院委,翌年获得硕士学位,同时成为高级院委.1669年,巴罗为了提携牛顿而辞去了教授之职,26岁的牛顿晋升为数学教授.巴罗让贤,在科学史上一直被传为佳话.

牛顿并不善于教学,他在讲授新近发现的微积分时,学生都接受不了.但在解决疑难问题方面的能力,他却远远超过了常人.还是学生时,牛顿就发现了一种计算无限量的方法.他用这个秘密的方法,算出了双曲面积到250位数.他曾经高价买下了一个棱镜,并把它作为科学研究的工具,用它试验了白光分解为有颜色的光.开始,他并不愿意发表他的观察所得,他的发现都只是一种个人的消遣,为的是使自己在寂静的书斋中解闷.他独自遨游于自己所创造的超级世界里.后来,在好友哈雷的竭力劝说下,才勉强同意出版他的手稿,才有划时代巨著《自然哲学的数学原理》的问世.

作为大学教授,牛顿常常忙得不修边幅,往往领带不结,袜带不系好,马裤也不扣,就走进了大学餐厅.有一次,他在向一位姑娘求婚时思想又开了小差,他脑海里只剩下了无穷量的二项式定理.他抓住姑娘的手指,错误地把它当成通烟斗的通条,硬往烟斗里塞,痛得姑娘大叫,离他而去.牛顿也因此终生未娶.

四、伟大的成就

在牛顿的全部科学贡献中,数学成就占有突出的地位.他数学生涯中的第一项创造性成果就是发现了二项式定理.

微积分的创立是牛顿最卓越的数学成就.牛顿为解决运动问题,才创立这种和物理概念直接联系的数学理论的,牛顿称之为"流数术".它所处理的一些具体问题,如切线问题、求积问题、瞬时速度问题以及函数的极大值和极小值问题等,在牛顿前已经得到人们的研究了.但牛顿超越了前人,他站在了更高的角度,对以往分散的努力加以综合,将自古希腊以来求解无限小问题的各种技巧统一为两类普通的算法——微分和积分,并确立了这两类运算的互逆关系,从而完成了微积分发明中最关键的一步,为近代科学发展提供了最有效的工具,开辟了数学上的一个新纪元.

牛顿对解析几何与综合几何都有贡献,他的数学工作还涉及数值分析、概率论和初等数论等众多领域.

牛顿是经典力学理论理所当然的开创者.他系统地总结了伽利略、开普勒和惠更斯等人的工作,得到了著名的万有引力定律和牛顿运动三定律.

1687年,牛顿出版了代表作《自然哲学的数学原理》,这是一部力学的经典著作.牛顿在这部书中,从力学的基本概念(质量、动量、惯性、力)和基本定律(运动三定律)出发,运用他所发明的微积分这一锐利的数学工具,建立了经典力学的完整而严密的体系,把天体力学和地面上的物体力学统一起来,实现了物理学史上第一次大的综合.

在光学方面,牛顿也取得了巨大成果.他利用三棱镜试验了白光分解为有颜色的光,最早发现了白光的组成.他对各色光的折射率进行了精确分析,说明了色散现象的本质,从而揭开了颜色之谜.牛顿还提出了光的"微粒说",认为光是由微粒组成的,并且走的是最快速的直线运动路径.他的"微粒说"与后来惠更斯的"波动说"构成了关于光的两大基本理论.

五、牛顿晚年

随着科学声誉的提高，牛顿的政治地位也得到了提升．1689年，他当选为国会中的大学代表．作为国会议员，牛顿逐渐开始疏远给他带来巨大成就的科学．他不时表示出对以他为代表的领域的厌恶．同时，他的大量的时间花费在了和同时代的著名科学家如胡克、莱布尼茨等进行科学优先权的争论上．

晚年的牛顿在伦敦过着堂皇的生活，1705年他被安妮女王封为贵族．此时的牛顿非常富有，被普遍认为是生存着的最伟大的科学家．他担任英国皇家学会会长，在他任职的24年时间里，他以铁拳统治着学会．没有他的同意，任何人都不能被选举．

晚年的牛顿开始致力于对神学的研究，他否定哲学的指导作用，虔诚地相信上帝，埋头于写以神学为题材的著作．当他遇到难以解释的天体运动时，竟提出了“神的第一推动力”的谬论．他说“上帝统治万物，我们是他的仆人而敬畏他、崇拜他”．

1727年3月20日，伟大的艾萨克·牛顿逝世．同其他很多杰出的英国人一样，他被埋葬在了威斯敏斯特教堂．他的墓碑上镌刻着：

让人们欢呼这样一位伟大的人曾经在世界上荣耀存在过．

（摘自《网易科技》，http://tech.163.com/special/00091KSE/newton.html）

第三章　导数的应用

第二章介绍了导数的概念、性质以及导数的计算方法.本章将学习导数的应用,应用导数来研究函数及其曲线的某些性态,并利用这些知识解决一些简单的实际问题:判断函数的单调性和凹凸性、求函数的极限、求函数的极值和最值、描绘函数的图像等.

第一节　微分中值定理

微分中值定理是导数应用的理论基础,主要包含:罗尔定理、拉格朗日中值定理和柯西中值定理.

一、罗尔定理

定理 3.1(罗尔(Rolle)定理)　如果函数 $y=f(x)$满足:

(1) 在闭区间$[a,b]$上连续,

(2) 在开区间(a,b)内可导,

(3) $f(a)=f(b)$,

那么,在区间(a,b)内至少存在一点 ξ,使得 $f'(\xi)=0$.

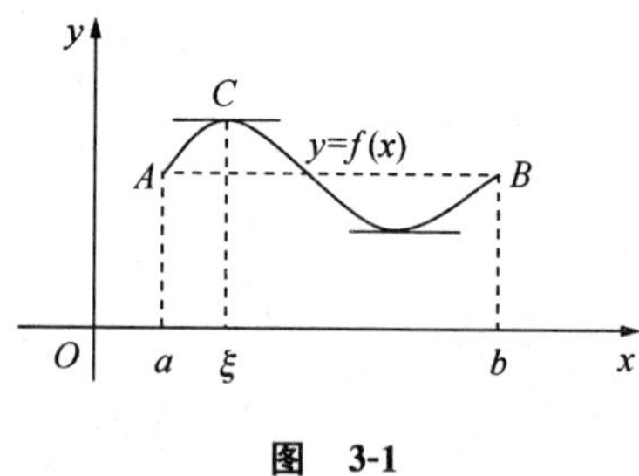

图　3-1

罗尔定理的几何意义:在连续曲线弧上,若除端点外处处有不垂直于 x 轴的切线,且曲线两端点的高度相等,则至少存在一条水平切线(如图 3-1 所示).

例 1　验证函数 $y=x^2-8x+6$ 在区间$[0,8]$上满足罗尔定理,并求出相应的 ξ 点.

解　函数 $y=x^2-8x+6$ 为初等函数,在闭区间$[0,8]$上连续;导数 $y'=2x-8$ 在开区间$(0,8)$内存在,且 $f(0)=f(8)=6$,所以函数 $y=x^2-8x+6$ 在区间$[0,8]$上满足罗尔定理的三个条件.因此,在开区间$(0,8)$内一定存在 ξ 点,使得 $f'(\xi)=0$.

事实上,令 $f'(x)=2x-8=0$,解得 $x=4$,且 $4\in(0,8)$,即 $\xi=4$,使得

$$f'(\xi)=f'(4)=0.$$

二、拉格朗日中值定理

罗尔定理中 $f(a)=f(b)$这个条件是相当特殊的,它使罗尔定理的应用受到限制,如果把这个条件取消,仍保留其余两个条件,并相应地改变结论,那么就得到了拉格朗日中值定理.

定理 3.2(拉格朗日(Lagrange)中值定理)　如果函数 $y=f(x)$满足:

(1) 在闭区间$[a,b]$上连续,

(2) 在开区间(a,b)内可导,

那么,在(a,b)内,至少存在一点 ξ,使得

$$f'(\xi)=\frac{f(b)-f(a)}{b-a}.$$

也可以写成

$$f(b)-f(a)=f'(\xi)(b-a).$$

这就是**拉格朗日(Lagrange)中值定理**. 在此定理中，如果 $f(a)=f(b)$，就变成了罗尔定理. 即罗尔定理是拉格朗日中值定理的特殊情况.

如图 3-2 所示，$\frac{f(b)-f(a)}{b-a}$是弦 AB 的斜率，而 $f'(\xi)$表示曲线在点 C 处的切线的斜率，因此拉格朗日中值定理的几何意义是：在连续曲线 $y=f(x)$在弧 AB 上，如果除端点外处处具有不垂直于 x 轴的切线，那么这段弧上至少有一点 C，使曲线在点 C 处的切线平行于弦 AB.

例 2　函数 $f(x)=x^3-4x$ 在区间$[0,3]$上满足拉格朗日中值定理的条件吗? 如果满足，求出 ξ.

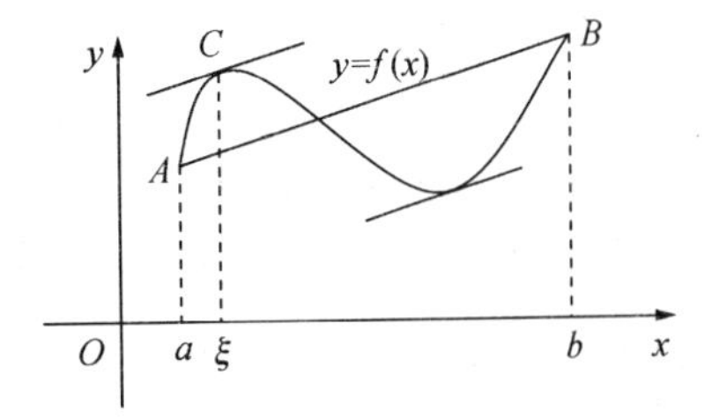

图　3-2

解　因为函数 $f(x)=x^3-4x$ 为初等函数，所以函数 $f(x)=x^3-4x$ 在闭区间$[0,3]$上连续；又因为 $f'(x)=3x^2-4$，所以 $f(x)$在开区间$(0,3)$内可导，于是 $f(x)$满足拉格朗日中值定理的条件. 且

$$f(0)=0, f(3)=15,$$

根据拉格朗日中值定理可得：至少存在一点 $\xi\in(0,3)$，使得

$$f'(\xi)=\frac{f(3)-f(0)}{3-0},$$

即

$$3\xi^2-4=5,$$

从而解得

$$\xi=\sqrt{3}\quad(\xi=-\sqrt{3}\text{不合题意,舍去}).$$

作为拉格朗日中值定理的一个重要应用，我们给出以后讲积分学时很有用的两个重要推论：

推论 1　如果在区间(a,b)内，函数 $y=f(x)$的导数 $f'(x)$恒等于零，那么在区间(a,b)内，函数 $y=f(x)$是一个常数.

证明　在区间(a,b)内任取两点 $x_1, x_2(x_1<x_2)$，在$[x_1,x_2]$上，用拉格朗日中值定理，有

$$f(x_2)-f(x_1)=f'(\xi)(x_2-x_1)\quad(x_1<\xi<x_2),$$

由于函数 $y=f(x)$的导数 $f'(x)$恒等于零，所以

$$f(x_2)=f(x_1).$$

这说明在区间(a,b)内，函数 $y=f(x)$在任何两点处的函数值都相等. 故在区间(a,b)内，函数 $y=f(x)$是一个常数.

推论 2　如果在区间(a,b)内，$f'(x)=g'(x)$，则在区间(a,b)内，$f(x)$与 $g(x)$只相差一个常数，即

$$f(x)=g(x)+C\quad(C\text{为常数}).$$

证明　令 $h(x)=f(x)-g(x)$，则

$$h'(x)=f'(x)-g'(x)\equiv 0,$$

由推论1知，$h(x)$是一个常数，令 $h(x)=C$（C 为常数），于是有

$$f(x)=g(x)+C\quad (C\text{ 为常数}).$$

三、柯西中值定理

定理3.3（柯西（Cauchy）中值定理） 设函数 $f(x)$与函数 $g(x)$满足：

(1) 在闭区间$[a,b]$上连续，

(2) 在开区间(a,b)内可导，

(3) 在区间(a,b)内 $g'(x)\neq 0$，

那么，在(a,b)内，至少存在一点 ξ，使得

$$\frac{f(b)-f(a)}{g(b)-g(a)}=\frac{f'(\xi)}{g'(\xi)}.$$

在此定理中，若 $g(x)=x$，则其就变成了拉格朗日中值定理，说明拉格朗日中值定理是柯西中值定理的特殊情况.

综上所述，罗尔定理、拉格朗日中值定理、柯西中值定理三者的关系如图3-3所示：

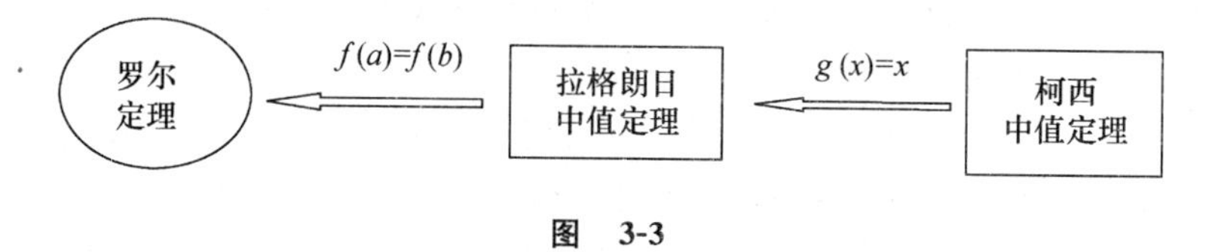

图 3-3

习 题 3-1

1. 验证函数 $f(x)=\ln x$，在闭区间$[1,e]$上满足拉格朗日中值定理，并求出 ξ 值.
2. 验证拉格朗日中值定理对函数 $y=4x^3-5x^2+x-2$ 在区间$[0,1]$上的正确性.

第二节 洛必达法则

在学习无穷小量阶的比较时，我们已经遇到过两个无穷小量之比的极限，这种极限可能存在，也可能不存在，通常把两个无穷小量之比或两个无穷大量之比统称为**未定式**，分别简记为“$\frac{0}{0}$”或“$\frac{\infty}{\infty}$”型. 未定式的极限不能直接利用“商的极限等于极限的商”这一运算法则来求. 洛必达(L'Hopital)法则是以导数为工具，研究未定式极限的重要方法，柯西中值定理是建立洛必达法则的理论依据.

一、“$\frac{0}{0}$”型未定式的极限

对于“$\frac{0}{0}$”型的极限，有下面的洛必达法则.

法则1 如果函数 $f(x)$与函数 $g(x)$满足：

(1) $\lim\limits_{x\to x_0}f(x)=\lim\limits_{x\to x_0}g(x)=0$，

(2) 函数 $f(x)$与 $g(x)$在点 x_0 处及其附近内均可导，且 $g'(x)\neq 0$，

（3）$\lim\limits_{x\to x_0}\dfrac{f'(x)}{g'(x)}$存在（或为无穷大），

那么

$$\lim_{x\to x_0}\frac{f(x)}{g(x)}=\lim_{x\to x_0}\frac{f'(x)}{g'(x)}.$$

例 1　求极限$\lim\limits_{x\to 0}\dfrac{\sin bx}{\sin ax}$　$(a\neq 0)$.

解　当 $x\to 0$ 时，分子 $\sin bx\to 0$，分母 $\sin ax\to 0$，此极限为"$\dfrac{0}{0}$"型，由洛必达法则，得

$$\lim_{x\to 0}\frac{\sin bx}{\sin ax}\overset{\frac{0}{0}}{=}\lim_{x\to 0}\frac{b\cos bx}{a\cos ax}=\frac{b}{a}.$$

例 2　求极限$\lim\limits_{x\to 0}\dfrac{e^{x}-e^{-x}}{\tan x}$.

解　当 $x\to 0$ 时，分子 $e^{x}-e^{-x}\to 0$，分母 $\tan x\to 0$，此极限为"$\dfrac{0}{0}$"型，由洛必达法则，得

$$\lim_{x\to 0}\frac{e^{x}-e^{-x}}{\tan x}\overset{\frac{0}{0}}{=}\lim_{x\to 0}\frac{e^{x}+e^{-x}}{\sec^2 x}=2.$$

例 3　求极限$\lim\limits_{x\to 0}\dfrac{\tan x-x}{x-\sin x}$.

解　当 $x\to 0$ 时，分子 $\tan x-x\to 0$，分母 $x-\sin x\to 0$，此极限为"$\dfrac{0}{0}$"型，由洛必达法则，得

$$\lim_{x\to 0}\frac{\tan x-x}{x-\sin x}\overset{\frac{0}{0}}{=}\lim_{x\to 0}\frac{\sec^2 x-1}{1-\cos x}=\lim_{x\to 0}\frac{\dfrac{1}{\cos^2 x}-1}{1-\cos x}=\lim_{x\to 0}\frac{\dfrac{1-\cos^2 x}{\cos^2 x}}{1-\cos x}$$

$$=\lim_{x\to 0}\frac{1+\cos x}{\cos^2 x}=\frac{2}{1}=2.$$

例 4　求极限$\lim\limits_{x\to 1}\dfrac{x^3-3x+2}{x^3-x^2-x+1}$.

解　当 $x\to 1$ 时，分子 $x^3-3x+2\to 0$，分母 $x^3-x^2-x+1\to 0$，此极限为"$\dfrac{0}{0}$"型，利用洛必达法则，得

$$\lim_{x\to 1}\frac{x^3-3x+2}{x^3-x^2-x+1}\overset{\frac{0}{0}}{=}\lim_{x\to 1}\frac{3x^2-3}{3x^2-2x-1},$$

而$\lim\limits_{x\to 1}\dfrac{3x^3-3}{3x^2-2x-1}$仍为"$\dfrac{0}{0}$"型，可以继续使用洛必达法则，有

$$\lim_{x\to 1}\frac{x^3-3x+2}{x^3-x^2-x+1}\overset{\frac{0}{0}}{=}\lim_{x\to 1}\frac{3x^2-3}{3x^2-2x-1}=\lim_{x\to 1}\frac{6x}{6x-2}=\frac{3}{2}.$$

值得注意的是，只要是未定式就可以一直使用洛必达法则，但上式中$\lim\limits_{x\to 1}\dfrac{6x}{6x-2}$已经不是"$\dfrac{0}{0}$"型未定式，不能继续使用洛必达法则，否则会导致错误的结果.

例 5　求极限$\lim\limits_{x\to 0}\dfrac{x-\sin x}{x^3}$.

解 当 $x\to 0$ 时，分子 $x-\sin x\to 0$，分母 $x^3\to 0$，此极限为“$\frac{0}{0}$”型，由洛必达法则，得

$$\lim_{x\to 0}\frac{x-\sin x}{x^3}\overset{\frac{0}{0}}{=}\lim_{x\to 0}\frac{1-\cos x}{3x^2}\overset{\frac{0}{0}}{=}\lim_{x\to 0}\frac{\sin x}{6x}=\frac{1}{6}\lim_{x\to 0}\frac{\sin x}{x}=\frac{1}{6}.$$

二、“$\frac{\infty}{\infty}$”型未定式的极限

对于“$\frac{\infty}{\infty}$”型的极限，有下面洛必达法则.

法则2 如果函数 $f(x)$ 与函数 $g(x)$ 满足：

(1) $\lim\limits_{x\to x_0}f(x)=\lim\limits_{x\to x_0}g(x)=\infty$，

(2) 函数 $f(x)$ 与 $g(x)$ 在点 x_0 处及其附近均可导，且 $g'(x)\neq 0$，

(3) $\lim\limits_{x\to x_0}\frac{f'(x)}{g'(x)}$存在(或为无穷大)，

那么

$$\lim_{x\to x_0}\frac{f(x)}{g(x)}=\lim_{x\to x_0}\frac{f'(x)}{g'(x)}.$$

例6 求极限 $\lim\limits_{x\to 0^+}\frac{\ln\sin x}{\ln x}$.

解 当 $x\to 0^+$ 时，分子、分母都趋近于∞，此极限为“$\frac{\infty}{\infty}$”型，由洛必达法则，得

$$\lim_{x\to 0^+}\frac{\ln\sin x}{\ln x}\overset{\frac{\infty}{\infty}}{=}\lim_{x\to 0^+}\frac{\frac{\cos x}{\sin x}}{\frac{1}{x}}=\lim_{x\to 0^+}\cos x\cdot\lim_{x\to 0^+}\frac{x}{\sin x}=1.$$

例7 求极限 $\lim\limits_{x\to +\infty}\frac{x^n}{e^{\lambda x}}$ （n 为正整数，$\lambda>0$）.

解 当 $x\to +\infty$ 时，分子、分母都趋近于∞，此极限为“$\frac{\infty}{\infty}$”型，由洛必达法则，得

$$\lim_{x\to +\infty}\frac{x^n}{e^{\lambda x}}\overset{\frac{\infty}{\infty}}{=}\lim_{x\to +\infty}\frac{nx^{n-1}}{\lambda e^{\lambda x}}\overset{\frac{\infty}{\infty}}{=}\lim_{x\to +\infty}\frac{n(n-1)x^{n-2}}{\lambda^2 e^{\lambda x}}\overset{\frac{\infty}{\infty}}{=}\cdots\overset{\frac{\infty}{\infty}}{=}\lim_{x\to +\infty}\frac{n!}{\lambda^n e^{\lambda x}}=0.$$

注意

这里连续使用洛必达法则 n 次.

例8 求极限 $\lim\limits_{x\to +\infty}\frac{\ln x}{x^p}$ （$p>0$）.

解 当 $x\to +\infty$ 时，分子、分母都趋向于∞，此极限为“$\frac{\infty}{\infty}$”型，由洛必达法则，得

$$\lim_{x\to +\infty}\frac{\ln x}{x^p}\overset{\frac{\infty}{\infty}}{=}\lim_{x\to +\infty}\frac{\frac{1}{x}}{px^{p-1}}=\lim_{x\to +\infty}\frac{1}{px^p}=0.$$

三、其他类型的未定式

未定式极限除了上述两种以外，还有 $0\cdot\infty$、$\infty-\infty$、1^∞、0^0、∞^0 等类型. 对此，我们可以通过简单的变形把它们化为$\frac{0}{0}$型或$\frac{\infty}{\infty}$型，再用洛必达法则求出极限.

1. $0\cdot\infty$型

可转化为$\dfrac{\infty}{\dfrac{1}{0}}$即$\dfrac{\infty}{\infty}$型，或者转化为$\dfrac{0}{\dfrac{1}{\infty}}$即$\dfrac{0}{0}$型.

例 9　求极限$\lim\limits_{x\to0^+}x^n\ln x \quad (n>0)$.

解　此极限为"$0\cdot\infty$"型，先将其化为"$\dfrac{\infty}{\infty}$"型，再利用洛必达法则，得

$$\lim_{x\to0^+}x^n\ln x\overset{0\cdot\infty}{=}\lim_{x\to0^+}\frac{\ln x}{x^{-n}}\overset{\frac{\infty}{\infty}}{=}\lim_{x\to0^+}\frac{\dfrac{1}{x}}{-nx^{-n-1}}=\lim_{x\to0^+}\frac{1}{-nx^{-n}}=-\lim_{x\to0^+}\frac{x^n}{n}=0.$$

例 10　求极限$\lim\limits_{x\to+\infty}x\left(\dfrac{\pi}{2}-\arctan x\right)$.

解　此极限为"$0\cdot\infty$"型，先将其化为"$\dfrac{0}{0}$"型，再利用洛必达法则，得

$$\lim_{x\to+\infty}x\left(\frac{\pi}{2}-\arctan x\right)\overset{0\cdot\infty}{=}\lim_{x\to+\infty}\frac{\dfrac{\pi}{2}-\arctan x}{\dfrac{1}{x}}\overset{\frac{0}{0}}{=}\lim_{x\to+\infty}\frac{-\dfrac{1}{1+x^2}}{-\dfrac{1}{x^2}}=\lim_{x\to+\infty}\frac{x^2}{1+x^2}=1.$$

2. $\infty-\infty$型

先通分化为"$\dfrac{0}{0}$"型，再使用洛必达法则.

例 11　求极限$\lim\limits_{x\to0}\left(\dfrac{1}{\sin x}-\dfrac{1}{x}\right)$.

解　此极限为"$\infty-\infty$"型，先将其通分化为"$\dfrac{0}{0}$"型，再利用洛必达法则，得

$$\lim_{x\to0}\left(\frac{1}{\sin x}-\frac{1}{x}\right)\overset{\infty-\infty}{=}\lim_{x\to0}\frac{x-\sin x}{x\sin x}\overset{\frac{0}{0}}{=}\lim_{x\to0}\frac{1-\cos x}{\sin x+x\cos x}$$
$$\overset{\frac{0}{0}}{=}\lim_{x\to0}\frac{\sin x}{2\cos x-x\sin x}=0.$$

3. 0^0、∞^0、1^∞型

取对数化为$0\cdot\infty$型，进而化为$\dfrac{0}{0}$型或$\dfrac{\infty}{\infty}$型.

例 12　求极限$\lim\limits_{x\to1}x^{\frac{1}{1-x}}$.

解　此极限为"1^∞"型，先将其变形为

$$\lim_{x\to1}x^{\frac{1}{1-x}}\overset{1^\infty}{=}\lim_{x\to1}e^{\frac{1}{1-x}\ln x}=\lim_{x\to1}e^{\frac{\ln x}{1-x}},$$

由于

$$\lim_{x\to1}\frac{\ln x}{1-x}\overset{\frac{0}{0}}{=}\lim_{x\to1}\frac{\dfrac{1}{x}}{-1}=-1,$$

所以

$$\lim_{x\to 1} x^{\frac{1}{1-x}} = e^{-1}.$$

例 13 求极限 $\lim\limits_{x\to 0^+} x^x$.

解 此极限为"0^0"型，先将其变形为

$$\lim_{x\to 0^+} x^x \overset{0^0}{=} \lim_{x\to 0^+} e^{x\ln x},$$

由于

$$\lim_{x\to 0^+} x\ln x \overset{0\cdot\infty}{=} \lim_{x\to 0^+} \frac{\ln x}{\frac{1}{x}} \overset{\frac{\infty}{\infty}}{=} \lim_{x\to 0^+} \frac{\frac{1}{x}}{-\frac{1}{x^2}} = -\lim_{x\to 0^+} x = 0,$$

所以

$$\lim_{x\to 0^+} x^x = e^0 = 1.$$

使用洛必达法则必须注意以下两点：

(1) 洛必达法则只适用于$\frac{0}{0}$、$\frac{\infty}{\infty}$型未定式，其他未定式须先化成这两种类型之一，然后再用该法则；

(2) 洛必达法则的条件是充分的，但不是必要的，当定理条件满足时，所求的极限当然存在，但当定理条件不满足时，所求极限却不一定不存在，这就是说当$\lim\limits_{x\to x_0}\frac{f'(x)}{g'(x)}$不存在时(等于无穷大的情况除外)，$\lim\limits_{x\to x_0}\frac{f(x)}{g(x)}$仍可能存在. 例如，$\lim\limits_{x\to\infty}\frac{\sin x+x}{x}\overset{\frac{\infty}{\infty}}{=}\lim\limits_{x\to\infty}\frac{\cos x+1}{1}$不存在，而事实上

$$\lim_{x\to\infty}\frac{\sin x+x}{x}=\lim_{x\to\infty}\left(\frac{\sin x}{x}+1\right)=1.$$

因此，洛必达法则失效，但极限仍有可能存在.

有些极限虽然是未定式，但使用洛必达法则无法计算出其极限值，这时应考虑用其他方法. 例如求$\lim\limits_{x\to+\infty}\frac{e^x-e^{-x}}{e^x+e^{-x}}$，两次使用洛必达法则后，又还原成原来的形式，因而洛必达法则对它失效，事实上

$$\lim_{x\to+\infty}\frac{e^x-e^{-x}}{e^x+e^{-x}}=\lim_{x\to+\infty}\frac{\frac{e^x-e^{-x}}{e^x}}{\frac{e^x+e^{-x}}{e^x}}=\lim_{x\to+\infty}\frac{1-e^{-2x}}{1+e^{-2x}}=1.$$

习 题 3-2

求下列极限：

(1) $\lim\limits_{x\to 0}\frac{x-x\cos x}{x-\sin x}$；

(2) $\lim\limits_{x\to a}\frac{x^m-a^m}{x^n-a^n}$；

(3) $\lim\limits_{x\to 0}\frac{x^2\sin\frac{1}{x}}{\sin x}$；

(4) $\lim\limits_{x\to+\infty}\frac{x^n}{\ln x}\quad(n>0)$；

(5) $\lim\limits_{x\to 0}\left[\frac{1}{x}-\frac{\ln(1+x)}{x^2}\right]$；

(6) $\lim\limits_{x\to 0^+} x^{\sin x}$；

(7) $\lim\limits_{x\to 0^+}(\sin x)^{\frac{2}{1+\ln x}}$；

(8) $\lim\limits_{x\to e}(\ln x)^{\frac{1}{1-\ln x}}$；

(9) $\lim\limits_{x\to+\infty}(1+x)^{\frac{1}{\sqrt{x}}}$；

(10) $\lim\limits_{x\to+\infty}\dfrac{e^x+\sin x}{e^x-\cos x}$；

(11) $\lim\limits_{x\to+\infty}\dfrac{x-\sin x}{x+\sin x}$；

(12) $\lim\limits_{x\to+\infty}x\left(e^{\frac{1}{x}}-1\right)$.

第三节　函数的单调性与极值

一、函数的单调性

函数的单调性是函数的一个重要特性，它反映了函数在某个区间上随自变量的增大而增大(或减小)的一个特征.但是，利用函数单调性的定义来判断函数的单调性往往是比较困难的.现在介绍利用导数的有关知识判定函数单调性的方法.

由图3-4可以看出，当函数 $y=f(x)$ 在区间 (a,b) 内单调增加时，其曲线上任一点的切线的倾斜角 α 都是锐角，因此它们的斜率都是正值，由导数的几何意义知道，此时，曲线上任一点的导数都是正值，即 $f'(x)>0$.

由图3-5可以看出，当函数 $y=f(x)$ 在区间 (a,b) 内单调减少时，其曲线上每一点的切线的倾斜角 α 都是钝角，因此它们的斜率都是负值，由导数的几何意义知道，此时，曲线上任一点的导数都是负值，即 $f'(x)<0$.

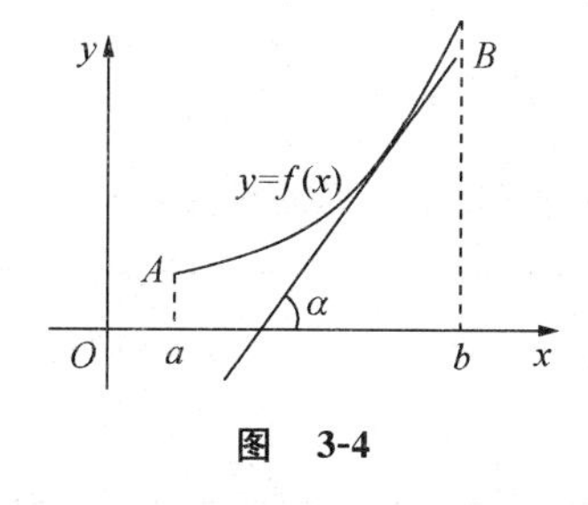

图　3-4

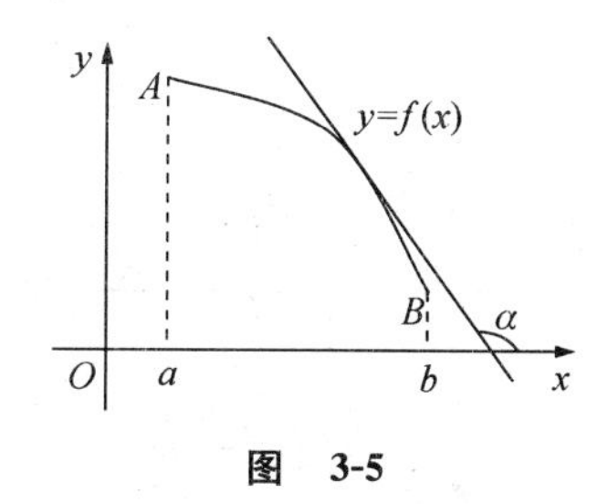

图　3-5

定理 3.4　设函数 $y=f(x)$ 在区间 (a,b) 内可导，则

(1) 如果在区间 (a,b) 内 $f'(x)>0$，那么函数 $y=f(x)$ 在区间 (a,b) 内单调增加；

(2) 如果在区间 (a,b) 内 $f'(x)<0$，那么函数 $y=f(x)$ 在区间 (a,b) 内单调减少.

注意

(1) 在区间内个别点处导数等于零，不影响函数的单调性.如幂函数 $y=x^3$，其导数 $y'=3x^2$ 在原点处值为0，但它在其定义域 $(-\infty,+\infty)$ 内是单调增加的.

(2) 如果把此判别法中的开区间换成其他各种区间(包括无穷区间)，那么结论仍然成立.

例 1　判断函数 $y=x+e^x$ 的单调性.

解　函数 $y=x+e^x$ 的定义域为 $(-\infty,+\infty)$，求导数，得

$$y'=1+e^x>0,$$

所以，函数 $y=x+e^x$ 在其定义域 $(-\infty,+\infty)$ 内是单调增加的.

例 2　确定函数 $y=2x^3-9x^2+12x-3$ 的单调区间.

解　函数 $y=2x^3-9x^2+12x-3$ 的定义域为 $(-\infty,+\infty)$，求导数，得

$$y'=6x^2-18x+12=6(x-1)(x-2),$$

令 $y'=0$，得

$$x=1,\ x=2.$$

它们将定义域分为小区间，我们分别考察导数 y' 在各区间内的符号，就可以判断出函数的单调区间. 为了更清楚，列表如下：

x	$(-\infty,1)$	1	$(1,2)$	2	$(2,+\infty)$
y'	$+$	0	$-$	0	$+$
y	↗		↘		↗

由上表可知，函数的单调增加区间为$(-\infty,1)$和$(2,+\infty)$，函数的单调减少区间为$(1,2)$.

从例2看到，有些函数在它的整个定义域区间上不是单调的，但是当我们用导数等于零的点来划分函数的定义域区间后，就可以判断函数在各个部分区间上的单调性. 还应该注意到，导数不存在的点，也可能成为单调增区间和单调减区间的分界点，看下面的例子.

例3 确定函数 $y=x-\frac{3}{2}x^{\frac{2}{3}}$ 的单调区间.

解 所给函数的定义域为$(-\infty,+\infty)$，求导数，得

$$y'=1-x^{-\frac{1}{3}}=\frac{\sqrt[3]{x}-1}{\sqrt[3]{x}},$$

令 $y'=0$，得

$$x=1.$$

当 $x=0$ 时，y'不存在.

用 $x=0$ 和 $x=1$ 把定义域分成小区间，列表考察各区间内 y'的符号：

x	$(-\infty,0)$	0	$(0,1)$	1	$(1,+\infty)$
y'	$+$	不存在	$-$	0	$+$
y	↗		↘		↗

由上表可知，函数的单调增加区间为$(-\infty,0)$和$(1,+\infty)$，单调减少区间为$(0,1)$.

为了便于解决这方面的问题，我们可把判断函数的单调性的一般步骤归纳如下：

(1) 确定函数 $f(x)$的定义域；

(2) 求 $f'(x)$；

(3) 求出定义域内使 $f'(x)=0$ 的点及 $f'(x)$不存在的点；

(4) 用以上各点作为分界点，将函数定义域分为若干个小区间；列表考察 $f'(x)$在各个小区间内的符号，从而判断 $f(x)$的单调性.

例4 确定函数 $y=\frac{x^2}{3-x}$的单调区间.

解 所给函数的定义域为$(-\infty,3)\cup(3,+\infty)$，求导数，得

$$y'=\frac{2x(3-x)-x^2(-1)}{(3-x)^2}=\frac{6x-x^2}{(3-x)^2}=\frac{x(6-x)}{(3-x)^2},$$

令 $y'=0$，得

$$x=0,\quad x=6.$$

用 $x=0$,$x=3$ 和 $x=6$ 把定义域分成小区间，列表考察各区间内 y'的符号：

x	$(-\infty,0)$	0	$(0,3)$	$(3,6)$	6	$(6,+\infty)$
y'	$-$	0	$+$	$+$	0	$-$
y	↘		↗	↗		↘

由上表可知,函数的单调增加区间为$(0,3)$和$(3,6)$,单调减少区间为$(-\infty,0)$和$(6,+\infty)$.

二、函数的极值

1. 极值的概念

如图 3-6 所示,函数在点 x_1 处的函数值比它左右近旁的函数值都大,而在点 x_2 处的函数值比它左右近旁的函数值都小,对于这种特殊的点和它对应的函数值,我们给出如下定义:

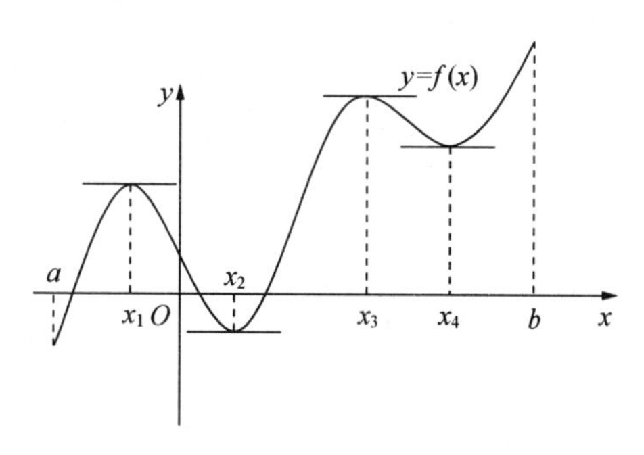

图　3-6

定义 3.1　设函数 $f(x)$在区间(a,b)内有定义,x_0 是区间(a,b)内的一个点.

(1) 如果对于点 x_0 近旁的任一点 $x(x\neq x_0)$,都有 $f(x)<f(x_0)$,那么称 $f(x_0)$为函数 $f(x)$的一个**极大值**,点 x_0 称为函数 $f(x)$的一个**极大值点**;

(2) 如果对于点 x_0 近旁的任一点 $x(x\neq x_0)$,都有 $f(x)>f(x_0)$,那么称 $f(x_0)$为函数 $f(x)$的一个**极小值**,点 x_0 称为函数 $f(x)$的一个**极小值点**.

函数的极大值与极小值统称为函数的**极值**,极大值点与极小值点统称为函数的**极值点**.

图 3-6 中的 x_1 和 x_3 是函数 $f(x)$的极大值点,$f(x_1)$和 $f(x_3)$是函数 $f(x)$极大值;x_2 和 x_4 是函数 $f(x)$的极小值点,$f(x_2)$和 $f(x_4)$是函数 $f(x)$的极小值.

注意

(1) 极值只是一个局部概念,它仅是与极值点邻近的函数值比较而言较大或较小的,而不是在整个区间上的最大值或最小值.函数的极值点一定出现在区间的内部,在区间的端点处不能取得极值;

(2) 函数的极大值与极小值可能有很多个,极大值不一定比极小值大,极小值也不一定比极大值小;

(3) 函数的极值可能取在导数不存在的点处.

2. 函数极值的判定

从图 3-6 可以看出,曲线在点 x_1、x_2、x_3、x_4 取得极值处的切线都是水平的,即 $f'(x_1)=0$,$f'(x_2)=0$,$f'(x_3)=0$,$f'(x_4)=0$.对此,我们给出函数存在极值的必要条件.

定理 3.5　如果函数 $f(x)$在点 x_0 处可导且取得极值,那么 $f'(x_0)=0$.

使得函数 $f(x)$的导数等于零的点(即方程 $f'(x)=0$ 的实根),叫做函数 $f(x)$的**驻点**.

注意

(1) 当函数可导时,极值点必定是驻点,但驻点不一定是极值点.例如,点 $x=0$ 是函数 $y=x^3$ 的驻点,但不是极值点.

（2）导数不存在的点也可能是极值点. 例如，函数 $f(x)=|x|$ 在 $x=0$ 处不可导，但 $x=0$ 是该函数的极小值点.

因此，为了求出函数的极值点，先要求出函数在其定义域内的驻点和导数不存在的点，再进一步判断这些点是否是极值点，以及是极大值点还是极小值点. 对此，有如下定理：

定理 3.6（极值存在的第一充分条件） 设函数 $f(x)$ 在点 x_0 处及其附近可导，且满足 $f'(x_0)=0$.

（1）如果当 $x<x_0$ 时，$f'(x)>0$；当 $x>x_0$ 时，$f'(x)<0$，那么 x_0 是函数 $f(x)$ 极大值点，$f(x_0)$ 是函数 $f(x)$ 的极大值（如图 3-7(1)所示）；

（2）如果当 $x<x_0$ 时，$f'(x)<0$；当 $x>x_0$ 时，$f'(x)>0$，那么 x_0 是函数 $f(x)$ 极小值点，$f(x_0)$ 是函数 $f(x)$ 的极小值（如图 3-7(2)所示）；

（3）如果在点 x_0 的左右两侧 $f'(x)$ 同号，那么 x_0 不是极值点，函数 $f(x)$ 在点 x_0 处没有极值（如图 3-7(3)所示）.

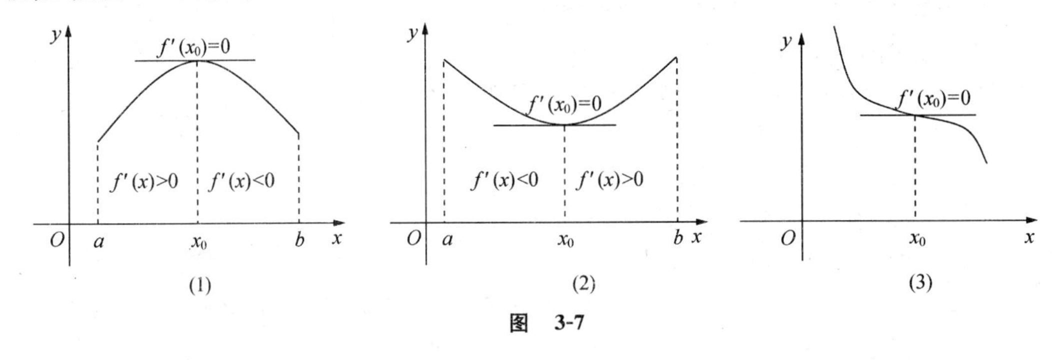

图 3-7

一般地，求函数 $f(x)$ 的极值的步骤为：

（1）确定函数 $f(x)$ 的定义域；

（2）求 $f'(x)$；

（3）求出定义域内使 $f'(x)=0$ 的点和 $f'(x)$ 不存在的点；

（4）用步骤(3)中的两类点将整个定义域划分成若干个小区间，列表讨论 $f'(x)$ 在各个小区间内的符号，从而判断 $f(x)$ 在该区间内的单调性，确定极值点，求出极值.

例 5 求函数 $f(x)=x^3-x^2-x+1$ 的极值.

解 （1）函数 $f(x)$ 的定义域为 $(-\infty,+\infty)$；

（2）$f'(x)=3x^2-2x-1=(3x+1)(x-1)$；

（3）令 $f'(x)=0$，得驻点 $x_1=-\dfrac{1}{3}$，$x_2=1$；

（4）列表考察：

x	$\left(-\infty,-\frac{1}{3}\right)$	$-\frac{1}{3}$	$\left(-\frac{1}{3},1\right)$	1	$(1,+\infty)$
$f'(x)$	+	0	−	0	+
$f(x)$	↗	极大值 $\frac{32}{27}$	↘	极小值 0	↗

由上表可知，函数 $f(x)$ 的极大值为 $f\left(-\dfrac{1}{3}\right)=\dfrac{32}{27}$，极小值为 $f(1)=0$.

例 6　求函数 $f(x)=\frac{2}{3}x-(x-1)^{\frac{2}{3}}$ 的极值.

解　(1) 函数 $f(x)$ 的定义域为 $(-\infty,+\infty)$；

(2) $f'(x)=\frac{2}{3}-\frac{2}{3}(x-1)^{-\frac{1}{3}}=\frac{2}{3}\left(1-\frac{1}{\sqrt[3]{x-1}}\right)=\frac{2}{3}\cdot\frac{\sqrt[3]{x-1}-1}{\sqrt[3]{x-1}}$.

(3) 令 $f'(x)=0$，解得驻点 $x=2$. 当 $x=1$ 时，导数 $f'(x)$ 不存在；

(4)列表考察：

x	$(-\infty,1)$	1	$(1,2)$	2	$(2,+\infty)$
$f'(x)$	+	不存在	−	0	+
$f(x)$	↗	极大值 $\frac{2}{3}$	↘	极小值 $\frac{1}{3}$	↗

由上表可知，函数 $f(x)$ 的极大值为 $f(1)=\frac{2}{3}$，极小值为 $f(2)=\frac{1}{3}$.

习 题 3-3

1. 确定下列函数的单调区间：

(1) $f(x)=e^x-x-1$；　(2) $f(x)=\frac{1}{3}x^3-\frac{3}{2}x^2+2x$；

(3) $f(x)=\frac{\sqrt{x}}{x+100}$；　(4) $f(x)=x-\ln(1+x)$；

(5) $f(x)=\frac{x^2}{1+x}$；　(6) $f(x)=\arctan x-x$；

(7) $y=\sqrt[3]{x^2}$；　(8) $y=x^3-3x^2-9x+14$.

2. 证明函数 $f(x)=\sin x-x$ 在区间 $(-\infty,+\infty)$ 内单调递减.

3. 求下列函数的极值点和极值：

(1) $f(x)=2+x-x^2$；　(2) $f(x)=2x^3-3x^2-12x+14$；

(3) $f(x)=\frac{2x}{1+x^2}$；　(4) $f(x)=x^2\ln x$；

(5) $f(x)=x^3-9x^2+15x+3$；　(6) $f(x)=(x^2-1)^2+1$；

(7) $f(x)=\sin x-2x$；　(8) $f(x)=x+\sqrt{1-x}$；

(9) $f(x)=x-e^x$；　(10) $f(x)=3-2\left(x+\frac{1}{2}\right)^{\frac{1}{3}}$；

(11) $y=\sqrt[3]{(2x-x^2)^2}$；　(12) $y=x^3-9x^2+15x+3$.

4. 求下列函数在区间 $(0,2\pi)$ 内的极值：

(1) $f(x)=\sin x+\cos x$；　(2) $f(x)=\frac{1}{2}-\cos x$.

第四节　函数的最大值与最小值

在生产实践中，常会遇到一类“最大”、“最小”、“最省”等问题，例如厂家生产一种圆柱形杯子，就要考虑在一定条件下，杯子的直径和高取多少时，用料最省；又如在销售某种商品时，在成本固定之下，怎样确定零售价，才能使商品售出最多、获得利润最大等. 这类问题在数学上叫做最大值、最小值问题，简称最值问题.

一、闭区间上连续函数的最值

设函数 $y=f(x)$在闭区间$[a,b]$上连续，由闭区间上连续函数的性质知道，函数 $y=f(x)$在闭区间$[a,b]$上一定有最大值与最小值．最大值与最小值可能取在区间内部，也可能取在区间的端点处，如果取在区间内部，那么，它们一定取在函数的驻点处或者导数不存在的点处．

注意

函数的最大值、最小值与极大值、极小值是不同的．函数的极值是局部概念，在一个区间内可能有很多个极值，但函数的最值是整体概念，在一个区间内只有一个最大值和一个最小值．

由以上分析知，求闭区间$[a,b]$上连续函数 $y=f(x)$的最大值与最小值的步骤为：

（1）求出函数 $f(x)$在区间(a,b)内的所有驻点和导数不存在的点，并计算各点处的函数值；

（2）求出两个端点处的函数值 $f(a)$和 $f(b)$；

（3）比较以上所有函数值，其中最大的就是函数 $f(x)$在$[a,b]$上的最大值，最小的就是函数 $f(x)$在$[a,b]$上的最小值．

特别地，若函数 $f(x)$在区间$[a,b]$上单调增加（或单调减少），则 $f(x)$必在区间$[a,b]$的两个端点处达到最大值和最小值．

例 1 求函数 $y=2x^3+3x^2-12x+14, x\in[-3,4]$的最大值和最小值．

解 （1）求驻点和不可导点：

令

$$y'=6x^2+6x-12=6(x+2)(x-1)=0,$$

得函数在$(-3,4)$内的驻点 $x_1=-2, x_2=1$；

（2）求驻点与区间两个端点处的函数值：

$$f(-2)=34, f(1)=7, f(-3)=23, f(4)=142;$$

（3）比较各值的大小，得

$$y_{\max}=f(4)=142, y_{\min}=f(1)=7.$$

二、开区间内连续函数的最值

函数 $f(x)$在开区间(a,b)内有时存在最大值或最小值，有时不存在最大值或最小值，情况比较复杂，本书只讨论 $f(x)$在开区间(a,b)内连续且只有一个极值点的情形．

如果函数 $f(x)$在开区间(a,b)内可导且有唯一的极值点 x_0（如图 3-8 所示），那么当 $f(x_0)$是极大值时，$f(x_0)$就是函数 $f(x)$在该区间内的最大值；当 $f(x_0)$是极小值时，$f(x_0)$就是函数 $f(x)$在该区间内的最小值．

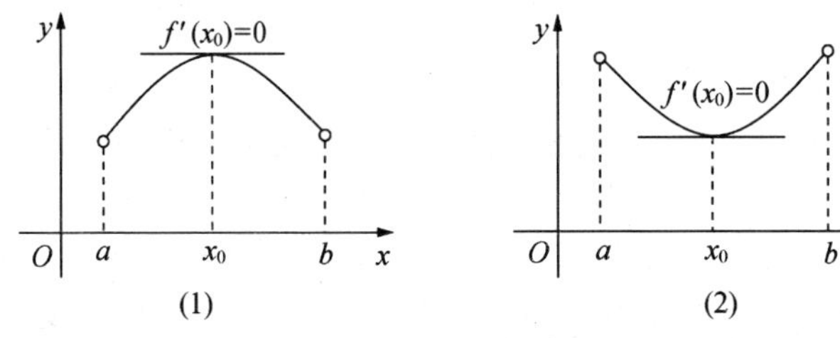

图 3-8

例 2　求函数 $y=-x^2+4x-3$ 的最大值.

解　所给函数的定义域为 $(-\infty,+\infty)$，因为

$$f'(x)=-2x+4=-2(x-2),$$

令 $f'(x)=0$，得驻点为 $x=2$，

可以判断 $x=2$ 是 y 的极大值点. 由于函数在 $(-\infty,+\infty)$ 内只有唯一的一个极值点，所以函数的极大值就是它的最大值，即最大值为 $f(2)=1$.

三、应用举例

在实际问题中，如果函数 $f(x)$ 在某开区间内连续且只有一个驻点 x_0，而且从实际问题本身又可以知道 $f(x)$ 在该区间内必定有最大值或最小值，那么 $f(x_0)$ 就是所要求的最大值或最小值.

例 3　把边长为 a 的正方形纸板的四个角剪去四个相等的小正方形(如图 3-9(1)所示)，折成一个无盖的盒子(如图 3-9(2)所示)，问怎样做才能使盒子的容积最大?

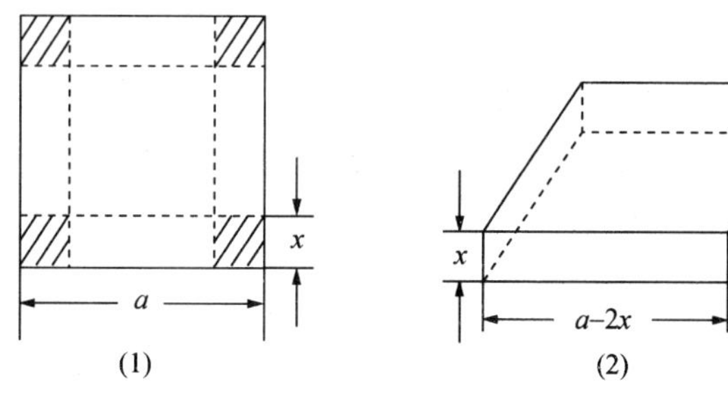

图　3-9

解　设剪去的小正方形的边长为 x，则盒子的容积为

$$V=x(a-2x)^2 \quad \left(0<x<\frac{a}{2}\right).$$

求导数，得

$$V'=(a-2x)^2-4x(a-2x)=(a-2x)(a-6x),$$

令 $V'=0$ 得驻点 $x=\frac{a}{6}$，$x=\frac{a}{2}$，其中 $x=\frac{a}{2}$ 不合题意，故在区间 $\left(0,\frac{a}{2}\right)$ 内只有一个驻点

$$x=\frac{a}{6}.$$

而所做的纸盒一定有最大容积，因此，当四角剪去边长为 $\frac{a}{6}$ 的小正方形时，做成的纸盒的容积最大.

例 4　某玩具厂生产玩具 x 个的成本费用为 $C(x)=5x+20$(元)，得到的收入为 $R(x)=10x-0.01x^2$(元). 问每批生产多少个玩具，才能使利润最大?

解　由题意得：每批生产玩具 x 个的利润为

$$L(x)=R(x)-C(x)=10x-0.01x^2-5x-20=-0.01x^2+5x-20,$$

则

$$L'(x)=-0.02x+5,$$

令 $L'(x)=0$，得唯一驻点为

$$x=250.$$

而利润必存在最大值，所以每批生产 250 个玩具时可取得最大利润.

习 题 3-4

1. 求下列函数在给定区间上的最大值和最小值：

(1) $f(x)=x+\dfrac{1}{x}$，$[0.01,100]$；　　(2) $f(x)=\dfrac{x-1}{x+1}$，$[0,4]$；

(3) $f(x)=\sqrt{x}\ln x$，$\left[\dfrac{1}{9},1\right]$；　　(4) $f(x)=x^3-3x^2-24x-2$，$[-5,5]$；

(5) $f(x)=\ln(1+x^2)$，$[-1,2]$；　　(6) $f(x)=x+\sqrt{x}$，$[0,4]$；

(7) $f(x)=x^4-2x^2+5$，$[-2,2]$；　　(8) $y=2x^3-3x^2$，$[-1,4]$.

2. 证明：(1) 面积一定的矩形，正方形的周长最短；(2) 周长一定的矩形，正方形的面积最大.
3. 需建造一个底为正方形的棱柱形开口水池，要求水池容积为 V，问：怎样设计水池的底边长与高度，才能使所用材料最省？
4. 已知圆柱形饮料罐头的容积为 V，求表面积最小时的底面半径与高之比.
5. 由材料力学知道，一个截面为矩形的横梁的强度与矩形的宽及高的平方成比例. 如图 3-10 所示，欲将一根直径为 d 的圆木切割成具有最大强度而截面为矩形的横梁，问矩形的高 h 与宽 b 之比应是多少？
6. 如图 3-11 所示，设一水雷艇 A 停泊在距海岸 $OA=9$ km 处，现在需派人送信到岸上某沿海兵营 B，兵营距 O 点相距 15 km，设步行每小时 5 km，划小舟每小时 4 km，问送信者在何处上岸，所费时间最短？

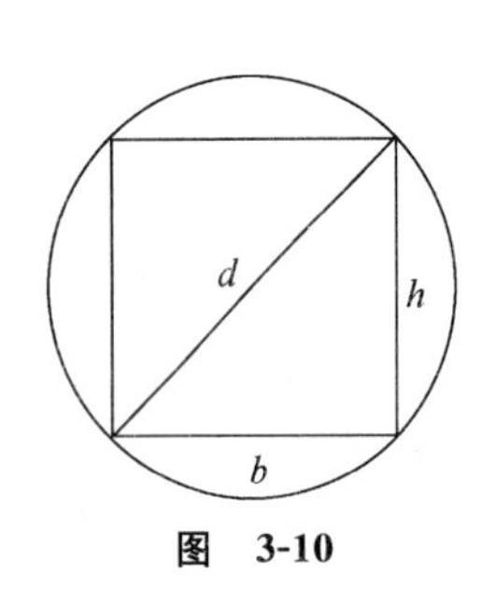

图 3-10

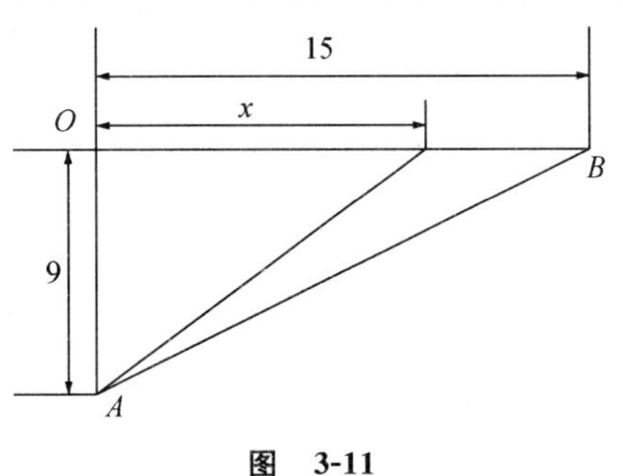

图 3-11

第五节 曲线的凹凸性与拐点及函数图形的描绘

一、曲线的凹凸与拐点

观察函数 $y=x^2$ 与 $y=\sqrt{x}$ 的图形（如图 3-12 所示），其曲线在 $[0,+\infty)$ 都是单调上升的，但它们的弯曲方向却不同，这就是所谓的凹曲线与凸曲线的区别.

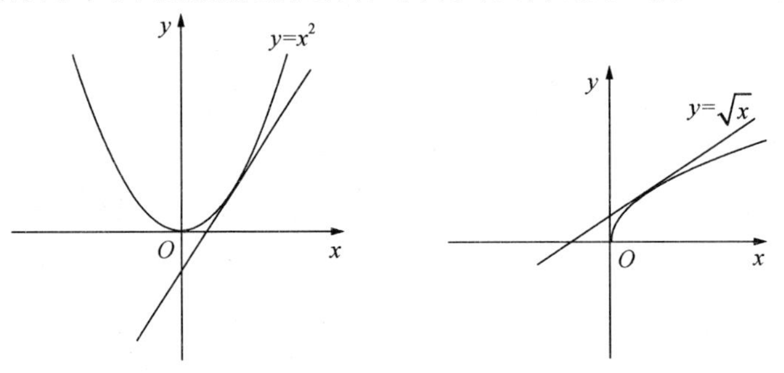

图 3-12

本节我们就来研究曲线弯曲方向问题，即曲线的凹凸性.

从图 3-13 可以看出，在有的曲线弧上，任一点处的切线都在曲线的下方；而在有的曲线弧上，则正好相反，任一点处的切线都在曲线的上方. 曲线的这种性质就是凹凸性，因此曲线的凹凸性可以用曲线弧上任意一点的切线与曲线弧本身的上下位置关系来描述. 对于此，我们给出下面的定义：

定义 3.2　在某区间内，如果曲线弧上任一点处的切线都在曲线的下方，则称此曲线弧段为**凹曲线**；如果曲线弧上任一点处的切线都在曲线的上方，则称此曲线弧段为**凸曲线**.

从图 3-13 中还可以看出，当曲线弧是凹曲线的时候，其切线的斜率是逐渐增加的，即函数的导数是单调增加的；当曲线弧是凸曲线的时候，其切线的斜率是逐渐减少的，即函数的导数是单调减少的. 根据函数单调性的判定方法，有如下定理：

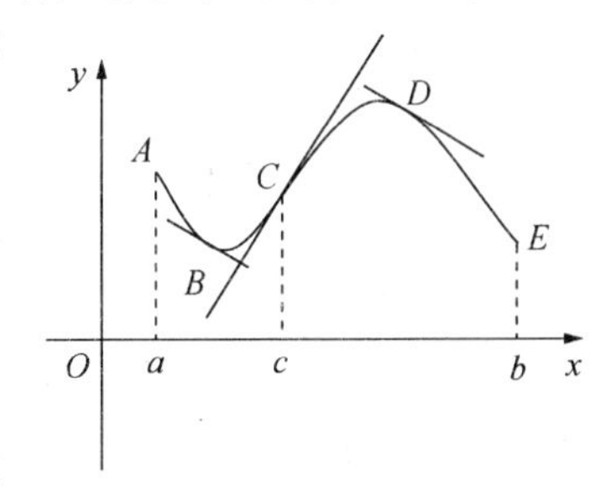

图　3-13

定理 3.7　设函数 $f(x)$ 在区间 (a,b) 内具有二阶导数.

(1) 如果当 $x\in(a,b)$ 时，恒有 $f''(x)>0$，则曲线 $f(x)$ 在区间 (a,b) 内是凹的；

(2) 如果当 $x\in(a,b)$ 时，恒有 $f''(x)<0$，则曲线 $f(x)$ 在区间 (a,b) 内是凸的.

例 1　判定曲线 $y=2x+\ln(x+1)$ 的凹凸性.

解　所给函数的定义域为 $(-1,+\infty)$，因为

$$y'=2+\frac{1}{x+1},$$

所以

$$y''=-\frac{1}{(x+1)^2}<0,$$

因此，曲线 $y=2x+\ln(x+1)$ 在其定义域 $(-1,+\infty)$ 内是凸的.

例 2　判定曲线 $y=x^3$ 的凹凸性.

解　函数 $y=x^3$ 的定义域是 $(-\infty,+\infty)$，因为

$$y'=3x^2,\ y''=6x,$$

所以，当 $x<0$ 时，$y''<0$；当 $x>0$ 时，$y''>0$，由定理 3.7 知：

曲线 $y=x^3$ 在区间 $(-\infty,0)$ 内是凸的，在区间 $(0,+\infty)$ 内是凹的.

例 2 中点 $(0,0)$ 是曲线由凸变凹的分界点. 对于这样的点，我们给出下面的定义：

定义 3.3　在连续曲线上，凸曲线与凹曲线的分界点叫做曲线的**拐点**.

注意

根据曲线拐点的定义可知，如果在某点两侧的区间内，函数二阶导数的符号相反，那么该点就是拐点；否则，该点就不是拐点.

判定曲线的凹凸性，求拐点的步骤如下：

(1) 确定函数 $y=f(x)$ 的定义域；

(2) 求出函数 $y=f(x)$ 的二阶导数 y''；

(3) 求出定义域内使得 $y''=0$ 的点和 y'' 不存在的点；

(4) 用二阶导数为零的点和二阶导数不存在的点把函数的定义域分成若干个小区间，列表考察各个小区间内二阶导数 y'' 的符号，从而判断出曲线在每个小区间内的凹凸性，求出

曲线的拐点.

例3 求曲线 $y=2-\sqrt[3]{x-1}$ 的凹凸区间与拐点.

解 (1) 函数 $y=2-\sqrt[3]{x-1}$ 的定义域为 $(-\infty,+\infty)$；

(2) $y'=-\dfrac{1}{3}(x-1)^{-\frac{2}{3}}, y''=\dfrac{2}{9}(x-1)^{-\frac{5}{3}}$；

(3) 当 $x=1$ 时，y'' 不存在；

(4) 列表考察

x	$(-\infty,1)$	1	$(1,+\infty)$
y''	$-$	不存在	$+$
y	$\frown$	拐点(1,2)	$\smile$

由上表可知，曲线 $y=2-\sqrt[3]{x-1}$ 的凹区间为 $(1,+\infty)$，凸区间为 $(-\infty,1)$，拐点为 $(1,2)$.

例4 求函数 $y=3+\ln(1+x^2)$ 的凹凸区间与拐点.

解 (1) 函数的定义域为 $(-\infty,+\infty)$；

(2) $y'=\dfrac{2x}{1+x^2}, y''=\dfrac{2(1-x^2)}{(1+x^2)^2}$；

(3) 由 $y''=0$，得

$$x_1=-1, x_2=1;$$

(4) 列表考察

x	$(-\infty,-1)$	-1	$(-1,1)$	1	$(1,+\infty)$
y''	$-$	0	$+$	0	$-$
y	$\frown$	拐点$(-1,3+\ln 2)$	$\smile$	拐点$(1,3+\ln 2)$	$\frown$

因此函数 $y=3+\ln(1+x^2)$ 的凸区间为 $(-\infty,-1)$ 和 $(1,+\infty)$，凹区间为 $(-1,1)$，拐点为 $(-1,3+\ln 2)$ 和 $(1,3+\ln 2)$.

例5 问函数 $y=x^4$ 是否有拐点？

解 (1) 函数 $y=x^4$ 的定义域为 $(-\infty,+\infty)$；

(2) $y'=4x^3, y''=12x^2$；

(3) 解方程 $y''=0$，得 $x=0$，但当 $x\neq 0$ 时，无论 $x>0$ 或 $x<0$，都有 $y''>0$，因此点 $(0,0)$ 不是曲线的拐点.

所以曲线 $y=x^4$ 没有拐点，它在整个定义域 $(-\infty,+\infty)$ 内是凹的.

用函数 $f(x)$ 的二阶导数也可判定函数的驻点是否为极值点. 有如下定理：

定理3.8(极值存在的第二充分条件) 设函数 $f(x)$ 在点 x_0 处具有一阶、二阶导数，且 $f'(x_0)=0, f''(x_0)\neq 0$.

(1) 若 $f''(x_0)<0$，则函数 $f(x)$ 在点 x_0 处取得极大值；

(2) 若 $f''(x_0)>0$，则函数 $f(x)$ 在点 x_0 处取得极小值.

注意

极值存在的第二充分条件对以下两种情况不适用：

(1) 导数不存在的点；

(2) 同时使 $f'(x_0)=0, f''(x_0)=0$ 的点. 这时 x_0 可能是极值点，也可能不是极值点.

例如，函数 $f(x)=x^4$，有 $f'(0)=f''(0)=0$，此时 $x=0$ 是 $f(x)$ 的极小值点；又如，函数 $f(x)=2x^3-x^4$ 中 $f'(0)=f''(0)=0$，但 $x=0$ 不是极值点. 因此，当 $f''(x_0)=0$ 时，只能用第一充分条件去判断.

例 6　求函数 $f(x)=3x^4-8x^3+6x^2$ 的极值点和极值.

解　(1) 所给函数的定义域为 $(-\infty,+\infty)$；

(2) $f'(x)=12x^3-24x^2+12x=12x(x-1)^2, f''(x)=12(3x^2-4x+1)$；

(3) 令 $f'(x)=0$，得驻点 $x=0, x=1$；

(4) 因为 $f''(0)=12>0$，所以，$x=0$ 为函数 $f(x)=3x^4-8x^3+6x^2$ 的极小值点，其极小值为 $f(0)=0$.

而 $f''(1)=0$，无法利用极值存在的第二充分条件去判断极值.

由于当 $0<x<1$ 时，$f'(x)>0$；当 $x>1$ 时，$f'(x)>0$，由定理 3.6 可知 $x=1$ 不是函数 $f(x)=3x^4-8x^3+6x^2$ 的极值点.

二、曲线的渐近线

先看我们熟悉的函数，如：

(1) 函数 $y=e^x$，当 $x\to-\infty$ 时，函数值无限趋近于零，曲线 $y=e^x$ 无限接近于直线 $y=0$；

(2) 函数 $y=\tan x$，当 $x\to\frac{\pi}{2}$ 时，函数值的绝对值无限增大，曲线 $y=\tan x$ 无限接近于直线 $x=\frac{\pi}{2}$；

(3) 函数 $y=\arctan x$，当 $x\to+\infty$ 时，函数值无限接近于 $\frac{\pi}{2}$，曲线 $y=\arctan x$ 无限接近于直线 $y=\frac{\pi}{2}$；当 $x\to-\infty$ 时，函数值无限接近于 $-\frac{\pi}{2}$，曲线 $y=\arctan x$ 无限接近于直线 $y=-\frac{\pi}{2}$.

一般地，当曲线 $y=f(x)$ 上的一动点 P 沿着曲线移向无穷远时，如果点到某定直线 l 的距离趋向于零，那么直线 l 就称为曲线 $y=f(x)$ 的一条渐近线. 渐近线分为水平渐近线、垂直渐近线和斜渐近线（本书只讨论水平渐近线和垂直渐近线）. 我们给出下面的定义：

定义 3.4　设曲线 $y=f(x)$，

(1) 如果 $\lim\limits_{x\to\infty}f(x)=b$（或 $\lim\limits_{x\to+\infty}f(x)=b$，$\lim\limits_{x\to-\infty}f(x)=b$），则称直线 $y=b$ 为曲线 $y=f(x)$ 的一条**水平渐近线**；

(2) 如果 $\lim\limits_{x\to x_0}f(x)=\infty$（或 $\lim\limits_{x\to x_0^+}f(x)=\infty$，$\lim\limits_{x\to x_0^-}f(x)=\infty$），则称直线 $x=x_0$ 为曲线 $y=f(x)$ 的一条**垂直渐近线**.

例如，直线 $y=0$ 是曲线 $y=e^x$ 的水平渐近线，直线 $x=\frac{\pi}{2}$ 是曲线 $y=\tan x$ 的垂直渐近线.

例 7 求曲线 $y=\dfrac{5}{4-x^2}$ 的水平渐近线和垂直渐近线.

解 因为 $\lim\limits_{x\to\infty}\dfrac{5}{4-x^2}=0$，所以直线 $y=0$ 是曲线 $y=\dfrac{5}{4-x^2}$ 的水平渐近线；

因为 $\lim\limits_{x\to 2}\dfrac{5}{4-x^2}=\infty$，$\lim\limits_{x\to -2}\dfrac{5}{4-x^2}=\infty$，所以直线 $x=2$ 和 $x=-2$ 是曲线 $y=\dfrac{5}{4-x^2}$ 的垂直渐近线.

例 8 求曲线 $y=\dfrac{4(x+1)}{x^2}-2$ 的水平渐近线和垂直渐近线.

解 因为 $\lim\limits_{x\to\infty}\left[\dfrac{4(x+1)}{x^2}-2\right]=-2$，所以直线 $y=-2$ 是曲线 $y=\dfrac{4(x+1)}{x^2}-2$ 的水平渐近线；

因为 $\lim\limits_{x\to 0}\left[\dfrac{4(x+1)}{x^2}-2\right]=\infty$，所以直线 $x=0$ 是曲线 $y=\dfrac{4(x+1)}{x^2}-2$ 的垂直渐近线.

三、函数图形的描绘

根据函数一阶导数的符号，可以确定函数图形在哪个区间上是上升的，在哪个区间上是下降的，在哪个点处取得极值等；借助于二阶导数的符号，可以确定函数图形在哪个区间上为凸的，在哪个区间上为凹的，哪个点是拐点等. 了解了函数图形的升降、凸凹性以及极值点和拐点后，也就基本掌握了函数的性态，就可以根据这些性态把函数的图形画得比较准确.

下面我们给出描绘函数的图形的一般步骤：

(1) 确定函数的定义域，判别函数的奇偶性和周期性；

(2) 求 $f'(x)$、$f''(x)$，解方程 $f'(x)=0$ 和 $f''(x)=0$，求出在定义域内的全部实根及 $f'(x)$ 和 $f''(x)$ 不存在的点；

(3) 列表考察，即由以上各点把函数定义域分成若干个小区间，列表考察函数在各小区间内 $f'(x)$、$f''(x)$ 的符号，从而确定函数在该区间内的单调性和凹凸性，求出函数的极值点和曲线的拐点；

(4) 确定函数图形的水平渐近线和垂直渐近线；

(5) 补充曲线上的一些关键点；

(6) 根据上述讨论，在直角坐标系内画出渐近线，标出曲线上的极值点、拐点，以及所补充的关键点，再依据曲线的单调性、凹凸性，把这些点用光滑的曲线连接起来.

例 9 作函数 $y=3x^2-x^3$ 的图像.

解 (1) 函数 $y=3x^2-x^3$ 的定义域为 $(-\infty,+\infty)$；

(2) $y'=6x-3x^2=3x(2-x)$，令 $y'=0$，解得驻点 $x_1=0$，$x_2=2$，

$y''=6-6x=6(1-x)$，令 $y''=0$，解得 $x_3=1$；

(3) 列表考察

x	$(-\infty,0)$	0	$(0,1)$	1	$(1,2)$	2	$(2,+\infty)$
y'	$-$	0	$+$		$+$	0	$-$
y''	$+$		$+$	0	$-$		$-$
y	↘	极小值 0	↗	拐点(1,2)	↗	极大值 4	↘

注意

这里记号“↗”表示曲线弧上升而且是凸的；“↘”表示曲线弧下降而且是凸的；“↘”表示曲线弧下降而且是凹的；“↗”表示曲线弧上升而且是凹的.

(4) 曲线 $y=3x^2-x^3$ 没有渐近线；

(5) 取辅助点 $(-1,4)$，$\left(\dfrac{1}{2},\dfrac{5}{8}\right)$；

(6) 综合上述分析，描绘出函数 $y=3x^2-x^3$ 的图像，如图 3-14 所示.

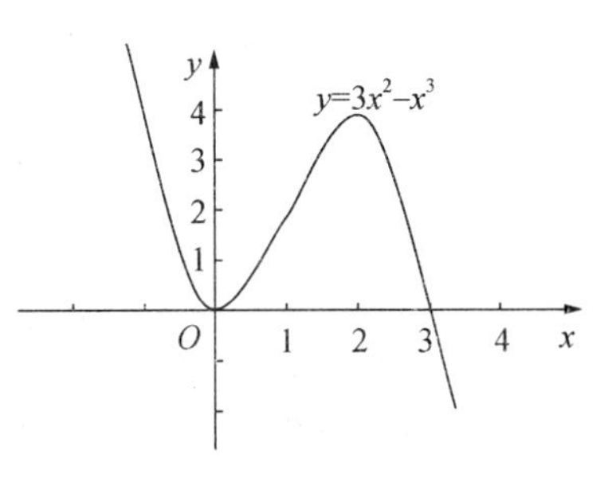

图　3-14

例 10　作函数 $y=\dfrac{4(x+1)}{x^2}-2$ 的图像.

解　(1) 所给函数的定义域为 $(-\infty,0)\cup(0,+\infty)$；

(2) $y'=\dfrac{-4(x+2)}{x^3}$，令 $y'=0$，解得驻点 $x_1=-2$，

$y''=\dfrac{8(x+3)}{x^4}$，令 $y''=0$，解得 $x_2=-3$，

当 $x=0$ 时，$f'(x)$，$f''(x)$ 都不存在；

(3) 列表考察：

x	$(-\infty,-3)$	-3	$(-3,-2)$	-2	$(-2,0)$	$(0,+\infty)$
y'	$-$	$-$	$-$	0	$+$	$-$
y''	$-$	0	$+$	$+$	$+$	$+$
y	↘	拐点 $\left(-3,-2\dfrac{8}{9}\right)$	↘	极小值 -3	↗	↘

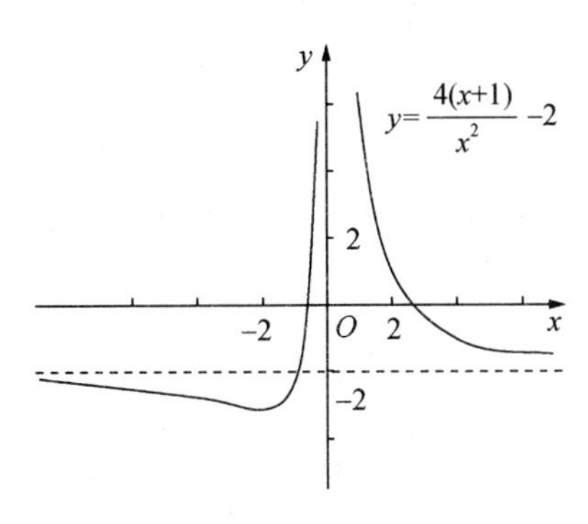

图　3-15

(4) 由例 8 知，曲线 $y=\dfrac{4(x+1)}{x^2}-2$ 有水平渐近线 $y=-2$，垂直渐近线 $x=0$；

(5) 取辅助点 $\left(-4,-\dfrac{11}{4}\right)$，$(-1,-2)$，$(2,1)$，$\left(3,-\dfrac{2}{9}\right)$；

(6) 综合以上分析，描绘出函数 $y=\dfrac{4(x+1)}{x^2}-2$ 的图像，如图 3-15 所示.

习 题 3-5

1. 求下列曲线的凹凸区间及拐点：

(1) $y=(2x-1)^4+1$；　　(2) $y=\sqrt[3]{x-4}+2$；

(3) $y=3x^4-4x^3+1$；　　(4) $y=xe^x$.

2. 已知曲线 $y=ax^3+bx^2$ 上有拐点 $(1,3)$，求 a、b 的值.

3. 求下列曲线的渐近线：

(1) $y=\arctan x$；　　(2) $y=\dfrac{x^2}{x^2-1}$；

(3) $y=\frac{1}{\sqrt{2\pi}}e^{-\frac{x^2}{2}}$；

(4) $y=\frac{a}{(x-b)^2}$；

(5) $y=1+\frac{36x}{(x+3)^2}$；

(6) $y=x^2+\frac{1}{x}$.

4. 作出下列函数的图像：

(1) $y=e^{-x^2}$；

(2) $y=\ln(x^2+1)$；

(3) $f(x)=\frac{x^2}{1+x}$；

(4) $y=\frac{4(x+1)}{x^2}+2$.

5. 已知连续函数 $y=f(x)$满足条件：$f(0)=1, f'(0)=0$；当 $|x|>0$ 时，$f'(x)>0$，当 $x<0$ 时，$f''(x)<0$，当 $x>0$ 时，$f''(x)>0$，试作出函数的图像的大致形状.

复 习 题 三

1. 填空题：

(1) 拉格朗日中值定理成立的两个条件是：①________；②__________.

(2) 若 $f'(x)$在(a,b)内恒为零，则 $f(x)$在(a,b)内必为________.

(3) 函数 $f(x)=x-\sin x$ 在其定义域内单调________.

(4) 如果函数 $f(x)$在点 x_0 处可导，且在点 x_0 处取得极值，则________.

(5) 函数 $f(x)=x^3-3x^2+7$ 的极大值为________，极小值为________.

(6) 函数 $f(x)=\ln(1+x^2)$在区间$[-1,2]$上的最大值为______，最小值为______.

(7) 函数 $f(x)=xe^x$ 在区间________内是凸的，在区间________内是凹的.

(8) 函数 $y=\text{arccot}x$ 有两条水平渐近线，分别是________和________.

(9) 曲线 $y=x^3-3x+1$ 的拐点是________.

(10) 曲线 $y=6x-24x^2+x^4$ 的凸区间是________.

2. 选择题(将正确的代号填写在题后的括号内)：

(1) 下列函数中在区间$[-1,1]$上满足罗尔定理条件的是(　　)

A. $y=e^x$　　B. $y=\ln|x|$　　C. $y=1-x^2$　　D. $y=\frac{1}{x^2}$

(2) 函数 $y=\ln\sin x$ 在区间$\left[\frac{\pi}{6},\frac{5\pi}{6}\right]$上满足拉格朗日中值定理的条件和结论，这时 ξ 的值为(　　).

A. $\frac{\pi}{6}$　　B. $\frac{\pi}{4}$　　C. $\frac{\pi}{3}$　　D. $y=\frac{\pi}{2}$

(3) 函数 $y=x-\ln(1+x)$的单调减少区间是(　　).

A. $(-1,+\infty)$　　B. $(-1,0)$　　C. $(0,+\infty)$　　D. $(-\infty,1)$

(4) 下列叙述正确的是(　　).

A. 若函数 $f(x)$在区间(a,b)内单调增加，且在(a,b)内可导，则必有 $f'(x)>0$

B. 若函数 $f(x)$和 $g(x)$在区间(a,b)内可导，且 $f(x)>g(x)$，则在区间(a,b)内必有 $f'(x)>g'(x)$

C. 若函数 $f(x)$的导数 $f'(x)$单调增加，则此函数必定单调增加

D. 若 $f'(x_0)<0$，则在点 x_0 的某个邻域内，$f(x)$必为单调减少

(5) 函数 $y=x-\arctan x$ 在$(-\infty,+\infty)$内是(　　).

A. 单调减少　　B. 不单调　　C. 不连续　　D. 单调增加

(6) 以下结论正确的是(　　).

A. 函数 $f(x)$ 的导数不存在的点，一定不是 $f(x)$ 的极值点

B. 若 x_0 为函数 $f(x)$ 的驻点，则 x_0 必为 $f(x)$ 的极值点

C. 若函数 $f(x)$ 在点 x_0 处有极值，且 $f'(x_0)$ 存在，则必有 $f'(x_0)=0$

D. 若函数 $f(x)$ 在点 x_0 处连续，则 $f'(x_0)$ 一定存在

(7) 点 $x=0$ 是函数 $y=x^4$ 的(　　).

A. 驻点但非极值点　　B. 拐点

C. 驻点且是拐点　　D. 驻点且是极值点

(8) 函数 $y=x-\sin x$ 在区间 $(-2\pi,2\pi)$ 内的拐点个数是(　　).

A. 1　　B. 2　　C. 3　　D. 4

(9) 函数 $y=x^2\mathrm{e}^{-x}$ 及其图像在区间 $(1,2)$ 内是(　　).

A. 单调减少且是凸的　　B. 单调减少且是凹的

C. 单调增加且是凸的　　D. 单调增加且是凹的

(10) 曲线 $y=\dfrac{1}{|x|}$ 的渐近线是(　　).

A. 只有水平渐近线　　B. 只有垂直渐近线

C. 既有水平渐近线，又有垂直渐近线　　D. 既无水平渐近线，又无垂直渐近线

3. 求下列极限：

(1) $\lim\limits_{x\to 0}\dfrac{\ln(1+x)}{x}$；　　(2) $\lim\limits_{x\to 0}\dfrac{\mathrm{e}^x-\mathrm{e}^{-x}}{\sin x}$；

(3) $\lim\limits_{x\to a}\dfrac{\sin x-\sin a}{x-a}$；　　(4) $\lim\limits_{x\to 0^+}\dfrac{x^3}{\mathrm{e}^x}$；

(5) $\lim\limits_{x\to 0^+}\dfrac{\ln\tan 7x}{\ln\tan 2x}$；　　(6) $\lim\limits_{x\to 0}\dfrac{\mathrm{e}^x-x-1}{x(\mathrm{e}^x-1)}$；

(7) $\lim\limits_{x\to 0}x\cot 2x$；　　(8) $\lim\limits_{x\to 0^+}\left(\dfrac{1}{x}\right)^{\tan x}$；

(9) $\lim\limits_{x\to +\infty}\dfrac{(\ln x)^n}{x}$；　　(10) $\lim\limits_{x\to \infty}\left(1+\dfrac{a}{x}\right)^x$；

(11) $\lim\limits_{x\to 0^+}x^{\sin x}$；　　(12) $\lim\limits_{x\to 0}\left(\dfrac{1}{x}-\dfrac{1}{\mathrm{e}^x-1}\right)$；

(13) $\lim\limits_{x\to +\infty}\dfrac{\ln\left(1+\dfrac{1}{x}\right)}{\operatorname{arccot}x}$；　　(14) $\lim\limits_{x\to 0}\dfrac{\ln(1+x^2)}{\sec x-\cos x}$；

(15) $\lim\limits_{x\to +\infty}\dfrac{\mathrm{e}^x}{x^2+\ln x}$；　　(16) $\lim\limits_{x\to 0}\dfrac{\mathrm{e}^x\sin x-\sin x}{1-\cos x}$；

(17) $\lim\limits_{x\to 0}\left[\dfrac{1}{x}-\dfrac{1}{\ln(1+x)}\right]$；　　(18) $\lim\limits_{x\to +\infty}x^2\left(\mathrm{e}^{\frac{1}{x^2}}-1\right)$；

(19) $\lim\limits_{x\to \frac{\pi}{2}}\dfrac{\sec x}{\tan x}$；　　(20) $\lim\limits_{x\to 1}\left(\dfrac{x}{x-1}-\dfrac{1}{\ln x}\right)$；

(21) $\lim\limits_{x\to 0}\dfrac{\sin ax}{\sin bx}\quad(b\neq 0)$；　　(22) $\lim\limits_{x\to 2}\dfrac{x^4-16}{x^3+5x^2-6x-16}$.

4. 求下列函数的单调区间与极值：

(1) $y=x-\mathrm{e}^x$；　　(2) $y=x\sqrt{4x-x^2}$；

(3) $y=2x^2-\ln x$；　　(4) $y=(x-1)(x+1)^3$；

(5) $y=1-(x-2)^{\frac{2}{3}}$；　　(6) $y=(x^2-1)^3+1$.

5. 求下列曲线的凹凸区间与拐点：

(1) $y=xe^{-x}$；　　(2) $y=\dfrac{1}{x^2+1}$；

(3) $y=x^3-3x^2-9x+9$；　　(4) $y=\dfrac{2x}{\ln x}$.

6. 作出下列函数的图像：

(1) $y=\dfrac{x}{x^2+1}$；　　(2) $y=\dfrac{x^2}{x^2-1}$.

7. 已知函数 $y=ax^3+bx^2+cx+d$ 有拐点 $(-1,4)$，且在 $x=0$ 处有极大值 2. 求 a、b、c、d 的值.

8. 证明下列不等式：

(1) 当 $x>1$ 时，$2\sqrt{x}>3-\dfrac{1}{x}$；　　(2) 当 $0<x<\dfrac{\pi}{2}$ 时，$2x>\sin 2x$.

9. 求函数 $f(x)=|x^2-3x+2|$ 在 $[-3,4]$ 上的最大值与最小值.

10. 如图 3-16 所示，欲用围墙围成面积为 216 平方米的一块矩形场地，并在正中用一堵墙将其隔成两块，问此场地的长和宽各为多少时，才能使所用建筑材料最少？

y

x

图 3-16

【数学史典故 3】

法国数学家拉格朗日

拉格朗日(Lagrange, Joseph Louis, 1736—1813)——法国数学家、力学家及天文学家拉格朗日于 1736 年 1 月 25 日在意大利西北部的都灵出生. 少年时读了哈雷介绍牛顿有关微积分之短文，因而对分析学产生兴趣. 他亦常与欧拉有书信往来，于探讨数学难题“等周问题”的过程中，当时只有 18 岁的他就以纯分析的方法发展了欧拉所开创的变分法，奠定了变分法的理论基础. 后入都灵大学. 1755 年，19 岁的他就已当上都灵皇家炮兵学校的数学教授. 不久便成为柏林科学院通讯院院士. 两年后，他参与创立都灵科学协会之工作，并于协会出版的科技会刊上发表大量有关变分法、概率论、微分方程、弦振动及最小作用原理等论文. 这些著作使他成为当时欧洲公认的第一流数学家.

拉格朗日

(1736—1813)

到了 1764 年，他凭万有引力解释月球天平动问题获得法国巴黎科学院奖金. 1766 年，又因成功地以微分方程理论和近似解法研究科学院所提出的一个复杂的六体问题“木星的四个卫星的运动问题”而再度获奖. 同年，德国普鲁士王腓特烈邀请他到柏林科学院工作时说：“欧洲最大的王”之宫廷内应有“欧洲最大的数学家”，于是他应邀到柏林科学院工作，并在那里居住达 20 年. 其间他写了继牛顿后的又一重要经典力学著作《分析力学》(1788). 书内以变分原理及分析的方法，把完整和谐的力学体系建立起来，使力学分析化. 他在序言中更宣称：力学已成分析的一个分支.

1786 年普鲁士王腓特烈逝世后，他应法王路易十六之邀，于 1787 年定居巴黎. 其间出任法国米制委员会主任，并先后于巴黎高等师范学院及巴黎综合工科学校任数学教授. 最后于 1813 年 4 月 10 日在当地逝世.

拉格朗日不但于方程论方面贡献重大，而且还推动了代数学之发展. 他在生前提交给柏林科学院的两篇著名论文：《关于解数值方程》(1767) 及《关于方程的代数解法的研究》(1771) 中，考察了二、三及四次方程的一种普遍性解法，即把方程化作低一次之方程(辅助方程或预解式)以求解. 但这并不适用于五次方程. 在他有关方程求解条件的研究中早已蕴涵了群论思想的萌芽，这使他成为伽罗瓦建立群论之先导.

另外，他在数论方面亦是表现超卓. 费马所提出的许多问题都被他一一解答，如：一正整数是不多于四个平方数之和的问题；求方程 $x^2+Ay^2=1$(A 为一非平方数)的全部整数解的问题等. 他还证明了 π 之无理性. 这些研究成果都丰富了数论的内容.

此外，他还写了两部分析巨著《解析函数论》(1797) 及《函数计算讲义》(1801)，总结了那一时期自己一系列的研究工作.《解析函数论》及他收录此书的一篇论文(1772)中企图把微分运算归结为代数运算，从而摒弃至牛顿以来一直令人困惑之无穷小量，为微积分奠定理论基础作出独特的尝试. 他又把函数 $f(x)$ 的导数定义成 $f(x+h)$ 的泰勒展开式中的 h 项之系数，并由此为出发点建立全部分析学. 可是他并未考虑到无穷级数的收敛性问题，他自以为摆脱了极限概念，实则只回避了极限概念，因此并未达到使微积分代数化、严密化的想法. 不过，他采用新的微分符号，以幂级数表示函数的处理手法使分析学的发展产生了影响，成为实变函数论的起点. 而且，他还在微分方程理论中作出奇解为积分曲线族的包络的几何解释，提出线性代换的特征值概念等.

数学界近百多年来的许多成就都可直接或间接地追溯于拉格朗日的工作. 为此他在数学史上被认为是对分析数学的发展产生全面影响的数学家之一.

(摘自《人人网》，http://page.renren.com/601307030/note/814711066)

第四章 不定积分

在第二章中,我们学习了如何求一个函数的导函数问题,本章将讨论它的相反问题,即寻求一个可导函数,使得它的导函数(或微分)等于已知函数(或微分).这种由函数的导数(或微分)求原来的函数的问题是积分学的一个基本问题——不定积分.

第一节 不定积分的概念

一、原函数

微分学所研究的问题是求已知函数的导数,在实际问题中,常常会遇到相反的问题,例如:

(1) 已知物体在时刻 t 的运动速度是 $v(t)=s'(t)$,求物体的运动方程 $s=s(t)$.

(2) 已知曲线上任一点处的切线斜率 $k=f'(x)$,求曲线的方程 $y=f(x)$.

也就是说,已知函数的导数,要求原来的函数,这就形成了"原函数"的概念.

定义 4.1 如果在区间 D 上,可导函数 $F(x)$ 的导函数为 $f(x)$,即对任意 $x\in D$,都有

$$F'(x)=f(x) \quad 或 \quad \mathrm{d}F(x)=f(x)\mathrm{d}x,$$

则称 $F(x)$ 为 $f(x)$ 在区间 D 上的一个**原函数**.

定理 4.1(原函数存在定理) 如果函数 $f(x)$ 在闭区间 $[a,b]$ 上连续,则函数 $f(x)$ 在该区间上的原函数必存在(证明从略).

因为 $(x^2)'=2x$,所以 x^2 是 $2x$ 的一个原函数,又因为 $(x^2+1)'=2x$,$(x^2-1)'=2x$,$(x^2+\sqrt{2})'=2x$,…,$(x^2+C)'=2x$(C 为任意常数),所以 x^2+1,x^2-1,$x^2+\sqrt{2}$,…,x^2+C 等,都是 x^2 的原函数.

从上面的例子可以看出:如果某函数有一个原函数,那么它就有无限多个原函数,并且任意两个原函数之间只相差一个常数.因此,对一般情况,有下面的定理:

定理 4.2(原函数族定理) 如果函数 $f(x)$ 在区间 D 上有一个原函数 $F(x)$,则

(1) $F(x)+C$ 也是 $f(x)$ 在区间 D 上的原函数,其中 C 为任意常数;

(2) $f(x)$ 的任意两个原函数之差为一个常数.

证明 (1) 因为 $F(x)$ 是函数 $f(x)$ 在区间 D 上的一个原函数,所以

$$(F(x))'=f(x) \quad (x\in D),$$

于是

$$(F(x)+C)'=(F(x))'=f(x) \quad (C 为任意常数),$$

所以 $F(x)+C$ 也是 $f(x)$ 在区间 D 上的原函数,其中 C 为任意常数.

(2) 设 $F(x)$ 和 $G(x)$ 都是 $f(x)$ 在区间 D 上的原函数,则有

$$(F(x)-G(x))'=F'(x)-G'(x)=f(x)-f(x)\equiv 0,$$

根据拉格朗日(Lagrange)中值定理的推论 1,知

$$F(x)-G(x)=C \quad (C 为一个常数),$$

也就是说，$f(x)$的任意两个原函数之差为一个常数.

这个定理表明，如果 $F(x)$是 $f(x)$的一个原函数，那么 $F(x)+C$ 就是 $f(x)$的全部原函数(称为**原函数族**)，其中 C 为任意常数.

二、不定积分

定义 4.2　函数 $f(x)$在区间 D 上的全体原函数称为 $f(x)$在 D 上的**不定积分**，记作 $\int f(x)\mathrm{d}x$. 其中称“$\int$”为**积分号**，$f(x)$ 为**被积函数**，$f(x)\mathrm{d}x$ 为**被积表达式**，x 为**积分变量**.

由定义 4.2 可知，不定积分与原函数是总体与个体的关系，即若 $F(x)$为 $f(x)$在区间 D 上的一个原函数，则 $f(x)$在 D 上的不定积分是原函数族 $F(x)+C$，其中 C 为任意常数. 所以，通常写作

$$\int f(x)\mathrm{d}x = F(x)+C.$$

C 被称为积分常数，它可以取一切实数值.

例 1　求 $\int \sec^2 x\mathrm{d}x$.

解　由于

$$(\tan x)'=\sec^2 x,$$

所以 $\tan x$ 是 $\sec^2 x$ 的一个原函数，因此

$$\int \sec^2 x\mathrm{d}x = \tan x + C.$$

例 2　求 $\int a^x \mathrm{d}x \ (a>0, a\neq 1)$.

解　由$(a^x)'=a^x\ln a$ 知，

$$\left(\frac{1}{\ln a}a^x\right)'=a^x,$$

所以$\frac{1}{\ln a}a^x$ 是 a^x 的一个原函数，因此

$$\int a^x\mathrm{d}x = \frac{a^x}{\ln a}+C \quad (a>0, a\neq 1).$$

例 3　求 $\int \frac{1}{x}\mathrm{d}x$.

解　当 $x>0$ 时，由于$(\ln x)'=\frac{1}{x}$，所以 $\ln x$ 是$\frac{1}{x}$在$(0,+\infty)$内的一个原函数，因此在$(0,+\infty)$内，

$$\int \frac{1}{x}\mathrm{d}x = \ln x + C \quad (x>0);$$

当 $x<0$ 时，由于$[\ln(-x)]'=\frac{1}{-x}\cdot(-1)=\frac{1}{x}$，所以 $\ln(-x)$是$\frac{1}{x}$在$(-\infty,0)$内的一个原函数，因此在$(-\infty,0)$内，

$$\int \frac{1}{x}\mathrm{d}x = \ln(-x) + C \quad (x<0);$$

把 $x>0$ 及 $x<0$ 时的结果合起来，可得：$\ln|x|$是$\frac{1}{x}$的一个原函数，因此

$$\int \frac{1}{x}\mathrm{d}x = \ln|x| + C.$$

例 4 设曲线通过点(1,2)，且其上任一点处的切线斜率等于这点横坐标的两倍，求此曲线的方程.

解 设所求的曲线方程为 $y=f(x)$，由题意知，曲线上任一点 (x,y) 处的切线斜率为

$$\frac{\mathrm{d}y}{\mathrm{d}x}=2x,$$

即 $y=f(x)$ 是 $2x$ 的一个原函数. 因此

$$y = \int 2x\mathrm{d}x = x^2 + C.$$

因为所求曲线方程过点(1,2)，所以将点(1,2)代入上式，得 $C=1$，于是所求曲线方程为

$$y=x^2+1.$$

例 5 设某物体的运动速度为 $v=\cos t$ 米/秒，当 $t=\frac{\pi}{2}$ 秒时，物体经过的路程 $s=10$ 米，求物体的运动方程.

解 设物体的运动方程为 $s=s(t)$，于是有

$$s(t) = \int \cos t\mathrm{d}t = \sin t + C.$$

将已知条件 $t=\frac{\pi}{2}$ 时，$s=10$ 代入上式，得 $C=9$. 于是所求物体的运动方程为

$$s(t)=\sin t+9.$$

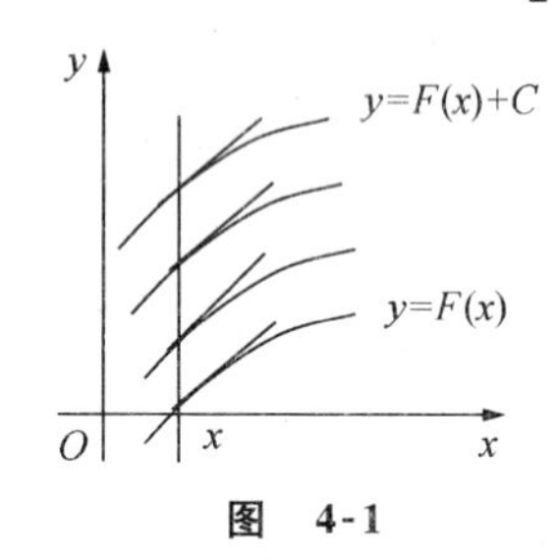

图 4-1

不定积分的几何意义：若 $F(x)$ 是 $f(x)$ 的一个原函数，则称 $y=F(x)$ 的图像为 $f(x)$ 的一条积分曲线. 函数 $f(x)$ 的不定积分在几何上表示 $f(x)$ 的某一条积分曲线沿纵轴方向任意平移所得一切积分曲线组成的曲线族. 显然，若在每一条积分曲线上横坐标相同的点处作切线，则这些切线都是互相平行的(如图 4-1 所示).

三、不定积分的性质

性质 1 $$\left(\int f(x)\mathrm{d}x\right)' = f(x) \text{ 或 } \mathrm{d}\int f(x)\mathrm{d}x = f(x)\mathrm{d}x. \tag{4-1}$$

即不定积分的导数(或微分)等于被积函数(或被积表达式).

性质 2 $$\int F'(x)\mathrm{d}x = F(x) + C \text{ 或} \int \mathrm{d}F(x) = F(x) + C. \tag{4-2}$$

即函数 $F(x)$ 的导数(或微分)的不定积分等于原函数族 $F(x)+C$.

事实上，已知 $F(x)$ 是函数 $F'(x)$ 的原函数，则

$$\int F'(x)\mathrm{d}x = F(x) + C.$$

由此可见，微分运算(用 d 表示)与求不定积分的运算(用 $\int$ 表示)是互逆的，当记号 $\int$ 与 d 连在一起时，要么抵消，要么抵消后加上一个常数.

为了简便，不定积分也简称为积分，求不定积分的运算和方法分别称为积分运算和积分法.

习 题 4-1

1. 求下列函数的一个原函数：

(1) $f(x)=e^{3x}$；　　(2) $f(x)=5^x$；

(3) $f(x)=\sin x+\cos x$；　　(4) $f(x)=x^3$.

2. 用不定积分的定义求下列不定积分：

(1) $\int \csc^2 x\mathrm{d}x$；　　(2) $\int x\mathrm{d}x$；

(3) $\int \sec^2 x\mathrm{d}x$；　　(4) $\int (3+\cos x)\mathrm{d}x$；

(5) $\int \frac{1}{x^2}\mathrm{d}x$；　　(6) $\int x^3\mathrm{d}x$.

3. 写出下列各式的结果：

(1) $\int [x^3 e^x(\sin x+\cos^3 x)]'\mathrm{d}x$；　　(2) $\mathrm{d}\int \frac{1}{\sqrt{x}}\mathrm{d}x$；

(3) $\left(\int (\sin x+\cos x)\mathrm{d}x\right)'$；　　(4) $\int \mathrm{d}(e^x \arcsin x)$.

4. 一曲线通过点$(e^2,3)$，且在任一点处的切线的斜率等于该点横坐标的倒数，求此曲线的方程.

5. 设物体的运动速度为 $v=3t^2+\cos t$，当 $t=\pi$ 时，物体经过的路程为 $s=10$，求物体的运动规律.

第二节　积分的基本公式和法则

一、积分基本公式

由于积分运算是导数（或微分）运算的逆运算，因此，可以从导数的基本公式得出相应的积分基本公式，现把它们列表对照，如表 4-1 所示.

表 4-1　积分基本公式表

序号	$F'(x)=f(x)$	$\int f(x)\mathrm{d}x=F(x)+C$　（C 为常数）
1	$(x)'=1$	$\int \mathrm{d}x=x+C$
2	$\left(\frac{x^{\alpha+1}}{\alpha+1}\right)'=x^\alpha$　$(\alpha\neq-1)$	$\int x^\alpha\mathrm{d}x=\frac{x^{\alpha+1}}{\alpha+1}+C$　$(\alpha\neq-1)$
3	$(\ln\|x\|)'=\frac{1}{x}$	$\int \frac{1}{x}\mathrm{d}x=\ln\|x\|+C$
4	$\left(\frac{a^x}{\ln a}\right)'=a^x$　$(a>0,a\neq1)$	$\int a^x\mathrm{d}x=\frac{a^x}{\ln a}+C$　$(a>0,a\neq1)$
5	$(e^x)'=e^x$	$\int e^x\mathrm{d}x=e^x+C$
6	$(\sin x)'=\cos x$	$\int \cos x\mathrm{d}x=\sin x+C$
7	$(-\cos x)'=\sin x$	$\int \sin x\mathrm{d}x=-\cos x+C$

（续表）

序号	$F'(x)=f(x)$	$\int f(x)\mathrm{d}x = F(x)+C$ （C 为常数）
8	$(\tan x)'=\sec^2 x$	$\int \sec^2 x\mathrm{d}x = \tan x + C$
9	$(-\cot x)'=\csc^2 x$	$\int \csc^2 x\mathrm{d}x = -\cot x + C$
10	$(\sec x)'=\sec x\tan x$	$\int \sec x\tan x\mathrm{d}x = \sec x + C$
11	$(-\csc x)'=\csc x\cot x$	$\int \csc x\cot x\mathrm{d}x = -\csc x + C$
12	$(\arcsin x)'=\dfrac{1}{\sqrt{1-x^2}}$	$\int \dfrac{1}{\sqrt{1-x^2}}\mathrm{d}x = \arcsin x + C$
13	$(\arctan x)'=\dfrac{1}{1+x^2}$	$\int \dfrac{1}{1+x^2}\mathrm{d}x = \arctan x + C$

这些积分的基本公式，读者必须牢牢记住. 因为几乎所有的不定积分最后往往归为求这些初等函数的不定积分.

二、积分的基本运算法则

法则 1 若函数 $f(x)$ 在区间 D 上的原函数存在，k 为非零实数，则函数 $kf(x)$ 在区间 D 上的原函数也存在，且

$$\int kf(x)\mathrm{d}x = k\int f(x)\mathrm{d}x \quad (k \neq 0). \tag{4-3}$$

这个法则说明：被积函数中不为零的常数因子可以提到积分号前面.

法则 2 若函数 $f(x)$ 和 $g(x)$ 在区间 D 上的原函数都存在，则 $f(x)\pm g(x)$ 在区间 D 上的原函数也存在，且

$$\int [f(x) \pm g(x)]\mathrm{d}x = \int f(x)\mathrm{d}x \pm \int g(x)\mathrm{d}x. \tag{4-4}$$

证明 将(4-4)右端对 x 求导，得

$$\left(\int f(x)\mathrm{d}x \pm \int g(x)\mathrm{d}x\right)' = \left(\int f(x)\mathrm{d}x\right)' \pm \left(\int g(x)\mathrm{d}x\right)' = f(x) \pm g(x).$$

这说明 $\int f(x)\mathrm{d}x \pm \int g(x)\mathrm{d}x$ 是 $f(x)\pm g(x)$ 的不定积分，从而(4-4)式成立.

这个法则可推广到有限多个函数的情形，即 n 个函数代数和的不定积分等于这 n 个函数不定积分的代数和.

例 1 求下列不定积分：

(1) $\int \sqrt{x}(x^2-5)\mathrm{d}x$；　　(2) $\int (5\sin x - 3^x + \sqrt[3]{x})\mathrm{d}x$.

解 (1) $\int \sqrt{x}(x^2-5)\mathrm{d}x = \int (x^{\frac{5}{2}} - 5x^{\frac{1}{2}})\mathrm{d}x = \int x^{\frac{5}{2}}\mathrm{d}x - \int 5x^{\frac{1}{2}}\mathrm{d}x$

$$= \int x^{\frac{5}{2}}\mathrm{d}x - 5\int x^{\frac{1}{2}}\mathrm{d}x = \frac{1}{\frac{5}{2}+1}x^{\frac{5}{2}+1} - 5\times\frac{1}{\frac{1}{2}+1}x^{\frac{1}{2}+1} + C$$

$$= \frac{2}{7}x^{\frac{7}{2}} - \frac{10}{3}x^{\frac{3}{2}} + C.$$

(2) $\int(5\sin x-3^x+\sqrt[3]{x})\mathrm{d}x=\int 5\sin x\mathrm{d}x-\int 3^x\mathrm{d}x+\int x^{\frac{1}{3}}\mathrm{d}x$

$$=-5\cos x-\frac{3^x}{\ln 3}+\frac{3}{4}x^{\frac{4}{3}}+C.$$

注意

检验积分结果是否正确,只要对结果求导,看它的导数是否等于被积函数,相等时结果是正确的,否则结果是错误的.就从例1(2)的结果来看,由于

$$\left(-5\cos x-\frac{3^x}{\ln 3}+\frac{3}{4}x^{\frac{4}{3}}+C\right)'=-5(-\sin x)-\frac{3^x\ln 3}{\ln 3}+\frac{3}{4}\cdot\frac{4}{3}x^{\frac{1}{3}}=5\sin x-3^x+\sqrt[3]{x},$$

所以结果是正确的.

三、直接积分法

在求积分问题中,直接应用积分基本公式和基本运算法则,或对被积函数经过适当的恒等变形,再利用积分的基本运算法则和基本公式求出结果,这样的积分方法叫做**直接积分法**.

例2 求$\int\frac{(x+1)^3}{x^2}\mathrm{d}x$.

解 $\int\frac{(x+1)^3}{x^2}\mathrm{d}x=\int\frac{x^3+3x^2+3x+1}{x^2}\mathrm{d}x=\int\left(x+3+\frac{3}{x}+\frac{1}{x^2}\right)\mathrm{d}x$

$$=\int x\mathrm{d}x+3\int\mathrm{d}x+3\int\frac{1}{x}\mathrm{d}x+\int\frac{1}{x^2}\mathrm{d}x=\frac{1}{2}x^2+3x+3\ln|x|-\frac{1}{x}+C.$$

例3 求$\int\frac{x^4}{1+x^2}\mathrm{d}x$.

解 $\int\frac{x^4}{1+x^2}\mathrm{d}x=\int\frac{x^4-1+1}{1+x^2}\mathrm{d}x=\int\frac{(x^2+1)(x^2-1)+1}{1+x^2}\mathrm{d}x$

$$=\int\left(x^2-1+\frac{1}{1+x^2}\right)\mathrm{d}x=\int x^2\mathrm{d}x-\int\mathrm{d}x+\int\frac{1}{1+x^2}\mathrm{d}x$$

$$=\frac{x^3}{3}-x+\arctan x+C.$$

例4 求$\int\frac{x^2-x+1}{x(1+x^2)}\mathrm{d}x$.

解 $\int\frac{x^2-x+1}{x(1+x^2)}\mathrm{d}x=\int\frac{(x^2+1)-x}{x(1+x^2)}\mathrm{d}x=\int\left(\frac{1}{x}-\frac{1}{1+x^2}\right)\mathrm{d}x=\ln|x|-\arctan x+C.$

例5 求$\int\frac{1}{1-\cos 2x}\mathrm{d}x$.

解 $\int\frac{1}{1-\cos 2x}\mathrm{d}x=\int\frac{1}{1-(1-2\sin^2 x)}\mathrm{d}x=\frac{1}{2}\int\frac{1}{\sin^2 x}\mathrm{d}x$

$$=\frac{1}{2}\int\csc^2 x\mathrm{d}x=-\frac{1}{2}\cot x+C.$$

例6 求$\int\tan^2 x\mathrm{d}x$.

解 $\int\tan^2 x\mathrm{d}x=\int(\sec^2 x-1)\mathrm{d}x=\int\sec^2 x\mathrm{d}x-\int\mathrm{d}x=\tan x-x+C.$

例7 求$\int\cos^2\frac{x}{2}\mathrm{d}x$.

解 $\int \cos^2 \frac{x}{2} dx = \int \frac{1+\cos x}{2} dx = \frac{1}{2}\int (1+\cos x) dx = \frac{1}{2}\left(\int dx + \int \cos x dx\right)$

$$= \frac{1}{2}(x+\sin x) + C.$$

例 8 求 $\int e^x \left(5^x + \frac{e^{-x}}{\sqrt{1-x^2}}\right) dx$.

解 $\int e^x \left(5^x + \frac{e^{-x}}{\sqrt{1-x^2}}\right) dx = \int (5e)^x dx + \int \frac{1}{\sqrt{1-x^2}} dx$

$$= \frac{(5e)^x}{\ln(5e)} + \arcsin x + C = \frac{5^x e^x}{\ln 5 + 1} + \arcsin x + C.$$

例 9 求 $\int \frac{1}{\sin^2 \frac{x}{2} \cos^2 \frac{x}{2}} dx$.

解 $\int \frac{1}{\sin^2 \frac{x}{2} \cos^2 \frac{x}{2}} dx = \int \frac{1}{\frac{1}{4}(\sin x)^2} dx = 4\int \csc^2 x dx = -4\cot x + C.$

习 题 4-2

求下列不定积分：

(1) $\int \frac{2 \cdot 3^x - 5 \cdot 2^x}{3^x} dx$；

(2) $\int \frac{1}{x^2 \sqrt{x}} dx$；

(3) $\int 3^x e^x dx$；

(4) $\int \frac{x^2}{1+x^2} dx$；

(5) $\int \left(\frac{3}{1+x^2} - \frac{2}{\sqrt{1-x^2}}\right) dx$；

(6) $\int e^x \left(1 - \frac{e^{-x}}{\sqrt{x}}\right) dx$；

(7) $\int \frac{dx}{\sin^2 x \cos^2 x}$；

(8) $\int \sin^2 \frac{x}{2} dx$；

(9) $\int \frac{\cos 2x}{\cos x - \sin x} dx$；

(10) $\int \frac{\cos 2x}{\sin^2 x} dx$；

(11) $\int \sec x(\sec x - \tan x) dx$；

(12) $\int \frac{1+\cos^2 x}{1+\cos 2x} dx$；

(13) $\int \left(x + \frac{1}{x}\right)^2 dx$；

(14) $\int \frac{x^4+1}{1+x^2} dx$；

(15) $\int \frac{x-4}{\sqrt{x}+2} dx$；

(16) $\int \frac{(x+1)^2}{x(x^2+1)} dx$；

(17) $\int \frac{\cos 2x}{\cos^2 x \sin^2 x} dx$；

(18) $\int \left(1 - \frac{1}{x^2}\right) \sqrt{x\sqrt{x}} dx$；

(19) $\int \frac{\sqrt{1+x^2}}{\sqrt{1-x^4}} dx$；

(20) $\int \left(\sqrt{\frac{1+x}{1-x}} + \sqrt{\frac{1-x}{1+x}}\right) dx$.

第三节 换元积分法

利用直接积分法所能计算的积分是十分有限的，因此，有必要进一步研究不定积分的求法. 本节将复合函数的微分法反过来用于求不定积分，利用中间变量的代换，得到复合函数的积分法，称为**换元积分法**，简称**换元法**.

换元积分法就是通过适当的变量替换，使所求积分在新变量下具有积分基本公式的形式或用直接积分法求解.

一、第一类换元积分法(凑微分法)

例 1　求 $\int 2\cos 2x\mathrm{d}x$.

分析　被积函数中，$\cos 2x$ 是一个复合函数，基本积分公式中没有这样的公式，所以不能直接应用公式

$$\int \cos x\mathrm{d}x = \sin x + C.$$

解　因为函数 $f(x)=\cos 2x$ 是由 $f(u)=\cos u$ 和 $u=2x$ 复合成的，所以

$$\int 2\cos 2x\mathrm{d}x \xlongequal{\text{凑微分}} \int \cos 2x\mathrm{d}(2x) \xlongequal{\text{令 } 2x = u} \int \cos u\mathrm{d}u = \sin u + C$$

$$\xlongequal{\text{回代 } u=2x} \sin 2x + C.$$

例 1 的解法特点是引入新变量 $u=2x$，从而将原积分化为积分变量为 u 的积分，再用积分基本公式求解.

定理 4.3　若 $\int f(u)\mathrm{d}u = F(u) + C$，且 $u = \varphi(x)$ 可导，则有

$$\int f[\varphi(x)]\varphi'(x)\mathrm{d}x = F[\varphi(x)] + C.$$

证明　根据不定积分的定义，只需证明上式右端的导数等于左端的被积函数即可. 由复合函数的求导法及 $F'(u)=f(u)$，得

$$[F(\varphi(x)) + C]' = [F(\varphi(x))]' \xlongequal{u=\varphi(x)} F'(u)\cdot u'$$

$$= F'(u)\varphi'(x) = f[\varphi(x)]\varphi'(x).$$

所以

$$\int f[\varphi(x)]\varphi'(x)\mathrm{d}x = F[\varphi(x)] + C.$$

此结论表明：在基本积分公式表中，积分变量 x 换成任一可导函数 $u=\varphi(x)$ 时，公式仍成立，这就扩大了基本积分公式的使用范围.

一般地，若不定积分的被积表达式能写成

$$\int f[\varphi(x)]\varphi'(x)\mathrm{d}x = \int f[\varphi(x)]\mathrm{d}\varphi(x)$$

的形式，如果令 $\varphi(x)=u$ 后，积分 $\int f(u)\mathrm{d}u$ 容易求出，那么可以按下述方法计算积分：

$$\int f[\varphi(x)]\varphi'(x)\mathrm{d}x \xlongequal{\text{凑微分}} \int f[\varphi(x)]\mathrm{d}\varphi(x) \xlongequal{\text{令 } \varphi(x) = u} \int f(u)\mathrm{d}u = F(u) + C$$

$$\xlongequal{\text{回代 } u=\varphi(x)} F[\varphi(x)] + C. \tag{4-5}$$

这种积分方法称为**第一类换元积分法**，也称为**凑微分法**.

例 2　求 $\int 2x\mathrm{e}^{x^2}\mathrm{d}x$.

解　因为 $2x\mathrm{d}x=\mathrm{d}(x^2)$，所以

$$\int 2x\mathrm{e}^{x^2}\mathrm{d}x = \int \mathrm{e}^{x^2}\mathrm{d}(x^2) \xlongequal{\text{令 } x^2 = u} \int \mathrm{e}^u\mathrm{d}u = \mathrm{e}^u + C \xlongequal{\text{回代 } u = x^2} \mathrm{e}^{x^2} + C.$$

例3　求$\int(2x+1)^4\mathrm{d}x$.

解　因为$\mathrm{d}(2x+1)=2\mathrm{d}x$,所以

$$\int(2x+1)^4\mathrm{d}x=\frac{1}{2}\int(2x+1)^4\mathrm{d}(2x+1)\xlongequal{\text{令}2x+1=u}\frac{1}{2}\int u^4\mathrm{d}u$$
$$=\frac{1}{10}u^5+C\xlongequal{\text{回代}u=2x+1}\frac{1}{10}(2x+1)^5+C.$$

例4　求$\int\frac{\mathrm{e}^{3x}}{\mathrm{e}^{3x}+2}\mathrm{d}x$.

解　因为$\mathrm{d}(\mathrm{e}^{3x}+2)=3\mathrm{e}^{3x}\mathrm{d}x$,所以

$$\int\frac{\mathrm{e}^{3x}}{\mathrm{e}^{3x}+2}\mathrm{d}x=\frac{1}{3}\int\frac{1}{\mathrm{e}^{3x}+2}\mathrm{d}(\mathrm{e}^{3x}+2)\xlongequal{\text{令}\mathrm{e}^{3x}+2=u}\frac{1}{3}\int\frac{1}{u}\mathrm{d}u$$
$$=\frac{1}{3}\ln u+C\xlongequal{\text{回代}u=\mathrm{e}^{3x}+2}\frac{1}{3}\ln(2+\mathrm{e}^{3x})+C.$$

例5　求$\int\frac{\ln x}{x}\mathrm{d}x$.

解　因为$\frac{1}{x}\mathrm{d}x=\mathrm{d}(\ln x)\ (x>0)$,所以

$$\int\frac{\ln x}{x}\mathrm{d}x=\int\ln x\mathrm{d}(\ln x)\xlongequal{\text{令}\ln x=u}\int u\mathrm{d}u=\frac{1}{2}u^2+C$$
$$\xlongequal{\text{回代}u=\ln x}\frac{1}{2}\ln^2x+C.$$

利用凑微分法求不定积分需要一定的技巧,而且往往要作多次试探,初学者不要怕失败,应注意总结规律性的技巧,当运算熟练以后,变量代换$\varphi(x)=u$和回代这两个步骤,可省略不写.直接按

$$\int f[\varphi(x)]\varphi'(x)\mathrm{d}x=\int f[\varphi(x)]\mathrm{d}\varphi(x)=F[\varphi(x)]+C$$

得出结果即可.

例6　求$\int\frac{1}{3+2x}\mathrm{d}x$.

解　$\int\frac{1}{3+2x}\mathrm{d}x=\frac{1}{2}\int\frac{1}{3+2x}\mathrm{d}(3+2x)=\frac{1}{2}\ln|3+2x|+C.$

例7　求$\int\frac{1}{x(2+\ln x)}\mathrm{d}x$.

解　$\int\frac{1}{x(2+\ln x)}\mathrm{d}x=\int\frac{1}{2+\ln x}\mathrm{d}(2+\ln x)=\ln|2+\ln x|+C.$

例8　求$\int\frac{\mathrm{e}^{3\sqrt{x}}}{\sqrt{x}}\mathrm{d}x$.

解　$\int\frac{\mathrm{e}^{3\sqrt{x}}}{\sqrt{x}}\mathrm{d}x=2\int\mathrm{e}^{3\sqrt{x}}\mathrm{d}(\sqrt{x})=\frac{2}{3}\int\mathrm{e}^{3\sqrt{x}}\mathrm{d}(3\sqrt{x})=\frac{2}{3}\mathrm{e}^{3\sqrt{x}}+C.$

例9　求$\int x\sqrt{1-x^2}\mathrm{d}x$.

解　$\int x\sqrt{1-x^2}\mathrm{d}x=-\frac{1}{2}\int\sqrt{1-x^2}\mathrm{d}(1-x^2)=-\frac{1}{2}\cdot\frac{1}{\frac{1}{2}+1}(1-x^2)^{\frac{1}{2}+1}+C$

$$=-\frac{1}{2}\cdot\frac{2}{3}(1-x^2)^{\frac{3}{2}}+C=-\frac{1}{3}(1-x^2)\sqrt{1-x^2}+C.$$

例 10 求 $\int\frac{\mathrm{d}x}{x^2-a^2}\ (a\neq 0)$.

解 $\int\frac{\mathrm{d}x}{x^2-a^2}=\frac{1}{2a}\int\left(\frac{1}{x-a}-\frac{1}{x+a}\right)\mathrm{d}x=\frac{1}{2a}\left(\int\frac{1}{x-a}\mathrm{d}x-\int\frac{1}{x+a}\mathrm{d}x\right)$

$$=\frac{1}{2a}\left(\int\frac{\mathrm{d}(x-a)}{x-a}-\int\frac{\mathrm{d}(x+a)}{x+a}\right)=\frac{1}{2a}(\ln|x-a|-\ln|x+a|)+C$$

$$=\frac{1}{2a}\ln\left|\frac{x-a}{x+a}\right|+C.$$

例 11 求 $\int\frac{\mathrm{d}x}{\sqrt{a^2-x^2}}\ (a>0)$.

解 $\int\frac{\mathrm{d}x}{\sqrt{a^2-x^2}}=\int\frac{\mathrm{d}x}{a\sqrt{1-\left(\frac{x}{a}\right)^2}}=\int\frac{\mathrm{d}\left(\frac{x}{a}\right)}{\sqrt{1-\left(\frac{x}{a}\right)^2}}=\arcsin\frac{x}{a}+C.$

类似地,可得

$$\int\frac{\mathrm{d}x}{x^2+a^2}=\frac{1}{a}\arctan\frac{x}{a}+C\ (a\neq 0).$$

对被积函数中含有三角函数的积分,往往要用到一些三角恒等式,例如积化和差、和差化积,倍角公式、半角公式等.

例 12 求 $\int\sin^2 x\mathrm{d}x$.

解 $\int\sin^2 x\mathrm{d}x=\int\frac{1-\cos 2x}{2}\mathrm{d}x=\frac{1}{2}\int(1-\cos 2x)\mathrm{d}x$

$$=\frac{1}{2}\int\mathrm{d}x-\frac{1}{4}\int\cos 2x\mathrm{d}(2x)=\frac{1}{2}x-\frac{1}{4}\sin 2x+C.$$

类似地,可得

$$\int\cos^2 x\mathrm{d}x=\frac{1}{2}x+\frac{1}{4}\sin 2x+C.$$

例 13 求 $\int\tan x\mathrm{d}x$.

解 $\int\tan x\mathrm{d}x=\int\frac{\sin x}{\cos x}\mathrm{d}x=-\int\frac{1}{\cos x}\mathrm{d}(\cos x)=-\ln|\cos x|+C.$

类似地,可得

$$\int\cot x\mathrm{d}x=\ln|\sin x|+C.$$

例 14 求 $\int\cos 5x\cos 3x\mathrm{d}x$.

解 $\int\cos 5x\cos 3x\mathrm{d}x=\frac{1}{2}\int(\cos 8x+\cos 2x)\mathrm{d}x$

$$=\frac{1}{2}\left(\frac{1}{8}\int\cos 8x\mathrm{d}8x+\frac{1}{2}\int\cos 2x\mathrm{d}2x\right)$$

$$=\frac{1}{16}\sin 8x+\frac{1}{4}\sin 2x+C.$$

例 15 求 $\int \sin^2 x\cos^5 x\mathrm{d}x$.

解 $$\int \sin^2 x\cos^5 x\mathrm{d}x = \int \sin^2 x\cos^4 x\cos x\mathrm{d}x = \int \sin^2 x(1-\sin^2 x)^2\mathrm{d}(\sin x)$$
$$= \int (\sin^2 x - 2\sin^4 x + \sin^6 x)\mathrm{d}(\sin x)$$
$$= \frac{1}{3}\sin^3 x - \frac{2}{5}\sin^5 x + \frac{1}{7}\sin^7 x + C.$$

例 16 求 $\int \frac{1}{\sin^2\frac{x}{2}\cos^2\frac{x}{2}}\mathrm{d}x$（本例在本章第二节例 9 中用的是直接积分法，现在用凑微分法）.

解 $$\int \frac{1}{\sin^2\frac{x}{2}\cos^2\frac{x}{2}}\mathrm{d}x = \int \frac{\sin^2\frac{x}{2}+\cos^2\frac{x}{2}}{\sin^2\frac{x}{2}\cos^2\frac{x}{2}}\mathrm{d}x = \int \frac{1}{\cos^2\frac{x}{2}}\mathrm{d}x + \int \frac{1}{\sin^2\frac{x}{2}}\mathrm{d}x$$
$$= 2\int \sec^2\frac{x}{2}\mathrm{d}\left(\frac{x}{2}\right) + 2\int \csc^2\frac{x}{2}\mathrm{d}\left(\frac{x}{2}\right) = 2\tan\frac{x}{2} - 2\cot\frac{x}{2} + C$$
$$= 2\left(\tan\frac{x}{2} - \frac{1}{\tan\frac{x}{2}}\right) = 2\cdot\frac{\tan^2\frac{x}{2}-1}{\tan\frac{x}{2}} = -\frac{4}{\tan x} = -4\cot x + C.$$

例 17 求 $\int \sec x\mathrm{d}x$.

解 $$\int \sec x\mathrm{d}x = \int \frac{\sec x(\sec x+\tan x)}{\sec x+\tan x}\mathrm{d}x = \int \frac{\sec^2 x+\sec x\tan x}{\sec x+\tan x}\mathrm{d}x$$
$$= \int \frac{\mathrm{d}(\sec x+\tan x)}{\sec x+\tan x} = \ln|\sec x+\tan x| + C.$$

同理可得

$$\int \csc x\mathrm{d}x = \ln|\csc x - \cot x| + C.$$

二、第二类换元积分法

第一类换元法（凑微分法）是通过变量代换 $u=\varphi(x)$，将积分 $\int f[\varphi(x)]\varphi'(x)\mathrm{d}x$ 化为积分 $\int f(u)\mathrm{d}u$，再利用基本积分公式进行计算. 但对于某些积分，则不能解决问题. 例如积分 $\int \sqrt{a^2-x^2}\mathrm{d}x$，若引入新变量 t，将积分变量 x 表示为一个连续函数 $x=a\sin t$，则可以简化积分计算，从而求出结果（见例 20），这种求积分的方法就是第二类换元积分法.

一般地，如果 $\int f(x)\mathrm{d}x$ 不易计算，可设 $x=\varphi(t)$，将 $\int f(x)\mathrm{d}x$ 化为 $\int f[\varphi(t)]\varphi'(t)\mathrm{d}t$. 当这种形式的积分容易计算时，只要将积分结果中的 t 换回到 x，便可得到所要求的不定积分. 这一积分方法称为**第二类换元积分法**，其步骤如下：

$$\int f(x)\mathrm{d}x \xlongequal{令 x=\varphi(t)} \int f[\varphi(t)]\varphi'(t)\mathrm{d}t = F(t) + C$$

$$\xlongequal{\text{回代 } t=\varphi^{-1}(x)} F[\varphi^{-1}(x)]+C. \tag{4-6}$$

使用第二类换元积分法时应注意：

(1) 函数 $x=\varphi(t)$ 有连续导数，且 $\varphi'(t)\neq 0$；

(2) 函数 $x=\varphi(t)$ 存在反函数 $t=\varphi^{-1}(x)$.

例 18 求 $\int \frac{1}{1-\sqrt{x-1}}\mathrm{d}x$.

解 令 $\sqrt{x-1}=t$，则 $x=t^2+1\ (t>0)$，于是 $\mathrm{d}x=2t\mathrm{d}t$，所以

$$\int \frac{1}{1-\sqrt{x-1}}\mathrm{d}x=\int \frac{2t}{1-t}\mathrm{d}t=-2\int \frac{1-t-1}{1-t}\mathrm{d}t=-2\int\left(1-\frac{1}{1-t}\right)\mathrm{d}t$$

$$=-2\left(\int \mathrm{d}t+\int \frac{1}{1-t}\mathrm{d}(1-t)\right)=-2(t+\ln|1-t|)+C$$

$$\xlongequal{\text{回代 } t=\sqrt{x-1}}-2\left(\sqrt{x-1}+\ln\left|1-\sqrt{x-1}\right|\right)+C.$$

例 19 求 $\int \frac{\mathrm{d}x}{\sqrt{x}+\sqrt[3]{x}}$.

解 令 $\sqrt[6]{x}=t$，则 $x=t^6$，$\mathrm{d}x=6t^5\mathrm{d}t$，于是

$$\int \frac{1}{\sqrt{x}+\sqrt[3]{x}}\mathrm{d}x=\int \frac{6t^5}{t^3+t^2}\mathrm{d}t=6\int \frac{t^3}{t+1}\mathrm{d}t=6\int \frac{(t^3+1)-1}{t+1}\mathrm{d}t$$

$$=6\int\left[(t^2-t+1)-\frac{1}{1+t}\right]\mathrm{d}t$$

$$=6\left(\frac{1}{3}t^3-\frac{1}{2}t^2+t-\ln|1+t|\right)+C$$

$$=2\sqrt{x}-3\sqrt[3]{x}+6\sqrt[6]{x}-6\ln(1+\sqrt[6]{x})+C.$$

例 20 求 $\int \sqrt{a^2-x^2}\,\mathrm{d}x\ (a>0)$.

解 令 $x=a\sin t$，设 $-\frac{\pi}{2}<t<\frac{\pi}{2}$，则

$$\sqrt{a^2-x^2}=\sqrt{a^2-a^2\sin^2 t}=a\sqrt{\cos^2 t}=a\cos t,\ \mathrm{d}x=a\cos t\mathrm{d}t,$$

代入原积分式，得

$$\int \sqrt{a^2-x^2}\,\mathrm{d}x=\int a^2\cos^2 t\mathrm{d}t=a^2\int \cos^2 t\mathrm{d}t=a^2\int \frac{1+\cos 2t}{2}\mathrm{d}t$$

$$=\frac{a^2}{2}\int (1+\cos 2t)\mathrm{d}t=\frac{a^2}{2}\left(t+\frac{1}{2}\sin 2t\right)+C$$

$$=\frac{a^2}{2}t+\frac{a^2}{2}\sin t\cos t+C.$$

又因为 $x=a\sin t\ \left(-\frac{\pi}{2}<t<\frac{\pi}{2}\right)$，所以

$$t=\arcsin\frac{x}{a},\ \cos t=\sqrt{1-\sin^2 t}=\frac{\sqrt{a^2-x^2}}{a},$$

于是所求的积分为

$$\int \sqrt{a^2-x^2}\,\mathrm{d}x=\frac{a^2}{2}\arcsin\frac{x}{a}+\frac{x}{2}\sqrt{a^2-x^2}+C.$$

例 21 求 $\int \frac{dx}{\sqrt{x^2+a^2}} \quad (a>0)$.

解 令 $x=a\tan t$，设 $-\frac{\pi}{2}<t<\frac{\pi}{2}$，则

$$\sqrt{x^2+a^2}=\sqrt{a^2\tan^2 t+a^2}=a\sqrt{\sec^2 t}=a\sec t, dx=a\sec^2 t dt,$$

代入原积分式，得

$$\int \frac{dx}{\sqrt{x^2+a^2}}=\int \frac{a\sec^2 t}{a\sec t}dt=\int \sec t dt=\ln|\sec t+\tan t|+C_1.$$

又因为 $x=a\tan t\left(-\frac{\pi}{2}<t<\frac{\pi}{2}\right)$，所以

$$\sec t=\sqrt{1+\tan^2 t}=\sqrt{1+\left(\frac{x}{a}\right)^2}=\frac{\sqrt{x^2+a^2}}{a},$$

于是所求的积分为

$$\int \frac{dx}{\sqrt{x^2+a^2}}=\ln\left|\frac{\sqrt{x^2+a^2}}{a}+\frac{x}{a}\right|+C_1=\ln\left|x+\sqrt{x^2+a^2}\right|+C.$$

其中 $C=C_1-\ln a$.

类似地，可得

$$\int \frac{dx}{\sqrt{x^2-a^2}}=\ln\left|x+\sqrt{x^2-a^2}\right|+C \quad (a>0).$$

在本节的例题中，有几个积分是以后经常遇到的，所以它们经常也被当作公式使用. 现将本节讲过的一些重要结论作为补充积分公式列表如下（表 4-1 续），以后可直接引用.

表 4-1 续（积分基本公式补充表）

14	$\int \tan x dx=-\ln\|\cos x\|+C$
15	$\int \cot x dx=\ln\|\sin x\|+C$
16	$\int \sec x dx=\ln\|\sec x+\tan x\|+C$
17	$\int \csc x dx=\ln\|\csc x-\cot x\|+C$
18	$\int \frac{dx}{\sqrt{a^2-x^2}}=\arcsin\frac{x}{a}+C \ (a>0)$
19	$\int \frac{dx}{x^2+a^2}=\frac{1}{a}\arctan\frac{x}{a}+C \ (a\neq 0)$
20	$\int \frac{dx}{x^2-a^2}=\frac{1}{2a}\ln\left\|\frac{x-a}{x+a}\right\|+C \ (a\neq 0)$
21	$\int \frac{dx}{\sqrt{x^2\pm a^2}}=\ln\|x+\sqrt{x^2\pm a^2}\|+C \ (a>0)$

例 22 求 $\int \frac{1}{x^2+2x+3}dx$.

解 利用第一类换元积分法和表 4-1 中的公式 19，可得所求的积分为

$$\int \frac{1}{x^2+2x+3}dx = \int \frac{1}{(x+1)^2+(\sqrt{2})^2}d(x+1) = \frac{1}{\sqrt{2}}\arctan\frac{x+1}{\sqrt{2}}+C$$

$$= \frac{\sqrt{2}}{2}\arctan\frac{\sqrt{2}(x+1)}{2}+C.$$

例 23 求 $\int \frac{1}{\sqrt{4x^2-9}}dx$.

解 利用第一类换元积分法和表 4-1 中的公式 21,可得所求的积分为

$$\int \frac{1}{\sqrt{4x^2-9}}dx = \frac{1}{2}\int \frac{1}{\sqrt{(2x)^2-3^2}}d(2x) = \frac{1}{2}\ln\left|2x+\sqrt{4x^2-9}\right|+C.$$

习 题 4-3

1. 填空:

(1) $dx=(\quad)d(1-2x)$;　(2) $xdx=(\quad)d(x^2)$;

(3) $x^2dx=(\quad)d(1-2x^3)$;　(4) $e^{-\frac{x}{2}}dx=(\quad)d(2+e^{-\frac{x}{2}})$;

(5) $xe^{-2x^2}dx=(\quad)d(e^{-2x^2})$;　(6) $x\sin(x^2+1)dx=(\quad)d\cos(x^2+1)$;

(7) $\frac{1}{x}dx=(\quad)d(3-5\ln|x|)$;　(8) $\sec^2 xdx=(\quad)d\left(-\frac{1}{2}\tan x\right)$;

(9) $\csc x\cot xdx=(\quad)d(1-3\csc x)$;　(10) $\frac{1}{1+4x^2}dx=(\quad)d(\arctan 2x)$;

(11) $\frac{1}{\sqrt{1-x^2}}dx=(\quad)d(2-\arcsin x)$;　(12) $\frac{1}{\sqrt{x}}dx=(\quad)d(\sqrt{x})$;

(13) $\sin\frac{3}{2}xdx=(\quad)d\left(\cos\frac{3}{2}x\right)$;　(14) $\frac{xdx}{\sqrt{1-x^2}}=(\quad)d(\sqrt{1-x^2})$;

(15) $\frac{1}{\sqrt{1-4x^2}}dx=(\quad)d(3-\arcsin 2x)$;　(16) $\left(x-\frac{1}{2}\right)dx=(\quad)d(x^2-x+3)$.

2. 求下列不定积分:

(1) $\int(2x+1)^{10}dx$;　(2) $\int xe^{x^2+1}dx$;

(3) $\int\frac{3x^3}{1-x^4}dx$;　(4) $\int(\sin ax-e^{\frac{x}{b}})dx$;

(5) $\int\frac{\sin\sqrt{t}}{\sqrt{t}}dt$;　(6) $\int\frac{1}{x\ln x\ln\ln x}dx$;

(7) $\int\frac{1}{(x-1)(x-2)}dx$;　(8) $\int\cos x\cos\frac{x}{2}dx$;

(9) $\int\sec^6 xdx$;　(10) $\int\tan^5 x\sec^3 xdx$;

(11) $\int\cos^4 xdx$;　(12) $\int\cos^2(\omega x+\varphi)dx$;

(13) $\int\tan^{10}x\sec^2 xdx$;　(14) $\int\frac{1}{\sqrt{1+x-x^2}}dx$;

(15) $\int\frac{x+1}{\sqrt[3]{3x+1}}dx$;　(16) $\int e^{-2t}dt$;

(17) $\int\left(\frac{x}{2}+5\right)^{19}dx$;　(18) $\int\frac{1}{1-x^2}dx$;

(19) $\int\frac{\sqrt{\ln(x+1)}}{x+1}dx$;　(20) $\int\cot xdx$;

(21) $\int \frac{e^x}{\sqrt{1-e^{2x}}}dx$；　　(22) $\int \frac{x+3}{x^2+9}dx$；

(23) $\int \frac{\sqrt{1+x}}{1+\sqrt{1+x}}dx$；　　(24) $\int x\cos x^2 dx$；

(25) $\int \frac{dx}{e^x+1}$；　　(26) $\int \frac{dx}{\sqrt{1+e^x}}$；

(27) $\int \frac{dx}{\sqrt{x^2-a^2}}\quad (a>0)$；　　(28) $\int \frac{dx}{x^2\sqrt{4-x^2}}$；

(29) $\int \frac{x^2}{\sqrt{9-x^2}}dx$；　　(30) $\int \frac{1}{(\arcsin x)^2\sqrt{1-x^2}}dx$；

(31) $\int \frac{\arctan\sqrt{x}}{\sqrt{x}(1+x)}dx$；　　(32) $\int \frac{1+\ln x}{(x\ln x)^2}dx$.

第四节　分部积分法

换元积分法虽然解决了许多函数的不定积分问题，但仍然有一部分函数的不定积分不能求出，例如，对于形如 $\int xe^x dx$、$\int e^x\cos x dx$、$\int \ln x dx$、$\int \arcsin x dx$ 等，不能用换元积分法解决．为此，本节将在两个函数乘积的微分法则的基础上，推得另一种求积分的基本方法——分部积分法．

设函数 $u=u(x)$ 及 $v=v(x)$ 在区间 D 上有连续导数，根据乘积的微分运算法则，有

$$d(uv)=udv+vdu,$$

移项，得

$$udv=d(uv)-vdu,$$

两边求不定积分，得

$$\int udv = uv - \int vdu. \tag{4-7}$$

公式(4-7)叫做**分部积分公式**．利用分部积分公式求积分的方法叫做**分部积分法**．

这个公式的作用在于：如果右端的积分 $\int vdu$ 较左端的积分 $\int udv$ 容易求得，那么利用这个公式就可以起到化难为易的作用．

例 1　求 $\int xe^x dx$.

解　选取 $u=x, dv=e^x dx=d(e^x)$，则

$$v=e^x, du=dx,$$

所以

$$\int xe^x dx = \int xd(e^x) = xe^x - \int e^x dx = xe^x - e^x + C.$$

在例 1 中，如果选取 $u=e^x, dv=xdx=d\left(\frac{x^2}{2}\right)$，即

$$v=\frac{x^2}{2}, du=e^x dx,$$

由公式(4-7)，得

$$\int xe^x dx = \int e^x d\left(\frac{x^2}{2}\right) = \frac{1}{2}x^2e^x - \int \frac{x^2}{2}d(e^x) = \frac{1}{2}x^2e^x - \frac{1}{2}\int x^2e^x dx.$$

显然，右端的积分 $\int x^2e^x dx$ 比 $\int xe^x dx$ 更复杂，这样选取 u 和 dv 是不恰当的.

可见，在应用分部积分公式时，恰当地选取 u 和 dv 很关键. 一般地，选取 u 和 dv 的原则是：

(1) v 要容易求得；

(2) $\int v du$ 要比 $\int u dv$ 容易求出.

例 2 求 $\int x\sin x dx$.

解 选取 $u=x, dv=\sin x dx=d(-\cos x)$，即

$$v=-\cos x, du=dx,$$

所以

$$\int x\sin x dx = \int x d(-\cos x) = x(-\cos x) - \int (-\cos x) dx = -x\cos x + \sin x + C.$$

对分部积分法熟练后，计算时 u 和 dv 可不必写出.

例 3 求 $\int x^2e^x dx$.

解
$$\begin{aligned}\int x^2e^x dx &= \int x^2 d(e^x) = x^2e^x - \int e^x d(x^2)\\ &= x^2e^x - \int 2xe^x dx = x^2e^x - 2\int x de^x\\ &= x^2e^x - 2xe^x + 2\int e^x dx = x^2e^x - 2xe^x + 2e^x + C.\end{aligned}$$

从上面的两个例子可以看出，如果被积函数是幂函数与指数函数的乘积或幂函数与正(余)弦函数的乘积，那么就可以考虑用分部积分法，并选幂函数作为 u.

例 4 求 $\int \ln x dx$.

解 $\int \ln x dx = x\ln x - \int x d(\ln x) = x\ln x - \int dx = x\ln x - x + C.$

例 5 求 $\int x^2\ln x dx$.

解
$$\begin{aligned}\int x^2\ln x dx &= \frac{1}{3}\int \ln x d(x^3) = \frac{1}{3}\left[x^3\ln x - \int x^3 d(\ln x)\right]\\ &= \frac{1}{3}\left(x^3\ln x - \int x^3 \cdot \frac{1}{x}dx\right) = \frac{x^3}{3}\ln x - \frac{1}{3}\int x^2 dx = \frac{1}{3}x^3\ln x - \frac{1}{9}x^3 + C.\end{aligned}$$

例 6 求 $\int \arcsin x dx$.

解
$$\begin{aligned}\int \arcsin x dx &= x\arcsin x - \int x d(\arcsin x) = x\arcsin x - \int \frac{x}{\sqrt{1-x^2}}dx\\ &= x\arcsin x + \frac{1}{2}\int \frac{1}{\sqrt{1-x^2}}d(1-x^2) = x\arcsin x + \sqrt{1-x^2} + C.\end{aligned}$$

例 7 求 $\int x\arctan x dx$.

解 $\int x\arctan x\mathrm{d}x=\frac{1}{2}\int\arctan x\mathrm{d}(x^2)=\frac{1}{2}\left(x^2\arctan x-\int\frac{x^2}{1+x^2}\mathrm{d}x\right)$

$$=\frac{1}{2}x^2\arctan x-\frac{1}{2}\int\frac{1+x^2-1}{1+x^2}\mathrm{d}x$$

$$=\frac{1}{2}x^2\arctan x-\frac{1}{2}\int\left(1-\frac{1}{1+x^2}\right)\mathrm{d}x$$

$$=\frac{1}{2}x^2\arctan x-\frac{1}{2}(x-\arctan x)+C$$

$$=\frac{1}{2}(x^2+1)\arctan x-\frac{x}{2}+C.$$

从上面的四个例子可以看出，如果被积函数是幂函数与对数函数的乘积或幂函数与反三角函数的乘积，那么可以考虑用分部积分法，并选对数函数或反三角函数作为 u.

例 8 求 $\int e^x\cos x\mathrm{d}x$.

解 $\int e^x\cos x\mathrm{d}x=\int\cos x\mathrm{d}(e^x)=e^x\cos x-\int e^x\mathrm{d}(\cos x)=e^x\cos x+\int e^x\sin x\mathrm{d}x.$

上式右端的积分与左端的积分是同一类型，对右端的积分再用一次分部积分法，可得

$$\int e^x\cos x\mathrm{d}x=e^x\cos x+\int\sin x\mathrm{d}(e^x)=e^x\cos x+\left[e^x\sin x-\int e^x\mathrm{d}(\sin x)\right]$$

$$=e^x(\cos x+\sin x)-\int e^x\cos x\mathrm{d}x,$$

由于上式右端的积分就是所求的积分 $\int e^x\cos x\mathrm{d}x$，所以把它移到等式左端，再将两端同除以2，便得

$$\int e^x\cos x\mathrm{d}x=\frac{1}{2}e^x(\sin x+\cos x)+C.$$

例 9 求 $\int\sec^3x\mathrm{d}x$.

解 $\int\sec^3x\mathrm{d}x=\int\sec x\mathrm{d}(\tan x)=\sec x\tan x-\int\sec x\tan^2x\mathrm{d}x$

$$=\sec x\tan x-\int\sec x(\sec^2x-1)\mathrm{d}x$$

$$=\sec x\tan x-\int\sec^3x\mathrm{d}x+\int\sec x\mathrm{d}x$$

$$=\sec x\tan x+\ln|\sec x+\tan x|-\int\sec^3x\mathrm{d}x,$$

移项，两端除以 2 得

$$\int\sec^3x\mathrm{d}x=\frac{1}{2}(\sec x\tan x+\ln|\sec x+\tan x|)+C.$$

例 10 求 $\int e^{-\sqrt{x}}\mathrm{d}x$.

解 令$\sqrt{x}=t$，则 $x=t^2$，$\mathrm{d}x=2t\mathrm{d}t$，所以

$$\int e^{-\sqrt{x}}\mathrm{d}x=\int e^{-t}2t\mathrm{d}t=2\int te^{-t}\mathrm{d}t=-2\int t\mathrm{d}(e^{-t})=-2\left(te^{-t}-\int e^{-t}\mathrm{d}t\right)$$

$$=-2te^{-t}-2e^{-t}+C=-2e^{-\sqrt{x}}(\sqrt{x}+1)+C.$$

从例 10 可以看出，在积分的过程中往往要兼用换元法和分部积分法.

习题 4-4

求下列不定积分：

(1) $\int x\cos 2x\mathrm{d}x$；

(2) $\int x^2\mathrm{e}^{-2x}\mathrm{d}x$；

(3) $\int \frac{\ln x}{x^2}\mathrm{d}x$；

(4) $\int x\operatorname{arccot}x\mathrm{d}x$；

(5) $\int \ln(1+x^2)\mathrm{d}x$；

(6) $\int \mathrm{e}^{-x}\sin 2x\mathrm{d}x$；

(7) $\int \mathrm{e}^x\sin x\mathrm{d}x$；

(8) $\int \mathrm{e}^{\sqrt{x}}\mathrm{d}x$；

(9) $\int \cos\ln x\mathrm{d}x$；

(10) $\int x\sin x\cos x\mathrm{d}x$；

(11) $\int \mathrm{e}^{-x}\sin\frac{x}{2}\mathrm{d}x$；

(12) $\int \frac{\ln^3 x}{x^2}\mathrm{d}x$；

(13) $\int \ln^2 x\mathrm{d}x$；

(14) $\int \mathrm{e}^x\sin^2 x\mathrm{d}x$；

(15) $\int x\arcsin x\mathrm{d}x$；

(16) $\int (\arcsin x)^2\mathrm{d}x$；

(17) $\int x\cos x\mathrm{d}x$；

(18) $\int \mathrm{e}^x\sin 2x\mathrm{d}x$；

(19) $\int (x^2-1)\sin 2x\mathrm{d}x$；

(20) $\int \mathrm{e}^{\sqrt[3]{x}}\mathrm{d}x$.

第五节 有理函数积分法

有理函数或有理分式是指由两个多项式的商表示的函数，其一般形式为

$$\frac{P(x)}{Q(x)}=\frac{a_0x^n+a_1x^{n-1}+\cdots+a_{n-1}x+a_n}{b_0x^m+b_1x^{m-1}+\cdots+b_{m-1}x+b_m},$$

其中 m,n 为非负整数；$a_0,a_1,\cdots,a_n;b_0,b_1,\cdots,b_m$ 为实数，且 $a_0\neq 0,b_0\neq 0$. 若 $n\geqslant m$，则称 $\frac{P(x)}{Q(x)}$ 为有理假分式；若 $n<m$，则称 $\frac{P(x)}{Q(x)}$ 为有理真分式.

由多项式的除法知识可知，任何一个有理假分式总可以化成一个多项式与一个有理真分式的和的形式. 例如

$$\frac{x^4-3}{x^2+2x+1}=x^2-2x+3-\frac{4x+6}{x^2+2x+1}.$$

这样解决有理函数积分的关键问题是：解决有理真分式的积分. 对于复杂的有理真分式可用待定系数法或特殊值法将其分拆成若干项，再利用不定积分的性质对其积分.

由代数学的知识，可有以下结论：

(1) 若真分式的分母含有一次因式 $(x-a)$，则分解后，对应有形如 $\frac{A}{x-a}$ 的部分分式；

(2) 若真分式的分母中含有 k 重一次因式 $(x-a)^k$，则分解后有下列 k 个部分分式之和 $\frac{A_1}{x-a}+\frac{A_2}{(x-a)^2}+\cdots+\frac{A_k}{(x-a)^k}$，其中 $A_i\quad(i=1,2,\cdots,k)$ 都是常数；

(3) 若真分式的分母中含有不可分解的二次因式 $x^2+px+q\quad(p^2-4q<0)$，则分解后，

对应有形如$\dfrac{Bx+C}{x^2+px+q}$的部分分式，其中 B、C、p、q 均为常数.

对于简单真分式的积分，通常可用凑微分法解决. 下面举例说明：

例 1 计算$\displaystyle\int\frac{1}{x(x-2)}dx$.

解 由于

$$\frac{1}{x(x-2)}=\frac{1}{2}\left(-\frac{1}{x}+\frac{1}{x-2}\right),$$

所以

$$\begin{aligned}\int\frac{1}{x(x-2)}dx&=\frac{1}{2}\int\left(-\frac{1}{x}+\frac{1}{x-2}\right)dx=\frac{1}{2}\left(-\int\frac{1}{x}dx+\int\frac{1}{x-2}d(x-2)\right)\\&=\frac{1}{2}(-\ln|x|+\ln|x-2|)+C=\frac{1}{2}\ln\left|\frac{x-2}{x}\right|+C.\end{aligned}$$

例 2 计算$\displaystyle\int\frac{1}{x(x-1)^2}dx$.

解 设$\dfrac{1}{x(x-1)^2}=\dfrac{A_1}{x}+\dfrac{A_2}{x-1}+\dfrac{A_3}{(x-1)^2}$，其中 A_1、A_2、A_3 是待定常数，两端去分母，得

$$1=A_1(x-1)^2+A_2x(x-1)+A_3x,$$

令 $x=0$，得 $A_1=1$；又令 $x=1$，得 $A_3=1$；再比较上式两边 x^2 项的系数得 $0=A_1+A_2$，所以 $A_2=-1$，从而

$$\frac{1}{x(x-1)^2}=\frac{1}{x}-\frac{1}{x-1}+\frac{1}{(x-1)^2},$$

于是

$$\int\frac{1}{x(x-1)^2}dx=\int\left(\frac{1}{x}-\frac{1}{x-1}+\frac{1}{(x-1)^2}\right)dx=\ln|x|-\ln|x-1|-\frac{1}{x-1}+C.$$

例 3 计算$\displaystyle\int\frac{x+3}{x^2-5x+6}dx$.

解 由于

$$\frac{x+3}{x^2-5x+6}=\frac{x+3}{(x-2)(x-3)}=\frac{6}{x-3}-\frac{5}{x-2},$$

所以

$$\begin{aligned}\int\frac{x+3}{x^2-5x+6}dx&=\int\left(\frac{6}{x-3}-\frac{5}{x-2}\right)dx=6\int\frac{1}{x-3}d(x-3)-5\int\frac{1}{x-2}d(x-2)\\&=6\ln|x-3|-5\ln|x-2|)+C.\end{aligned}$$

例 4 计算$\displaystyle\int\frac{x^2}{(x+2)(x^2+2x+2)}dx$.

解 因为分母 x^2+2x+2 中 $\Delta=2^2-4\times1\times2=-4<0$，所以应设

$$\frac{x^2}{(x+2)(x^2+2x+2)}=\frac{A_1}{x+2}+\frac{A_2x+A_3}{x^2+2x+2}$$

易求得 $A_1=2$，$A_2=-1$，$A_3=-2$，于是

$$\begin{aligned}\int\frac{x^2}{(x+2)(x^2+2x+2)}dx&=\int\frac{2}{x+2}dx-\int\frac{x+2}{x^2+2x+2}dx\\&=2\ln|x+2|-\left(\frac{1}{2}\int\frac{d(x^2+2x+2)}{x^2+2x+2}+\int\frac{d(x+1)}{(x+1)^2+1}\right)\end{aligned}$$

$$= 2\ln|x+2| - \frac{1}{2}\ln(x^2+2x+2) - \arctan(x+1) + C$$

$$= \ln\frac{(x+2)^2}{\sqrt{x^2+2x+2}} - \arctan(x+1) + C.$$

例 5　计算 $\int \frac{x^3}{x+1}\mathrm{d}x$.

解　先把被积函数化成多项式和有理真分式的和，得

$$\frac{x^3}{x+1} = \frac{(x^3+1)-1}{x+1} = \frac{(x+1)(x^2-x+1)-1}{x+1} = x^2-x+1-\frac{1}{x+1},$$

于是

$$\int \frac{x^3}{x+1}\mathrm{d}x = \int\left(x^2-x+1-\frac{1}{x+1}\right)\mathrm{d}x = \int x^2\mathrm{d}x - \int x\mathrm{d}x + \int\mathrm{d}x - \int\frac{1}{x+1}\mathrm{d}x$$

$$= \frac{x^3}{3} - \frac{x^2}{2} + x - \ln|x+1| + C.$$

习题 4-5

计算下列不定积分：

(1) $\int \frac{4}{2x-3}\mathrm{d}x$;　　(2) $\int \frac{1}{x(x+1)}\mathrm{d}x$;

(3) $\int \frac{2}{x^2+2x+1}\mathrm{d}x$;　　(4) $\int \frac{x}{x^2+2x+5}\mathrm{d}x$;

(5) $\int \frac{2x-3}{(x-1)(x-2)}\mathrm{d}x$;　　(6) $\int \frac{1}{x(x+1)(x+2)}\mathrm{d}x$;

(7) $\int \frac{1}{x^3+x}\mathrm{d}x$;　　(8) $\int \frac{x+1}{x^2+2x-3}\mathrm{d}x$;

(9) $\int \frac{1}{x^2(1-x)}\mathrm{d}x$;　　(10) $\int \frac{x^2}{x^3+x^2+x+1}\mathrm{d}x$.

第六节　积分表的应用

从前面几节可以看出，求不定积分的计算要比求导数更为灵活、复杂，被积函数形式稍有不同，相应的积分方法和结果就有很大差异. 在实践中，为了尽快地获得积分结果，我们编制了不定积分表以供查用. 本书附录中给出了一个较简易的不定积分表，它是按照被积函数的类型来编排的. 读者在熟练掌握不定积分方法的基础上，也要学会使用积分表.

下面举例说明积分表的使用方法.

例 1　求 $\int \frac{\mathrm{d}x}{x(3x+2)^2}$.

解　被积函数含有 $ax+b$，属于积分表中(一)类的积分. 按照公式 9，当 $a=3, b=2$ 时，有

$$\int \frac{\mathrm{d}x}{x(3x+2)^2} = \frac{1}{2(2+3x)} - \frac{1}{4}\ln\left|\frac{2+3x}{x}\right| + C.$$

例 2　求 $\int \frac{1}{x\sqrt{5x+2}}\mathrm{d}x$.

解　被积函数含有 $\sqrt{ax+b}$，属于积分表中(二)类的积分. 按照公式 15，当 $b=2>0, a=$

5 时，有

$$\int \frac{1}{x\sqrt{5x+2}}\mathrm{d}x = \frac{1}{\sqrt{2}}\ln\left|\frac{\sqrt{5x+2}-\sqrt{2}}{\sqrt{5x+2}+\sqrt{2}}\right| + C = \frac{\sqrt{2}}{2}\ln\left|\frac{\sqrt{5x+2}-\sqrt{2}}{\sqrt{5x+2}+\sqrt{2}}\right| + C.$$

例 3 求 $\int \frac{\mathrm{d}x}{2x^2+x+1}$.

解 这个积分属于积分表（五）类含有 $\pm ax^2+bx+c(a>0)$ 的积分. 按照公式 28，当 $a=2,b=1,c=1$ 时，由于 $b^2-4ac=-7<0$，所以

$$\int \frac{\mathrm{d}x}{2x^2+x+1} = \frac{2}{\sqrt{7}}\arctan\frac{4x+1}{\sqrt{7}} + C = \frac{2\sqrt{7}}{7}\arctan\frac{\sqrt{7}(4x+1)}{7} + C.$$

例 4 求 $\int \frac{\mathrm{d}x}{5-4\cos x}$.

解 被积函数含有三角函数，在积分表中（十一）类，查得关于 $\int \frac{\mathrm{d}x}{a+b\cos x}$ 的公式 105 和 106，要根据 $a^2>b^2$ 或 $a^2<b^2$ 来决定用哪一个.

现在 $a=5,b=-4,a^2>b^2$，所以用公式 105，得

$$\begin{aligned}\int \frac{\mathrm{d}x}{5-4\cos x} &= \frac{2}{5+(-4)}\sqrt{\frac{5+(-4)}{5-(-4)}}\arctan\left(\sqrt{\frac{5-(-4)}{5+(-4)}}\tan\frac{x}{2}\right) + C \\ &= \frac{2}{3}\arctan\left(3\tan\frac{x}{2}\right) + C.\end{aligned}$$

例 5 求 $\int \sqrt{4x^2+9}\,\mathrm{d}x$.

解 这个积分在积分表中不能直接查到，若令 $2x=u$，则有

$$\sqrt{4x^2+9}=\sqrt{u^2+3^2},\ \mathrm{d}x=\frac{1}{2}\mathrm{d}u;$$

于是

$$\int \sqrt{4x^2+9}\,\mathrm{d}x = \frac{1}{2}\int \sqrt{u^2+3^2}\,\mathrm{d}u.$$

被积函数含有 $\sqrt{u^2+3^2}$，在积分表（六）类中查到公式 38，现在 $a=3$，于是

$$\begin{aligned}\int \sqrt{4x^2+9}\,\mathrm{d}x &= \frac{1}{2}\int \sqrt{u^2+3^2}\,\mathrm{d}u \\ &= \frac{1}{2}\left[\frac{u}{2}\sqrt{u^2+9} + \frac{9}{2}\ln\left(u+\sqrt{u^2+9}\right)\right] + C \\ &\xlongequal{\text{回代 } u=2x} \frac{x}{2}\sqrt{4x^2+9} + \frac{9}{4}\ln\left(2x+\sqrt{4x^2+9}\right) + C.\end{aligned}$$

例 6 求 $\int \sin^4 x\,\mathrm{d}x$.

解 在积分表（十一）类中查到公式 95，现在 $n=4$，于是

$$\int \sin^4 x\,\mathrm{d}x = -\frac{1}{4}\sin^3 x\cos x + \frac{3}{4}\int \sin^2 x\,\mathrm{d}x,$$

对积分 $\int \sin^2 x\,\mathrm{d}x$ 再用公式 93，可得

$$\int \sin^4 x\,\mathrm{d}x = -\frac{1}{4}\sin^3 x\cos x + \frac{3}{4}\left(\frac{x}{2} - \frac{1}{4}\sin 2x\right) + C$$

$$=-\frac{1}{4}\sin^3 x\cos x+\frac{3x}{8}-\frac{3}{16}\sin 2x+C.$$

一般说来，查积分表可以节省计算积分的时间，但是，只有掌握了前面学过的基本积分方法后才能灵活地使用积分表，对一些比较简单的积分，应用基本积分方法来计算. 所以，求积分时究竟是直接计算，还是查表，或是两者结合使用，应该做具体分析，不能一概而论.

关于不定积分，最后需要指出，由于有一些初等函数的原函数虽然存在，但却不一定是初等函数，例如：$\int e^{-x^2}dx$、$\int \frac{\sin x}{x}dx$、$\int \frac{dx}{\ln x}$ 等，它们的原函数都不能用初等函数来表达，因此我们通常称这样的积分"积不出来".

习 题 4-6

利用积分表计算下列不定积分：

(1) $\int \frac{x}{(4x+3)^2}dx$；

(2) $\int \frac{dx}{x\sqrt{3+5x}}$；

(3) $\int \frac{dx}{x^2+x+1}$；

(4) $\int \frac{dx}{3-2\cos x}$；

(5) $\int \frac{dx}{x\sqrt{9x^2+4}}$；

(6) $\int \frac{dx}{(2+7x^2)^2}$；

(7) $\int \cos^4 x dx$；

(8) $\int \frac{x^4}{25+4x^2}dx$；

(9) $\int \ln^3 x dx$；

(10) $\int \sqrt{3x^2-2}dx$.

复 习 题 四

1. 填空题：

(1) 如果对任意 $x\in D$，都有 $F'(x)=G'(x)$，则在 D 上 $F(x)$ 与 $G(x)$ 之间有关系式为__________；

(2) $\int \frac{1}{\sqrt{a^2-x^2}}dx=$ __________；

(3) $\int \frac{f'(x)}{1+[f(x)]^2}dx=$ __________；

(4) $\int \left(\frac{\sin x}{1+\cos x}\right)'dx=$ __________；

(5) $\frac{d}{dx}\int x\cos x dx=$ __________；

(6) $\int$ __________ $dx=\frac{x^2}{4}+\frac{1}{4}\sin 2x+C$；

(7) $\left(\int \arcsin x dx\right)'=$ __________；

(8) $d\int xe^x dx=$ __________；

(9) $\int d(x\arctan x)=$ __________；

(10) $\int \frac{f'(\ln x)}{x}dx=$ __________；

(11) $\cos\frac{2}{3}x\mathrm{d}x=$ ________ $\mathrm{d}\left(\sin\frac{2}{3}x\right)$；

(12) $\frac{1}{\sqrt{x}}\mathrm{d}x=\mathrm{d}$ ________；

(13) 如果 $F'(x)=f(x)$，且 A 是常数，则积分 $\int[f(x)+A]\mathrm{d}x=$ ____________；

(14) 一物体以速度 $v=3t^2+4t$(m/s)作直线运动，当 $t=2$ s 时，物体经过的路程 $s=16$ m，则这物体的运动方程为________.

2. 选择题：

(1) 下列等式成立的是(　　)(其中 $\alpha\neq\pm1$).

A. $\int x^{\alpha}\mathrm{d}x=\frac{1}{\alpha+1}x^{\alpha-1}+C$　　B. $\int x^{\alpha}\mathrm{d}x=\frac{1}{\alpha+1}x^{\alpha+1}+C$

C. $\int x^{\alpha}\mathrm{d}x=\frac{1}{\alpha-1}x^{\alpha-1}+C$　　D. $\int x^{\alpha}\mathrm{d}x=\frac{1}{\alpha-1}x^{\alpha+1}+C$

(2) 若 $f(x)$ 的一个原函数为 $\ln x$，则 $f'(x)=$(　　).

A. $x\ln x$　　B. $\ln x$　　C. $\frac{1}{x}$　　D. $-\frac{1}{x^2}$

(3) 如果 $\int f(x)\mathrm{d}x=F(x)+C$，那么 $\int f(ax+b)\mathrm{d}x=$(　　).

A. $F(ax+b)+C$　　B. $aF(ax+b)+C$

C. $\frac{1}{a}F(ax+b)+C$　　D. $F\left(x+\frac{b}{a}\right)+C$

(4) 如果 $\int f(x)\mathrm{d}x=x\ln x+C$，那么 $\int xf(x)\mathrm{d}x=$(　　).

A. $x^2\left(\frac{1}{4}\ln x+\frac{1}{2}\right)+C$　　B. $x^2\left(\frac{1}{2}\ln x+\frac{1}{4}\right)+C$

C. $x^2\left(\frac{1}{4}-\frac{1}{2}\ln x\right)+C$　　D. $x^2\left(\frac{1}{2}-\frac{1}{4}\ln x\right)+C$

(5) 下列各结果中，与 $\int f'\left(\frac{1}{x}\right)\cdot\frac{1}{x^2}\mathrm{d}x$ 相等的是(　　).

A. $f\left(-\frac{1}{x}\right)+C$　　B. $-f\left(-\frac{1}{x}\right)+C$

C. $f\left(\frac{1}{x}\right)+C$　　D. $-f\left(\frac{1}{x}\right)+C$

(6) 若 $F_1(x)$ 和 $F_2(x)$ 是 $f(x)$ 的两个原函数，则 $\int[F_1(x)-F_2(x)]\mathrm{d}x$ 等于(　　).

A. $f(x)+C$　　B. 常数　　C. 0　　D. 一次函数

(7) 如果等式 $\int f(x)\mathrm{e}^{-\frac{1}{x}}\mathrm{d}x=-\mathrm{e}^{-\frac{1}{x}}+C$，则函数 $f(x)$ 等于(　　).

A. $-\frac{1}{x}$　　B. $-\frac{1}{x^2}$　　C. $\frac{1}{x}$　　D. $\frac{1}{x^2}$

(8) 设 $f'(\cos^2x)=\sin^2x$，且 $f(0)=0$，则 $f(x)$ 等于(　　).

A. $\cos x+\frac{1}{2}\cos^2x$　　B. $\cos^2x-\frac{1}{2}\cos^4x$

C. $x+\frac{1}{2}x^2$　　　　D. $x-\frac{1}{2}x^2$

(9) $\int xf(x^2)f'(x^2)\mathrm{d}x$ 等于(　　).

A. $\frac{1}{4}f^2(x^2)+C$　　　　B. $\frac{1}{4}f(x^2)+C$

C. $\frac{1}{4}f^2(x)+C$　　　　D. $f^2(x^2)+C$

(10) $\int\left(\frac{1}{\sin^2 x}+1\right)\mathrm{d}\sin x$ 等于(　　).

A. $-\frac{1}{\sin x}+\sin x+C$　　　　B. $\frac{1}{\sin x}+\sin x+C$

C. $-\cot x+\sin x+C$　　　　D. $\cot x+\sin x+C$

3. 求下列各不定积分：

(1) $\int\frac{(1-x)^2}{\sqrt{x}}\mathrm{d}x$；　　(2) $\int\frac{\mathrm{e}^{3x}+1}{\mathrm{e}^x+1}\mathrm{d}x$；

(3) $\int\frac{\sin\sqrt{x}}{\sqrt{x}}\mathrm{d}x$；　　(4) $\int\frac{(\ln x)^3}{x}\mathrm{d}x$；

(5) $\int 5^{-x}\mathrm{e}^x\mathrm{d}x$；　　(6) $\int\frac{\mathrm{e}^{\sqrt{x}}}{\sqrt{x}}\mathrm{d}x$；

(7) $\int\frac{1}{\sqrt{2x-x^2}}\mathrm{d}x$；　　(8) $\int\frac{\mathrm{d}x}{\mathrm{e}^x+\mathrm{e}^{-x}}$；

(9) $\int\frac{\mathrm{e}^x\mathrm{d}x}{\sqrt{1+\mathrm{e}^x}}$；　　(10) $\int\sec^4 x\mathrm{d}x$；

(11) $\int x\sqrt{x-2}\mathrm{d}x$；　　(12) $\int\frac{\mathrm{d}x}{\sqrt{x}(1+x)}$；

(13) $\int\frac{x^3}{\sqrt{1-x^2}}\mathrm{d}x$；　　(14) $\int x^3\sqrt{1+x^2}\mathrm{d}x$；

(15) $\int\frac{\ln x}{x\sqrt{1+\ln x}}\mathrm{d}x$；　　(16) $\int(x-1)\sin 2x\mathrm{d}x$；

(17) $\int\mathrm{e}^{-2x}\sin\frac{x}{2}\mathrm{d}x$；　　(18) $\int(x^2+1)\ln x\mathrm{d}x$；

(19) $\int(\mathrm{e}^x+5^x)\mathrm{d}x$；　　(20) $\int(3^x+x^3)\mathrm{d}x$；

(21) $\int\frac{x^2+x\sqrt{x}-3}{\sqrt{x}}\mathrm{d}x$；　　(22) $\int\frac{\sin 2x}{\sin x}\mathrm{d}x$；

(23) $\int\left(\cos\frac{x}{2}-\sin\frac{x}{2}\right)\mathrm{d}x$；　　(24) $\int\frac{1}{\sqrt{2gh}}\mathrm{d}h$；

(25) $\int\mathrm{e}^x\sin\mathrm{e}^x\mathrm{d}x$；　　(26) $\int\sin\frac{x}{2}\mathrm{d}x$；

(27) $\int\frac{\cos x}{\sin^3 x}\mathrm{d}x$；　　(28) $\int\frac{1+\tan x}{\cos^2 x}\mathrm{d}x$；

(29) $\int\frac{\tan\sqrt{x}}{\sqrt{x}}\mathrm{d}x$；　　(30) $\int\frac{2x-1}{x^2-x+3}\mathrm{d}x$；

(31) $\int \frac{dx}{x^2+4x+5}$；　　(32) $\int \sin^2 x dx$；

(33) $\int \frac{dx}{x\sqrt{1-\ln^2 x}}$；　　(34) $\int \frac{1-x}{\sqrt{9-4x^2}}dx$；

(35) $\int \left[\ln(\ln x)+\frac{1}{\ln x}\right]dx$；　　(36) $\int \frac{x^3}{x^8-2}dx$；

(37) $\int \frac{\sqrt{x+1}-1}{\sqrt{x+1}+1}dx$；　　(38) $\int \frac{x^5}{\sqrt{1-x^2}}dx$；

(39) $\int \frac{dx}{\sin^2\left(2x+\frac{\pi}{4}\right)}$；　　(40) $\int \frac{x}{4+x^4}dx$.

4. 已知函数 $f(x)$ 在 $x=1$ 时有极小值，在 $x=-1$ 时有极大值 4，又知 $f'(x)=3x^2+bx+c$，求 $f(x)$.

5. 设点 $M(2,4)$ 是函数 $f(x)$ 的图像上的一个拐点，且在点 M 处的切线斜率为 -3，又知 $f''(x)=6x+m$，求 $f(x)$.

6. 已知某曲线经过点 $P(1,-5)$，且曲线上任一点处的切线斜率都等于 $1-x$，求此曲线的方程.

7. 一质点作直线运动，已知加速度为 $a=12t^2-3\sin t$，如果在初始时刻 $t=0$ 时，物体的速度 $v_0=5$，物体的位移 $s_0=-3$，试求：

(1) 速度 v 和时间 t 之间的函数关系；

(2) 位移 s 和时间 t 之间的函数关系.

【数学史典故 4】

横遭冷遇的青年数学家阿贝尔

阿贝尔
(1802—1829)

尼尔斯·亨利克·阿贝尔(N. H. Abel)1802 年 8 月 5 日出生在挪威一个名叫芬德的小村庄。阿贝尔有七个兄弟姐妹，在家里排行第二。他父亲是村子里的穷牧师，母亲安妮是一个非常美丽的女人，她遗传给阿贝尔惊人的漂亮容貌。小时候由他父亲和哥哥教导识字，小学教育基本上是由父亲来教，因为他们没有钱，请不起家庭教师。

十三岁时，阿贝尔和哥哥被送到克里斯蒂安尼亚(即后来的奥斯陆)市的天主教学校靠一点奖学金读书。在最初的两年，他们兄弟的成绩还不错，可是后来教师枯燥的教学方式，高压的手法，使得他们兄弟的成绩下降了。

1817 年是阿贝尔一生的转折点。当时给他教数学的老师是一个好酒如命又脾气粗暴的家伙，后因体罚致一名学生死亡而被解职，并由一位比阿贝尔大七岁的年轻的教师霍姆伯厄代替。霍姆伯厄本身在数学上没有什么成就，是一位称职但绝不是很有才气的数学家。他在科学上的贡献，就是发掘了阿贝尔的数学才能，而且成为他的忠诚朋友，给他许多帮助。阿贝尔死后，霍姆伯厄收集出版了他的研究成果。

霍姆伯厄很快就发现了十六岁的阿贝尔惊人的数学天赋，私下开始给他教授高等数学，还介绍他阅读泊松、高斯以及拉格朗日的著作。在他的热心指点下，阿贝尔很快掌握了经典著作中最难懂的部分。

在中学的最后一年，阿贝尔开始试图解决困扰了数学界几百年的五次方程问题，不久便认为得到了答案。霍姆伯厄将阿贝尔的研究手稿寄给丹麦当时最著名的数学家达根。达根教授看不出阿贝尔的论证有什么错误的地方，但他知道这个许多大数学家都解决不出的问题不会被这么简单地解决出来，于是给了阿贝尔一些可贵的忠告，希望他再仔细演算自己的推导过程。就在同时，阿贝尔也发现了自己推理中的缺陷。这次失败给他一个非常有益的打击，把他推上了正确的途径，使他怀疑一个代数解是否可能。后来他终于证明了五次方程不可解，而那已经是他十九岁时的事情了。

1822 年 6 月，阿贝尔靠着霍姆伯厄和其他教授们的帮助，在克里斯蒂安尼亚大学念完了必需的课程，那时大学和城里，人人都知道他是一个了不起的数学天才。可他的父亲已于两年前去世，家里一贫如洗，没钱继续从事数学研究。他的老师和朋友们也很穷，无法再拿出更多的钱资助他去当时世界数学的中心——巴黎深造。

1823 年夏，教天文学的拉斯穆辛教授给阿贝尔一笔钱去哥本哈根见达根，希望他能在外面增长见识和扩大眼界。从丹麦回来后，阿贝尔重新考虑一元五次方程解的问题，总算正确解决了这个几百年来的难题：即五次方程不存在代数解。后来数学上把这个结果称为阿贝尔-鲁芬尼定理。阿贝尔认为这结果很重要，便自掏腰包在当地的印刷馆印刷他的论文。因为贫穷，为了减少印刷费，他把结果紧缩成只有六页的小册子。

阿贝尔满怀信心地把这小册子寄给外国的数学家，包括德国被称为数学王子的高斯，希望能得到一些反应。可惜文章太简洁了，没有人能看懂。高斯收到这小册子时觉得不可能用这么短的篇幅证明这个世界著名的问题——连他还没法子解决的问题，于是连拿起刀来裁开书页来看内容也懒得做，就把它扔在书堆里了。

阿贝尔在数学和天文学界的朋友们，说服大学去请求挪威政府资助这个年轻人，作一次以数学为主要目的的欧洲之行。经过慎重考虑之后，政府妥协了，但不是立刻派阿贝尔去法国和德国，而是给他一笔奖金，让他在克里斯蒂安尼亚复习法语和德语。在延误了一年半后，在 1825 年 8 月，皇家从窘迫的财政中拨出一笔钱给当时二十三岁的阿贝尔，让他足够在法国和德国旅行和学习一年。

阿贝尔在德国并没有去找在哥廷根的高斯，可能他觉得这个大数学家难以接近，也难以帮助他，因为他以前的作品寄给他却得不到回音。1826 年 7 月，阿贝尔离开德国到了法国，当时的法国皇家科学院正被柯西、泊松、傅里叶、安培和勒让德等年迈的大数学家们把持，学术气氛非常保守，各自又忙于自己的研究课题，对年轻人的工作并不重视。阿贝尔留在巴黎期间觉得很难和法国数学家谈论他研究的成果。他曾寄过一份长篇论文给法国科学研究院，论文交到了勒让德手上，勒让德看不大懂，就转给柯西。多产的柯西正忙着自己的工作，无暇理睬，把论文随便翻翻丢在一个角落里去了。

阿贝尔的那篇论文《关于非常广泛的一类超越函数的一般性质的论文》是数学史上重要的工作，他长久地等待着消息，可是一点音讯也没有，最后只好失望地回到柏林。在那里他病倒了，他不知道自己已患上了肺结核病，以为是法国的孤寂生活使他身体衰弱。他只剩下大约七元钱。他写了一封急信，延误了一些时间，从霍姆伯厄那里借来了一笔钱。阿贝尔从 1827 年 3 月到 5 月，靠霍姆伯厄的大约六十元借款生活和从事研究。最后，当他所有的来源都枯竭时，只好掉头回国。

1827年5月底，阿贝尔回到了克里斯蒂安尼亚。那时他不仅身无分文，还欠了朋友一些钱。他的弟弟无所事事，用他的名字借了一些钱，他必须还清。于是，阿贝尔靠给一些小学生和中学生补习初级数学、德语和法语赚点儿钱。没多久，阿贝尔很幸运地被推荐到军事学院教授力学和理论天文学，薪水虽不是很多，却已经可以让他安心继续从事椭圆函数的工作了。

这时，阿贝尔的身体越来越衰弱。在1828年夏天他一直生病发烧咳嗽，人也变得消沉，感到前途真是暗淡无光，而且无法摆脱靠他养活的家人的负担。他们一直缠着他，实际上弄得他自己一无所有，可是直到最后他也从没有说过一句不耐烦的话。

1829年4月6日，阿贝尔去世，身边只有未婚妻克里斯汀。

阿贝尔死后两天，阿贝尔被任命为柏林大学的数学教授。第二年6月，法国科学院颁给著名的Grand Prix奖给阿贝尔。1830年柯西在旧书堆终于找出积满灰尘的阿贝尔的手稿，1841年这篇史诗般的手稿又一次丢失，直到1952年才在佛罗伦萨被重新发现。

法国数学家厄米特（Hermite，任何学习过量子力学的人对这几个字母都不会陌生）在谈到阿贝尔时说："阿贝尔留下的工作，可以使以后的数学家足够忙碌五百年。"

（摘自《百度百科》）

第五章 定积分及其应用

定积分是数学领域中求不规则平面图形的面积以及旋转体的体积等实际问题的重要计算方法，它在力学、电学、工程、经济等各个领域中都有广泛的应用，是一元函数积分学中的另一个基本概念.

本章从几何问题与物理问题出发引出定积分的概念，然后讨论它的性质、计算方法；继而讨论定积分的简单应用；最后作为定积分的推广，介绍广义积分.

第一节 定积分的概念

一、实例分析

设 $f(x)$为区间$[a,b]$上的非负且连续函数，由曲线 $y=f(x)$，直线 $x=a$，$x=b$ 以及 x 轴所围成的平面图形就称为**曲边梯形**.

如图 5-1 所示，M_1MNN_1 就是一个曲边梯形.其中曲线段$\overset{\frown}{MN}$称为曲边梯形的曲边，在 x 轴上的线段 M_1N_1 称为曲边梯形的底边.

引例 5.1【曲边梯形的面积】 计算图 5-1 中曲边梯形的面积.

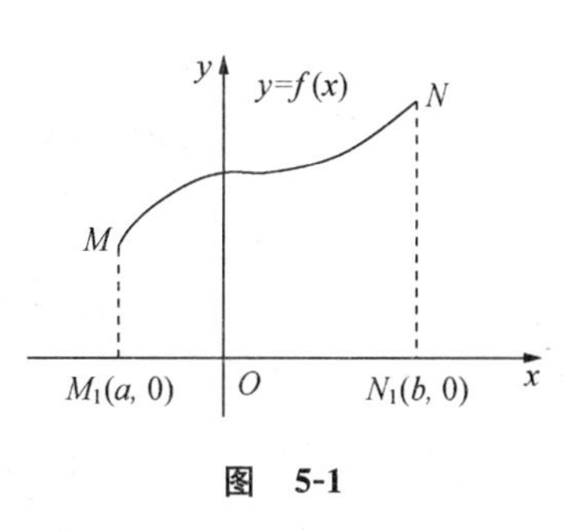

图 5-1

首先，不难看出，该曲边梯形面积取决于区间$[a,b]$及在这个区间上的函数 $f(x)$.如果 $f(x)$在区间$[a,b]$上是常数 h，此时曲边梯形为矩形，其面积等于 $h(b-a)$.现在的问题是 $f(x)$在区间$[a,b]$上不是常数，而是变化着的，因此它的面积不能简单地利用矩形面积公式计算.但是，由于 $f(x)$是区间$[a,b]$上的连续函数，当 x 变化不大时，$f(x)$变化也不大，因此如果将区间$[a,b]$分割成许多小区间，相应地将曲边梯形分割成许多小曲边梯形，每个小区间上对应的小曲边梯形面积近似地看成小矩形，那么所有的小矩形面积的和，就是整个曲边梯形面积的近似值.显然分割愈细，近似程度就愈好.因此，将区间$[a,b]$无限地细分，并使每个小曲边梯形的底边长都趋近于零，则小矩形面积之和的极限就定义为所要求的曲边梯形的面积.

根据上述分析，曲边梯形的面积可按下述步骤来计算：

(1) 分割

将区间$[a,b]$任意分成 n 个小区间，其分点是 $x_0,x_1,x_2,\cdots,x_n$，且

$$a=x_0<x_1<x_2<\cdots<x_{i-1}<x_i<\cdots<x_n=b.$$

第 i 个小区间可表示为$[x_{i-1},x_i]$，其长度记为 $\Delta x_i=x_i-x_{i-1}(i=1,2,\cdots,n)$.

过各分点作垂直于 x 轴的直线段，把整个曲边梯形分成 n 个小曲边梯形(如图 5-2 所示).其中第 i 个小曲边梯形的面积记为 $\Delta A_i(i=1,2,\cdots,n)$.

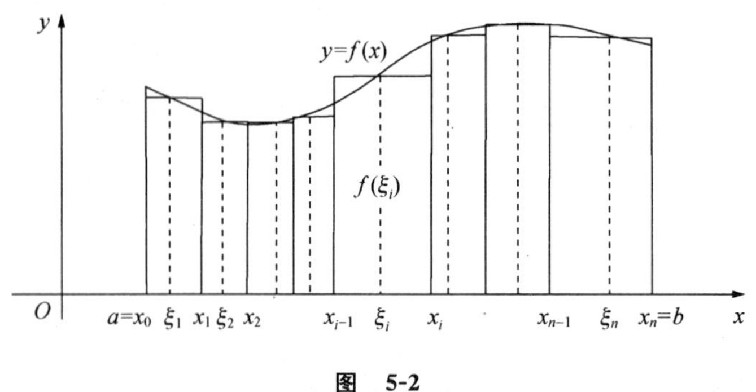

图 5-2

（2）近似代替

在每个小区间$[x_{i-1},x_i]$上任取一点ξ_i $(x_{i-1}\leqslant\xi_i\leqslant x_i)$，以$f(\xi_i)$为高，$\Delta x_i$为底的小矩形的面积$f(\xi_i)\Delta x_i$，作为相应的小曲边梯形面积$\Delta A_i$的近似值，即

$$\Delta A_i\approx f(\xi_i)\Delta x_i(i=1,2,\cdots,n).$$

（3）求和

把n个小曲边梯形面积的近似值相加，就得到所求曲边梯形面积A的近似值，即

$$A=\sum_{i=1}^{n}\Delta A_i\approx\sum_{i=1}^{n}f(\xi_i)\Delta x_i.$$

（4）取极限

当分割无限细密，即每个小区间的长度Δx_i都趋近于零时，和式$\sum\limits_{i=1}^{n}f(\xi_i)\Delta x_i$的极限就是$A$的精确值. 若记$\lambda=\max\limits_{1\leqslant i\leqslant n}\{\Delta x_i\}$，则当$\lambda\to0$时，就有

$$A=\lim_{\lambda\to0}\sum_{i=1}^{n}f(\xi_i)\Delta x_i.$$

这样，计算曲边梯形面积的问题，就归结为求“和式$\sum\limits_{i=1}^{n}f(\xi_i)\Delta x_i$的极限”问题.

我们同样可以按“分割、近似代替、求和及取极限”的方法来解决变速直线运动的路程问题.

引例 5.2【变速直线运动的路程】 设一物体做直线运动，已知速度$v=v(t)$是时间t在区间$[a,b]$上的连续函数，且$v(t)\geqslant0$，计算在这段时间内该物体经过的路程S.

如果物体做匀速直线运动，则有公式：

路程＝速度×时间.

而现在速度是变量，即速度$v(t)$随时间t而变化，因此，所求路程S不能直接用上述公式来计算. 但是，若把时间区间$[a,b]$分成许多小时间段，由于物体运动的速度是连续变化的，则在每个小段时间内，速度变化不大，可以近似地看作是匀速的（如图 5-3 所示）. 于是，在时间间隔很短的条件下，可以用“匀速”来近似代替“变速”，从而求得每一小段时间内路程的近似值，将各小段上的路程的近似值相加，可得到时间在$[a,b]$区间内的路程S的近似值；最后通过对时间间隔无限细分取极限的过程，就可得到路程S的精确值.

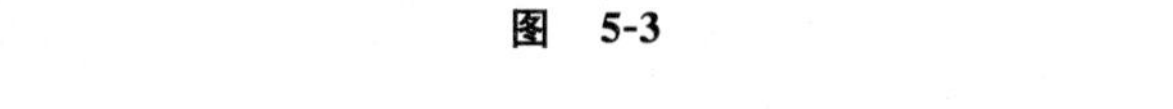

O $t_0=a$ t_1 t_2 t_{i-1} ξ_i t_i $t_n=b$ t

图 5-3

具体的步骤也可以分为以下四步：

(1) 分割

任取分点 $a=t_0<t_1<t_2<\cdots<t_{i-1}<t_i<\cdots<t_n=b$，把时间区间$[a,b]$分成 n 个小区间(如图 5-3 所示)，第 i 个小区间为$[t_{i-1},t_i]$，其长度记为

$$\Delta t_i=t_i-t_{i-1}(i=1,2,\cdots,n).$$

(2) 近似代替

在小区间$[t_{i-1},t_i]$上，用任一时刻 ξ_i 的速度 $v(\xi_i)$ $(t_{i-1}\leqslant\xi_i\leqslant t_i)$来近似代替变化的速度 $v(t)$，从而得到物体在第 i 段时间$[t_{i-1},t_i]$内所经过的路程 ΔS_i 的近似值，即

$$\Delta S_i\approx v(\xi_i)\Delta t_i(i=1,2,\cdots,n).$$

(3) 求和

把 n 段时间上的路程的近似值相加，就是时间区间$[a,b]$上的路程 S 的近似值，即

$$S=\sum_{i=1}^{n}\Delta S_i\approx\sum_{i=1}^{n}v(\xi_i)\Delta t_i.$$

(4) 取极限

记 $\lambda=\max\limits_{1\leqslant i\leqslant n}\{\Delta t_i\}$，当 $\lambda\to0$ 时，和式 $\sum\limits_{i=1}^{n}v(\xi_i)\Delta t_i$ 的极限就是路程 S 的精确值，即

$$S=\lim_{\lambda\to0}\sum_{i=1}^{n}v(\xi_i)\Delta t_i.$$

可见，变速直线运动的路程也是一个和式的极限.

上面讨论的两个实际问题虽然实际意义不同，但计算的思想方法和步骤是相同的，最终归结为函数在某一区间上的一种特定的和式的极限. 为了研究这类和式的极限，给出下面的定义.

二、定积分的概念

1. 定积分的基本概念和表示方法

定义 5.1　设函数 $y=f(x)$在闭区间$[a,b]$上有定义，任取分点 $x_0,x_1,x_2,\cdots,x_n$(其中 $a=x_0<x_1<x_2<\cdots<x_{i-1}<x_i<\cdots<x_n=b$)将区间$[a,b]$分成 n 个小区间$[x_{i-1},x_i]$，其长度为 $\Delta x_i=x_i-x_{i-1}(i=1,2,\cdots,n)$. 在每个小区间$[x_{i-1},x_i]$上任取一点 $\xi_i(x_{i-1}\leqslant\xi_i\leqslant x_i)$，作乘积 $f(\xi_i)\Delta x_i$　$(i=1,2,\cdots,n)$的和式 $\sum\limits_{i=1}^{n}f(\xi_i)\Delta x_i$. 如果不论对区间$[a,b]$怎么分法，也不论在小区间$[x_{i-1},x_i]$上点 ξ_i 怎样取法，记 $\lambda=\max\limits_{1\leqslant i\leqslant n}\{\Delta x_i\}$，当 $\lambda\to0$ 时，和式 $\sum\limits_{i=1}^{n}f(\xi_i)\Delta x_i$ 的极限存在，则称此极限值为函数 $f(x)$在区间$[a,b]$上的**定积分**. 记作 $\int_a^b f(x)\mathrm{d}x$，即

$$\int_a^b f(x)\mathrm{d}x=\lim_{\lambda\to0}\sum_{i=1}^{n}f(\xi_i)\Delta x_i.$$

其中，$f(x)$叫做**被积函数**，$f(x)\mathrm{d}x$ 叫做**被积表达式**，x 叫做**积分变量**，a 叫做**积分下限**，b 叫做**积分上限**，区间$[a,b]$叫做**积分区间**，“$\int$”叫做**积分号**.

如果定积分 $\int_a^b f(x)\mathrm{d}x$ 存在，则也称 $f(x)$在区间$[a,b]$上可积.

根据定积分的定义，前面两个引例可以记为：曲边梯形的面积 $A=\int_a^b f(x)\mathrm{d}x$. 变速直

线运动的路程 $S=\int_a^b v(t)\mathrm{d}t$.

注意

(1) 定积分 $\int_a^b f(x)\mathrm{d}x$ 是一个数值，与被积函数 $f(x)$ 及积分区间 $[a,b]$ 有关，与区间 $[a,b]$ 的分割方法和点 ξ_i 的取法无关.

(2) 在定积分 $\int_a^b f(x)\mathrm{d}x$ 的定义中，总是假定 $a<b$，为了以后计算方便，对 $a>b$ 及 $a=b$ 的情况，给出以下的补充规定：

① 当 $a>b$ 时，

$$\int_a^b f(x)\mathrm{d}x=-\int_b^a f(x)\mathrm{d}x. \tag{5-1}$$

② 当 $a=b$ 时，

$$\int_a^a f(x)\mathrm{d}x=0. \tag{5-2}$$

2. 定积分的几何意义

根据定积分的定义，可以得到以下结论：

如果函数 $f(x)$ 在区间 $[a,b]$ 上连续，且 $f(x)\geqslant 0$，那么定积分 $\int_a^b f(x)\mathrm{d}x$ 就表示由连续曲线 $y=f(x)$、直线 $x=a$、$x=b$ 与 x 轴所围成的曲边梯形的面积（如图 5-1 所示）.

如果函数 $f(x)$ 在 $[a,b]$ 上连续，且 $f(x)\leqslant 0$，由于式 $\lim\limits_{\lambda\to 0}\sum\limits_{i=1}^{n}f(\xi_i)\Delta x_i$ 中每一项 $f(\xi_i)\Delta x_i$ 都是负值（$\Delta x_i\geqslant 0$），其绝对值 $|f(\xi_i)\Delta x_i|$ 表示小矩形的面积. 因此，定积分 $\int_a^b f(x)\mathrm{d}x$ 是一个负数，从而

$$\int_a^b f(x)\mathrm{d}x=-A.$$

其中，A 是由连续曲线 $y=f(x)$、直线 $x=a$、$x=b$ 与 x 轴所围成的曲边梯形的面积，此时该曲边梯形位于 x 轴的下方（如图 5-4 所示）.

如果函数 $f(x)$ 在区间 $[a,b]$ 上连续，且有时为正有时为负（如图 5-5 所示），连续曲线 $y=f(x)$、直线 $x=a$、$x=b$ 与 x 轴所围成的图形是由三个曲边梯形组成，那么由定积分的定义可得

$$\int_a^b f(x)\mathrm{d}x=A_1-A_2+A_3.$$

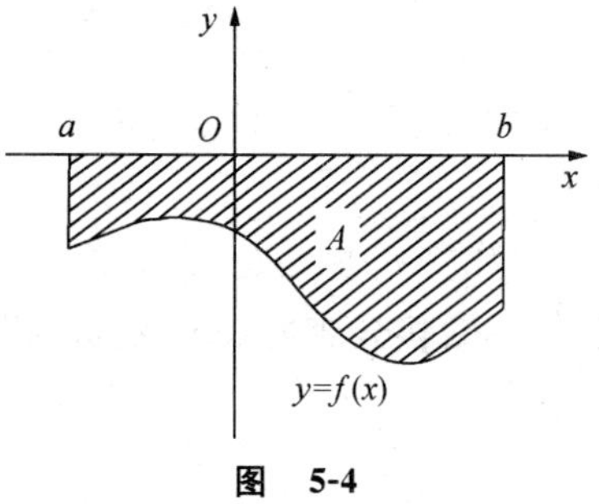

图 5-4

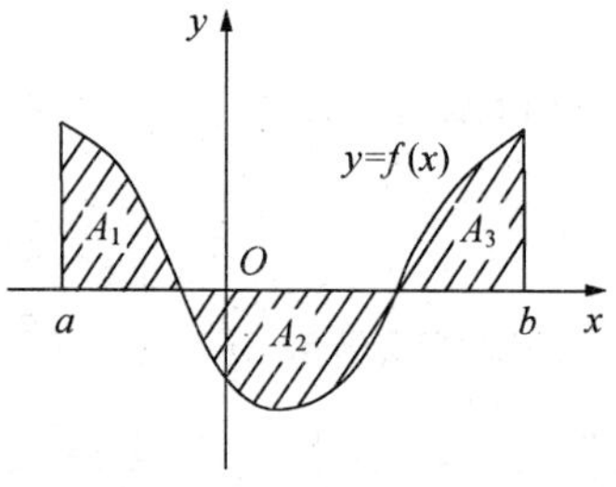

图 5-5

总之，定积分 $\int_a^b f(x)\mathrm{d}x$ 在几何上表示由连续曲线 $y=f(x)$、直线 $x=a$、$x=b$ 与 x 轴所围成的各曲边梯形面积的代数和.

例 1　用定积分表示图 5-6 中两个图形阴影部分的面积.

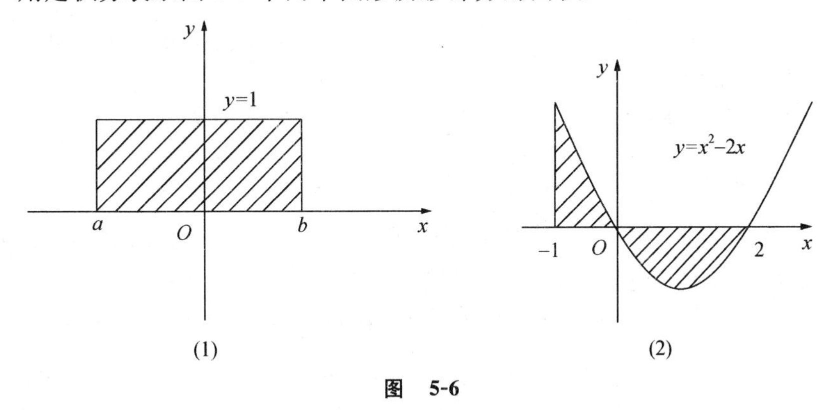

图　5-6

解　在图 5-6(1)中,被积函数 $f(x)=1$ 在$[a,b]$上连续,且 $f(x)>0$. 根据定积分的几何意义可得阴影部分的面积为

$$A=\int_a^b \mathrm{d}x=b-a.$$

在图 5-6(2)中,被积函数 $y=x^2-2x$ 在$[-1,2]$上连续,且在$[-1,0]$上 $f(x)\geqslant 0$,在$[0,2]$上 $f(x)\leqslant 0$,根据定积分的几何意义可得阴影部分的面积为

$$A=\int_{-1}^0 (x^2-2x)\mathrm{d}x-\int_0^2 (x^2-2x)\mathrm{d}x.$$

例 2　在区间$[a,b]$上,若 $f(x)>0,f'(x)>0$,试用几何图形说明下列不等式成立:

$$f(a)(b-a)<\int_a^b f(x)\mathrm{d}x<f(b)(b-a).$$

解　在区间$[a,b]$上,因为 $f(x)>0,f'(x)>0$,所以曲线在 x 轴上方且单调上升(如图 5-7 所示).

曲边梯形 $aABb$ 的面积 $A=\int_a^b f(x)\mathrm{d}x$,

矩形 $aACb$ 的面积 $A_1=f(a)(b-a)$,

矩形 $aDBb$ 的面积 $A_2=f(b)(b-a)$,

显然有

$$f(a)(b-a)<\int_a^b f(x)\mathrm{d}x<f(b)(b-a).$$

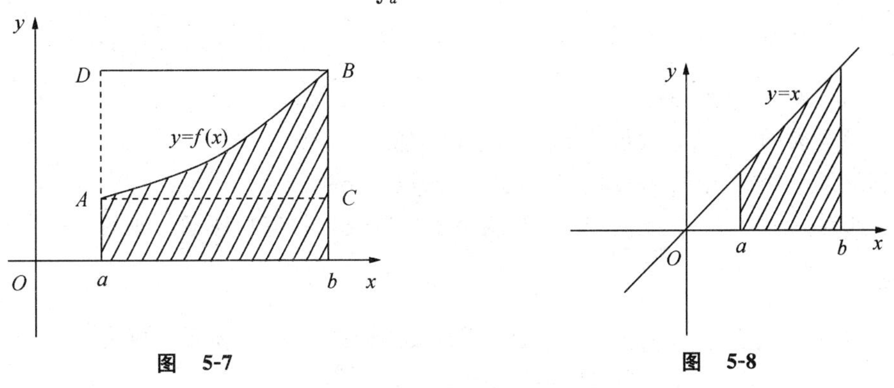

图　5-7　　　　图　5-8

例 3　用定积分的几何意义计算定积分 $\int_a^b x\mathrm{d}x\ (0<a<b)$ 的值.

解　如图 5-8 所示，因为在$[a,b]$上 $f(x)>0$，由定积分的几何意义可知，计算定积分 $\int_a^b x\mathrm{d}x$ 就相当于计算由直线 $y=x$、$x=a$、$x=b$ 及 x 轴所围成的梯形的面积. 所以

$$\int_a^b x\mathrm{d}x=\frac{1}{2}[f(a)+f(b)](b-a)=\frac{1}{2}(a+b)(b-a)=\frac{1}{2}(b^2-a^2).$$

3. 定积分的性质

由定义 5.1 知，定积分是和式的极限，由极限的运算法则，容易推出定积分的一些简单性质. 以下假设所给函数在所给出区间上都是可积的.

性质 1　若 $f(x)$、$g(x)$在区间$[a,b]$上可积，则 $f(x)\pm g(x)$在$[a,b]$上也可积，且

$$\int_a^b[f(x)\pm g(x)]\mathrm{d}x=\int_a^b f(x)\mathrm{d}x\pm\int_a^b g(x)\mathrm{d}x. \tag{5-3}$$

这个性质可以推广到有限个连续函数的代数和的定积分.

性质 2　若 $f(x)$在区间$[a,b]$上可积，k 是任意常数，则 $kf(x)$在$[a,b]$上也可积，且

$$\int_a^b kf(x)\mathrm{d}x=k\int_a^b f(x)\mathrm{d}x\quad(k\text{ 为常数}). \tag{5-4}$$

由性质 1 与性质 2 合称为线性性质，可以合写成

$$\int_a^b[k_1f(x)\pm k_2g(x)]\mathrm{d}x=k_1\int_a^b f(x)\mathrm{d}x\pm k_2\int_a^b g(x)\mathrm{d}x. \tag{5-5}$$

其中 k_1、k_2 是常数.

性质 3　设 $f(x)$在区间$[a,b]$、$[a,c]$及$[c,b]$上都是可积的，则有

$$\int_a^b f(x)\mathrm{d}x=\int_a^c f(x)\mathrm{d}x+\int_c^b f(x)\mathrm{d}x. \tag{5-6}$$

其中 c 可以在$[a,b]$内，也可以在$[a,b]$之外.

下面用定积分的几何意义对性质 3 加以说明.

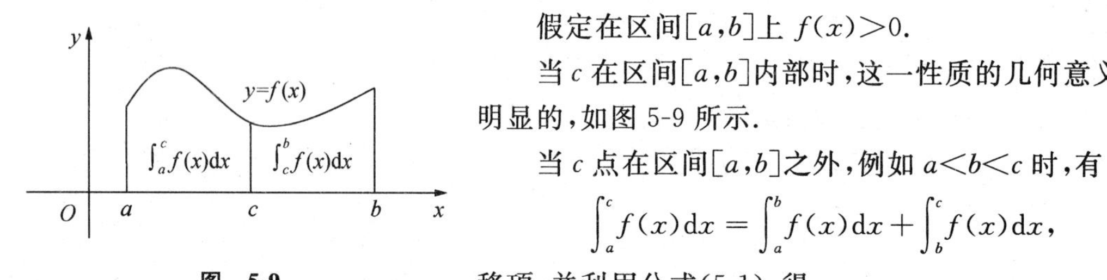

图　5-9

假定在区间$[a,b]$上 $f(x)>0$.

当 c 在区间$[a,b]$内部时，这一性质的几何意义是很明显的，如图 5-9 所示.

当 c 点在区间$[a,b]$之外，例如 $a<b<c$ 时，有

$$\int_a^c f(x)\mathrm{d}x=\int_a^b f(x)\mathrm{d}x+\int_b^c f(x)\mathrm{d}x,$$

移项，并利用公式(5-1)，得

$$\int_a^b f(x)\mathrm{d}x=\int_a^c f(x)\mathrm{d}x-\int_b^c f(x)\mathrm{d}x=\int_a^c f(x)\mathrm{d}x+\int_c^b f(x)\mathrm{d}x.$$

对 $c<a<b$ 时，也可类似得出.

这个性质表明，定积分对积分区间具有可加性.

根据性质 3 和定积分的几何意义，可以得到以下结论.

(1) 如果 $f(x)$在$[-a,a]$上连续，且为奇函数（如图 5-10(1)所示），则有

$$\int_{-a}^a f(x)\mathrm{d}x=0. \tag{5-7}$$

(2) 如果 $f(x)$在$[-a,a]$上连续，且为偶函数（如图 5-10(2)所示），则有

$$\int_{-a}^a f(x)\mathrm{d}x=2\int_0^a f(x)\mathrm{d}x. \tag{5-8}$$

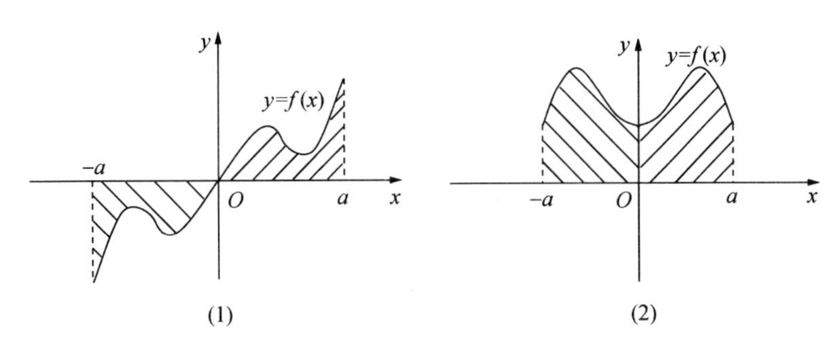

图　5-10

性质 4　如果在区间$[a,b]$上,恒有 $f(x)=1$,那么 $\int_a^b \mathrm{d}x = b-a$.

性质 5　如果在$[a,b]$上有 $f(x)\leqslant g(x)$,那么 $\int_a^b f(x)\mathrm{d}x \leqslant \int_a^b g(x)\mathrm{d}x$.

特别地,若 $f(x)\geqslant 0$,则有 $\int_a^b f(x)\mathrm{d}x \geqslant 0$;若 $f(x)\leqslant 0$,则有 $\int_a^b f(x)\mathrm{d}x \leqslant 0$.

性质 6　如果函数 $f(x)$在区间$[a,b]$上的最大值为 M,最小值为 m,那么

$$m(b-a) \leqslant \int_a^b f(x)\mathrm{d}x \leqslant M(b-a).$$

性质 6 叫做定积分的估值不等式. 利用性质 6,可以由被积函数在区间$[a,b]$上的最大值和最小值来估计定积分值的范围.

性质 7　如果函数 $f(x)$在区间$[a,b]$上连续,那么在此区间上至少有一点 ξ,使得

$$\int_a^b f(x)\mathrm{d}x = f(\xi)(b-a)\ (a\leqslant \xi \leqslant b)$$

成立.

性质 7 叫做**定积分的中值定理**. 它的几何意义是:若 $f(x)$是区间$[a,b]$上的连续函数,则在区间$[a,b]$上至少存在一点 ξ,使得以 $f(x)$为曲边的曲边梯形的面积等于高为 $f(\xi)$,底为 $b-a$ 的矩形面积(如图 5-11 所示).

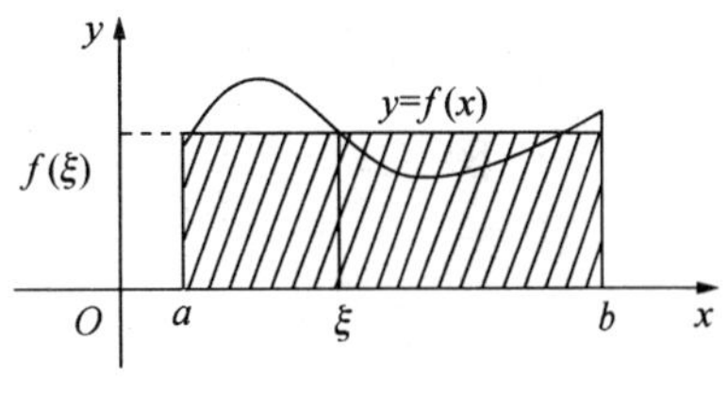

图　5-11

最后指出,无论是 $a<b$,还是 $a>b$,性质 7 均成立.

习 题 5-1

1. 根据定积分的几何意义,判断下列定积分的符号:

(1) $\int_0^{\frac{\pi}{2}} \sin x\mathrm{d}x$;　　(2) $\int_{-\frac{\pi}{2}}^0 \sin x\mathrm{d}x$;

(3) $\int_{-1}^2 x^2\mathrm{d}x$;　　(4) $\int_{-1}^2 x^3\mathrm{d}x$.

2. 利用定积分的几何意义,求出下列各定积分:

(1) $\int_0^2 (2x+1)\mathrm{d}x$;　　(2) $\int_0^2 3\mathrm{d}x$.

3. 用定积分表示下列各图中阴影部分的面积:

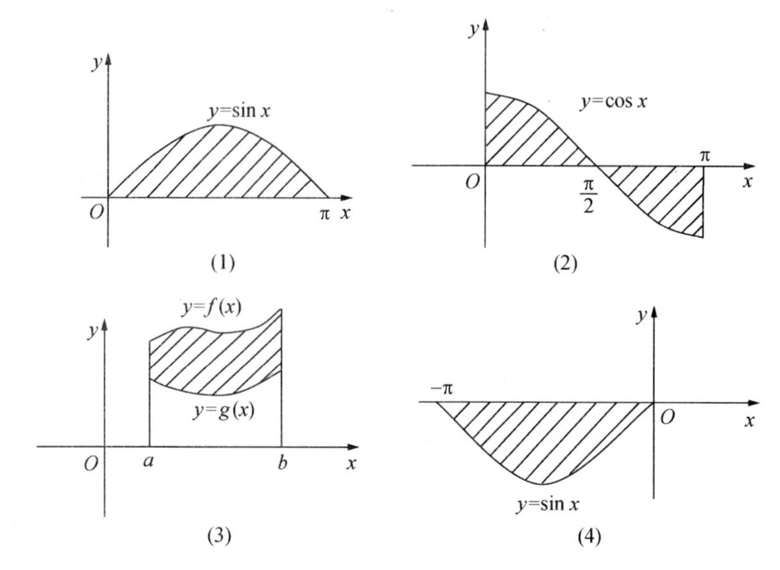

第3题图

4. 利用定积分的性质和 $\int_0^1 x^2\mathrm{d}x=\frac{1}{3}$，计算下列各定积分：

(1) $\int_0^1(x^2+1)\mathrm{d}x$；　　(2) $\int_0^1(x-\sqrt{2})(x+\sqrt{2})\mathrm{d}x$；

(3) $\int_{-2}^2 x^3\mathrm{d}x$；　　(4) $\int_{-\pi}^{\pi}\frac{x}{1+\cos x}\mathrm{d}x$.

5. 不经计算比较下列积分大小：

(1) $\int_0^1 x^2\mathrm{d}x$ 与 $\int_0^1 x^3\mathrm{d}x$；　　(2) $\int_0^1 x\mathrm{d}x$ 与 $\int_0^1\ln(1+x)\mathrm{d}x$；

(3) $\int_1^2\ln^2 x\mathrm{d}x$ 与 $\int_1^2\ln x\mathrm{d}x$；　　(4) $\int_0^1\mathrm{e}^x\mathrm{d}x$ 与 $\int_0^1(1+x)\mathrm{d}x$.

6. 估计下列定积分值的范围：

(1) $\int_1^4(x^2+1)\mathrm{d}x$；　　(2) $\int_{\frac{\pi}{4}}^{\frac{5\pi}{4}}(1+\sin^2 x)\mathrm{d}x$.

第二节　微积分基本公式

计算函数在区间上的定积分，我们可以从定积分的定义出发，用求和式极限的方法，但这种方法比较烦琐，如果被积函数较复杂，其难度就更大. 因此，这种方法远不能解决定积分的计算问题，我们必须寻求简单有效的计算定积分的方法.

本节通过揭示导数与定积分的关系，引出计算定积分的基本公式——牛顿-莱布尼茨公式. 把求定积分的问题转化为求被积函数的原函数问题，从而可把求不定积分的方法移植到计算定积分的方法中来.

我们知道，如果物体以速度 $v(t)$ 作直线运动，那么在时间区间 $[a,b]$ 上所经过的路程为

$$s=\int_a^b v(t)\mathrm{d}t.$$

另一方面，这段路程又可以用路程函数 $s(t)$ 在区间 $[a,b]$ 上的增量 $s(b)-s(a)$ 来表示，从而可得

$$\int_a^b v(t)\mathrm{d}t = s(b) - s(a).$$

由导数的力学意义可知，$s'(t)=v(t)$，即 $s(t)$是 $v(t)$的一个原函数.

上式表明：计算定积分 $\int_a^b v(t)\mathrm{d}t$ 就是求被积函数 $v(t)$的一个原函数 $s(t)$在区间$[a,b]$上的增量 $s(b)-s(a)$，从这个具体问题得到的结论，在一定条件下是具有普遍意义的.

一、变上限函数

1. 变上限函数的概念

如果函数 $f(x)$在区间$[a,b]$上连续，并设 x 为区间$[a,b]$上的一点. 显然 $f(x)$在区间$[a,x]$上也是连续的，因此定积分 $\int_a^x f(x)\mathrm{d}x$ 存在. 因为定积分与积分变量无关，为了明确起见，把积分变量改用其他符号，如 t，则上面的积分可以写成 $\int_a^x f(t)\mathrm{d}t$.

定义 5.2　如果函数 $f(x)$在区间$[a,b]$上连续，那么在区间$[a,b]$上每取一点 x，就有一个确定的定积分 $\int_a^x f(t)\mathrm{d}t$ 的值与 x 相对应，即构成一个新的函数，称为**变上限函数**(也称**积分上限函数**)，记为 $\Phi(x)$. 即

$$\Phi(x) = \int_a^x f(t)\mathrm{d}t \quad (a \leqslant x \leqslant b).$$

对于其他的变限积分函数，利用定积分的补充规定或定积分的可加性均可化为变上限函数. 如

$$\int_{x^2}^x f(t)\mathrm{d}t = \int_{x^2}^a f(t)\mathrm{d}t + \int_a^x f(t)\mathrm{d}t = -\int_a^{x^2} f(t)\mathrm{d}t + \int_a^x f(t)\mathrm{d}t.$$

2. 变上限函数的导数

下面讨论变上限函数 $\Phi(x) = \int_a^x f(t)\mathrm{d}t$ 在区间(a,b)内是否可导.

设函数 $f(x)$在区间$[a,b]$上连续. 根据导数的定义，给函数 $\Phi(x)$的自变量 x 以增量 Δx，则

$$\begin{aligned}\Delta\Phi(x) &= \Phi(x+\Delta x) - \Phi(x) = \int_a^{x+\Delta x} f(t)\mathrm{d}t - \int_a^x f(t)\mathrm{d}t \\ &= \int_a^x f(t)\mathrm{d}t + \int_x^{x+\Delta x} f(t)\mathrm{d}t - \int_a^x f(t)\mathrm{d}t = \int_x^{x+\Delta x} f(t)\mathrm{d}t.\end{aligned}$$

根据积分中值定理，在 x 与 $x+\Delta x$ 之间至少存在一点 ξ，使得

$$\Delta\Phi(x) = \int_x^{x+\Delta x} f(t)\mathrm{d}t = f(\xi)\Delta x$$

成立(如图 5-12 所示).

因为函数 $f(x)$在区间$[a,b]$上连续，所以当 $\Delta x \to 0$ 时，有 $\xi \to x$，得 $f(\xi) \to f(x)$，即

$$\Phi'(x) = \lim_{\Delta x\to 0}\frac{\Delta\Phi(x)}{\Delta x} = \lim_{\xi\to x} f(\xi) = f(x).$$

于是

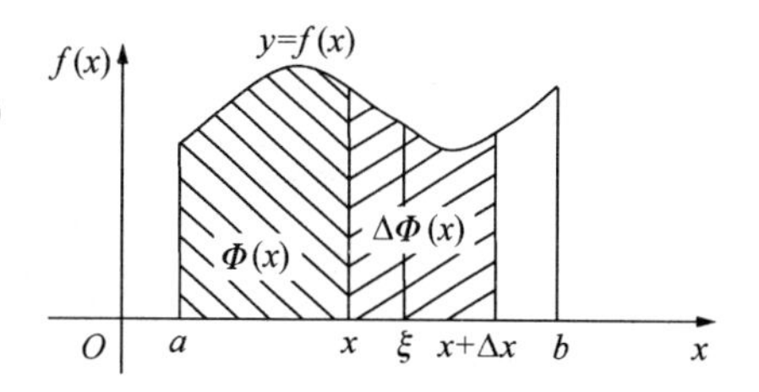

图　5-12

$$\left(\int_a^x f(t)\mathrm{d}t\right)' = f(x).$$

定理 5.1 若函数 $f(x)$在区间$[a,b]$上连续，那么变上限函数 $\Phi(x)=\int_a^x f(t)\mathrm{d}t$ 在区间(a,b)内可导，且其导数等被积函数，即

$$\Phi'(x)=\left[\int_a^x f(t)\mathrm{d}t\right]_x'=f(x).$$

定理 5.1 指出，如果函数 $f(x)$在区间$[a,b]$上连续，则变上限函数 $\Phi(x)=\int_a^x f(t)\mathrm{d}t$ 是 $f(x)$的一个原函数，这就解决了原函数存在问题.

定理 5.2 若函数 $f(x)$在区间$[a,b]$上连续，则函数 $f(x)$的原函数必存在，且函数 $\Phi(x)=\int_a^x f(t)\mathrm{d}t$ 是函数 $f(x)$在区间$[a,b]$上原函数.

例 1 计算下列各题：

(1) $\dfrac{\mathrm{d}}{\mathrm{d}x}\int_a^x \mathrm{e}^{-t^2}\mathrm{d}t$；　(2) $\dfrac{\mathrm{d}}{\mathrm{d}x}\int_x^1 \dfrac{\cos t}{t}\mathrm{d}t$；　(3) $\dfrac{\mathrm{d}}{\mathrm{d}x}\int_1^{x^3} \dfrac{\sin t^2}{t}\mathrm{d}t$.

解 (1) 由定理 1，得

$$\frac{\mathrm{d}}{\mathrm{d}x}\int_a^x \mathrm{e}^{-t^2}\mathrm{d}t=\mathrm{e}^{-x^2}.$$

(2) $\dfrac{\mathrm{d}}{\mathrm{d}x}\int_x^1 \dfrac{\cos t}{t}\mathrm{d}t=\dfrac{\mathrm{d}}{\mathrm{d}x}\left[-\int_1^x \dfrac{\cos t}{t}\mathrm{d}t\right]=-\dfrac{\cos x}{x}.$

(3) 这里 $\int_1^{x^3} \dfrac{\sin t^2}{t}\mathrm{d}t$ 为 x^3 的函数，而 x^3 又是 x 的函数，所以 $\int_1^{x^3} \dfrac{\sin t^2}{t}\mathrm{d}t$ 是 x 的复合函数. 由复合函数的求导法则，得

$$\frac{\mathrm{d}}{\mathrm{d}x}\int_1^{x^3} \frac{\sin t^2}{t}\mathrm{d}t=\frac{\sin(x^3)^2}{x^3}\cdot(x^3)'=\frac{3\sin x^6}{x}.$$

例 2 计算下列各题：

(1) $\lim\limits_{x\to 0}\dfrac{\int_0^{x^2}\sin t^2\mathrm{d}t}{x^6}$；　(2) $\lim\limits_{x\to 0}\dfrac{\int_{x^2}^1 \mathrm{e}^{-t^2}\mathrm{d}t}{x^2}$.

解 (1) 此题为“$\dfrac{0}{0}$”型，应用洛必达法则，得

$$\lim_{x\to 0}\frac{\int_0^{x^2}\sin t^2\mathrm{d}t}{x^6}=\lim_{x\to 0}\frac{\sin x^4\cdot 2x}{6x^5}=\frac{1}{3}\lim_{x\to 0}\frac{\sin x^4}{x^4}=\frac{1}{3}.$$

(2) $\lim\limits_{x\to 0}\dfrac{\int_{x^2}^1 \mathrm{e}^{-t^2}\mathrm{d}t}{x^2}=-\lim\limits_{x\to 0}\dfrac{\int_1^{x^2} \mathrm{e}^{-t^2}\mathrm{d}t}{x^2}=-\lim\limits_{x\to 0}\dfrac{\mathrm{e}^{-x^4}\cdot(2x)}{2x}=-1.$

例 3 设 $g(x)=(2x+1)\int_0^x(2t+1)\mathrm{d}t$，求 $g'(x)$和 $g''(x)$.

解 $g(x)$是由函数$(2x+1)$和 $\int_0^x(2t+1)\mathrm{d}t$ 相乘，由乘积求导的运算法则，得

$$\begin{aligned}g'(x)&=(2x+1)'\int_0^x(2t+1)\mathrm{d}t+(2x+1)\left(\int_0^x(2t+1)\mathrm{d}t\right)'\\&=2\int_0^x(2t+1)\mathrm{d}t+(2x+1)^2,\end{aligned}$$

$$g''(x)=\left[2\int_0^x(2t+1)\mathrm{d}t+(2x+1)^2\right]'=2(2x+1)+4(2x+1)=6(2x+1).$$

例 4 证明：当 $x>0$ 时，函数 $h(x)=\int_0^{x^2}te^{-t}\mathrm{d}t$ 单调增加.

证明 由函数单调性的判别法知，只需要证明 $h'(x)>0$ 即可，因为

$$h'(x)=\left(\int_0^{x^2}te^{-t}\mathrm{d}t\right)'=x^2e^{-x^2}\cdot 2x=2x^3e^{-x^2},$$

所以，当 $x>0$ 时，$h'(x)=2x^3e^{-x^2}>0$，故 $h(x)$ 在 $x>0$ 时单调增加.

二、定积分的计算公式

设函数 $F(x)$ 是连续函数 $f(x)$ 的任一个原函数，由定理 5.2 知道，变上限 x 的函数 $\Phi(x)=\int_a^x f(t)\mathrm{d}t$ 也是 $f(x)$ 的一个原函数，于是

$$F(x)-\Phi(x)=C\quad(a\leqslant x\leqslant b).$$

当 $x=a$ 时，上式为

$$F(a)-\Phi(a)=C,$$

而

$$\Phi(a)=\int_a^a f(t)\mathrm{d}t=0,$$

于是

$$C=F(a).$$

从而

$$\Phi(x)=F(x)-F(a),$$

即

$$\int_a^x f(t)\mathrm{d}t=F(x)-F(a);$$

将 $x=b$ 代入上式，有

$$\int_a^b f(t)\mathrm{d}t=F(b)-F(a),$$

把积分变量 t 改写为 x，即有

$$\int_a^b f(x)\mathrm{d}x=F(b)-F(a).$$

其中，把 $F(b)-F(a)$ 记作 $[F(x)]_a^b$ 或者 $F(x)|_a^b$.

定理 5.3 设函数 $f(x)$ 在区间 $[a,b]$ 上连续，$F(x)$ 是 $f(x)$ 在 $[a,b]$ 上的任一原函数，即 $F'(x)=f(x)$，则有

$$\int_a^b f(x)\mathrm{d}x=F(b)-F(a).\tag{5-9}$$

公式(5-9)称为**牛顿-莱布尼茨(Newton-Leibniz)公式**，也称为**微积分基本公式**. 为了使用方便，公式(5-9)还可写成下面的形式

$$\int_a^b f(x)\mathrm{d}x=[F(x)]_a^b=F(b)-F(a)$$

或

$$\int_a^b f(x)\mathrm{d}x = F(x)\big|_a^b = F(b) - F(a).$$

牛顿-莱布尼茨公式给定积分提供了一个有效而又简便的计算方法，使我们把繁重的定积分计算转化为函数值的计算. 当被积函数连续时，计算定积分只需计算被积函数的任一原函数在积分上、下限处函数值的差，即定积分的数值等于被积函数的任一原函数在积分区间上的增量. 这进一步揭示了函数的定积分与原函数（不定积分）之间的内在联系. 牛顿-莱布尼茨公式的诞生，是微积分学发展史上的重要事件之一，是微积分学作为一门科学诞生的标志.

例 5 计算 $\int_0^1 x^2\mathrm{d}x$.

解 因为$\frac{x^3}{3}$是 x^2 的一个原函数，所以根据牛顿-莱布尼茨公式，有

$$\int_0^1 x^2\mathrm{d}x = \left[\frac{x^3}{3}\right]_0^1 = \frac{1}{3}.$$

例 6 计算 $\int_0^{\pi}\cos x\mathrm{d}x$.

解 $\int_0^{\pi}\cos x\mathrm{d}x = [\sin x]_0^{\pi} = \sin\pi - \sin 0 = 0.$

例 7 计算 $\int_{-2}^{-1}\frac{1}{x}\mathrm{d}x$.

解 $\int_{-2}^{-1}\frac{1}{x}\mathrm{d}x = [\ln|x|]_{-2}^{-1} = \ln 1 - \ln 2 = -\ln 2.$

例 8 设 $f(x)=\begin{cases} x+1, & x\leqslant 1, \\ \frac{1}{2}x^2, & x>1 \end{cases}$，求 $\int_0^2 f(x)\mathrm{d}x$.

解
$$\begin{aligned}\int_0^2 f(x)\mathrm{d}x &= \int_0^1 f(x)\mathrm{d}x + \int_1^2 f(x)\mathrm{d}x = \int_0^1 (x+1)\mathrm{d}x + \int_1^2 \frac{1}{2}x^2\mathrm{d}x \\ &= \left[\frac{1}{2}x^2 + x\right]_0^1 + \left[\frac{1}{6}x^3\right]_1^2 = \frac{3}{2} + \frac{7}{6} = \frac{8}{3}.\end{aligned}$$

例 9 计算 $\int_{-1}^3 |x^2 - x|\mathrm{d}x$.

解 被积函数$|x^2-x|$可化为分段函数

$$|x^2-x| = \begin{cases} x^2-x, & x<0, \\ x-x^2, & 0\leqslant x<1, \\ x^2-x, & x\geqslant 1. \end{cases}$$

于是有

$$\begin{aligned}\int_{-1}^3 |x^2-x|\mathrm{d}x &= \int_{-1}^0 (x^2-x)\mathrm{d}x + \int_0^1 (x-x^2)\mathrm{d}x + \int_1^3 (x^2-x)\mathrm{d}x \\ &= \left[\frac{x^3}{3} - \frac{x^2}{2}\right]_{-1}^0 + \left[\frac{x^2}{2} - \frac{x^3}{3}\right]_0^1 + \left[\frac{x^3}{3} - \frac{x^2}{2}\right]_1^3 \\ &= \left[0 - \left(-\frac{1}{3} - \frac{1}{2}\right)\right] + \left[\left(\frac{1}{2} - \frac{1}{3}\right) - 0\right] + \left[\left(9 - \frac{9}{2}\right) - \left(\frac{1}{3} - \frac{1}{2}\right)\right] = \frac{17}{3}.\end{aligned}$$

例 10　计算$\int_{\frac{1}{e}}^{e} |\ln x| \mathrm{d}x$.

解　因为

$$f(x)=|\ln x|=\begin{cases}-\ln x, & \frac{1}{e}\leqslant x\leqslant 1,\\ \ln x, & 1<x\leqslant e,\end{cases}$$

所以

$$\int_{\frac{1}{e}}^{e} |\ln x| \mathrm{d}x=\int_{\frac{1}{e}}^{1} |\ln x| \mathrm{d}x+\int_{1}^{e} |\ln x| \mathrm{d}x=-\int_{\frac{1}{e}}^{1}\ln x\mathrm{d}x+\int_{1}^{e}\ln x\mathrm{d}x.$$

又因为

$$\int \ln x\mathrm{d}x=x\ln x-x+C,$$

所以

$$\int_{\frac{1}{e}}^{e} |\ln x| \mathrm{d}x=-[x\ln x-x]_{\frac{1}{e}}^{1}+[x\ln x-x]_{1}^{e}=1-\frac{2}{e}+1=2-\frac{2}{e}.$$

习 题 5-2

1. 求下列函数的导数：

(1) $f(x)=\int_{0}^{x}\frac{1-t^2}{1+t^2}\mathrm{d}t$；

(2) $f(x)=\int_{x^3}^{0}\sqrt{1+t^2}\mathrm{d}t$；

(3) $f(x)=\int_{x^2}^{x^3}\frac{\mathrm{d}t}{\sqrt{1+t^2}}$；

(4) $f(\theta)=\int_{\sin\theta}^{\cos\theta}\cos(\pi t^2)\mathrm{d}t$.

2. 求由$\int_{0}^{y}e^t\mathrm{d}t+\int_{0}^{x}\cos t\mathrm{d}t=0$所确定的隐函数$y=y(x)$对$x$的导数$\frac{\mathrm{d}y}{\mathrm{d}x}$.

3. 计算下列定积分：

(1) $\int_{-1}^{3}(x-1)\mathrm{d}x$；

(2) $\int_{0}^{2}(x^2-2x)\mathrm{d}x$；

(3) $\int_{-\frac{1}{2}}^{\frac{1}{2}}\frac{\mathrm{d}x}{\sqrt{1-x^2}}$；

(4) $\int_{\frac{1}{\sqrt{3}}}^{\sqrt{3}}\frac{1}{1+x^2}\mathrm{d}x$；

(5) $\int_{0}^{1}\frac{x^2}{1+x^2}\mathrm{d}x$；

(6) $\int_{1}^{\sqrt{e}}\frac{\mathrm{d}x}{x\sqrt{1-\ln^2 x}}$；

(7) $\int_{0}^{2\pi}|\sin x|\mathrm{d}x$；

(8) $\int_{-1}^{2}|2x-1|\mathrm{d}x$；

(9) $\int_{1}^{2}\left(x+\frac{1}{x}\right)^2\mathrm{d}x$；

(10) $\int_{1}^{e}\frac{1+\ln x}{x}\mathrm{d}x$；

(11) $\int_{1}^{2}\frac{e^{\frac{1}{x}}}{x^2}\mathrm{d}x$；

(12) $\int_{-\frac{\pi}{2}}^{\frac{\pi}{2}}\cos^2 x\mathrm{d}x$.

4. 设$f(x)=\begin{cases}x^2, & x\leqslant 1,\\ x-1, & x>1,\end{cases}$　求$\int_{0}^{2}f(x)\mathrm{d}x$.

5. 设k为正整数，试证：

(1) $\int_{-\pi}^{\pi}\cos kx\mathrm{d}x=0$；

(2) $\int_{-\pi}^{\pi}\sin kx\mathrm{d}x=0$.

6. 当x为何值时，函数$I(x)=\int_{0}^{x}te^{-t^2}\mathrm{d}t$有极值？极值为多少？

第三节 定积分的换元积分法和分部积分法

通过求原函数可计算出不定积分，而求原函数的方法有换元积分法与分部积分法. 对定积分也有相应的换元积分法和分部积分法.

一、定积分的换元法

1. 第一类换元积分法（凑微分法）

设被积函数 $f[\varphi(x)]\varphi'(x)$在区间$[a,b]$上连续，且 $F[\varphi(x)]$为 $f[\varphi(x)]\varphi'(x)$的原函数，那么

$$\int_a^b f[\varphi(x)]\varphi'(x)\mathrm{d}x = \int_a^b f[\varphi(x)]\mathrm{d}\varphi(x) = F[\varphi(x)]_a^b = F[\varphi(b)] - F[\varphi(a)].$$

应用此公式求定积分的方法叫做**第一类换元积分法**. 用第一类换元积分法计算定积分时，若没有引入新积分变量，则积分限不变.

例 1 求 $\int_0^\pi \frac{\sin x}{1+\cos^2 x}\mathrm{d}x$.

解 $\int_0^\pi \frac{\sin x}{1+\cos^2 x}\mathrm{d}x = -\int_0^\pi \frac{1}{1+\cos^2 x}\mathrm{d}(\cos x) = -[\arctan(\cos x)]_0^\pi$

$$= -[\arctan(-1) - \arctan 1] = \frac{\pi}{2}.$$

例 2 求 $\int_1^{\sqrt{3}} \frac{\arctan x}{1+x^2}\mathrm{d}x$.

解 $\int_1^{\sqrt{3}} \frac{\arctan x}{1+x^2}\mathrm{d}x = \int_1^{\sqrt{3}} \arctan x\,\mathrm{d}(\arctan x)$

$$= \left[\frac{1}{2}(\arctan x)^2\right]_1^{\sqrt{3}} = \frac{1}{2}\left[\left(\frac{\pi}{3}\right)^2 - \left(\frac{\pi}{4}\right)^2\right] = \frac{7}{288}\pi^2.$$

例 3 求 $\int_0^1 \frac{\mathrm{d}x}{(1+5x)^2}$.

解 $\int_0^1 \frac{\mathrm{d}x}{(1+5x)^2} = \frac{1}{5}\int_0^1 \frac{1}{(1+5x)^2}\mathrm{d}(1+5x) = \frac{1}{5}\left[-\frac{1}{1+5x}\right]_0^1 = \frac{1}{6}.$

2. 第二类换元积分法

设函数 $f(x)$在区间$[a,b]$上连续，作变换 $x=\varphi(t)$，$\varphi(t)$满足下列条件：

(1) $\varphi(\alpha)=a$，$\varphi(\beta)=b$；

(2) $\varphi(t)$在 α 与 β 之间的闭区间上是单值连续函数，且当 t 在 α 与 β 之间变化时，$a \leqslant \varphi(t) \leqslant b$；

(3) $\varphi'(t)$在 α 与 β 之间的闭区间上连续.

则有

$$\int_a^b f(x)\mathrm{d}x = \int_\alpha^\beta f[\varphi(t)]\varphi'(t)\mathrm{d}t. \qquad (5\text{-}10)$$

这就是**定积分的第二类换元积分法**.

注意

(1) 定积分的换元积分法与不定积分的换元积分法不同之处在于：定积分的换元积分法换元后，积分上、下限也要作相应的变换，即“换元必换限”．在换元换限后，按新的积分变量做下去，不必还原成原变量．

(2) 由 $\varphi(\alpha)=a,\varphi(\beta)=b$ 确定的 α、β，可能 $\alpha<\beta$，也可能 $\alpha>\beta$．但对新变量 t 的积分来说，一定是 α 与 a 的位置相对应，β 与 b 的位置相对应．

例 4　求下列定积分：

(1) $\int_0^4 \frac{\sqrt{x}}{1+\sqrt{x}}\mathrm{d}x$；　　(2) $\int_0^1 \mathrm{e}^{x+2}\mathrm{d}x$．

解　(1) 令 $\sqrt{x}=t$，则 $x=t^2$，$\mathrm{d}x=2t\mathrm{d}t$，且当 $x=0$ 时，$t=0$；当 $x=4$ 时，$t=2$．于是

$$\begin{aligned}\int_0^4 \frac{\sqrt{x}}{1+\sqrt{x}}\mathrm{d}x &= \int_0^2 \frac{t}{1+t}\cdot 2t\mathrm{d}t = 2\int_0^2 \frac{t^2-1+1}{1+t}\mathrm{d}t \\ &= 2\int_0^2\left[\frac{t^2-1}{t+1}+\frac{1}{t+1}\right]\mathrm{d}t = 2\int_0^2\left[(t-1)+\frac{1}{t+1}\right]\mathrm{d}t \\ &= 2\left[\frac{t^2}{2}-t+\ln(1+t)\right]_0^2 = 2\ln 3.\end{aligned}$$

(2) 令 $x+2=t$，则 $\mathrm{d}x=\mathrm{d}t$，且当 $x=0$ 时，$t=2$；当 $x=1$ 时，$t=3$．于是

$$\int_0^1 \mathrm{e}^{x+2}\mathrm{d}x = \int_2^3 \mathrm{e}^t\mathrm{d}t = [\mathrm{e}^t]_2^3 = \mathrm{e}^3-\mathrm{e}^2.$$

不过，此题也可用凑微分法求解，即不引入新的积分变量 t，那么积分的上下限也无须作相应的变化，也就是说“不换元也不换限”，具体做法如下：

$$\int_0^1 \mathrm{e}^{x+2}\mathrm{d}x = \int_0^1 \mathrm{e}^{x+2}\mathrm{d}(x+2) = [\mathrm{e}^{x+2}]_0^1 = \mathrm{e}^3-\mathrm{e}^2.$$

例 5　计算 $\int_0^3 \sqrt{9-x^2}\mathrm{d}x$．

解　令 $x=3\sin t\ \left(0\leqslant t\leqslant\frac{\pi}{2}\right)$，则 $\mathrm{d}x=3\cos t\mathrm{d}t$．且当 $x=0$ 时，$t=0$；当 $x=3$ 时，$t=\frac{\pi}{2}$．于是

$$\begin{aligned}\int_0^3 \sqrt{9-x^2}\mathrm{d}x &= \int_0^{\frac{\pi}{2}} 3\cos t\cdot 3\cos t\mathrm{d}t = \frac{9}{2}\int_0^{\frac{\pi}{2}}(1+\cos 2t)\mathrm{d}t \\ &= \frac{9}{2}\left[t+\frac{1}{2}\sin 2t\right]_0^{\frac{\pi}{2}} = \frac{9}{4}\pi.\end{aligned}$$

例 6　计算 $\int_0^1 x^2\sqrt{1-x^2}\mathrm{d}x$．

解　设 $x=\cos t\ \left(0\leqslant t\leqslant\frac{\pi}{2}\right)$，则有 $\mathrm{d}x=-\sin t\mathrm{d}t$，当 $x=0$ 时，$t=\frac{\pi}{2}$；当 $x=1$ 时，$t=0$．于是

$$\begin{aligned}\int_0^1 x^2\sqrt{1-x^2}\mathrm{d}x &= \int_{\frac{\pi}{2}}^0 \cos^2 t\cdot\sqrt{1-\cos^2 t}\cdot(-\sin t)\mathrm{d}t \\ &= -\int_{\frac{\pi}{2}}^0 \cos^2 t\sin^2 t\mathrm{d}t = \frac{1}{4}\int_0^{\frac{\pi}{2}}\sin^2 2t\mathrm{d}t \\ &= \frac{1}{8}\int_0^{\frac{\pi}{2}}(1-\cos 4t)\mathrm{d}t = \frac{1}{8}\left[t-\frac{1}{4}\sin 4t\right]_0^{\frac{\pi}{2}} = \frac{\pi}{16}.\end{aligned}$$

例 7 证明：

(1) 若 $f(x)$在区间$[-a,a]$上连续且为偶函数，则 $\int_{-a}^{a} f(x)\mathrm{d}x = 2\int_{0}^{a} f(x)\mathrm{d}x$；

(2) 若 $f(x)$在区间$[-a,a]$上连续且为奇函数，则 $\int_{-a}^{a} f(x)\mathrm{d}x = 0$.

证明 根据定积分的区间可加性，有

$$\int_{-a}^{a} f(x)\mathrm{d}x = \int_{-a}^{0} f(x)\mathrm{d}x + \int_{0}^{a} f(x)\mathrm{d}x.$$

对积分 $\int_{-a}^{0} f(x)\mathrm{d}x$ 作变量替换. 令 $x=-t$，则 $\mathrm{d}x=-\mathrm{d}t$，当 $x=-a$ 时，$t=a$；当 $x=0$ 时，$t=0$. 于是

(1) 当 $f(x)$为偶函数，即 $f(-x)=f(x)$，则

$$\int_{-a}^{0} f(x)\mathrm{d}x = -\int_{a}^{0} f(-t)\mathrm{d}t = \int_{0}^{a} f(-x)\mathrm{d}x = \int_{0}^{a} f(x)\mathrm{d}x.$$

因此

$$\int_{-a}^{a} f(x)\mathrm{d}x = \int_{-a}^{0} f(x)\mathrm{d}x + \int_{0}^{a} f(x)\mathrm{d}x = \int_{0}^{a} f(x)\mathrm{d}x + \int_{0}^{a} f(x)\mathrm{d}x = 2\int_{0}^{a} f(x)\mathrm{d}x.$$

(2) 当 $f(x)$为奇函数，即 $f(-x)=-f(x)$，则

$$\int_{u}^{0} f(x)\mathrm{d}x = -\int_{u}^{0} f(-t)\mathrm{d}t = \int_{0}^{a} f(-x)\mathrm{d}x = -\int_{0}^{a} f(x)\mathrm{d}x.$$

因此

$$\int_{-a}^{a} f(x)\mathrm{d}x = \int_{-a}^{0} f(x)\mathrm{d}x + \int_{0}^{a} f(x)\mathrm{d}x = -\int_{0}^{a} f(x)\mathrm{d}x + \int_{0}^{a} f(x)\mathrm{d}x = 0.$$

例 8 计算 $\int_{-\frac{1}{2}}^{\frac{1}{2}} \frac{1+x}{\sqrt{1-x^2}}\mathrm{d}x$.

解 由定积分性质得

$$\int_{-\frac{1}{2}}^{\frac{1}{2}} \frac{1+x}{\sqrt{1-x^2}}\mathrm{d}x = \int_{-\frac{1}{2}}^{\frac{1}{2}} \frac{1}{\sqrt{1-x^2}}\mathrm{d}x + \int_{-\frac{1}{2}}^{\frac{1}{2}} \frac{x}{\sqrt{1-x^2}}\mathrm{d}x,$$

在对称区间上，上式右边第一个积分的被积函数是偶函数，第二个积分的被积函数是奇函数，所以

$$\int_{-\frac{1}{2}}^{\frac{1}{2}} \frac{1+x}{\sqrt{1-x^2}}\mathrm{d}x = 2\int_{0}^{\frac{1}{2}} \frac{1}{\sqrt{1-x^2}}\mathrm{d}x = 2[\arcsin x]_{0}^{\frac{1}{2}} = \frac{\pi}{3}.$$

二、定积分的分部积分法

设函数 $u=u(x)$，$v=v(x)$在区间$[a,b]$上都具有连续导数，根据乘积的微分法则，得

$$\mathrm{d}[u(x)v(x)]=u(x)\mathrm{d}[v(x)]+v(x)\mathrm{d}[u(x)].$$

分别求该等式两端在区间$[a,b]$上的定积分，得

$$\int_{a}^{b} \mathrm{d}[u(x)v(x)] = \int_{a}^{b} u(x)\mathrm{d}[v(x)] + \int_{a}^{b} v(x)\mathrm{d}[u(x)].$$

即

$$\int_{a}^{b} u(x)\mathrm{d}[v(x)] = [u(x)v(x)]_{a}^{b} - \int_{a}^{b} v(x)\mathrm{d}[u(x)].$$

或简记为

$$\int_a^b u\mathrm{d}v = [uv]_a^b - \int_a^b v\mathrm{d}u. \tag{5-11}$$

这就是**定积分的分部积分公式**.

例 9　计算 $\int_0^{\frac{\pi}{2}} x\cos x\mathrm{d}x$.

解　$\int_0^{\frac{\pi}{2}} x\cos x\mathrm{d}x = \int_0^{\frac{\pi}{2}} x\mathrm{d}(\sin x) = [x\sin x]_0^{\frac{\pi}{2}} - \int_0^{\frac{\pi}{2}} \sin x\mathrm{d}x$

$$= \frac{\pi}{2} - [-\cos x]_0^{\frac{\pi}{2}} = \frac{\pi}{2} - 1.$$

例 10　计算 $\int_{-1}^{1} \arctan x\mathrm{d}x$.

解　$\int_{-1}^{1} \arctan x\mathrm{d}x = [x\arctan x]_{-1}^{1} - \int_{-1}^{1} x\mathrm{d}(\arctan x)$

$$= \frac{\pi}{4} - \frac{\pi}{4} - \int_{-1}^{1} \frac{x}{1+x^2}\mathrm{d}x = -\frac{1}{2}[\ln(1+x^2)]_{-1}^{1} = 0.$$

事实上,该例中被积函数 $\arctan x$ 为奇函数,积分区间为$[-1,1]$,由式(5-7)可得

$$\int_{-1}^{1} \arctan x\mathrm{d}x = 0.$$

例 11　计算 $\int_0^1 \arcsin x\mathrm{d}x$.

解　$\int_0^1 \arcsin x\mathrm{d}x = [x\arcsin x]_0^1 - \int_0^1 x\mathrm{d}(\arcsin x)$

$$= \frac{\pi}{2} - \int_0^1 \frac{x}{\sqrt{1-x^2}}\mathrm{d}x = \frac{\pi}{2} + \frac{1}{2}\int_0^1 \frac{\mathrm{d}(1-x^2)}{\sqrt{1-x^2}}$$

$$= \frac{\pi}{2} + [\sqrt{1-x^2}]_0^1 = \frac{\pi}{2} - 1.$$

例 12　计算 $\int_0^1 \mathrm{e}^{\sqrt{x}}\mathrm{d}x$.

解　先用换元积分法:

设$\sqrt{x}=t$,则 $x=t^2$,$\mathrm{d}x=2t\mathrm{d}t$,且当 $x=0$ 时,$t=0$;当 $x=1$ 时,$t=1$. 于是

$$\int_0^1 \mathrm{e}^{\sqrt{x}}\mathrm{d}x = \int_0^1 \mathrm{e}^t 2t\mathrm{d}t = 2\int_0^1 \mathrm{e}^t t\mathrm{d}t.$$

再用分部积分法计算:

$$\int_0^1 \mathrm{e}^t t\mathrm{d}t = \int_0^1 t\mathrm{d}\mathrm{e}^t = [t\mathrm{e}^t]_0^1 - \int_0^1 \mathrm{e}^t\mathrm{d}t = \mathrm{e} - [\mathrm{e}^t]_0^1 = 1.$$

从而得到

$$\int_0^1 \mathrm{e}^{\sqrt{x}}\mathrm{d}x = 2.$$

例 13　计算 $\int_0^{\sqrt{\ln 2}} x^3\mathrm{e}^{x^2}\mathrm{d}x$.

解　$\int_0^{\sqrt{\ln 2}} x^3\mathrm{e}^{x^2}\mathrm{d}x = \frac{1}{2}\int_0^{\sqrt{\ln 2}} x^2\mathrm{d}\mathrm{e}^{x^2} = \frac{1}{2}[x^2\mathrm{e}^{x^2}]_0^{\sqrt{\ln 2}} - \frac{1}{2}\int_0^{\sqrt{\ln 2}} \mathrm{e}^{x^2}\mathrm{d}x^2$

$$= \ln 2 - \frac{1}{2}[\mathrm{e}^{x^2}]_0^{\sqrt{\ln 2}} = \ln 2 - \frac{1}{2}.$$

习题 5-3

1. 计算下列各定积分：

(1) $\int_0^4 \frac{\mathrm{d}x}{1+\sqrt{x}}$；　(2) $\int_{-\frac{\pi}{2}}^{\frac{\pi}{2}} \sqrt{\cos x-\cos^3 x}\mathrm{d}x$；

(3) $\int_0^{\frac{\pi}{2}} \sin^3 x\mathrm{d}x$；　(4) $\int_{-\frac{\pi}{2}}^{\frac{\pi}{2}} \cos x\cos 2x\mathrm{d}x$；

(5) $\int_0^a \sqrt{a^2-x^2}\mathrm{d}x\ (a>0)$；　(6) $\int_1^{e^2} \frac{1}{x\sqrt{1+\ln x}}\mathrm{d}x$.

2. 计算下列各定积分：

(1) $\int_0^{\pi} x\cos x\mathrm{d}x$；　(2) $\int_0^{\frac{\pi}{2}} x^2\sin x\mathrm{d}x$；

(3) $\int_{-1}^1 \arcsin x\mathrm{d}x$；　(4) $\int_0^1 x\mathrm{e}^{-x}\mathrm{d}x$；

(5) $\int_{\frac{1}{e}}^{e} |\ln x|\mathrm{d}x$；　(6) $\int_0^3 \frac{x}{1+\sqrt{x+1}}\mathrm{d}x$.

3. 计算下列各定积分：

(1) $\int_0^{\pi} x\cos\frac{x}{2}\mathrm{d}x$；　(2) $\int_{\ln 2}^{\ln 3} \frac{1}{\mathrm{e}^x-\mathrm{e}^{-x}}\mathrm{d}x$；

(3) $\int_0^1 x\arcsin x\mathrm{d}x$；　(4) $\int_0^1 t^2\mathrm{e}^t\mathrm{d}t$.

4. 利用函数奇偶性计算下列定积分：

(1) $\int_{-\pi}^{\pi} x^4\sin x\mathrm{d}x$；　(2) $\int_{-\frac{\pi}{2}}^{\frac{\pi}{2}} 4\cos^4\theta\mathrm{d}\theta$；

(3) $\int_{-\frac{1}{2}}^{\frac{1}{2}} \frac{x\arcsin x}{\sqrt{1-x^2}}\mathrm{d}x$；　(4) $\int_{-5}^5 \frac{x^3\sin^2 x}{x^4+2x^2+1}\mathrm{d}x$.

第四节　广 义 积 分

前面所讨论的定积分，其积分区间$[a,b]$都是有限区间，且被积函数 $f(x)$有界，然而，对一些实际问题的研究需要把积分区间推广为无限区间，把被积函数推广为无界函数，这样的积分不是通常意义下的积分（即定积分），所以称它们为反常积分. 相应地，把前面所讨论的积分称为**常义积分**. 为了区别于前面的积分，通常把推广了的积分称为**广义积分**.

一、无穷区间上的广义积分

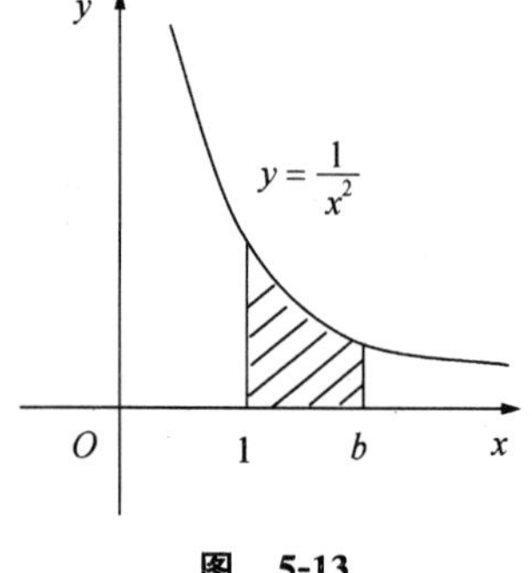

图　5-13

引例 5.3【开口曲边梯形的面积】　求曲线 $y=\frac{1}{x^2}$、x 轴及直线 $x=1$ 右边所围成的“开口曲边梯形”的面积（图 5-13）.

因为所求图形不是封闭的曲边梯形，在 x 轴的正方向是开口的，这时的积分区间是无限区间$[1,+\infty)$，所以不能用定积分来计算它的面积.

如果任取一个大于 1 的数 b，那么在区间$[1,b]$上由曲线 $y=\frac{1}{x^2}$所围成的曲边梯形的面积为

$$\int_1^b \frac{1}{x^2}\mathrm{d}x = \left[-\frac{1}{x}\right]_1^b = 1-\frac{1}{b}.$$

显然，当 b 改变时，定积分 $\int_1^b \frac{1}{x^2}\mathrm{d}x$ 的值也随之改变.因此，我们把当 $b\to+\infty$ 时，曲边梯形面积的极限 $\lim\limits_{b\to+\infty}\int_1^b \frac{1}{x^2}\mathrm{d}x$ 理解为所求的“开口曲边梯形”的面积，即

$$A = \lim_{b\to+\infty}\int_1^b \frac{1}{x^2}\mathrm{d}x = \lim_{b\to+\infty}\left(1-\frac{1}{b}\right)=1.$$

一般地，对于积分区间是无限的情形，给出下面定义.

定义 5.3　设函数 $f(x)$ 在区间 $[a,+\infty)$ 上连续，任取 $b>a$，若极限 $\lim\limits_{b\to+\infty}\int_a^b f(x)\mathrm{d}x$ 存在，则称此极限为函数 $f(x)$ 在**无穷区间** $[a,+\infty)$ **上的广义积分**，记为 $\int_a^{+\infty} f(x)\mathrm{d}x$，即

$$\int_a^{+\infty} f(x)\mathrm{d}x = \lim_{b\to+\infty}\int_a^b f(x)\mathrm{d}x.$$

这时也称广义积分 $\int_a^{+\infty} f(x)\mathrm{d}x$ 收敛；如果极限 $\lim\limits_{b\to+\infty}\int_a^b f(x)\mathrm{d}x$ 不存在，则称广义积分 $\int_a^{+\infty} f(x)\mathrm{d}x$ 发散.

定义 5.4　设函数 $f(x)$ 在区间 $(-\infty,b]$ 上连续，任取 $a<b$，若极限 $\lim\limits_{a\to-\infty}\int_a^b f(x)\mathrm{d}x$ 存在，则称此极限为函数 $f(x)$ 在**无穷区间** $(-\infty,b]$ **上的广义积分**，记为 $\int_{-\infty}^b f(x)\mathrm{d}x$，即

$$\int_{-\infty}^b f(x)\mathrm{d}x = \lim_{a\to-\infty}\int_a^b f(x)\mathrm{d}x.$$

这时也称广义积分 $\int_{-\infty}^b f(x)\mathrm{d}x$ 收敛；如果极限 $\lim\limits_{a\to-\infty}\int_a^b f(x)\mathrm{d}x$ 不存在，则称广义积分 $\int_{-\infty}^b f(x)\mathrm{d}x$ 发散.

同样地，可以定义 $(-\infty,+\infty)$ 上的广义积分：

$$\begin{aligned}\int_{-\infty}^{+\infty} f(x)\mathrm{d}x &= \int_{-\infty}^0 f(x)\mathrm{d}x + \int_0^{+\infty} f(x)\mathrm{d}x \\ &= \lim_{a\to-\infty}\int_a^0 f(x)\mathrm{d}x + \lim_{b\to+\infty}\int_0^b f(x)\mathrm{d}x.\end{aligned}$$

上述三种广义积分统称为**无穷区间上的广义积分**.

注意

为了书写方便，实际计算广义积分过程中常省去极限符号，而形式地把 ∞ 视为一个数，直接用牛顿-莱布尼茨公式的计算格式：

$$\int_a^{+\infty} f(x)\mathrm{d}x = [F(x)]\big|_a^{+\infty} = F(+\infty)-F(a).$$

$$\int_{-\infty}^b f(x)\mathrm{d}x = [F(x)]\big|_{-\infty}^b = F(b)-F(-\infty).$$

$$\int_{-\infty}^{+\infty} f(x)\mathrm{d}x = [F(x)]\big|_{-\infty}^{+\infty} = F(+\infty)-F(-\infty).$$

其中，$F(x)$ 是 $f(x)$ 的一个原函数，$F(-\infty)=\lim\limits_{x\to-\infty}F(x)$，$F(+\infty)=\lim\limits_{x\to+\infty}F(x)$.

例 1　判别下列广义积分的敛散性.若收敛时，求其值.

(1) $\int_2^{+\infty}\frac{\mathrm{d}x}{x\ln x}$；　　(2) $\int_0^{+\infty}x\mathrm{e}^{-x}\mathrm{d}x$；　　(3) $\int_{-\infty}^{+\infty}\frac{\mathrm{d}x}{1+x^2}$.

解　(1) 因为

$$\int_2^{+\infty}\frac{\mathrm{d}x}{x\ln x}=\int_2^{+\infty}\frac{1}{\ln x}\mathrm{d}(\ln x)=[\ln(\ln x)]_2^{+\infty}=\lim_{x\to+\infty}\ln(\ln x)-\ln(\ln 2)=+\infty.$$

所以广义积分 $\int_2^{+\infty}\frac{\mathrm{d}x}{x\ln x}$ 发散.

(2) 利用分部积分公式，可得

$$\int_0^{+\infty}x\mathrm{e}^{-x}\mathrm{d}x=-\int_0^{+\infty}x\mathrm{d}\mathrm{e}^{-x}=-[x\mathrm{e}^{-x}]_0^{+\infty}+\int_0^{+\infty}\mathrm{e}^{-x}\mathrm{d}x=-\lim_{x\to+\infty}x\mathrm{e}^{-x}-[\mathrm{e}^{-x}]_0^{+\infty}$$

$$=-\lim_{x\to+\infty}\frac{x}{\mathrm{e}^x}-\lim_{x\to+\infty}\mathrm{e}^{-x}+1=1.$$

所以该广义积分收敛.

(3) 因为

$$\int_{-\infty}^{+\infty}\frac{\mathrm{d}x}{1+x^2}=[\arctan x]_{-\infty}^{+\infty}=\lim_{x\to+\infty}\arctan x-\lim_{x\to-\infty}\arctan x$$

$$=\frac{\pi}{2}-\left(-\frac{\pi}{2}\right)=\pi.$$

所以广义积分 $\int_{-\infty}^{+\infty}\frac{\mathrm{d}x}{1+x^2}$ 收敛，且有

$$\int_{-\infty}^{+\infty}\frac{\mathrm{d}x}{1+x^2}=\pi.$$

例 2　讨论广义积分

$$\int_a^{+\infty}\frac{\mathrm{d}x}{x^p}\quad(a>0)$$

的敛散性，其中 p 为任意实数.

解　当 $p=1$ 时，

$$\int_a^{+\infty}\frac{\mathrm{d}x}{x^p}=\int_a^{+\infty}\frac{\mathrm{d}x}{x}=[\ln x]_a^{+\infty}=+\infty;$$

当 $p\neq1$ 时，

$$\int_a^{+\infty}\frac{\mathrm{d}x}{x^p}=\left[\frac{x^{1-p}}{1-p}\right]_a^{+\infty}=\begin{cases}+\infty, & p<1,\\ \frac{a^{1-p}}{p-1}, & p>1.\end{cases}$$

因此，当 $p>1$ 时，该广义积分收敛，其值为 $\frac{a^{1-p}}{p-1}$；当 $p\leqslant1$ 时，该广义积分发散.

二、无界函数的广义积分

现在把定积分推广到被积函数为无界函数的情况.

定义 5.5　设函数 $f(x)$ 在区间 $(a,b]$ 上连续，且 $\lim\limits_{x\to a^+}f(x)=\infty$（即 $f(x)$ 在点 a 处无界）. 记

$$\int_a^b f(x)\mathrm{d}x=\lim_{\varepsilon\to0^+}\int_{a+\varepsilon}^b f(x)\mathrm{d}x\quad(\varepsilon>0),$$

称它为函数 $f(x)$ 在区间 $(a,b]$ 上的广义积分. 若上式右边的极限存在，则称广义积分 $\int_a^b f(x)\mathrm{d}x$ 收敛，否则，就称广义积分 $\int_a^b f(x)\mathrm{d}x$ 不存在或发散.

定义 5.6　设函数 $f(x)$ 在区间 $[a,b)$ 上连续，且 $\lim\limits_{x\to b^-} f(x)=\infty$（即 $f(x)$ 在点 b 处无界），记

$$\int_a^b f(x)\mathrm{d}x=\lim_{\varepsilon\to 0^+}\int_a^{b-\varepsilon} f(x)\mathrm{d}x \quad (\varepsilon>0),$$

称它为函数 $f(x)$ 在区间 $[a,b)$ 上的广义积分. 若右边的极限存在，则称广义积分 $\int_a^b f(x)\mathrm{d}x$ 收敛，否则，就称广义积分 $\int_a^b f(x)\mathrm{d}x$ 不存在或发散.

同样地，可以定义函数 $f(x)$ 在区间 $[a,b]$ 上除点 c $(a<c<b)$ 外都连续，且 $\lim\limits_{x\to c} f(x)=\infty$ 的广义积分

$$\int_a^b f(x)\mathrm{d}x=\lim_{\varepsilon\to 0^+}\int_a^{c-\varepsilon} f(x)\mathrm{d}x+\lim_{\varepsilon\to 0^+}\int_{c+\varepsilon}^b f(x)\mathrm{d}x.$$

上述三种广义积分统称为**无界函数的广义积分**.

无界函数的广义积分与无穷区间上广义积分，在计算方法上是相似的.

例 3　求 $\int_0^1 \frac{1}{\sqrt{1-x}}\mathrm{d}x$.

解　因为 $\lim\limits_{x\to 1^-}\frac{1}{\sqrt{1-x}}=+\infty$，所以 $\int_0^1 \frac{1}{\sqrt{1-x}}\mathrm{d}x$ 是无界函数的广义积分.

$$\int_0^1 \frac{1}{\sqrt{1-x}}\mathrm{d}x=\lim_{\varepsilon\to 0^+}\int_0^{1-\varepsilon}\frac{1}{\sqrt{1-x}}\mathrm{d}x=\lim_{\varepsilon\to 0^+}\left(-2\sqrt{1-x}\right)\Big|_0^{1-\varepsilon}$$
$$=\lim_{\varepsilon\to 0^+}(-2\sqrt{\varepsilon}+2)=2.$$

例 4　证明当 $\alpha<1$ 时，广义积分 $\int_0^1 \frac{1}{x^\alpha}\mathrm{d}x$ 收敛；当 $\alpha\geqslant 1$ 时，广义积分 $\int_0^1 \frac{1}{x^\alpha}\mathrm{d}x$ 发散.

证明　当 $\alpha=1$ 时，

$$\int_0^1 \frac{1}{x^\alpha}\mathrm{d}x=\int_0^1 \frac{1}{x}\mathrm{d}x=\lim_{\varepsilon\to 0^+}\int_\varepsilon^1 \frac{1}{x}\mathrm{d}x=\lim_{\varepsilon\to 0^+}\ln x\Big|_\varepsilon^1=\lim_{\varepsilon\to 0^+}(-\ln\varepsilon)=+\infty;$$

当 $\alpha\neq 1$ 时，

$$\int_0^1 \frac{1}{x^\alpha}\mathrm{d}x=\lim_{\varepsilon\to 0^+}\int_\varepsilon^1 \frac{1}{x^\alpha}\mathrm{d}x=\lim_{\varepsilon\to 0^+}\frac{1}{1-\alpha}x^{1-\alpha}\Big|_\varepsilon^1=\lim_{\varepsilon\to 0^+}\frac{1}{1-\alpha}(1-\varepsilon^{1-\alpha});$$

所以，当 $\alpha>1$ 时，有

$$\int_0^1 \frac{1}{x^\alpha}\mathrm{d}x=\lim_{\varepsilon\to 0^+}\frac{1}{1-\alpha}(1-\varepsilon^{1-\alpha})=\infty;$$

而当 $\alpha<1$ 时，有

$$\int_0^1 \frac{1}{x^\alpha}\mathrm{d}x=\lim_{\varepsilon\to 0^+}\frac{1}{1-\alpha}(1-\varepsilon^{1-\alpha})=\frac{1}{1-\alpha}.$$

因此，广义积分 $\int_0^1 \frac{1}{x^\alpha}\mathrm{d}x$ 当 $\alpha<1$ 时收敛；当 $\alpha\geqslant 1$ 时发散.

例 5　讨论广义积分 $\int_{-1}^1 \frac{1}{x^2}\mathrm{d}x$ 的敛散性.

解　函数 $\frac{1}{x^2}$ 在区间 $[-1,1]$ 上除 $x=0$ 外连续，且 $\lim\limits_{x\to 0}\frac{1}{x^2}=\infty$，

$$\int_{-1}^1 \frac{1}{x^2}\mathrm{d}x=\int_{-1}^0 \frac{1}{x^2}\mathrm{d}x+\int_0^1 \frac{1}{x^2}\mathrm{d}x,$$

由例4的结论知 $\int_0^1 \frac{1}{x^2}\mathrm{d}x$ 发散，所以广义积分 $\int_{-1}^1 \frac{1}{x^2}\mathrm{d}x$ 发散.

注意

如果疏忽了 $x=0$ 是被积函数的无穷间断点，就会得到如下的错误结论：

$$\int_{-1}^1 \frac{1}{x^2}\mathrm{d}x = \left[-\frac{1}{x}\right]_{-1}^1 = -1+(-1)=2.$$

习 题 5-4

1. 判断下列各广义积分是否收敛？若收敛，求其值：

(1) $\int_0^{+\infty} \mathrm{e}^{-x}\mathrm{d}x$；

(2) $\int_a^{+\infty} \sin x\mathrm{d}x$；

(3) $\int_a^{+\infty} \frac{1}{x^2-1}\mathrm{d}x\ (a>1)$；

(4) $\int_0^{+\infty} x\mathrm{e}^{-x}\mathrm{d}x$；

(5) $\int_{-\infty}^0 \frac{2x}{x^2+1}\mathrm{d}x$；

(6) $\int_{-\infty}^{+\infty} x\mathrm{e}^{-\frac{x^2}{2}}\mathrm{d}x$.

2. 判断下列各广义积分是否收敛？若收敛，求其值：

(1) $\int_0^1 \frac{x}{\sqrt{1-x^2}}\mathrm{d}x$；

(2) $\int_0^1 \frac{1}{(1-x)^2}\mathrm{d}x$；

(3) $\int_0^1 x\ln x\mathrm{d}x$；

(4) $\int_1^{\mathrm{e}} \frac{\mathrm{d}x}{x\sqrt{1-(\ln x)^2}}$；

(5) $\int_{-\infty}^0 \frac{1}{1-x}\mathrm{d}x$；

(6) $\int_1^{+\infty} \frac{\mathrm{d}x}{x^4}$.

第五节 定积分的应用

一、元素法

定积分是求某个不均匀分布的整体量的有力工具.实际中有不少几何、物理的问题需要用定积分来解决.为了理解和掌握用定积分解决实际问题的方法，回顾一下用定积分解决问题的方法和步骤是很有必要的.以曲边梯形的面积为例，总的思路是：将区间$[a,b]$任意分成 n 个子区间，所求曲边梯形的面积 A 为每个子区间上小曲边梯形的面积 $\Delta A_i(i=1,2,\cdots,n)$之和，即

$$A=\sum_{i=1}^n \Delta A_i.$$

每个子区间上取 ΔA_i 的近似值

$$\Delta A_i \approx f(\xi_i)\Delta x_i,$$

得总和

$$A\approx \sum_{i=1}^n f(\xi_i)\Delta x_i,$$

取极限，得

$$A=\lim_{\lambda\to 0}\sum_{i=1}^n f(\xi_i)\Delta x_i = \int_a^b f(x)\mathrm{d}x,$$

其中 $\lambda=\max\{\Delta x_i\}(i=1,2,\cdots,n)$.

为了简便起见，在实用中将定积分定义中的四步（分割—替代—求和—取极限）突出两

点“细分”、“求和”而变成两步，具体做法是：

设函数 $f(x)$ 在区间 $[a,b]$ 上连续，具体问题中所求的量为 F.

(1) 无限细分，化整为零.

在区间 $[a,b]$ 内任取小区间 $[x,x+\mathrm{d}x]$，在此微小区间上量 F 的微元为

$$\mathrm{d}F=f(x)\mathrm{d}x.$$

(2) 无限求和，积零为整.

把微元 $\mathrm{d}F$ 在区间 $[a,b]$ 上积分，即

$$F=\int_a^b \mathrm{d}F=\int_a^b f(x)\mathrm{d}x.$$

其中 $\mathrm{d}F=f(x)\mathrm{d}x$ 称为所求量 F 的**微分元素**，简称为 F 的**微元**.

这种利用微分元素求定积分的方法称为**元素法**(或**微元法**).

用元素法解决实际问题的一般步骤是：

(1) 建立适当的直角坐标系，取方便的积分变量(假设为 x)，确定积分区间 $[a,b]$；

(2) 在区间 $[a,b]$ 上，任取一小区间 $[x,x+\mathrm{d}x]$，根据实际问题求出在该区间上所求量 F 的微元

$$\mathrm{d}F=f(x)\mathrm{d}x;$$

(3) 以 $\mathrm{d}F=f(x)\mathrm{d}x$ 为被积表达式，在闭区间 $[a,b]$ 上作定积分，即得所求量

$$F=\int_a^b f(x)\mathrm{d}x,$$

然后计算出结果.

二、平面图形的面积

本章第一节中我们利用定积分的几何意义也能求一些平面图形的面积. 但对比较复杂的平面图形的面积，采用元素法来计算就比较简便.

例 1　求半径为 r 的圆的面积.

解　建立直角坐标系，取圆心为坐标原点，如图 5-14 所示. 此时圆的方程为 $x^2+y^2=r^2$，根据圆的对称性，可先求圆在第 Ⅰ 象限的面积 A_1.

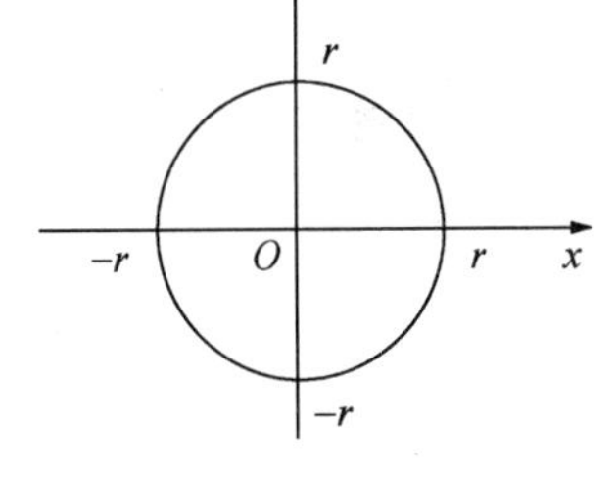

图　5-14

由上半圆的方程为 $y=\sqrt{r^2-x^2}$，根据定积分的几何意义，可得

$$A_1=\int_0^r \sqrt{r^2-x^2}\mathrm{d}x,$$

所以，圆的面积 A 为

$$A=4A_1=4\int_0^r \sqrt{r^2-x^2}\mathrm{d}x=4\left[\frac{x}{2}\sqrt{r^2-x^2}+\frac{r^2}{2}\arcsin\frac{x}{r}\right]_0^r$$

$$=4\times\frac{r^2}{2}\times\frac{\pi}{2}=\pi r^2.$$

例 2　求由曲线 $y=\sin x$，$y=\cos x$ 在 $x=0$ 与 $x=\pi$ 之间所围成图形的面积.

解　(1) 如图 5-15 所示，取积分变量为 x，积分区间为 $[0,\pi]$. 解方程组 $\begin{cases}y=\sin x,\\ y=\cos x,\end{cases}$ 得它们在 $[0,\pi]$ 上的交点为 $A\left(\frac{\pi}{4},\frac{\sqrt{2}}{2}\right)$.

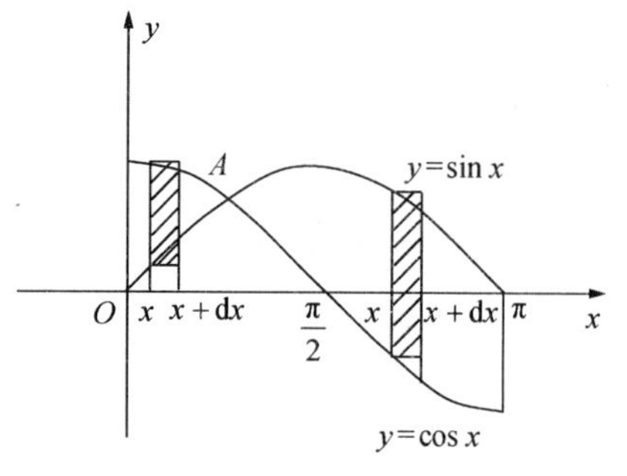

图 5-15

(2) 在区间$[0,\pi]$上任取一小区间$[x,x+\mathrm{d}x]$，对应的窄条面积近似等于长为$|\sin x-\cos x|$、宽为$\mathrm{d}x$的小矩形面积，于是得面积微元为

$$\mathrm{d}A=|\sin x-\cos x|\mathrm{d}x.$$

(3) 以$\mathrm{d}A=|\sin x-\cos x|\mathrm{d}x$为被积表达式，在闭区间$[0,\pi]$上作定积分，可得所求图形的面积为

$$A=\int_0^{\pi}|\sin x-\cos x|\mathrm{d}x$$

$$=\int_0^{\frac{\pi}{4}}(\cos x-\sin x)\mathrm{d}x+\int_{\frac{\pi}{4}}^{\pi}(\sin x-\cos x)\mathrm{d}x$$

$$=[\sin x+\cos x]_0^{\frac{\pi}{4}}+[-\cos x-\sin x]_{\frac{\pi}{4}}^{\pi}=2\sqrt{2}.$$

一般地，如果平面图形是由区间$[a,b]$上的两条连续曲线$y=f(x)$与$y=g(x)$（彼此可能相交）及两条直线$x=a$与$x=b$所围成（如图5-16所示），则它的面积为

$$A=\int_a^b|f(x)-g(x)|\mathrm{d}x. \tag{5-12}$$

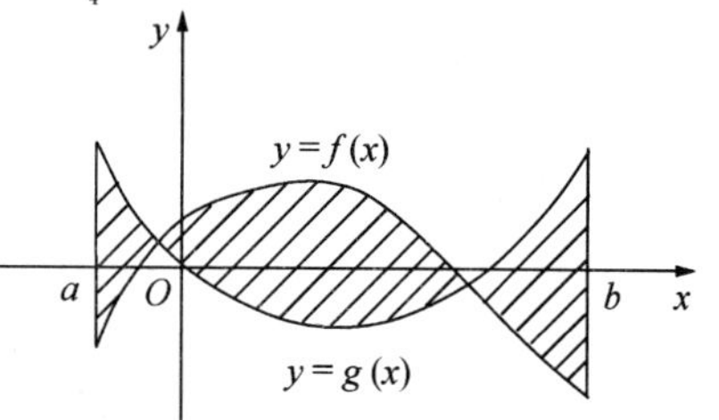

图 5-16

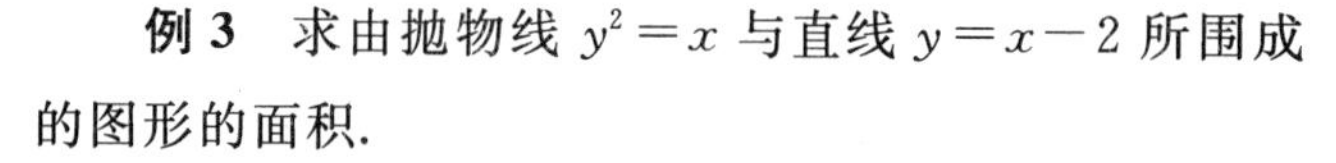

例3 求由抛物线$y^2=x$与直线$y=x-2$所围成的图形的面积.

解 解方程组$\begin{cases}y^2=x,\\y=x-2,\end{cases}$得抛物线与直线的交点为$A(4,2)$、$B(1,-1)$（如图5-17所示）.

(1) 取积分变量为y，积分区间为$[-1,2]$.

(2) 在区间$[-1,2]$上任取一小区间$[y,y+\mathrm{d}y]$，对应的窄条面积近似等于长为$(y+2)-y^2$，宽为$\mathrm{d}y$的小矩形面积，从而得面积元素为

$$\mathrm{d}A=[(y+2)-y^2]\mathrm{d}y.$$

(3) 以$\mathrm{d}A=(y+2-y^2)\mathrm{d}y$为被积表达式，在闭区间$[-1,2]$上作定积分，便得所求图形的面积为

$$A=\int_{-1}^{2}(y+2-y^2)\mathrm{d}y=\left[\frac{1}{2}y^2+2y-\frac{1}{3}y^3\right]_{-1}^{2}=\frac{9}{2}.$$

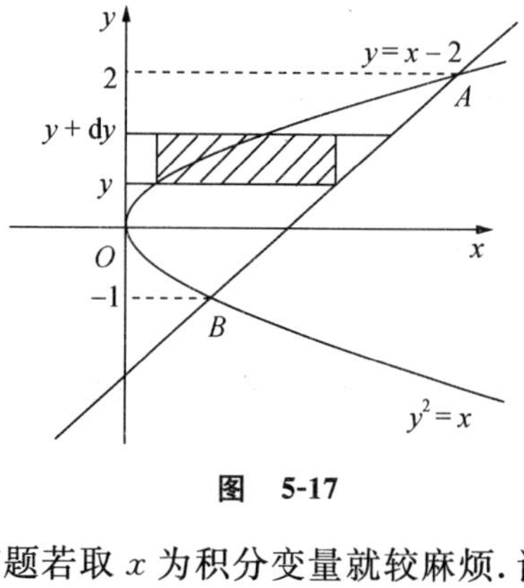

图 5-17

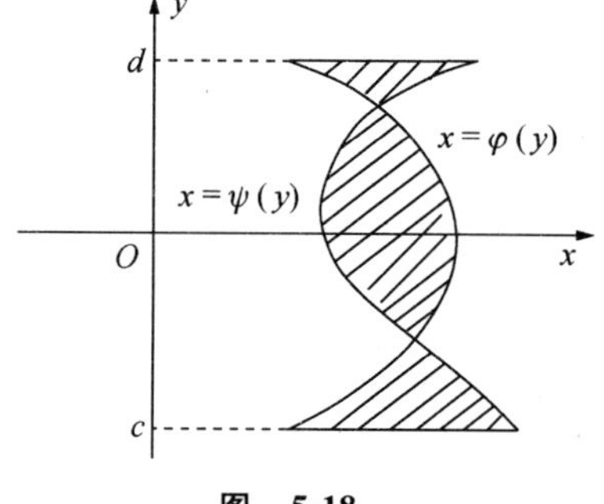

图 5-18

该题若取x为积分变量就较麻烦.读者不妨一试.

一般地，如果平面图形是由区间$[c,d]$上的两条连续曲线$x=\varphi(y)$与$x=\psi(y)$（彼此可

能相交)及两条直线 $y=c$ 与 $y=d$ 所围成(如图 5-18 所示),则它的面积为

$$A=\int_c^d |\varphi(y)-\psi(y)|\,dy. \tag{5-13}$$

注意

用定积分求平面图形的面积,可选取 x 为积分变量,用公式(5-12),也可选取 y 为积分变量,用公式(5-13),一般的原则是尽量使图形不分块和少分块,以简化计算.

三、旋转体的体积

一个平面图形绕这平面内的一条直线旋转一周而生成的空间立体称为**旋转体**,这条直线称为**旋转轴**.

我们现在来求由曲线 $y=f(x)$ $(f(x)\geqslant 0)$,直线 $x=a$、$x=b$ $(a<b)$ 和 x 轴所围的曲边梯形 $aABb$(如图 5-19 所示)绕 x 轴旋转一周而生成的旋转体的体积(如图 5-20 所示).

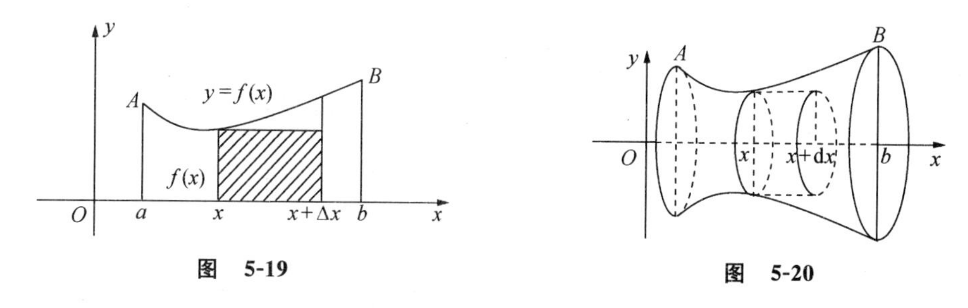

图 5-19　　图 5-20

用微元法,先确定旋转体的体积 V 的微元 dV.

取横坐标 x 作积分变量,在它的变化区间 $[a,b]$ 上任取一个小区间 $[x,x+dx]$,以区间 $[x,x+dx]$ 为底的小曲边梯形绕 x 轴旋转一周可生成一个薄片形的旋转体.它的体积可以用一个与它同底的小矩形(图 5-19 中有阴影的部分)绕 x 轴旋转一周而生成的薄片形的圆柱体的体积近似代替.这个圆柱体以 $f(x)$ 为底半径,dx 为高(如图 5-20 所示).由此,得体积 V 的微元

$$dV=\pi[f(x)]^2dx,$$

于是,所求旋转体的体积

$$V_x=\pi\int_a^b[f(x)]^2dx=\pi\int_a^b y^2dx. \tag{5-14}$$

用同样的方法可以推得,由曲线 $x=\varphi(y)$ $(\varphi(y)\geqslant 0)$,直线 $y=c$、$y=d$ $(c<d)$ 和 y 轴所围成的曲边梯形绕 y 轴旋转一周而生成的旋转体的体积(如图 5-21 所示).

$$V_y=\pi\int_c^d[\varphi(y)]^2dy=\pi\int_c^d x^2dy. \tag{5-15}$$

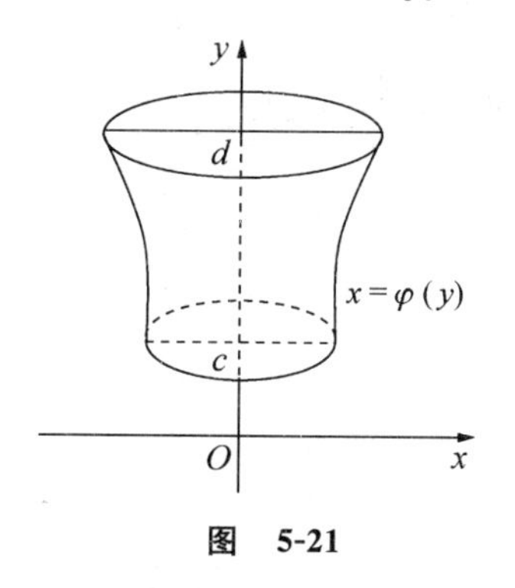

图 5-21

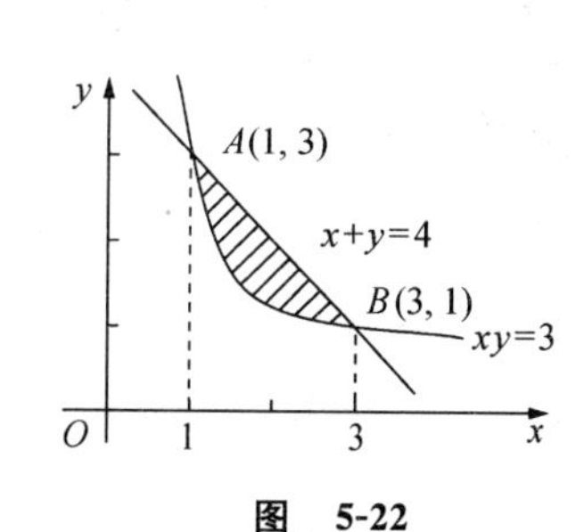

图 5-22

例 4 求由直线 $x+y=4$ 与曲线 $xy=3$ 所围成的平面图形绕 x 轴旋转一周而生成的旋转体的体积.

解 平面图形是图 5-22 中有阴影的部分. 该平面图形绕 x 轴旋转而成的旋转体，应该是两个旋转体的体积之差，由于直线 $y=4-x$ 与曲线 $y=\dfrac{3}{x}$ 的交点为 $A(1,3)$ 和 $B(3,1)$，所以，由公式(5-14)得，所求旋转体的体积为

$$V_x=\pi\int_1^3(4-x)^2\mathrm{d}x-\pi\int_1^3\left(\frac{3}{x}\right)^2\mathrm{d}x=\pi\left[-\frac{(4-x)^3}{3}\right]_1^3+\pi\left[\frac{9}{x}\right]_1^3=\frac{8\pi}{3}.$$

例 5 由直线段 $y=\dfrac{R}{h}x,x\in[0,h]$ 和直线 $x=h$，x 轴所围成的平面图形绕 x 轴旋转一周所成旋转体的体积.

解 平面图形如图 5-23 所示，所得旋转体是一个锥体(如图 5-24 所示). 由公式(5-14)，所求旋转体的体积为

$$V_x=\pi\int_0^h\left(\frac{R}{h}x\right)^2\mathrm{d}x=\frac{1}{3}\pi R^2h.$$

这就是初等数学中，底半径为 R、高为 h 的圆锥体的体积公式.

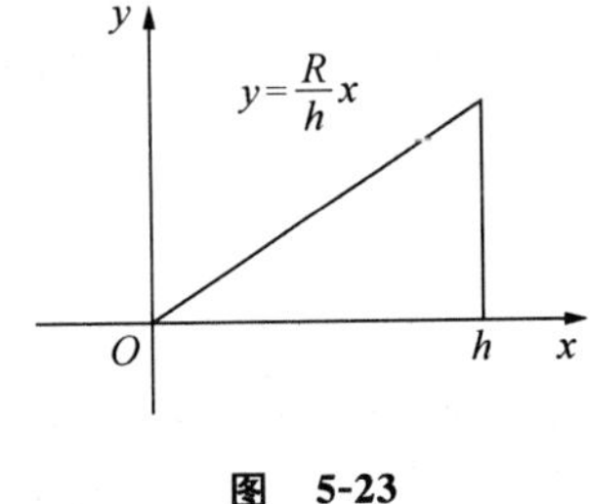

图 5-23

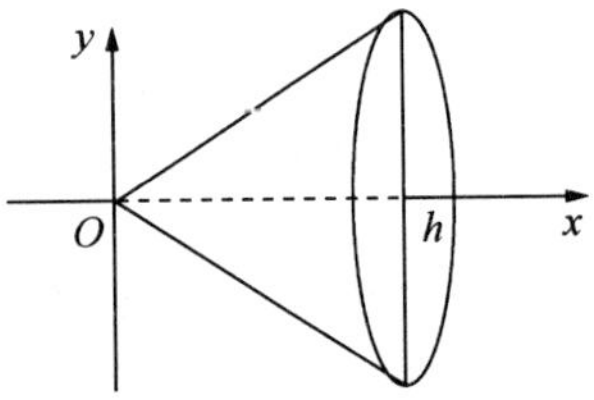

图 5-24

例 6 求椭圆 $\dfrac{x^2}{a^2}+\dfrac{y^2}{b^2}=1$ 绕 x 轴旋转而成的旋转体的体积(如图 5-25 所示).

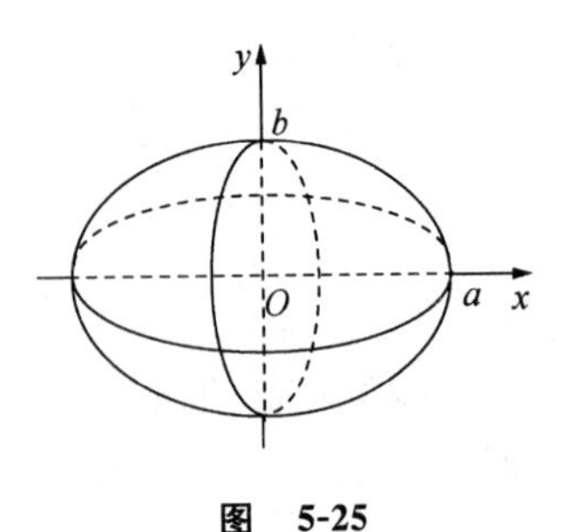

图 5-25

解 将椭圆方程化为

$$y^2=\frac{b^2}{a^2}(a^2-x^2),$$

体积元素为

$$\mathrm{d}V=\pi[f(x)]^2\mathrm{d}x=\pi\frac{b^2}{a^2}(a^2-x^2)\mathrm{d}x,$$

所求体积为

$$V=\frac{\pi b^2}{a^2}\int_{-a}^a(a^2-x^2)\mathrm{d}x=\frac{2\pi b^2}{a^2}\int_0^a(a^2-x^2)\mathrm{d}x=\frac{2\pi b^2}{a^2}\left[a^2x-\frac{1}{3}x^3\right]_0^a=\frac{4}{3}\pi ab^2.$$

当 $a=b=R$ 时，得球体体积为

$$V=\frac{4}{3}\pi R^3.$$

习 题 5-5

1. 计算由下列各曲线所围成图形的面积：

(1) $y=\frac{1}{2}x^2$ 与 $x^2+y^2=8$(两部分都计算)；

(2) $y=\frac{1}{x}$ 与 $x=2$ 及 $y=x$；

(3) $y=e^x, y=e^{-x}$ 与 $x=1$；

(4) $y=\ln x$, y 轴与 $y=\ln a, y=\ln b\quad(b>a)$；

(5) $y=\sin x, x=0, x=\frac{3}{2}\pi$ 及 $y=0$；

(6) $y^2=x, x^2=y$；

(7) $y=2-x^2, y=-x$；

(8) $y=\ln x, y=\ln 2, y=\ln 5$ 及 $x=0$；

(9) $xy=1, y=x$ 及 $y=3$；

(10) $y=x^2, y=\frac{1}{4}x^2$ 及 $y=1$；

(11) $y^2=2x+1, x-y-1=0$；

(12) $y=e^x, y=0, x=0, x=1$.

2. 求由抛物线 $y^2=4x$ 及其在点 $M(1,2)$ 处的法线所围成图形的面积.

3. 求由下列曲线所围图形绕指定轴旋转所得旋转体的体积：

(1) $2x-y+4=0, x=0$ 及 $y=0$ 所围图形绕 x 轴旋转；

(2) $y=x^2, y=0$ 及 $x=2$ 所围图形分别绕 x 轴及 y 轴旋转；

(3) $y=x^2$ 与 $y^2=8x$ 所围图形分别绕 x 轴及 y 轴旋转；

(4) $x^2+(y-2)^2=1$ 分别绕 x 轴及 y 轴旋转；

(5) $y=\frac{1}{x}, y=4x, y=0, x=2$ 所围图形绕 x 轴旋转；

(6) $y=\sin x\quad(0\leqslant x\leqslant\pi), y=0$ 所围图形绕 x 轴旋转.

4. 证明：半径为 R 的球的体积为 $V=\frac{4}{3}\pi R^3$.

复 习 题 五

1. 填空题：

(1) $\int_{-2}^{0}3\mathrm{d}x=$ ________；

(2) $\int_{-1}^{1}(|x|+x^3)\mathrm{d}x=$ ________；

(3) $\int_{-\frac{1}{2}}^{0}(2x+1)^{99}\mathrm{d}x=$ ________；

(4) $\int_{\frac{1}{2}}^{1}\frac{1}{x^2}e^{\frac{1}{x}}\mathrm{d}x=$ ________；

(5) $\frac{\mathrm{d}}{\mathrm{d}x}\int_{0}^{\pi}x\cos x\mathrm{d}x=$ ________；

(6) $\int_{0}^{1}\mathrm{d}\left(\frac{x^3}{3}-x\right)=$ ________；

(7) $\int_{1}^{2}\left(\frac{1}{1+x^2}\right)'\mathrm{d}x=$ ________；

(8) $\int_{-2}^{2}\sqrt{4-x^2}\mathrm{d}x=$ ________；

(9) $\int_{-\infty}^{+\infty}\frac{\mathrm{d}x}{(x+1)^2+1}=$ ________；

(10) $\int_{-\pi}^{\pi}\frac{x^2\sin x}{1+x^2}\mathrm{d}x=$ ________；

(11) 已知 $v(t)=t^2+1$,在时间间隔$[0,4]$上,物体的位移 $S=$ ________；

(12) $\int_{-\frac{\pi}{2}}^{\frac{\pi}{2}}(x\cos x-5\sin x+2)\mathrm{d}x=$ ________；

(13) 设 $f(x)$为连续奇函数,则 $\int_{-a}^{a}x^2[f(x)-f(-x)]\mathrm{d}x=$ ________；

(14) 设 $f(x)$有连续的导数,$f(a)=3, f(b)=5$,则 $\int_{a}^{b}f'(x)\mathrm{d}x=$ ________；

(15) 设 $F(x)=\int_{0}^{x}t\cos^2t\mathrm{d}t$,则 $F'\left(\frac{\pi}{4}\right)=$ ________.

2. 选择题：

(1) 设函数 $f(x)$ 在区间$[-a,a]$上连续，且为偶函数，则 $\int_{-a}^{a} f(x)\mathrm{d}x = ($　　$)$.

A. 0　　B. $2\int_{-a}^{a} f(x)\mathrm{d}x$　　C. $2\int_{-a}^{0} f(x)\mathrm{d}x$　　D. $\int_{0}^{a} f(x)\mathrm{d}x$

(2) $\int_{-2}^{2} |1-x| \mathrm{d}x = ($　　$)$.

A. $2\int_{0}^{2} |1-x| \mathrm{d}x$　　B. $\int_{-2}^{0}(1-x)\mathrm{d}x+\int_{0}^{2}(x-1)\mathrm{d}x$

C. $\int_{-2}^{1}(1-x)\mathrm{d}x+\int_{1}^{2}(x-1)\mathrm{d}x$　　D. $\int_{-2}^{1}(x-1)\mathrm{d}x+\int_{1}^{2}(1-x)\mathrm{d}x$

(3) $\int_{a}^{b} f'(3x)\mathrm{d}x = ($　　$)$.

A. $f(b)-f(a)$　　B. $f(3b)-f(3a)$

C. $\frac{1}{3}[f(3b)-f(3a)]$　　D. $3[f(3b)-f(3a)]$

(4) 若 $\int_{-\infty}^{0} \mathrm{e}^{ax}\mathrm{d}x = \frac{1}{2}$，则 $a = ($　　$)$.

A. 1　　B. $\frac{1}{2}$　　C. 2　　D. -1

(5) 若 $y=f(x)$ 与 $y=g(x)$ 是$[a,b]$上的两条光滑曲线的方程，则由这两条曲线及直线 $x=a$，$x=b$ 所围的平面图形的面积为(　　).

A. $\int_{a}^{b}[f(x)-g(x)]\mathrm{d}x$　　B. $\int_{a}^{b}[g(x)-f(x)]\mathrm{d}x$

C. $\int_{a}^{b} |f(x)-g(x)| \mathrm{d}x$　　D. $\left|\int_{a}^{b}[f(x)-g(x)]\mathrm{d}x\right|$

(6) 下列式子正确的是(　　).

A. $\int_{0}^{1}\mathrm{e}^{x}\mathrm{d}x < \int_{0}^{1}\mathrm{e}^{x^2}\mathrm{d}x$　　B. $\int_{0}^{1}\mathrm{e}^{x}\mathrm{d}x > \int_{0}^{1}\mathrm{e}^{x^2}\mathrm{d}x$；

C. $\int_{0}^{1}\mathrm{e}^{x}\mathrm{d}x = \int_{0}^{1}\mathrm{e}^{x^2}\mathrm{d}x$　　D. 以上都不对

(7) 设 $f(x)$ 为$[-a,a]$上的连续奇函数，则 $\int_{-a}^{a} f(-x)\mathrm{d}x$ 等于(　　).

A. 0　　B. $2\int_{0}^{a} f(x)\mathrm{d}x$

C. $\int_{0}^{a} f(x)\mathrm{d}x$　　D. $\int_{-a}^{0} f(x)\mathrm{d}x$

(8) 设 $f(x)$ 为连续函数，则 $\int_{\frac{1}{n}}^{n}\left(1-\frac{1}{t^2}\right)f'\left(t+\frac{1}{t}\right)\mathrm{d}t$ 等于(　　).

A. 0　　B. 1　　C. n　　D. $\frac{1}{n}$

3. 求下列各定积分：

(1) $\int_{0}^{1}\ln(1+x)\mathrm{d}x$；　　(2) $\int_{0}^{\pi} x\sqrt{\cos^2 x-\cos^4 x}\mathrm{d}x$；

(3) $\int_{0}^{\frac{\pi}{2}}\mathrm{e}^{2x}\cos x\mathrm{d}x$；　　(4) $\int_{0}^{\frac{\pi}{2}}\frac{x+\sin x}{1+\cos x}\mathrm{d}x$；

(5) $\int_4^9 \frac{\sqrt{x}}{\sqrt{x}-1}\mathrm{d}x$；　　(6) $\int_0^{\frac{\pi}{2}} \sqrt{1-\sin 2x}\mathrm{d}x$；

(7) $\int_3^4 \frac{x^2+x-6}{x-2}\mathrm{d}x$；　　(8) $\int_{-2}^0 \frac{\mathrm{d}x}{x^2+2x+2}$；

(9) $\int_{\frac{1}{2}}^{\frac{3}{2}} \frac{1}{\sqrt{|x^2-x|}}\mathrm{d}x$；　　(10) $\int_0^{+\infty} \frac{1}{\mathrm{e}^{x+1}+\mathrm{e}^{3-x}}\mathrm{d}x$.

(11) $f(x)=\begin{cases}1+x^2, x\leqslant 0,\\ \mathrm{e}^x, x>0,\end{cases}$ 求 $\int_1^3 f(x-2)\mathrm{d}x$.

4. 计算由下列各曲线所围成图形的面积：

(1) $y^2=2x, y=4-x$；　　(2) $y=x^2, x^2=2-y$.

5. 求抛物线 $y=-x^2+4x-3$ 及其在点 $(0,-3)$ 和 $(3,0)$ 处的切线所围成的图形的面积.

6. 求由下列曲线所围图形绕 x 轴旋转所得旋转体的体积：

(1) $y=x^2, y=0, x=1, x=2$；　　(2) $xy=a^2, y=0, x=a, x=2a$；

(3) $y=x^2, x=y^2$；　　(4) $y=x^2, y=x$；

(5) $y=\frac{1}{x}, y=4x, y=0, x=2$；　　(6) $y=\sin x(0\leqslant x\leqslant \pi), y=0$.

7. 设 $p>0$，证明 $\frac{p}{p+1}<\int_0^1 \frac{1}{1+x^p}\mathrm{d}x<1$.

8. 设 $f(x)=\begin{cases}\frac{1}{1+x}, x\geqslant 0,\\ \frac{1}{1-x}, x<0.\end{cases}$ 求 $\int_0^2 f(x-1)\mathrm{d}x$.

9. 判断下列广义积分的收敛性. 若收敛，求其值.

(1) $\int_{\mathrm{e}}^{+\infty} \frac{\mathrm{d}x}{x\ln x}$；　　(2) $\int_0^{+\infty} \frac{x}{(1+x)^3}\mathrm{d}x$；

(3) $\int_2^{+\infty} \frac{\mathrm{d}x}{x^2-2x+2}$；　　(4) $\int_{-\infty}^0 \frac{2x}{x^2+2}\mathrm{d}x$.

10. 判断下列广义积分的收敛性. 若收敛，求其值.

(1) $\int_1^2 \frac{1}{x\ln x}\mathrm{d}x$；　　(2) $\int_0^2 \frac{1}{x^2-4x+3}\mathrm{d}x$；

(3) $\int_0^1 \frac{1}{\sqrt{1-x^2}}\mathrm{d}x$；　　(4) $\int_2^3 \frac{1}{\sqrt{x-2}}\mathrm{d}x$.

【数学史典故 5】

德国数学家莱布尼茨

莱布尼茨(Gottfried Wilhelm Leibniz, 1646—1716)是17、18世纪之交德国最重要的数学家、物理学家和哲学家，一个举世罕见的科学天才. 他博览群书，涉猎百科，对丰富人类的科学知识宝库做出了不可磨灭的贡献.

一、生平事迹

莱布尼茨出生于德国东部莱比锡的一个书香之家，父亲是莱比锡大学的道德哲学教授，

莱布尼茨
(1646—1716)

母亲出生在一个教授家庭.莱布尼茨的父亲在他年仅6岁时便去世了，给他留下了丰富的藏书.莱布尼茨因此得以广泛接触古希腊罗马文化，阅读了许多著名学者的著作，由此而获得了坚实的文化功底和明确的学术目标.15岁时，他进入莱比锡大学学习法律，一进校便跟上了大学二年级标准的人文学科的课程，还广泛阅读了培根、开普勒、伽利略等人的著作，并对他们的著述进行深入的思考和评价.在听了教授讲授欧几里德的《几何原本》的课程后，莱布尼茨对数学产生了浓厚的兴趣.17岁时他在耶拿大学学习了短时期的数学，并获得了哲学硕士学位.

20岁时，莱布尼茨转入阿尔特道夫大学.这一年，他发表了第一篇数学论文《论组合的艺术》.这是一篇关于数理逻辑的文章，其基本思想是出于想把理论的真理性论证归结于一种计算的结果.这篇论文虽不够成熟，但却闪耀着创新的智慧和数学才华.莱布尼茨在阿尔特道夫大学获得博士学位后便投身外交界.从1671年开始，他利用外交活动开拓了与外界的广泛联系，尤以通信作为他获取外界信息、与人进行思想交流的一种主要方式.在出访巴黎时，莱布尼茨深受帕斯卡事迹的鼓舞，决心钻研高等数学，并研究了笛卡儿、费尔马、帕斯卡等人的著作.1673年，莱布尼茨被推荐为英国皇家学会会员.此时，他的兴趣已明显地朝向了数学和自然科学，开始了对无穷小算法的研究，独立地创立了微积分的基本概念与算法，和牛顿并蒂双辉共同奠定了微积分学.1676年，他到汉诺威公爵府担任法律顾问兼图书馆馆长.1700年被选为巴黎科学院院士，促成建立了柏林科学院并任首任院长.

1716年11月14日，莱布尼茨在汉诺威逝世，终年70岁.

二、始创微积分

微积分思想，最早可以追溯到希腊由阿基米德等人提出的计算面积和体积的方法.1665年牛顿创始了微积分，莱布尼茨在1673－1676年间也发表了微积分思想的论著.以前，微分和积分作为两种数学运算、两类数学问题，是分别地加以研究的.卡瓦列里、巴罗、沃利斯等人得到了一系列求面积(积分)、求切线斜率(导数)的重要结果，但这些结果都是孤立的，不连贯的.只有莱布尼茨和牛顿将积分和微分真正沟通起来，明确地找到了两者内在的直接联系：微分和积分是互逆的两种运算.而这是微积分建立的关键所在.只有确立了这一基本关系，才能在此基础上构建系统的微积分学.并从对各种函数的微分和求积公式中，总结出共同的算法程序，使微积分方法普遍化，发展成用符号表示的微积分运算法则.

然而关于微积分创立的优先权，数学上曾掀起一场激烈的争论.实际上，牛顿在微积分方面的研究虽早于莱布尼茨，但莱布尼茨成果的发表则早于牛顿.莱布尼茨在1684年10月发表的《教师学报》上的论文，“一种求极大极小的奇妙类型的计算”，在数学史上被认为是最早发表的微积分文献.牛顿在1687年出版的《自然哲学的数学原理》的第一版和第二版也写道：“十年前在我和最杰出的几何学家莱布尼茨的通信中，我表明我已经知道确定极大值和极小值的方法、作切线的方法以及类似的方法，但我在交换的信件中隐瞒了这方法，这位最卓越的科学家在回信中写道，他也发现了一种同样的方法.并诉述了他的方法，它与我的方法几乎没有什么不同，除了他的措词和符号而外.”(但在第三版及以后再版时，这段话被删掉了.)因此，后来人们公认牛顿和莱布尼茨是各自独立地创建微积分的.牛顿从物理学出发,运用集合方法研究微积分,其应用上更多地结合了运动学,造诣高于莱布尼茨.莱布尼茨则从几何问题出发,运用分析学方法引进微积分概念、得出运算法则,其数学的严密性与系统性是牛顿所不及的.莱布尼茨认识到好的数学符号能节省思维劳动,运用符号的技巧是数学成功的关键之一.因此,他发明了一套适用的符号系统,如,引入 $\mathrm{d}x$ 表示 x 的微分,$\int$ 表示积分,等等.这些符号进一步促进了微积分学的发展.1713 年,莱布尼茨发表了《微积分的历史和起源》一文,总结了自己创立微积分学的思路,说明了自己成就的独立性.

三、高等数学上的众多成就

莱布尼茨曾讨论过负数和复数的性质,得出复数的对数并不存在、共轭复数的和是实数的结论.在后来的研究中,莱布尼茨证明了自己结论是正确的.他还对线性方程组进行研究,对消元法从理论上进行了探讨,并首先引入了行列式的概念,提出行列式的某些理论.此外,莱布尼茨还创立了符号逻辑学的基本概念,发明了能够进行加、减、乘、除及开方运算的计算机和二进制,为计算机的现代发展奠定了坚实的基础.

四、中西文化交流之倡导者

莱布尼茨对中国的科学、文化和哲学思想十分关注,是最早研究中国文化和中国哲学的德国人,他向耶稣会来华传教士格里马尔迪了解了许多有关中国的情况,包括养蚕纺织、造纸印染、冶金矿产、天文地理、数学文字等,并将这些资料编辑成册出版.

莱布尼茨为促进中西文化交流作出了毕生的努力,产生了广泛而深远的影响.他的虚心好学、对中国文化平等相待,不含“欧洲中心论”偏见的精神尤为难能可贵,值得后世永远敬仰、效仿.

(摘自《道客巴巴》,http://www.doc88.com/p—789444303699.html)

第六章　常微分方程

为了深入研究几何、物理、经济等许多实际问题，常常需要寻求问题中有关变量之间的函数关系. 而这种函数关系往往不能直接得到，而只能根据实际问题的意义及已知的公式或定律，建立起含有一个未知函数的导数（或微分）的关系式，这就是所谓的微分方程. 通过求解微分方程，可以得到所需求的函数. 本章主要介绍微分方程的基本概念、几种常见类型的微分方程的解法及微分方程的简单应用.

第一节　常微分方程的基本概念

一、实例分析

引例 6.1【曲线方程】 设某一平面曲线上任意一点(x,y)处的切线斜率等于该点横坐标 x 的 2 倍，且曲线通过点(1,3)，求该曲线方程.

解 设所求曲线方程为 $y=f(x)$，根据导数的几何意义，得

$$\frac{\mathrm{d}y}{\mathrm{d}x}=2x \text{ 或 } \mathrm{d}y=2x\mathrm{d}x. \tag{6-1}$$

同时还应满足条件

$$f(1)=3 \text{ 或 } y|_{x=1}=3. \tag{6-2}$$

式(6-1)是一个含有所求未知函数 y 的导数或微分的等式. 为求得 y，对(6-1)式两端积分，得

$$y=\int 2x\mathrm{d}x=x^2+C. \tag{6-3}$$

其中 C 为任意常数.

根据题意，曲线通过点(1,3)，因此，将(6-2)式代入(6-3)式，得

$$C=2,$$

故所求的曲线方程为

$$y=x^2+2. \tag{6-4}$$

引例 6.2【火车制动】 一列车在直线轨道上以 30 m/s 的速度行驶，制动时列车获得加速度$-0.6\ \mathrm{m/s^2}$，问开始制动后经过多长时间才能把列车刹住？从制动到列车停住这段时间内列车行驶了多少路程？

解 设制动后列车的运动方程为 $s=s(t)$，由二阶导数的力学意义得知，$s=s(t)$应满足

$$\frac{\mathrm{d}^2s}{\mathrm{d}t^2}=-0.6, \tag{6-5}$$

同时函数 $s=s(t)$还应满足下列条件

$$s|_{t=0}=0, v=\left.\frac{\mathrm{d}s}{\mathrm{d}t}\right|_{t=0}=30. \tag{6-6}$$

将(6-5)式积分，得

$$\frac{ds}{dt}=\int(-0.6)dt=-0.6t+C_1, \tag{6-7}$$

再积分，得

$$s=\int(-0.6t+C_1)dt=-0.3t^2+C_1t+C_2. \tag{6-8}$$

把条件(6-6)分别代入式(6-7)式和(6-8)式，得

$$C_1=30, C_2=0.$$

将 $C_1=30, C_2=0$ 代入(6-7)式和(6-8)式，得

$$\frac{ds}{dt}=-0.6t+30. \tag{6-9}$$

$$s=-0.3t^2+30t. \tag{6-10}$$

在(6-9)式中，令 $v=\frac{ds}{dt}=0$，得到列车开始制动到完全停住的时间为

$$t=\frac{30}{0.6}=50(s),$$

再把 $t=50$ 代入(6-10)式中，得到列车在这段时间内行驶的路程为

$$s=-0.3\times50^2+30\times50=750(m).$$

二、微分方程的基本概念

上述两个引例中，关系式(6-1)和(6-5)都含有未知函数的导数，它们都是微分方程. 下面介绍微分方程的一些基本概念.

1. 微分方程解的概念

凡含有未知函数的导数(或微分)的等式，称为**微分方程**. 若未知函数只含有一个自变量，这样的微分方程称为**常微分方程**. 微分方程中所含未知函数导数的最高阶数，称为**微分方程的阶数**.

本书只讨论常微分方程，以下简称为微分方程.

例如，方程 $\frac{dy}{dx}=x^2$ 和 $2xy'-x\ln x=0$ 都是一阶微分方程. 方程 $\frac{d^2s}{dt^2}=-0.6$ 和 $y''-3y'+2y=x^2$ 都是二阶微分方程.

由引例 6.1 和引例 6.2 可知，在研究实际问题时，首先建立微分方程，然后设法找出满足微分方程的函数，也就是说，要找到这样的函数，将其代入微分方程后，能使该方程成为恒等式，这个函数叫做**微分方程的解**. 求微分方程解的过程，叫做**解微分方程**.

例如函数(6-3)和(6-4)都是微分方程(6-1)的解，函数(6-8)和(6-10)都是微分方程(6-5)的解.

如果微分方程的解中包含有任意常数，并且独立的任意常数的个数与微分方程的阶数相同，这样的解称为**微分方程的通解**. 通解中任意常数取某一特定值时的解，称为**微分方程的特解**.

例如函数(6-3)和(6-8)分别是微分方程(6-1)和(6-5)的通解，函数(6-4)和(6-10)分别是微分方程(6-1)和(6-5)的特解.

从上面两引例看到，通解中的任意常数一旦由某种附加条件确定后，就得到微分方程的特解，这种用以确定通解中任意常数的附加条件叫微分方程的**初始条件**.

引例6.1的初始条件是$y|_{x=1}=3$，引例6.2的初始条件是$s|_{t=0}=0, v|_{t=0}=\left.\frac{\mathrm{d}s}{\mathrm{d}t}\right|_{t=0}=30$.

通常情况下，一阶微分方程的初始条件是：当自变量取定某个特定值时，给出未知函数的值$y|_{x=x_0}=y_0$；二阶微分方程的初始条件是$y|_{x=x_0}=y_0, y'|_{x=x_0}=y_1$；$n$阶微分方程的初始条件是：当自变量取定某个特定值时，给出未知函数以及直至$n-1$阶导数的值，即

$$y|_{x=x_0}=y_0, y'|_{x=x_0}=y_1, \cdots, y^{(n-1)}|_{x=x_0}=y_{n-1}.$$

例1 验证函数$y=C_1\cos x+C_2\sin x+x$（C_1和C_2是任意常数）是常微分方程$y''+y-x=0$的通解，并求满足初始条件$y|_{x=0}=1, y'|_{x=0}=3$的特解.

解 对$y=C_1\cos x+C_2\sin x+x$分别求一阶、二阶导数，得

$$y'=-C_1\sin x+C_2\cos x+1, \tag{6-11}$$

$$y''=-C_1\cos x-C_2\sin x,$$

将y、y'、y''代入方程$y''+y=x$中，得

$$(-C_1\cos x-C_2\sin x)+(C_1\cos x+C_2\sin x+x)-x=0.$$

因此$y=C_1\cos x+C_2\sin x+x$是常微分方程$y''+y-x=0$的解，又因该解中含有两个独立的任意常数C_1和C_2，所以此解是通解.

将初始条件$y|_{x=0}=1, y'|_{x=0}=3$分别代入$y=C_1\cos x+C_2\sin x+x$和(6-11)式中，得

$$\begin{cases} C_1\cos 0+C_2\sin 0+0=1, \\ -C_1\sin 0+C_2\cos 0+1=3, \end{cases}$$

解得

$$C_1=1, C_2=2,$$

所以微分方程$y''+y-x=0$满足初始条件$y|_{x=0}=1, y'|_{x=0}=3$的特解为

$$y=\cos x+2\sin x+x.$$

2. *微分方程解的几何意义*

微分方程的每一个特解$y=y(x)$在几何上表示一条平面曲线，称为微分方程的积分曲线. 而微分方程的通解中含有任意常数，所以它在几何上表示一族曲线，称为积分曲线族.

例如，引例6.1中的特解(6-4)式的几何意义是过点(1,3)的那一条积分曲线，而通解(6-3)式的几何意义是以C为参数的积分曲线族（图6-1）.

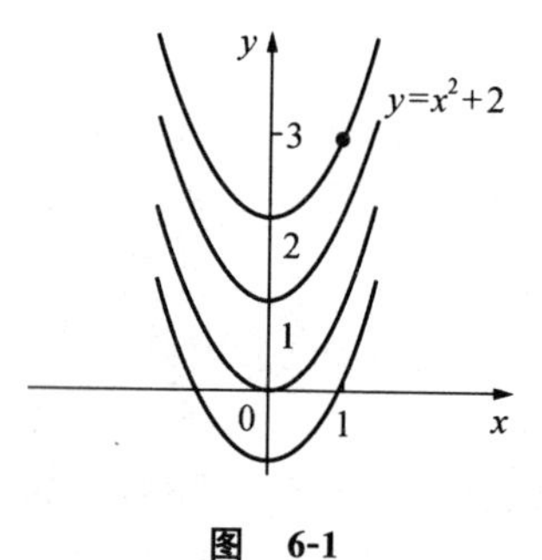

图 6-1

例2 解微分方程$y''=x$，其中$y|_{x=0}=1, y'|_{x=0}=0$.

解 对方程两端积分，得

$$y'=\frac{1}{2}x^2+C_1, \tag{6-12}$$

再积分，得

$$y=\frac{1}{6}x^3+C_1x+C_2. \tag{6-13}$$

将$y|_{x=0}=1$，$y'|_{x=0}=0$分别代入(6-13)式和(6-12)式，得

$$C_1=0, C_2=1,$$

因此，微分方程$y''=x$满足初始条件$y|_{x=0}=1, y'|_{x=0}=0$的特解为

$$y=\frac{1}{6}x^3+1.$$

例 3 一质量为 m 的物体受重力作用而下落，假设初始位置和初始速度都为 0，试确定该物体下落的距离 s 与时间 t 的函数关系.

解 该物体只受重力作用而下落，重力加速度为 $g\ \mathrm{m/s^2}$，根据二阶导数的物理意义，设下落的距离 s 与时间 t 的函数关系为 $s=s(t)$，则有

$$\frac{\mathrm{d}^2 s}{\mathrm{d}t^2}=g,$$

对上式两边积分，得

$$\frac{\mathrm{d}s}{\mathrm{d}t}=gt+C_1, \tag{6-14}$$

对(6-14)式两边积分，得

$$s=\frac{1}{2}gt^2+C_1t+C_2, \tag{6-15}$$

其中 C_1、C_2 为任意常数.

依题意，初始位置和初始速度都为 0，即

$$s(0)=s\big|_{t=0}=0, \tag{6-16}$$

$$v(0)=\frac{\mathrm{d}s}{\mathrm{d}t}\Big|_{t=0}=0. \tag{6-17}$$

将(6-16)式和(6-17)式分别代入式(6-15)和(6-14)，可得 $C_1=C_2=0$，所以该物体下落的距离 s 与时间 t 的函数关系为

$$s=\frac{1}{2}gt^2.$$

习 题 6-1

1. 下列方程中哪些是微分方程？并指出它们的阶数：

(1) $\frac{d\rho}{d\theta}+\rho=\sin^2\theta$；

(2) $L\frac{\mathrm{d}^2Q}{\mathrm{d}t^2}+R\frac{dQ}{\mathrm{d}t}+\frac{Q}{C}=0$；

(3) $(6x-7y)\mathrm{d}x+(x+y)\mathrm{d}y=0$；

(4) $(\sin x)''+2(\sin x)'+1=0$；

(5) $\frac{\mathrm{d}^3y}{\mathrm{d}x^3}-2x\left(\frac{\mathrm{d}^2y}{\mathrm{d}x^2}\right)^3+x^2=0$；

(6) $y^{(4)}-y^2=0$.

2. 下面几种说法对吗？为什么？

(1) 包含任意常数的解叫微分方程的通解；

(2) 不包含任意常数的解叫微分方程的特解；

(3) 含有两个任意常数的解必是二阶微分方程的通解.

3. 验证下列各题中所给函数是相应微分方程的解，并说明是通解还是特解（其中 C、C_1、C_2 都是任意常数）：

(1) $(x-2y)y'=2x-y$，$x^2-xy+y^2=C$；

(2) $4y'=2y-x$，$y=Ce^{\frac{x}{2}}+\frac{x}{2}+1$；

(3) $y''+9y=0$，$y=\cos 3x$，$y=C_1\cos 3x+C_2\sin 3x$；

(4) $xy'+y=\cos x$，$y=\frac{\sin x}{x}$；

(5) $(xy-x)y''+xy'^2+yy'-2y'=0$，$y=\ln(xy)$.

4. 求下列微分方程的解：

(1) $\frac{dy}{dx}=\frac{1}{x}$； (2) $y''=3x$；

(3) $y'=\cos x, y|_{x=0}=1$； (4) $\frac{d^2x}{dt^2}=-2, x|_{t=0}=0, x'|_{t=0}=2$.

5. 试写出由下列条件确定的曲线所满足的微分方程及初始条件：

(1) 曲线过点$\left(1,\frac{1}{2}\right)$，且曲线上任一点$P(x,y)$处的切线斜率等于$x^3$，求该曲线方程；

(2) 曲线过点$(0,-2)$，且曲线上每一点$P(x,y)$处的切线斜率都比这点的纵坐标大3；

(3) 曲线过点$(0,2)$，且曲线上任一点$P(x,y)$处的切线斜率都是这点纵坐标的3倍.

6. 一质点由原点开始$(t=0)$沿直线运动，已知在时刻t的加速度为t^2-1，而在$t=1$时的速度为$\frac{1}{3}$，求位移s的大小与时间t的函数关系.

7. 试验证：函数$y=C_1e^x+C_2e^{-2x}$是微分方程$\frac{d^2y}{dx^2}+\frac{dy}{dx}-2y=0$的通解，并求出满足初始条件$y|_{x=0}=1, y'|_{x=0}=1$的特解.

第二节 可分离变量的微分方程

一、可分离变量的微分方程

引例 6.3 求微分方程$y'=\frac{y^2}{x^3}$的通解.

解 将方程写成形式$\frac{dy}{dx}=\frac{y^2}{x^3}$，并把变量$x$和$y$“分离”，写成形式

$$\frac{dy}{y^2}=\frac{dx}{x^3},$$

两端积分，有

$$\int\frac{dy}{y^2}=\int\frac{dx}{x^3},$$

积分后，得

$$-\frac{1}{y}=-\frac{1}{2x^2}+C,$$

整理后，得

$$y=\frac{2x^2}{1-2Cx^2}.$$

通过这个例子我们可以看到，在一阶微分方程中，如果能把两个变量分离，使方程的一端只包含其中一个变量及其微分，另一端只包含另一个变量及其微分，这时就可以通过两边积分的方法来求它的通解，这种求解的方法称为**分离变量法**，变量能分离的微分方程叫做**可分离变量的微分方程**.

变量可分离的微分方程的一般形式为

$$\frac{dy}{dx}=f(x)\cdot g(y).$$

求解步骤为：

(1) 分离变量,得

$$\frac{dy}{g(y)}=f(x)dx,$$

(2) 两边积分,得

$$\int\frac{dy}{g(y)}=\int f(x)dx,$$

(3) 求出积分,得通解

$$G(y)=F(x)+C.$$

其中 $G(y)$、$F(x)$分别是$\frac{1}{g(y)}$和 $f(x)$的一个原函数.

例 1　求微分方程$\frac{dy}{dx}=ay$的通解.

解　所给方程是可分离变量的,当 $y\neq 0$ 时,分离变量,得

$$\frac{dy}{y}=adx,$$

两边积分,得

$$\ln|y|=ax+C_1,$$

所以

$$|y|=e^{ax+C_1},$$

从而

$$y=\pm e^{ax+C_1}=\pm e^{C_1}e^{ax}=Ce^{ax}\quad(\text{其中 } C=\pm e^{C_1}\neq 0).$$

经检验:当 $C=0$ 时,$y=0$ 仍为方程的解.

所以原方程的通解为

$$y=Ce^{ax}\quad(\text{其中 } C \text{ 为任意常数}).$$

以后为了方便起见,可将 $\ln|y|$写成 $\ln y$,但要明确最终结果中的 C 是任意常数.

例 2　求微分方程 $ydx+xdy=0$ 满足条件 $y(1)=1$ 的解.

解　将所给方程分离变量,得

$$\frac{dy}{y}=-\frac{dx}{x},$$

两边积分,得

$$\int\frac{dy}{y}=-\int\frac{dx}{x}$$

积分后,得

$$\ln|y|=-\ln|x|+C_1,$$

即

$$xy=C\quad(C\text{ 为任意常数}).$$

将条件 $y(1)=1$ 代入,得出

$$C=1,$$

于是所求方程的特解为

$$xy=1.$$

例 3　求微分方程 $xy^2dx+(1+x^2)dy=0$ 满足初始条件 $y|_{x=0}=1$的特解.

解　将所给方程分离变量,得

$$-\frac{1}{y^2}\mathrm{d}y=\frac{x}{1+x^2}\mathrm{d}x,$$

两边积分，得

$$\int\left(-\frac{1}{y^2}\right)\mathrm{d}y=\int\frac{x}{1+x^2}\mathrm{d}x,$$

积分后，得

$$\frac{1}{y}=\frac{1}{2}\ln(1+x^2)+C,$$

这就是原方程用隐函数表示的通解.

将初始条件 $y|_{x=0}=1$代入上式，得

$$C=1,$$

于是所求方程的特解为

$$\frac{1}{y}=\frac{1}{2}\ln(1+x^2)+1.$$

例 4　求微分方程 $xy'-\frac{y\ln x}{1+y^2}=0$ 的通解.

解　将所给方程分离变量，得

$$\frac{1+y^2}{y}\mathrm{d}y=\frac{\ln x}{x}\mathrm{d}x,$$

两边积分，有

$$\int\frac{1+y^2}{y}\mathrm{d}y=\int\frac{\ln x}{x}\mathrm{d}x,$$

积分后，得

$$\ln y+\frac{1}{2}y^2=\frac{1}{2}(\ln x)^2+C_1,$$

所以得原方程的通解为

$$y^2+2\ln y-(\ln x)^2=C\quad（其中 C=2C_1）.$$

二、齐次微分方程

如果一阶微分方程

$$\frac{\mathrm{d}y}{\mathrm{d}x}=f(x,y)$$

可以化成

$$\frac{\mathrm{d}y}{\mathrm{d}x}=\varphi\left(\frac{y}{x}\right)\tag{6-18}$$

的形式，则称此方程为**齐次微分方程**.

例如，微分方程$(xy-y^2)\mathrm{d}x-(x^2+2xy)\mathrm{d}y=0$ 是齐次方程. 因为此方程可以变形为

$$\frac{\mathrm{d}y}{\mathrm{d}x}=\frac{xy-y^2}{x^2+2xy}=\frac{\frac{y}{x}-\left(\frac{y}{x}\right)^2}{1+2\left(\frac{y}{x}\right)}=\varphi\left(\frac{y}{x}\right).$$

这类方程的求解分三步进行：

(1) 将原方程化为方程(6-18)的形式.

(2) 作变量代换

$$u=\frac{y}{x}.$$

以 u 为新的未知函数(注意 u 仍是 x 的函数),就可以把齐次微分方程化为可分离变量的微分方程来求解.

由 $u=\frac{y}{x}$,得

$$y=ux,$$

两端求导,得

$$\frac{\mathrm{d}y}{\mathrm{d}x}=u+x\frac{\mathrm{d}u}{\mathrm{d}x},$$

代入方程(6-18)中,得

$$u+x\frac{\mathrm{d}u}{\mathrm{d}x}=\varphi(u),$$

这是变量可分离的微分方程.分离变量并积分,得

$$\int\frac{\mathrm{d}u}{\varphi(u)-u}=\int\frac{\mathrm{d}x}{x}.$$

(3) 求出积分后,再以 $u=\frac{y}{x}$ 代回,便得到所求齐次方程的通解.

例 5　求微分方程 $x\frac{\mathrm{d}y}{\mathrm{d}x}=y+\sqrt{x^2-y^2}$ 的通解.

解　原方程可化为

$$\frac{\mathrm{d}y}{\mathrm{d}x}=\frac{y}{x}+\sqrt{1-\left(\frac{y}{x}\right)^2},\tag{6-19}$$

设 $\frac{y}{x}=u$,则

$$y=ux,\frac{\mathrm{d}y}{\mathrm{d}x}=u+x\frac{\mathrm{d}u}{\mathrm{d}x},$$

代入式(6-19),得

$$u+x\frac{\mathrm{d}u}{\mathrm{d}x}=u+\sqrt{1-u^2},$$

分离变量,得

$$\frac{\mathrm{d}u}{\sqrt{1-u^2}}=\frac{\mathrm{d}x}{x},$$

两边积分,得

$$\arcsin u=\ln|x|+C,$$

将 $u=\frac{y}{x}$ 代入上式,得原方程的通解为

$$\arcsin\frac{y}{x}=\ln|x|+C\quad(C\text{ 为任意常数}).$$

例 6　求微分方程 $\frac{\mathrm{d}y}{\mathrm{d}x}=\frac{y}{x}-\frac{1}{2}\left(\frac{y}{x}\right)^3$ 满足初始条件 $y|_{x=1}=1$ 的特解.

解　设 $u=\frac{y}{x}$,则

$$y=ux,\frac{dy}{dx}=u+x\frac{du}{dx},$$

原方程可化为

$$u+x\frac{du}{dx}=u-\frac{1}{2}u^3,$$

即

$$x\frac{du}{dx}=-\frac{1}{2}u^3,$$

分离变量，得

$$-\frac{du}{u^3}=\frac{1}{2}\cdot\frac{dx}{x},$$

两边分别积分，得

$$-\int\frac{du}{u^3}=\frac{1}{2}\int\frac{dx}{x},$$

积分后，得

$$\frac{1}{2}u^{-2}=\frac{1}{2}\ln|x|+\frac{1}{2}\ln C,$$

即

$$u^{-2}=\ln(Cx),$$

将 $u=\frac{y}{x}$ 代入上式，得

$$\frac{x^2}{y^2}=\ln(Cx).$$

将初始条件 $y|_{x=1}=1$ 代入上式，可得

$$C=e,$$

因此所求方程的特解为

$$x^2=y^2\ln|ex|.$$

习 题 6-2

1. 求下列微分方程的通解：

(1) $\frac{dy}{dx}=y\ln y$； (2) $\frac{dy}{dx}=e^{2x-y}$；

(3) $\tan y dx-\cot x dy=0$； (4) $y(1-x^2)dy+x(1+y^2)dx=0$；

(5) $\sec^2 x\cdot\cot y dx-\csc^2 y\cdot\tan x dy=0$； (6) $y'+4y=-5$；

(7) $\frac{dy}{dx}=\sqrt{\frac{1-y^2}{1-x^2}}$； (8) $\frac{dy}{dx}-2xy=0$.

2. 求下列微分方程满足所给初始条件的特解：

(1) $3x^2+5x-5y'=0,y|_{x=2}=2$； (2) $\frac{dy}{dx}=y(y-1),y|_{x=0}=1$；

(3) $x^2y'+xy=y,y|_{x=\frac{1}{2}}=4$； (4) $y'\sin x=y\ln y,y|_{x=\frac{\pi}{2}}=e$；

(5) $ydx+x^2dy-4dy=0,y|_{x=0}=1$； (6) $\cos y dx+(1+e^{-x})\sin y dy=0,y|_{x=0}=\frac{\pi}{4}$.

3. 已知某厂的纯利润 L 对广告费 x 的变化率 $\frac{dL}{dx}$ 与常数 A 和纯利润 L 之差成正比. 当 $x=0$ 时 $L=L_0$. 试求纯利润 L 对广告费 x 之间的函数关系.

第三节 一阶线性微分方程

形如

$$\frac{dy}{dx}+P(x)y=Q(x) \tag{6-20}$$

的微分方程称为**一阶线性微分方程**，其中 $P(x)$、$Q(x)$都是自变量 x 的已知函数，$Q(x)$称为**自由项**.

所谓"线性"指的是，方程中关于未知函数 y 及其导数 y'都是一次式. 当 $Q(x)\neq 0$ 时，称方程(6-20)为**一阶非齐次线性微分方程**；当 $Q(x)\equiv 0$ 时，方程(6-20)变为

$$\frac{dy}{dx}+P(x)y=0. \tag{6-21}$$

称方程(6-21)为方程(6-20)所对应的**一阶齐次线性微分方程**.

例如，方程 $y'+\frac{1}{x}y=\sin x$ 是一阶非齐次线性微分方程. 它所对应的齐次线性微分方程是 $y'+\frac{1}{x}y=0$.

又如，方程$\frac{dy}{dx}=x^2+y^2$，$(y')^2+xy=e^x$，$2yy'+xy=0$ 等，虽然都是一阶微分方程，但都不是线性微分方程.

一、一阶齐次线性微分方程$\frac{dy}{dx}+P(x)y=0$ 的解法

下面讨论一阶齐次线性微分方程(6-21)的解法.

微分方程(6-21)是可分离变量的微分方程，分离变量，得

$$\frac{dy}{y}=-P(x)dx,$$

两端积分，并把任意常数写成 $\ln C$ 的形式，得

$$\ln y=-\int P(x)dx+\ln C,$$

化简后即得线性齐次微分方程(6-21)的通解为

$$y=Ce^{-\int P(x)dx}. \tag{6-22}$$

其中 C 是任意常数.

例 1 求微分方程 $y'-\frac{2x}{1+x^2}y=0$ 的通解.

解法 1 利用分离变量法求解

这是一阶齐次线性微分方程. 先分离变量，得

$$\frac{1}{y}dy=\frac{2x}{1+x^2}dx,$$

两边积分，得

$$\ln y=\ln(1+x^2)+\ln C,$$

因此所求方程的通解为

$$y=C(1+x^2).$$

解法2 利用公式(6-22)求解

因为

$$P(x)=-\frac{2x}{1+x^2},$$

所以由公式(6-22)得,原方程的通解为

$$y=Ce^{-\int P(x)\mathrm{d}x}=Ce^{-\int\left(-\frac{2x}{1+x^2}\right)\mathrm{d}x}=Ce^{\int\frac{\mathrm{d}(1+x^2)}{1+x^2}}=Ce^{\ln(1+x^2)}=C(1+x^2).$$

二、一阶非齐次线性微分方程$\frac{\mathrm{d}y}{\mathrm{d}x}+P(x)y=Q(x)$的解法

不难看出,一阶线性微分方程(6-20)和(6-21)既有联系,又有差别,因此可以设想它们的解也应该有一定的联系而又有所差别. 容易验证,不论 C 取任何常数,式(6-22)只能是微分方程(6-21)的解而不是方程(6-20)的解,我们设想,在式(6-22)中将常量 C 变易为 x 的待定函数 $u(x)$,使它满足微分方程(6-20)从而求出 $u(x)$,为此设

$$y=u(x)e^{-\int P(x)\mathrm{d}x} \tag{6-23}$$

为一阶非齐次线性微分方程(6-20)的解. 于是

$$y'=u'(x)e^{-\int P(x)\mathrm{d}x}-u(x)P(x)e^{-\int P(x)\mathrm{d}x}, \tag{6-24}$$

将式(6-23)与式(6-24)代入微分方程(6-20),得

$$u'(x)e^{-\int P(x)\mathrm{d}x}-u(x)P(x)e^{-\int P(x)\mathrm{d}x}+P(x)u(x)e^{-\int P(x)\mathrm{d}x}=Q(x),$$

化简,得

$$u'(x)=Q(x)e^{\int P(x)\mathrm{d}x},$$

两边积分,得

$$u(x)=\int Q(x)e^{\int P(x)\mathrm{d}x}\mathrm{d}x+C,$$

将所得的 $u(x)$ 代入式(6-23)中,得到一阶非齐次线性微分方程(6-20)的通解公式为

$$y=e^{-\int P(x)\mathrm{d}x}\left(\int Q(x)e^{\int P(x)\mathrm{d}x}\mathrm{d}x+C\right). \tag{6-25}$$

这种将常数变为待定函数,然后求出一阶非齐次线性微分方程(6-20)的通解的方法称为**常数变易法**.

(6-25)式是一个可以直接利用的公式,但这个公式比较复杂,不好记忆,所以应理解和掌握以上叙述的求解基本思路和方法.

用常数变易法求一阶非齐次线性微分方程的通解的步骤为:

(1) 求出一阶非齐次线性微分方程所对应的一阶齐次线性微分方程的通解;

(2) 根据所求出的一阶齐次线性微分方程的通解,设出一阶非齐次线性微分方程的解(将求出的一阶齐次方程的通解中的任意常数变易为待定函数 $u(x)$ 即可);

(3) 将所设的解代入一阶非齐次微分方程,解出 $u(x)$,并写出一阶非齐次线性微分方程的通解.

例2 求微分方程 $y'-\frac{2}{x+1}y=(1+x)^2$ 的通解.

解法1 利用常数变易法求解

先求与原方程对应的一阶齐次线性微分方程 $y'-\frac{2}{x+1}y=0$ 的通解.

分离变量,得

$$\frac{\mathrm{d}y}{y}=\frac{2}{x+1}\mathrm{d}x,$$

两边积分,得

$$\ln y=\ln(1+x)^2+\ln C,$$

所以,原方程对应的一阶齐次线性微分方程的通解为

$$y=C(1+x)^2.$$

将式中的常量 C 变易为待定函数 $u(x)$,得

$$y=u(x)(1+x)^2,$$

于是

$$y'=u'(x)(1+x)^2+2u(x)(1+x),$$

把 y 和 y' 代入原方程,得

$$u'(x)(1+x)^2+2u(x)(1+x)-\frac{2}{x+1}u(x)(1+x)^2=(1+x)^2,$$

化简,得

$$u'(x)=1,$$

所以

$$u(x)=x+C.$$

将 $u(x)=x+C$ 代入 $y=u(x)(1+x)^2$ 中,即得原方程的通解为

$$y=(1+x)^2(x+C).$$

解法 2　利用公式(6-25)求解

因为

$$P(x)=-\frac{2}{x+1},Q(x)=(1+x)^2,$$

所以由公式(6-25)得,原方程的通解为

$$\begin{aligned}y&=\mathrm{e}^{-\int P(x)\mathrm{d}x}\left(\int Q(x)\mathrm{e}^{\int P(x)\mathrm{d}x}\mathrm{d}x+C\right)=\mathrm{e}^{-\int\left(-\frac{2}{x+1}\right)\mathrm{d}x}\left(\int(1+x)^2\mathrm{e}^{\int\left(-\frac{2}{x+1}\right)\mathrm{d}x}\mathrm{d}x+C\right)\\&=\mathrm{e}^{2\ln(x+1)}\left(\int(1+x)^2\mathrm{e}^{-2\ln(x+1)}\mathrm{d}x+C\right)=(x+1)^2\left(\int\frac{(1+x)^2}{(x+1)^2}\mathrm{d}x+C\right)\\&=(x+1)^2(x+C).\end{aligned}$$

例 3　求微分方程 $y'=\frac{y+x\ln x}{x}$ 的通解.

解　方程变形为

$$y'-\frac{1}{x}y=\ln x,$$

此方程为一阶非齐次线性微分方程.

先求与原方程对应的一阶齐次线性微分方程 $y'-\frac{1}{x}y=0$ 的通解.

分离变量,得

$$\frac{dy}{y}=\frac{dx}{x},$$

两边积分，得

$$\ln y=\ln x+\ln C,$$

所以一阶齐次线性微分方程的通解为

$$y=Cx.$$

将上式中的常数 C 变易为待定函数 $u(x)$，可设原方程的通解为

$$y=xu(x),$$

于是

$$y'=u(x)+xu'(x).$$

把 y 和 y' 代入原方程，得

$$u(x)+xu'(x)-\frac{1}{x}\cdot xu(x)=\ln x,$$

化简，得

$$xu'(x)=\ln x,$$

所以

$$u(x)=\int\frac{\ln x}{x}dx=\int\ln x d\ln x=\frac{1}{2}(\ln x)^2+C.$$

因此所求原方程的通解为

$$y=\frac{x}{2}(\ln x)^2+Cx.$$

为了便于应用，现将一阶微分方程的几种常见类型及解法归纳如下（见表 6-1）.

表 6-1　一阶微分方程常见类型及解法

方程类型		方　程	解　法
可分离变量的微分方程		$\frac{dy}{dx}=f(x)g(y)$	将不同变量分离到方程两边，然后积分 $\int\frac{dy}{g(y)}=\int f(x)dx$
齐次微分方程		$\frac{dy}{dx}=\varphi\left(\frac{y}{x}\right)$	引进新的未知函数 $u=\frac{y}{x}$，所以 $y=ux$，$\frac{dy}{dx}=u+x\frac{du}{dx}$，原方程化为可分离变量的方程
一阶线性微分方程	齐次方程	$\frac{dy}{dx}+P(x)y=0$	分离变量，两边积分或用公式 $y=Ce^{-\int P(x)dx}$
	非齐次方程	$\frac{dy}{dx}+P(x)y=Q(x)$	用常数变易法或公式法 $y=e^{-\int P(x)dx}\left[\int Q(x)e^{\int P(x)dx}dx+C\right]$

习 题 6-3

1. 求下列微分方程的通解：

(1) $\frac{dy}{dx}+\frac{y}{x}=\frac{x+1}{x}$；　　(2) $\frac{dy}{dx}=\frac{y}{y^2+x}$；

(3) $y'+y=e^{-x}$；　　(4) $y'+2y=4x$；

(5) $xy'+y=x^2+3x+2$；　　(6) $y'+y\cos x=e^{-\sin x}$；

(7) $x\mathrm{d}y+(x^2\sin x-y)\mathrm{d}x=0$；

(8) $y'\cos x+y\sin x=1$；

(9) $y'-y=2xe^{2x}$；

(10) $(x^2-1)y'+2xy-\cos x=0$；

(11) $(x-2y^3)\mathrm{d}y-2y\mathrm{d}x=0$；

(12) $y'=\dfrac{1}{x\cos y+\sin 2y}$.

2. 求下列微分方程满足所给初始条件的特解：

(1) $y'\cos^2 x+y=\tan x, y|_{x=0}=0$；

(2) $x^2y'+xy=1, y|_{x=2}=1$；

(3) $x^2\mathrm{d}y+(2xy-x+1)\mathrm{d}x=0, y|_{x=1}=0$；

(4) $\dfrac{\mathrm{d}y}{\mathrm{d}x}-y\tan x=\sec x, y|_{x=0}=0$.

3. 设 y_1 是一阶线性齐次方程 $y'+P(x)y=0$ 的解，y_2 是对应的一阶非齐次线性方程 $y'+P(x)y=Q(x)$ 的解，证明：$y=Cy_1+y_2$（C 是任意常数）也是 $y'+P(x)y=Q(x)$ 的解.

4. 设 y_1 是微分方程 $y'+P(x)y=Q_1(x)$ 的一个解，y_2 是方程 $y'+P(x)y=Q_2(x)$ 的一个解，试证 $y=y_1+y_2$ 是微分方程 $y'+P(x)y=Q_1(x)+Q_2(x)$ 的解.

5. 已知曲线上任意一点 (x,y) 处的切线在 y 轴上的截距等于该点横坐标的立方，且曲线过点 $(2,4)$，求该曲线方程.

第四节 二阶常系数齐次线性微分方程

形如

$$y''+p(x)y'+q(x)y=f(x) \tag{6-26}$$

的微分方程叫做**二阶线性微分方程**，其中 y''、y'、y 都是一次的，$p(x)$、$q(x)$、$f(x)$ 是 x 的已知连续函数，$f(x)$ 叫做自由项. 当 $f(x)\equiv 0$ 时，称方程 $y''+p(x)y'+q(x)y=0$ 为**二阶齐次线性微分方程**；当 $f(x)\neq 0$ 时，称方程(6-26)为**二阶非齐次线性微分方程**.

在方程(6-26)中，如果 y' 和 y 的系数 $p(x)=p, q(x)=q$ 均为常数，且 $f(x)\equiv 0$，则(6-26)式成为

$$y''+py'+qy=0. \tag{6-27}$$

方程(6-27)叫做**二阶常系数齐次线性微分方程**. 下面讨论二阶常系数齐次线性微分方程解的结构和解法.

一、二阶常系数齐次线性微分方程解的结构

定义 6.1 设有两个不恒为零的函数 $y_1=y_1(x)$ 和 $y_2=y_2(x)$ 在区间 (a,b) 内有定义，若存在两个不同时为零的常数 C_1、C_2，使 $C_1y_1+C_2y_2\equiv 0$ 在 (a,b) 内成立，则称 $y_1(x)$ 和 $y_2(x)$ 在 (a,b) 内**线性相关**，否则称 $y_1(x)$ 和 $y_2(x)$ 在 (a,b) 内**线性无关**.

定义 6.1 的另一种说法是：若 $\dfrac{y_1}{y_2}\equiv$ 常数，则 y_1 与 y_2 线性相关；若 $\dfrac{y_1}{y_2}\neq$ 常数，则 y_1 与 y_2 线性无关.

例如，$y_1=\sin 2x, y_2=\sin x\cos x$，因为 $\dfrac{y_1}{y_2}=\dfrac{\sin 2x}{\sin x\cos x}=2$，所以 y_1 与 y_2 线性相关.

再如，$y_1=e^x, y_2=e^{2x}$，因为 $\dfrac{y_1}{y_2}=\dfrac{e^x}{e^{2x}}=e^{-x}\neq$ 常数，所以 y_1 与 y_2 线性无关.

定理 6.1 如果函数 $y_1(x)$ 与 $y_2(x)$ 是二阶常系数齐次线性微分方程 $y''+py'+qy=0$ 的两个解，那么 $y=C_1y_1(x)+C_2y_2(x)$ 也是该方程的解，其中 C_1、C_2 是任意常数.

例如，$y_1=\sin x, y_2=\cos x$ 都是方程 $y''+y=0$ 的解，易知 $y=C_1\sin x+C_2\cos x$ 也是方程

$y''+y=0$ 的解.

定理 6.1 表明，齐次线性微分方程的解具有可**叠加性**.

定理 6.2　如果函数 $y_1(x)$ 与 $y_2(x)$ 是二阶常系数齐次线性微分方程 $y''+py'+qy=0$ 的两个线性无关的特解，那么 $y=C_1y_1(x)+C_2y_2(x)$ 就是该方程的通解，其中 C_1、C_2 是任意常数.

例如，函数 $y_1=e^x$ 与 $y_2=e^{-x}$ 是二阶常系数齐次线性微分方程 $y''-y=0$ 的两个特解，且 $\dfrac{y_1}{y_2}=\dfrac{e^x}{e^{-x}}=e^{2x}\neq$ 常数，即它们是线性无关的. 因此，$y=C_1e^x+C_2e^{-x}$ 就是该方程的通解.

二、二阶常系数齐次线性微分方程的解法

由前面讨论可知，求二阶常系数齐次线性微分方程 $y''+py'+qy=0$ 的通解，可归结为求它的两个线性无关的特解，再根据定理 6.2 写出通解.

从方程(6-27)的结构来看，它的解应有如下特点：未知函数的一阶导数 y'、二阶导数 y'' 与未知函数 y 只相差一个常数因子. 也就是说，方程中的 y、y'、y'' 应具有相同的形式. 而指数函数 $y=e^{rx}$ 正是具有这种特点的函数. 因此，设 $y=e^{rx}$ 是方程(6-27)的解，将

$$y=e^{rx},y'=re^{rx},y''=r^2e^{rx}$$

代入方程(6-27)，得

$$(r^2+pr+q)e^{rx}=0,$$

因为 $e^{rx}\neq 0$，所以有

$$r^2+pr+q=0.$$

因此只要找到 r，使得

$$r^2+pr+q=0 \tag{6-28}$$

成立，则 $y=e^{rx}$ 就是方程(6-27)的特解. 而 r 是方程(6-28)的根，这样一来，求微分方程(6-27)的解的问题，归结为求代数方程(6-28)的根的问题.

定义 6.2　方程 $r^2+pr+q=0$ 叫做微分方程 $y''+py'+qy=0$ 的**特征方程**，特征方程的根叫做**特征根**.

方程(6-28)是一元二次方程，它的根有三种情况，相应地，方程(6-27)的解也有三种情况：

(1) 当 $p^2-4q>0$ 时，特征方程(6-28)有两个不相等的实根

$$r_1=\frac{-p+\sqrt{p^2-4q}}{2},r_2=\frac{-p-\sqrt{p^2-4q}}{2},$$

从而可得方程(6-27)的两个特解

$$y_1=e^{r_1x},y_2=e^{r_2x},$$

又因为

$$\frac{y_1}{y_2}=\frac{e^{r_1x}}{e^{r_2x}}=e^{(r_1-r_2)x}\neq \text{常数},$$

所以 y_1 与 y_2 线性无关. 因此，微分方程(6-27)的通解为

$$y=C_1e^{r_1x}+C_2e^{r_2x}.$$

(2) 当 $p^2-4q=0$ 时，特征方程(6-28)有两个相等的实根

$$r_1=r_2=r=-\frac{p}{2},$$

此时，我们只得到微分方程(6-27)的一个特解

$$y_1=e^{rx}.$$

为了求得微分方程(6-27)的通解，还需求出另一个特解 y_2，且要求$\frac{y_2}{y_1}\neq$常数. 为此，不妨设$\frac{y_2}{y_1}=u(x)$，即

$$y_2=y_1u(x)=e^{rx}u(x),$$

其中 $u(x)$为待定函数. 下面来求 $u(x)$. 将

$$\begin{aligned}y_2&=u(x)e^{rx},\\ y_2'&=re^{rx}u(x)+e^{rx}u'(x)=e^{rx}[ru(x)+u'(x)],\\ y_2''&=re^{rx}[ru(x)+u'(x)]+e^{rx}[ru'(x)+u''(x)]\\ &=e^{rx}[u''(x)+2ru'(x)+r^2u(x)],\end{aligned}$$

代入方程(6-27)，整理后得

$$e^{rx}[u''(x)+(2r+p)u'(x)+(r^2+pr+q)u(x)]=0.$$

因 $e^{rx}\neq0$，且 $r=-\frac{p}{2}$是 $r^2+pr+q=0$ 的重根，故

$$r^2+pr+q=0,2r+p=0,$$

所以有

$$u''(x)=0.$$

两次积分后，得

$$u(x)=C_1x+C_2.$$

因为我们只要求$\frac{y_2}{y_1}=u(x)\neq$常数，所以为简便起见，不妨取 $C_1=1,C_2=0$，得

$$u(x)=x.$$

从而得到方程(6-27)的另一个与 $y_1=e^{rx}$线性无关的特解为

$$y_2=xy_1=xe^{rx}.$$

因此微分方程(6-27)的通解为

$$y=(C_1+C_2x)e^{rx}.$$

(3) 当 $p^2-4q<0$ 时，特征方程(6-28)有一对共轭虚根

$$r_1=\alpha+\beta i,r_2=\alpha-\beta i.$$

其中 $\alpha=-\frac{p}{2},\beta=\frac{\sqrt{4q-p^2}}{2}>0$.

这时，$y_1=e^{(\alpha+\beta i)x}$与 $y_2=e^{(\alpha-\beta i)x}$是微分方程(6-27)的两个解. 为了得出实数解，由欧拉公式：$e^{i\theta}=\cos\theta+i\sin\theta$，将 y_1 与 y_2 改写为

$$y_1=e^{\alpha x}(\cos\beta x+i\sin\beta x),$$
$$y_2=e^{\alpha x}(\cos\beta x-i\sin\beta x).$$

由定理 6.1 可知

$$y_3=\frac{1}{2}(y_1+y_2)=e^{\alpha x}\cos\beta x,$$

$$y_4=\frac{1}{2i}(y_1-y_2)=e^{\alpha x}\sin\beta x$$

也是方程(6-27)的两个特解，且

$$\frac{y_3}{y_4}=\frac{e^{\alpha x}\cos\beta x}{e^{\alpha x}\sin\beta x}=\cot\beta x\neq 常数.$$

所以方程(6-27)的通解为

$$y=C_1y_3+C_2y_4=e^{\alpha x}(C_1\cos\beta x+C_2\sin\beta x).$$

综上所述，求二阶常系数齐次线性微分方程

$$y''+py'+qy=0$$

的通解的步骤如下：

(1) 写出微分方程的特征方程 $r^2+pr+q=0$；

(2) 求出特征方程的根 r_1 和 r_2；

(3) 根据 r_1 和 r_2 的不同情形，按照表 6-2 写出方程的通解.

表 6-2 二阶常系数齐次微分方程通解

特征方程 $r^2+pr+q=0$ 的两个根 r_1、r_2	微分方程 $y''+py'+qy=0$ 的通解
① 两个不相等的实根 r_1、r_2	$y=C_1e^{r_1x}+C_2e^{r_2x}$
② 两个相等实根 $r_1=r_2=r$	$y=(C_1+C_2x)e^{rx}$
③ 一对共轭复根 $r_{1,2}=\alpha\pm\beta i$ $(\beta>0)$	$y=e^{\alpha x}(C_1\cos\beta x+C_2\sin\beta x)$

例 1 求微分方程 $y''-3y'-4y=0$ 的通解.

解 所给微分方程的特征方程为

$$r^2-3r-4=0,$$

特征根为

$$r_1=4, r_2=-1,$$

因此所求微分方程的通解为

$$y=C_1e^{4x}+C_2e^{-x}.$$

例 2 求方程 $\frac{d^2s}{dt^2}+2\frac{ds}{dt}+s=0$ 满足初始条件 $s|_{t=0}=4, s'|_{t=0}=-2$ 的特解.

解 所给方程的特征方程为

$$r^2+2r+1=0,$$

特征根为

$$r_1=r_2=-1,$$

因此所给微分方程的通解为

$$s=(C_1+C_2t)e^{-t},$$

将初始条件 $s|_{t=0}=4$代入通解中，得 $C_1=4$，从而

$$s=(4+C_2t)e^{-t},$$

将上式对 t 求导，得

$$s'=(C_2-4-C_2t)e^{-t},$$

再把初始条件 $s'|_{t=0}=-2$ 代入上式，得

$$C_2=2.$$

于是所求微分方程满足初始条件 $s|_{t=0}=4, s'|_{t=0}=-2$ 的特解为

$$s=(4+2t)\mathrm{e}^{-t}.$$

例 3　求微分方程 $y''+2y'+5y=0$ 的通解.

解　所给方程的特征方程是

$$r^2+2r+5=0,$$

特征根为

$$r_{1,2}=\frac{-2\pm\sqrt{2^2-4\times5}}{2}=-1\pm2i,$$

它们是一对共轭虚根.其中

$$\alpha=-1, \beta=2,$$

因此所求微分方程的通解为

$$y=\mathrm{e}^{-x}(C_1\cos2x+C_2\sin2x).$$

从上面的讨论可以看出,求解二阶常系数齐次线性微分方程,不必通过积分,只要用代数的方法求出特征方程的根,就可以写出微分方程的通解.

习 题 6-4

1. 判别下列函数组在它们的定义区间内,哪些是线性无关的?哪些是线性相关的?

   (1) $2x, x^2$;　　(2) $\mathrm{e}^{-x}, x\mathrm{e}^{-x}$;

   (3) $\ln x, \ln x^2$;　　(4) $\mathrm{e}^x\cos2x, \mathrm{e}^x\sin2x$.

2. 验证下列所给函数是否是对应方程的特解,并根据解的结构定理写出方程的通解:

   (1) $y''+y'-6y=0, \mathrm{e}^{2x}, -3\mathrm{e}^{2x}, \mathrm{e}^{-3x}, \mathrm{e}^{2x}-\mathrm{e}^{-3x}$;

   (2) $y''-2y'+y=0, \mathrm{e}^x, 2\mathrm{e}^x, x\mathrm{e}^x, (x+1)\mathrm{e}^x$;

   (3) $y''-2y'+2y=0, \mathrm{e}^x, \mathrm{e}^x\cos x, \mathrm{e}^x\sin x, \mathrm{e}^x\sin\left(x+\frac{\pi}{4}\right)$.

3. 求下列微分方程的通解:

   (1) $y''-4y'+3y=0$;　　(2) $y''-9y=0$;

   (3) $y''+y=0$;　　(4) $y''+4y'+4y=0$;

   (5) $y''+4y'+13y=0$;　　(6) $y''-6y'+9y=0$.

4. 求下列微分方程满足所给初始条件的特解:

   (1) $\frac{\mathrm{d}^2s}{\mathrm{d}t^2}+2\frac{\mathrm{d}s}{\mathrm{d}t}+s=0, s|_{t=0}=4, \left.\frac{\mathrm{d}s}{\mathrm{d}t}\right|_{t=0}=-2$;

   (2) $4y''+4y'+y=0, y|_{x=0}=2, y'|_{x=0}=0$;

   (3) $I''(t)+2I'(t)+5I(t)=0, I(0)=2, I'(0)=0$;

   (4) $y''+4y'+29y=0$,　$y|_{x=0}=0, y'|_{x=0}=15$.

5. 方程 $y''+9y=0$ 的一条积分曲线通过点 $(\pi,-1)$,且在该点和直线 $y+1=x-\pi$ 相切,求这条曲线方程.

第五节　二阶常系数非齐次线性微分方程

在二阶非齐次线性微分方程 $y''+p(x)y'+q(x)y=f(x)$ 中,如果 y' 和 y 的系数 $p(x)=p, q(x)=q$ 均为常数,则方程变为

$$y''+py'+qy=f(x). \tag{6-29}$$

方程(6-29)叫做**二阶常系数非齐次线性微分方程**.

一、二阶常系数非齐次线性微分方程解的性质与通解结构

对于二阶常系数非齐次线性微分方程(6-29)的通解结构,有如下定理:

定理 6.3 若 y^* 是二阶常系数非齐次线性微分方程 $y''+py'+qy=f(x)$ 的一个特解,Y 是与方程 $y''+py'+qy=f(x)$ 对应的二阶常系数齐次线性微分方程 $y''+py'+qy=0$ 的通解,则 $y=Y+y^*$ 是微分方程 $y''+py'+qy=f(x)$ 的通解.

可以看出,二阶常系数非齐次线性微分方程通解的结构是对应的二阶常系数齐次线性微分方程的通解加上它的一个特解.

例如,方程 $y''+y=x^2$ 是二阶常系数非齐次线性微分方程,$Y=C_1\sin x+C_2\cos x$ 是与其对应的齐次方程 $y''+y=0$ 的通解;又容易验证 $y^*=x^2-2$ 是方程 $y''+y=x^2$ 的一个特解. 因此 $y=Y+y^*=C_1\sin x+C_2\cos x+x^2-2$ 是方程 $y''+y=x^2$ 的通解.

二、二阶常系数非齐次线性微分方程的解法

下面我们来讨论二阶常系数非齐次线性微分方程(6-29)的解法.

由定理 6.3 知道,方程(6-29)的通解 y 等于它的一个特解 y^* 与它对应的齐次线性微分方程(6-27)的通解 Y 的和. 即

$$y=Y+y^*.$$

方程(6-27)的通解 Y 的求法我们在上一节已经讨论过,因此现在只需解决如何求非齐次线性微分方程(6-29)的一个特解.

这里仅就方程(6-29)的右端函数 $f(x)$ 取以下三种常见形式进行讨论.

1. $f(x)=P_n(x)$(其中 $P_n(x)$ 为 x 的一个 n 次多项式)

这时方程(6-29)变成

$$y''+py'+qy=P_n(x). \tag{6-30}$$

因为方程(6-30)的右端是多项式,而多项式的一阶导数、二阶导数仍为多项式,所以方程(6-30)的特解也应该是多项式,且具有以下特征:

① 若 $q\neq 0$,方程(6-30)的特解 y^* 与 $P_n(x)$ 是同次多项式,这时可设 $y^*=Q_n(x)$($Q_n(x)$ 与 $P_n(x)$ 都是 n 次多项式);

② 若 $q=0, p\neq 0$,方程(6-30)的特解 y^* 的一阶导数 $(y^*)'$ 与 $P_n(x)$ 是同次多项式,这时可设 $y^*=xQ_n(x)$;

③ 若 $p=0, q=0$,这时对 $f(x)$ 直接进行两次积分就直接得到方程(6-30)的通解.

例 1 求微分方程 $y''+y=x^2+1$ 的一个特解.

解 所给方程为二阶常系数非齐次线性微分方程,且函数 $f(x)$ 呈 $P_n(x)$ 型,其中 $P_n(x)=x^2+1$. 因为 $q\neq 0$,所以应设特解为

$$y^*=ax^2+bx+c,$$

将它代入所给方程,得

$$2a+ax^2+bx+c=x^2+1,$$

比较两端 x 同次幂的系数,得

$$\begin{cases} a=1, \\ b=0, \\ 2a+c=1. \end{cases}$$

由此求得

$$a=1, b=0, c=-1.$$

于是求得方程的一个特解为

$$y^*=x^2-1.$$

2. $f(x)=P_n(x)e^{\lambda x}$（其中 $P_n(x)$ 是 x 的一个 n 次多项式，λ 为常数）

这时方程(6-29)变成

$$y''+py'+qy=P_n(x)e^{\lambda x}. \tag{6-31}$$

可以证明，方程(6-31)具有如下形式的特解：

$$y^*=x^kQ_n(x)e^{\lambda x}, \tag{6-32}$$

其中，$Q_n(x)$是与 $P_n(x)$同次的待定多项式，而 k 的取法规则是：当 λ 不是方程(6-31)所对应的齐次方程的特征方程 $r^2+pr+q=0$ 的根时，取 $k=0$；当 λ 是特征方程的单根时，取 $k=1$；当 λ 是特征方程的重根时，取 $k=2$.

上述结论可用表 6-3 表示.

表 6-3　微分方程 $y''+py'+qy=P_n(x)e^{\lambda x}$ 的特解 y^* 的形式

$f(x)$的形式	条　件	特解 y^* 的形式
$f(x)=P_n(x)e^{\lambda x}$	λ 不是特征根	$y^*=Q_n(x)e^{\lambda x}$
	λ 是特征单根	$y^*=xQ_n(x)e^{\lambda x}$
	λ 是特征重根	$y^*=x^2Q_n(x)e^{\lambda x}$

例 2　求微分方程 $y''-5y'+6y=-5e^{2x}$的一个特解.

解　所给方程对应的齐次方程的特征方程为

$$r^2-5r+6=0,$$

特征根为

$$r_1=2, r_2=3,$$

由于 $\lambda=2$ 是特征方程的单根，所以在(6-32)式中取 $k=1$，而 $P_n(x)=-5$ 是零次多项式(即常数)，故应设特解为 $y^*=Axe^{2x}$，其中 A 为待定系数，于是

$$(y^*)'=Ae^{2x}(1+2x), (y^*)''=4Ae^{2x}(1+x).$$

将 y^*、$(y^*)'$、$(y^*)''$代入所给方程，得

$$4Ae^{2x}(1+x)-5Ae^{2x}(1+2x)+6Axe^{2x}=-5e^{2x}.$$

即

$$-Ae^{2x}=-5e^{2x},$$

解得 $A=5$，因此，所给方程的一个特解为

$$y^*=5xe^{2x}.$$

例 3　求微分方程 $y''-2y'+y=e^x$ 满足初始条件$y|_{x=0}=1, y'|_{x=0}=2$ 的特解.

解　所给方程是二阶常系数非齐次线性微分方程. 先求对应齐次方程

$$y''-2y'+y=0$$

的通解. 它的特征方程为

$$r^2-2r+1=0,$$

特征根为

$$r_1=r_2=1,$$

故得所给方程对应齐次方程的通解为

$$Y=(C_1+C_2x)e^x.$$

再求所给非齐次方程的一个特解 y^*. 由于所给方程的右端 $f(x)=e^x$ 属于 $P_n(x)e^{\lambda x}$ 型. 这里，$P_n(x)=1$ 是零次多项式，$\lambda=1$ 是特征方程的重根，所以在(6-32)式中应取 $k=2$，$Q_n(x)$是一个零次多项式(即常数). 因此应设所给方程的特解为

$$y^*=Ax^2e^x.$$

则

$$(y^*)'=(2Ax+Ax^2)e^x,(y^*)''=(2A+4Ax+Ax^2)e^x,$$

将 y^*、$(y^*)'$、$(y^*)''$代入所给方程，化简得 $A=\frac{1}{2}$，故得所求特解为

$$y^*=\frac{1}{2}x^2e^x.$$

因此，原方程的通解为

$$y=Y+y^*=\left(C_1+C_2x+\frac{1}{2}x^2\right)e^x.$$

最后求所给方程满足初始条件的特解. 为此，先将上述通解对 x 求导，得

$$y'=C_2e^x+(C_1+C_2x)e^x+xe^x+\frac{1}{2}x^2e^x,$$

将初始条件$y|_{x=0}=1$，$y'|_{x=0}=2$ 代入上面的通解 y 及 y'的表达式中，得 $C_1=1,C_2=1$，于是，微分方程 $y''-2y'+y=e^x$ 满足初始条件$y|_{x=0}=1$，$y'|_{x=0}=2$ 的特解为

$$y=\left(1+x+\frac{1}{2}x^2\right)e^x.$$

3. $f(x)=e^{\lambda x}(a\cos\omega x+b\sin\omega x)$($\lambda,a,b,\omega$ 为实常数，且 $\omega>0$，a,b 不同时为零)

这时方程(6-29)变成

$$y''+py'+qy=e^{\lambda x}(a\cos\omega x+b\sin\omega x). \tag{6-33}$$

可以证明，方程(6-33)具有如下形式的特解：

$$y^*=x^ke^{\lambda x}(A\cos\omega x+B\sin\omega x). \tag{6-34}$$

其中 A、B 为待定系数. k 的取法规则是：当 $\lambda\pm\omega i$ 不是方程(6-33)所对应的齐次方程的特征方程 $r^2+pr+q=0$ 的根时，取 $k=0$；当 $\lambda\pm\omega i$ 是特征方程的根时，取 $k=1$.

上述结论可用表 6-4 表示：

表 6-4　微分方程 $y''+py'+qy=e^{\lambda x}(a\cos\omega x+b\sin\omega x)$特解 y^* 的形式

$f(x)$的形式	条　件	特解 y^* 的形式
$f(x)=e^{\lambda x}(a\cos\omega x+b\sin\omega x)$	$\lambda\pm\omega i$ 不是特征根	$y^*=e^{\lambda x}(A\cos\omega x+B\sin\omega x)$
	$\lambda\pm\omega i$ 是特征根	$y^*=xe^{\lambda x}(A\cos\omega x+B\sin\omega x)$

例 4　求微分方程 $y''-y'-2y=\sin 2x$ 的一个特解.

解　所给方程所对应的齐次方程的特征方程为

$$r^2-r-2=0,$$

特征根为

$$r_1=-1, r_2=2.$$

由于 $f(x)=\sin 2x$ 属于 $e^{\lambda x}(a\cos\omega x+b\sin\omega x)$ 型，这里 $\lambda=0, \omega=2, a=0, b=1, \lambda\pm\omega i=\pm 2i$ 不是特征方程的根，所以取 $k=0$，因此设原方程的一个特解为

$$y^*=A\cos 2x+B\sin 2x,$$

则

$$(y^*)'=2B\cos 2x-2A\sin 2x, (y^*)''=-4B\sin 2x-4A\cos 2x,$$

将 y^*、$(y^*)'$、$(y^*)''$ 代入所给方程，化简得

$$(-6A-2B)\cos 2x+(2A-6B)\sin 2x=\sin 2x,$$

比较上式两端同类项的系数，得

$$A=\frac{1}{20}, B=-\frac{3}{20},$$

故原方程的一个特解为

$$y^*=\frac{1}{20}\cos 2x-\frac{3}{20}\sin 2x.$$

习 题 6-5

1. 求下列各微分方程的一个特解：

(1) $y''-y'-2y=4x^2$；　(2) $y''-2y'=x+1$；

(3) $y''-2y'+5y=e^{2x}$；　(4) $y''-3y'+2y=5e^{3x}$；

(5) $y''-8y'+16y=2e^{4x}$；　(6) $y''-4y'+3y=\sin 3x$；

(7) $y''+4y=\cos 2x$.

2. 设出下列各微分方程的特解形式：

(1) $y''-3y'=4x^3+1$；　(2) $y''-6y'+8y=5x^2e^x$；

(3) $y''+10y'+25y=xe^{-5x}$；　(4) $y''+16y=3\cos 4x-4\sin 4x$.

3. 求下列各微分方程的通解：

(1) $y''-2y'-3y=3x+1$；　(2) $y''+y=\sin x$；

(3) $2y''+y'-y=2e^x$；　(4) $y''-6y'+9y=e^{3x}(x+1)$.

4. 求下列各微分方程满足所给初始条件的特解：

(1) $y''-3y'+2y=5, y|_{x=0}=1, y'|_{x=0}=2$；

(2) $y''-10y'+9y=e^{2x}, y|_{x=0}=\frac{6}{7}, y'|_{x=0}=\frac{33}{7}$；

(3) $y''+y+\sin 2x=0, y|_{x=\pi}=1, y'|_{x=\pi}=1$.

复 习 题 六

1. 选择题：

(1) 以下为一阶微分方程的是(　　).

A. $y''+y=1$　　B. $y''+y'=1$

C. $y''+\sin x=1$　　D. $y+\sin x=y'$

(2) 微分方程 $y'^2+y'y''^3+xy^4=0$ 的阶数是(　　).

A. 1　　B. 2　　C. 3　　D. 4

(3) 以 $y=Ce^{\frac{1}{2}x^2}$ 为通解的微分方程为(　　).

A. $y'+xy=0$　　B. $y'-xy=0$

C. $y'-y=0$　　D. $y'+y=0$

(4) 微分方程 $y'''-x^2y''-x^5=1$ 的通解中应含独立的任意常数的个数为(　　).

A. 2　　B. 3　　C. 4　　D. 5

(5) 微分方程 $y'+2xy=x$ 的通解为 $y=$(　　).

A. $\frac{1}{2}+Ce^{x^2}$　　B. $\frac{1}{2}+Ce^{-x^2}$

C. $2+Ce^{x^2}$　　D. $2+Ce^{-x^2}$

(6) 微分方程$\frac{dy}{dx}=y^2\cos x$ 的通解是(　　).

A. $y=-\sin x+C$　　B. $y=-\cos x+C$

C. $y=\frac{1}{\cos x+C}$　　D. $y=-\frac{1}{\sin x+C}$,还有解 $y=0$

(7) 微分方程$\frac{dy}{dx}=y\tan x+\sec x$ 满足初始条件$y|_{x=0}=0$ 的特解是(　　).

A. $y=\frac{1}{\cos x}(C+x)$　　B. $y=\frac{x}{\cos x}$

C. $y=\frac{x}{\sin x}$　　D. $y=\frac{1}{\cos x}(2+x)$

(8) 已知 $y'''=3$,则 $y=$(　　).

A. $\frac{x^3}{2}+C$　　B. $\frac{x^3}{2}+C_1x^2+C_2x$

C. $\frac{x^3}{2}+\frac{C_1}{2}x^2+C_2x+C_3$　　D. $\frac{3x^3}{2}+\frac{C_1}{2}x^2+C_2x+C_3$

(9) $y''+2y=0$ 的特征方程为(　　).

A. $r^2+2=0$　B. $r^2+1=0$　　C. $r^2+2r=0$　　D. $r^2+r=0$

(10) 下列函数组中线性无关的是(　　).

A. $x^2,\frac{2}{3}x^2$　　B. $\sin 2x,\sin x\cos x$

C. $1+\cos x,\cos^2\frac{x}{2}$　　D. e^x,e^{-2x}

(11) 在下列微分方程中,其通解为 $y=C_1\cos x+C_2\sin x$ 的是(　　).

A. $y''-y'=0$　　B. $y''+y'=0$

C. $y''+y=0$　　D. $y''-y=0$

(12) 如果 λ_1,λ_2 是线性方程 $y''+p(x)y'+q(x)y=0$ 的两个线性无关的特解,则其通解为(　　).

A. $y=C_1\lambda_1+\lambda_2$　　B. $y=C_1\lambda_1+C_2\lambda_2$

C. $y=C_1\lambda_1+C_2e^x$　　D. $y=C\frac{\lambda_1}{\lambda_2}$

(13) 设 $y_1=e^{2x}$，$y_2=e^{3x}$ 均为二阶常系数齐次线性微分方程的解，则该方程为(　　).

A. $y''-5y'+6y=0$　　B. $y''-5y'-6y=0$

C. $y''-y'+6y=0$　　D. $y''-y'-6y=0$

(14) 某曲线上任一点处的切线斜率为该点横、纵坐标之和，且过点(0,0)，则该曲线方程为(　　).

A. $y=x+1+e^x$　　B. $y=x+1-e^x$

C. $y=-x-1+e^x$　　D. $y=x+1+e^{-x}$

2. 填空题：

(1) 微分方程相对于代数方程来说，本质区别在于微分方程中含有________；且它的解在一般情况下不是________而是____________.

(2) 微分方程 $\frac{dy}{dx}=yf(x)$（$f(x)$是可积的已知函数）的通解是________________.

(3) 微分方程 $xy'-y\ln y=0$ 的通解是____________________________.

(4) 微分方程 $(x+y)dx=xdy$ 满足 $y(1)=0$ 的特解是__________________________.

(5) 微分方程 $e^y dy+(\sin x+\cos x)dx=0$ 的通解是__________________________.

(6) 微分方程 $\frac{d^2x}{dt^2}+\omega^2x=0$ 的通解是____________________________.

(7) 以 $y=C_1xe^x+C_2e^x$ 为通解的二阶常系数齐次线性微分方程为____________.

(8) 微分方程 $4y''+4y'+y=0$ 满足初始条件 $y|_{x=0}=2, y'|_{x=0}=0$ 的特解是________.

(9) 微分方程 $y''-4y'+5y=0$ 的特征根是____________________________.

(10) 若方程 $y''+py'+qy=0$（p,q 为常数）的特征方程的特征根 $\lambda_1=\alpha+i\beta$，$\lambda_2=\alpha-i\beta$（α,β 为实数），则微分方程的实数形式的通解为__________________________.

3. 求下列微分方程的通解：

(1) $\frac{dy}{dx}=\frac{4xy}{1+x^2}$；　　(2) $xy'-x\tan\frac{y}{x}=y$；

(3) $y'+\frac{y}{x}=\frac{\sin x}{x}$；　　(4) $\sec^2x\tan y dx+\sec^2y\tan x dy=0$；

(5) $xy^2dx+(1+x^2)dy=0$；　　(6) $y''-6y'+8y=0$；

(7) $xdy+(y-xe^{-x})dx=0$；　　(8) $4\frac{d^2x}{dt^2}-20\frac{dx}{dt}+25x=0$.

4. 求下列微分方程满足所给初始条件的特解：

(1) $y'+\frac{1-2x}{x^2}y=1, y|_{x=1}=0$；

(2) $\frac{dy}{dx}+y\cot x=5e^{\cos x}, y|_{x=\frac{\pi}{2}}=-4$；

(3) $2xydx+(y^2-3x^2)dy=0, y|_{x=0}=1$；

(4) $y''-6y'+9y=0, y|_{x=0}=0, y'|_{x=0}=1$；

(5) $4y''+16y'+15y=4e^{-\frac{3}{2}x}, y|_{x=0}=3, y'|_{x=0}=-\frac{11}{2}$；

(6) $\cos y\sin x dx-\cos x\sin y dy=0, y|_{x=0}=\frac{\pi}{4}$.

5. 一曲线过点(1,1)，且曲线上任一点的切线垂直于此点与原点的连线，求该曲线的方程.

6. 已知物体在空气中冷却的速率与该物体及空气两者温度的差成正比. 假设室温为20℃时，一物体由100℃冷却到60℃需经20 s，问需经过多长时间才能使此物体的温度从100℃降到30℃？

【数学史典故6】

微分方程的发展过程

微分方程是常微分方程与偏微分方程的总称，即含自变量、未知函数及其微商(或偏微商)的方程. 它主要起源于17世纪对物理学的研究. 当数学家们谋求用微积分解决愈来愈多的物理学问题时，他们很快发现，不得不对付一类新的问题，解决这类问题，需要专门的技术，这样微分方程这门学科就应时兴起了.

意大利科学家伽利略(G. Glilei，1564—1642)发现，若自由落体在时间t内下落的距离为h，则加速度$h''(t)$是一个常数. 作为微分方程$h''(t)=g$的解而得到的落体运动规律$h(t)=\frac{1}{2}gt^2$，成为微分方程求解的最早例证，同时也是微积分学的先驱性工作. 牛顿和莱布尼茨创造微分和积分学时，指出了他们的互逆性，事实上是解决了微分方程$y'=f(x)$的求解问题.

荷兰数学家、物理学家惠更斯(C. Huygens，1629—1695)研究钟摆问题，用几何方法得出摆的一些性质. 用微积分研究摆的问题，可以得到摆的运动方程$\frac{\mathrm{d}^2\theta}{\mathrm{d}t^2}+\frac{g}{l}\sin\theta=0$. 天文学中的二体问题、物理学中的弹性理论等都是当时的热门课题，是微分方程建立的直接诱因.

瑞士数学家雅科布·贝努利(Jacob Bernoulli，1654—1705)是最早用微积分求解常微分方程的数学家之一. 他在1690年发表了关于等时问题的解答，即求一条曲线，使得一个摆沿着它做一次完全的振动，都取得相等的时间，而与所经历的弧长无关. 雅科布·贝努利在同一文章中提出"悬链线问题"，即一根柔软而不能伸长的弦悬挂于两固定点，求这弦所形成的曲线. 类似的问题早在1687年已由莱布尼茨提过，雅科布重新提出后，这种曲线称为悬链线. 第二年，莱布尼茨、惠更斯和雅科布的弟弟——约翰·贝努利都发表了各自的解答，其中约翰的解答建立在微分方程$\frac{\mathrm{d}y}{\mathrm{d}x}=\frac{s}{c}$的基础上($s$是曲线中心点到任一点的弧长，$c$依赖于弦在单位长度内的重量). 该方程的解是$y=c\cosh\frac{x}{c}$.

1691年，莱布尼茨在给惠更斯的一封信中，提出了常微分方程的变量分离法. 1695年当雅科布·贝努利提出"贝努利方程"$\frac{\mathrm{d}y}{\mathrm{d}x}=P(x)y+Q(x)y^n$时，莱布尼茨利用变量替换$z=y^{1-n}$将原方程化为线性方程，雅科布利用变量分离法给出解答. 此外，几何中正交轨线问题，物理学中有阻力抛射体运动都引起了数学家们的兴趣. 到1740年，积分因子理论建立后，一阶常微分方程求解的方法已经明晰.

1734年，法国数学家克莱罗解决了以他名字命名的方程$y=xy'+f(y')$，得到通解$y=cx+f(c)$和一个新的解——奇解，即通解的包络. 后来瑞士数学家欧拉(L. Euler，1707—1783)给出一个从特殊积分鉴别奇解的判别法，法国数学家拉普拉斯(P. S. Laplace，1749—

1827)把奇解概念推广到高阶方程和三个变量的方程.到 1774 年拉格朗日(J. L. Lagrange,1736—1813)给出从通解中消去常数得到奇解的一般方法.奇解的完整理论发表于 19 世纪,由柯西与达布等人完成.

二阶常微分方程在 17 世纪末已经出现.约翰·贝努利(Johann Bernoulli,1667—1748)处理过膜盖问题引出的方程$\frac{d^2x}{ds^2}=\left(\frac{dy}{ds}\right)^3$,英国数学家泰勒(B. Taylor,1685—1731)由一根伸长的振动弦的基频导出方程 $a^2x''=s'yy'$,其中 $s'=(x'^2+y'^2)^{\frac{1}{2}}$.1727 年欧拉利用变量替换将一类二阶方程化为一阶方程,开始了二阶方程的系统研究.1736 年,他又得到一类二阶方程的级数解,还求出用积分表示的解.

1734 年,丹尼尔·贝努利(Daniel Bernoulli,1700—1782)得到四阶微分方程,1739 年欧拉给出其解答.1743 年欧拉又讨论了 n 阶齐次微分方程并给出其解.1762—1765 年,拉格朗日研究变系数的方程,得到降阶的方法,证明了一个非齐次常微分方程的伴随方程,就是原方程对应的齐次方程.拉格朗日还发现,知道 n 阶齐次方程 m 个特解后,可以把方程降低 m 阶.此外,微分方程组的研究也在 18 世纪发展起来,但多涉及分析力学.

自从牛顿时代起,物理问题就成为数学发展的一个重要源泉.18 世纪数学和物理的结合点主要是常微分方程.随着物理学科所研究的现象从力学向电学以及电磁学的扩展,到 19 世纪,偏微分方程的求解成为数学家和物理学家关注的重心,对他们的研究又促进了常微分方程的发展.

(摘自《百度文库》)

第七章　无穷级数

级数是进行函数数值计算的主要工具，随着计算机的广泛使用，级数在工程技术和近似计算中的作用日趋明显. 本章在介绍无穷级数的基本概念、数项级数的审敛法和函数项级数基本内容的基础上，讨论幂级数和傅里叶级数等问题.

第一节　数项级数的概念与性质

一、数项级数的概念

引例 7.1【弹簧的运动总路程】 一只球从 100 米的高空落下，每次弹回的高度为上次高度的$\frac{2}{3}$，这样运动下去，小球运动的总路程为

$$100+100\times\frac{2}{3}+100\times\frac{2}{3}+100\times\left(\frac{2}{3}\right)^2+100\times\left(\frac{2}{3}\right)^2+\cdots+100\times\left(\frac{2}{3}\right)^n+100\times\left(\frac{2}{3}\right)^n+\cdots$$

$$=100+200\times\frac{2}{3}+200\times\left(\frac{2}{3}\right)^2+\cdots+200\times\left(\frac{2}{3}\right)^{n-1}+200\times\left(\frac{2}{3}\right)^n+\cdots.$$

其特点是：由无穷多个数相加. 如此，我们有如下定义：

定义 7.1 给定一个数列 $u_1,u_2,u_3,\cdots,u_n,\cdots$，则称式子 $u_1+u_2+u_3+\cdots+u_n+\cdots$ 为常**数项无穷级数**，简称**数项级数**或**级数**. 记作 $\sum\limits_{n=1}^{\infty}u_n$，即

$$\sum_{n=1}^{\infty}u_n=u_1+u_2+u_3+\cdots+u_n+\cdots.$$

其中第 n 项 u_n 称为级数的**一般项**或**通项**.

定义 7.2 称 $S_n=\sum\limits_{i=1}^{n}u_i=u_1+u_2+u_3+\cdots+u_n$ 为级数 $\sum\limits_{n=1}^{\infty}u_n$ 的**前 n 项和**，简称**部分和**，当 n 依次取 1,2,3,…时，就得到一个新的数列

$$S_1,S_2,\cdots,S_n,\cdots,$$

这个数列称为级数 $\sum\limits_{n=1}^{\infty}u_n$ 的**部分和数列**，记为$\{S_n\}$.

定义 7.3 当 n 无限增大时，如果级数 $\sum\limits_{n=1}^{\infty}u_n$ 的部分和数列$\{S_n\}$有极限 S，即

$$\lim_{n\to\infty}S_n=S,$$

则称**级数** $\sum\limits_{n=1}^{\infty}u_n$ **收敛**，并称 S 为**级数** $\sum\limits_{n=1}^{\infty}u_n$ **的和**，记为

$$S=\sum_{n=1}^{\infty}u_n=u_1+u_2+u_3+\cdots+u_n+\cdots.$$

如果级数 $\sum\limits_{n=1}^{\infty}u_n$ 的部分和数列$\{S_n\}$没有极限，则称**级数** $\sum\limits_{n=1}^{\infty}u_n$ **发散**.

当级数 $\sum_{n=1}^{\infty} u_n$ 收敛于 S 时，则可用部分和 S_n 作为该级数和 S 的近似值，其绝对误差是 $|S-S_n|$. 我们称 $S-S_n$ 为该级数的**余项**，记为 r_n，即

$$r_n=S-S_n=u_{n+1}+u_{n+2}+u_{n+3}+\cdots.$$

例 1　讨论**等比级数**(也称**几何级数**)

$$\sum_{n=1}^{\infty} aq^{n-1} = a+aq+aq^2+\cdots+aq^{n-1}+\cdots$$

的敛散性，其中 $a\neq 0$，q 是级数的公比.

解　(1) 如果 $|q|\neq 1$，则部分和

$$S_n=a+aq+aq^2+\cdots+aq^{n-1}=\frac{a(1-q^n)}{1-q}.$$

当 $|q|<1$ 时，$\lim\limits_{n\to\infty} q^n=0$，从而 $\lim\limits_{n\to\infty} S_n=\frac{a}{1-q}$，所以级数 $\sum_{n=1}^{\infty} aq^{n-1}$ 收敛，其和为 $\frac{a}{1-q}$；

当 $|q|>1$ 时，$\lim\limits_{n\to\infty} q^n=\infty$，从而 $\lim\limits_{n\to\infty} S_n=\infty$，所以级数 $\sum_{n=1}^{\infty} aq^{n-1}$ 发散.

(2) 如果 $|q|=1$，若 $q=1$，则 $S_n=na$，从而 $\lim\limits_{n\to\infty} S_n=\infty$，所以级数 $\sum_{n=1}^{\infty} aq^{n-1}$ 发散；若 $q=-1$，则级数 $\sum_{n=1}^{\infty} aq^{n-1}$ 成为 $a-a+a-a+\cdots+(-1)^{n-1}a+\cdots$. 其部分和为

$$S_n=\begin{cases} a, & n=1,3,5,\cdots, \\ 0, & n=2,4,6,\cdots. \end{cases}$$

所以 $\lim\limits_{n\to\infty} S_n$ 不存在，级数 $\sum_{n=1}^{\infty} aq^{n-1}$ 发散.

综上所述，我们得到：当 $|q|<1$ 时，等比级数 $\sum_{n=1}^{\infty} aq^{n-1}$ 收敛，且其和 $S=\frac{a}{1-q}$；当 $|q|\geqslant 1$ 时，等比级数 $\sum_{n=1}^{\infty} aq^{n-1}$ 发散.

特别地，取 $a=1$，$q=x$，且当 $|x|<1$ 时，有

$$\sum_{n=0}^{\infty} x^n = 1+x+x^2+\cdots = \frac{1}{1-x}.$$

这个结果以后经常用到.

例 2　判断级数 $\sum_{n=1}^{\infty} \frac{1}{n(n+1)}$ 的敛散性.

解　因为

$$u_n=\frac{1}{n(n+1)}=\frac{1}{n}-\frac{1}{n+1},$$

所以

$$S_n=\left(1-\frac{1}{2}\right)+\left(\frac{1}{2}-\frac{1}{3}\right)+\cdots+\left(\frac{1}{n}-\frac{1}{n+1}\right)=1-\frac{1}{n+1}.$$

因此

$$\lim_{n\to\infty} S_n=\lim_{n\to\infty}\left(1-\frac{1}{n+1}\right)=1.$$

所以级数 $\sum\limits_{n=1}^{\infty}\dfrac{1}{n(n+1)}$ 收敛，其和 $S=1$.

例 3 考察级数 $\sum\limits_{n=1}^{\infty}\ln\dfrac{n+1}{n}$ 的敛散性.

解 因为 $u_n=\ln\dfrac{n+1}{n}=\ln(n+1)-\ln n$，所以

$$S_n=[\ln 2-\ln 1]+[\ln 3-\ln 2]+\cdots+[\ln(n+1)-\ln n]=\ln(n+1).$$

因此

$$\lim_{n\to\infty}S_n=\lim_{n\to\infty}\ln(n+1)=\infty.$$

所以级数 $\sum\limits_{n=1}^{\infty}\ln\dfrac{n+1}{n}$ 是发散的.

例 4 有 A、B、C 三人按以下方法分一个苹果：先将苹果分成四份，每人各取一份；然后将剩下的一份又分成四份，每人又取一份，以此类推，以至无穷. 验证：最终每人分得苹果的 $\dfrac{1}{3}$.

解 根据题意，每人分得的苹果为

$$\frac{1}{4}+\frac{1}{4^2}+\frac{1}{4^3}+\cdots+\frac{1}{4^n}+\cdots,$$

这是一个等比级数，因公比 $\dfrac{1}{4}<1$，所以此级数收敛，其和为

$$S=\frac{\frac{1}{4}}{1-\frac{1}{4}}=\frac{1}{3}.$$

二、数项级数的性质

根据级数收敛和发散的定义以及极限运算法则，可以得出级数的下列性质：

性质 1 若级数 $\sum\limits_{n=1}^{\infty}u_n$ 与级数 $\sum\limits_{n=1}^{\infty}v_n$ 分别收敛于 S_1、S_2，则级数 $\sum\limits_{n=1}^{\infty}(u_n\pm v_n)$ 也收敛，其和为 $S_1\pm S_2$.

例 5 判断级数 $\sum\limits_{n=1}^{\infty}\left(\dfrac{1}{3^n}+\dfrac{3^n}{4^n}\right)$ 的敛散性.

解 由等比级数的收敛性，得

$$\sum_{n=1}^{\infty}\frac{1}{3^n}=\frac{\frac{1}{3}}{1-\frac{1}{3}}=\frac{1}{2},\sum_{n=1}^{\infty}\frac{3^n}{4^n}=\frac{\frac{3}{4}}{1-\frac{3}{4}}=3.$$

由性质 1，得

$$\sum_{n=1}^{\infty}\left(\frac{2^n}{3^n}+\frac{1}{4^n}\right)=\frac{1}{2}+3=\frac{7}{2}.$$

性质 2 设 k 为非零常数，则级数 $\sum\limits_{n=1}^{\infty}ku_n$ 与 $\sum\limits_{n=1}^{\infty}u_n$ 同时收敛或同时发散. 当同时收敛时，若 $\sum\limits_{n=1}^{\infty}u_n=S$，则

$$\sum_{n=1}^{\infty} ku_n = k\sum_{n=1}^{\infty} u_n = kS.$$

性质 3 在级数 $\sum\limits_{n=1}^{\infty} u_n$ 中增加、去掉或改变有限项,不改变该级数的敛散性.

例 6 判断级数$\frac{1}{2^5}+\frac{1}{2^6}+\frac{1}{2^7}+\cdots+\frac{1}{2^n}+\cdots$的敛散性.

解 由于等比级数 $1+\frac{1}{2}+\frac{1}{2^2}+\frac{1}{2^3}+\cdots+\frac{1}{2^n}+\cdots$的公比 $q=\frac{1}{2}$,因此该级数收敛. 而所给级数为上面级数去掉前五项所得级数,由性质 3 可知,所给级数收敛.

性质 4 收敛级数任意加括号后所成的级数仍然收敛,且收敛于原级数的和.

性质 4 表明,如果加括号后所成的级数发散,则原级数必发散;收敛的级数去掉括号后可能发散,发散的级数加括号后可能收敛.

例如级数$(1-1)+(1-1)+(1-1)+\cdots+(1-1)+\cdots$是收敛的,但去掉括号后的级数 $1-1+1-1+1-1+\cdots$却是发散的,由此可知,级数中的括号不能随意去掉.

若级数 $\sum\limits_{n=1}^{\infty} u_n$ 收敛于 S,即$\lim\limits_{n\to\infty} S_n=S$. 由于 $u_n=S_n-S_{n-1}$,则

$$\lim_{n\to\infty} u_n=\lim_{n\to\infty}(S_n-S_{n-1})=\lim_{n\to\infty} S_n-\lim_{n\to\infty} S_{n-1}=S-S=0.$$

于是,我们得到下面的结论:

定理 7.1(级数收敛的必要条件) 若级数 $\sum\limits_{n=1}^{\infty} u_n$ 收敛,则$\lim\limits_{n\to\infty} u_n=0$.

有必要指出,这个定理的逆命题不正确,即级数的通项的极限为零,并不能保证级数 $\sum\limits_{n=1}^{\infty} u_n$ 收敛. 因此上述性质只是级数收敛的必要条件,而不是充分条件.

与定理 7.1 等价的命题是:

推论 若$\lim\limits_{n\to\infty} u_n\neq 0$,则级数 $\sum\limits_{n=1}^{\infty} u_n$ 发散.

我们经常用这个结论来判断某些级数是发散的.

例 7 证明:**调和级数** $\sum\limits_{n=1}^{\infty} \frac{1}{n}$,虽有$\lim\limits_{n\to\infty} u_n=\lim\limits_{n\to\infty}\frac{1}{n}=0$,但它是发散的.

证明 由拉格朗日中值定理,得

$$\ln(n+1)-\ln n=\frac{1}{n+\theta}<\frac{1}{n}\quad(0<\theta<1).$$

因此调和级数的部分和

$$\begin{aligned}S_n&=1+\frac{1}{2}+\frac{1}{3}+\cdots+\frac{1}{n}\\&>(\ln 2-\ln 1)+(\ln 3-\ln 2)+(\ln 4-\ln 3)+\cdots+(\ln(n+1)-\ln n)\\&=\ln(n+1)\to+\infty.\end{aligned}$$

所以

$$\lim_{n\to\infty} S_n=+\infty.$$

于是级数 $\sum\limits_{n=1}^{\infty} \frac{1}{n}$ 发散.

调和级数 $\sum_{n=1}^{\infty}\frac{1}{n}$ 是常用的标准级数，应熟记.

例 8 判断级数 $\sum_{n=1}^{\infty}\frac{2n-3}{5n+1}$ 的敛散性.

解 因为

$$\lim_{n\to\infty}u_n=\lim_{n\to\infty}\frac{2n-3}{5n+1}=\frac{2}{5}\neq 0,$$

所以级数 $\sum_{n=1}^{\infty}\frac{2n-3}{5n+1}$ 是发散的.

习 题 7-1

1. 写出下列级数的一般项：

(1) $\frac{1}{2\ln 2}+\frac{1}{3\ln 3}+\frac{1}{4\ln 4}+\cdots$；

(2) $\frac{a^2}{3}-\frac{a^3}{5}+\frac{a^4}{7}-\frac{a^5}{9}+\cdots$；

(3) $\frac{\sqrt{x}}{2}+\frac{x}{2\cdot 4}+\frac{x\sqrt{x}}{2\cdot 4\cdot 6}+\frac{x^2}{2\cdot 4\cdot 6\cdot 8}+\cdots$；

(4) $\frac{2}{1}+\frac{2\cdot 5}{1\cdot 5}+\frac{2\cdot 5\cdot 8}{1\cdot 5\cdot 9}+\frac{2\cdot 5\cdot 8\cdot 11}{1\cdot 5\cdot 9\cdot 13}+\cdots$.

2. 判断下列级数的敛散性，并求收敛级数之和：

(1) $\sum_{n=1}^{\infty}\frac{2n}{3n+1}$；

(2) $\sum_{n=1}^{\infty}\frac{1}{n(n+1)(n+2)}$；

(3) $\sum_{n=1}^{\infty}\left(\frac{1}{2^n}-\frac{1}{3^n}\right)$；

(4) $\sum_{n=1}^{\infty}\left(\frac{n+1}{n}\right)^n$；

(5) $\sum_{n=1}^{\infty}\frac{(-1)^{n-1}}{2^n}$；

(6) $\sum_{n=1}^{\infty}\ln\left(1+\frac{1}{n}\right)$；

(7) $\sum_{n=1}^{\infty}\frac{1}{3n}$；

(8) $\sum_{n=1}^{\infty}\frac{1}{\sqrt{n+1}+\sqrt{n}}$.

第二节 数项级数的审敛法

一、正项级数的审敛法

定义 7.4 若级数 $\sum_{n=1}^{\infty}u_n$ 中的各项均有 $u_n\geqslant 0(n=1,2,3,\cdots)$，则称级数 $\sum_{n=1}^{\infty}u_n$ 为**正项级数**.

正项级数收敛的充分必要条件有如下定理：

定理 7.2 正项级数 $\sum_{n=1}^{\infty}u_n$ 收敛的充分必要条件是它的部分和数列$\{S_n\}$有界.

1. 正项级数的比较审敛法

由定理 7.2，我们可以推出：

定理 7.3(比较审敛法) 设 $\sum_{n=1}^{\infty}u_n$ 和 $\sum_{n=1}^{\infty}v_n$ 均为正项级数，且 $u_n\leqslant v_n(n=1,2,3,\cdots)$，

(1) 如果级数 $\sum_{n=1}^{\infty}v_n$ 收敛，则级数 $\sum_{n=1}^{\infty}u_n$ 也收敛；

(2) 如果级数 $\sum_{n=1}^{\infty}u_n$ 发散，则级数 $\sum_{n=1}^{\infty}v_n$ 也发散.

例 1 讨论 p-**级数** $\sum_{n=1}^{\infty}\frac{1}{n^p}$ 的敛散性，其中 $p>0$ 且为常数.

解 当 $0<p\leqslant 1$ 时，$\frac{1}{n^p}\geqslant\frac{1}{n}$，由于调和级数 $\sum_{n=1}^{\infty}\frac{1}{n}$ 发散，由比较审敛法知级数 $\sum_{n=1}^{\infty}\frac{1}{n^p}$ 是发散的.

当 $p>1$ 时，顺次把 p-级数的第 1 项，第 2 项到第 3 项，第 4 项到第 7 项，第 8 项到第 15 项，…，括在一起，得

$$1+\left(\frac{1}{2^p}+\frac{1}{3^p}\right)+\left(\frac{1}{4^p}+\frac{1}{5^p}+\frac{1}{6^p}+\frac{1}{7^p}\right)+\left(\frac{1}{8^p}+\cdots+\frac{1}{15^p}\right)+\cdots$$

$$\leqslant 1+\left(\frac{1}{2^p}+\frac{1}{2^p}\right)+\left(\frac{1}{4^p}+\frac{1}{4^p}+\frac{1}{4^p}+\frac{1}{4^p}\right)+\left(\frac{1}{8^p}+\cdots+\frac{1}{8^p}\right)+\cdots$$

$$=1+\left(\frac{1}{2^{p-1}}\right)+\left(\frac{1}{2^{p-1}}\right)^2+\left(\frac{1}{2^{p-1}}\right)^3+\cdots.$$

由于级数 $1+\left(\frac{1}{2^{p-1}}\right)+\left(\frac{1}{2^{p-1}}\right)^2+\left(\frac{1}{2^{p-1}}\right)^3+\cdots$ 是等比级数，其公比为 $|q|=\frac{1}{2^{p-1}}<1$，因此该级数收敛，由比较审敛法知级数 $\sum_{n=1}^{\infty}\frac{1}{n^p}$ 是收敛的.

综上所述，当 $p>1$ 时，级数 $\sum_{n=1}^{\infty}\frac{1}{n^p}$ 收敛；当 $0<p\leqslant 1$ 时，级数 $\sum_{n=1}^{\infty}\frac{1}{n^p}$ 发散.

例 2 判定级数 $\sum_{n=1}^{\infty}\frac{1}{(n+1)(n+4)}$ 的敛散性.

解 因为级数的一般项 $u_n=\frac{1}{(n+1)(n+4)}$ 满足

$$\frac{1}{(n+1)(n+4)}<\frac{1}{n^2},$$

而级数 $\sum_{n=1}^{\infty}\frac{1}{n^2}$ 是 $p=2$ 的 p-级数，它是收敛的，所以原级数也是收敛的.

例 3 判断级数 $\sum_{n=1}^{\infty}\frac{1}{3n-1}$ 的敛散性.

解法 因为

$$u_n=\frac{1}{3n-1}>\frac{1}{3n}=v_n \quad (n=1,2,3,\cdots),$$

又知调和级数 $\sum_{n=1}^{\infty}\frac{1}{n}$ 发散，由级数的基本性质得 $\sum_{n=1}^{\infty}\frac{1}{3n}$ 也发散，再由比较审敛法可知级数 $\sum_{n=1}^{\infty}\frac{1}{3n-1}$ 是发散的.

例 4 判断级数 $\sum_{n=1}^{\infty}\left(\frac{n}{3n+1}\right)^n$ 的敛散性.

解 因为

$$\left(\frac{n}{3n+1}\right)^n<\left(\frac{n}{3n}\right)^n=\left(\frac{1}{3}\right)^n=v_n \quad (n=1,2,3,\cdots),$$

而等比级数 $\sum_{n=1}^{\infty}\left(\frac{1}{3}\right)^n$ 是收敛的，由比较审敛法知级数 $\sum_{n=1}^{\infty}\left(\frac{n}{3n+1}\right)^n$ 也收敛.

例 5 判断级数 $\sum\limits_{n=1}^{\infty}\dfrac{1}{\sqrt{n+1}(n+4)}$ 的敛散性.

解 由于 $u_n=\dfrac{1}{\sqrt{n+1}(n+4)}<\dfrac{1}{n^{\frac{3}{2}}}=v_n(n=1,2,3,\cdots)$，而级数 $\sum\limits_{n=1}^{\infty}\dfrac{1}{n^{\frac{3}{2}}}$ 是 $p=\dfrac{3}{2}$的 p-级数，它是收敛的，所以由比较审敛法知原级数也是收敛的.

在应用比较审敛法时，需要先找出一个敛散性已知或敛散性易判断的级数，作为比较对象来判断所讨论的正项级数的敛散性. 此时，应先对该正项级数的敛散性进行猜想，即如果猜想 $\sum\limits_{n=1}^{\infty}u_n$ 收敛，为利用比较审敛法证明其的确收敛，则需适当放大 u_n，使以其放大后的表达式 v_n 作为通项的正项级数 $\sum\limits_{n=1}^{\infty}v_n$ 收敛. 如果猜想 $\sum\limits_{n=1}^{\infty}u_n$ 发散，则需适当缩小 u_n，使以其缩小后的表达式 v_n 作为通项的正项级数 $\sum\limits_{n=1}^{\infty}v_n$ 发散. 在应用这种方法时，通常选用 p-级数、等比级数、调和级数作为比较对象.

定理 7.4(极限形式的比较审敛法) 设 $\sum\limits_{n=1}^{\infty}u_n$ 与 $\sum\limits_{n=1}^{\infty}v_n$ 都是正项级数，且

$$\lim_{n\to\infty}\frac{u_n}{v_n}=k\quad(k>0),$$

则 $\sum\limits_{n=1}^{\infty}u_n$ 与 $\sum\limits_{n=1}^{\infty}v_n$ 的敛散性相同.

例 6 判断级数 $\sum\limits_{n=1}^{\infty}\dfrac{1}{\sqrt{3+n^2}}$ 的敛散性.

解 设 $v_n=\dfrac{1}{n}$，则

$$\lim_{n\to\infty}\frac{u_n}{v_n}=\lim_{n\to\infty}\frac{\frac{1}{\sqrt{3+n^2}}}{\frac{1}{n}}=\lim_{n\to\infty}\frac{1}{\sqrt{3+n^2}}\cdot n=1.$$

由于 $\sum\limits_{n=1}^{\infty}v_n=\sum\limits_{n=1}^{\infty}\dfrac{1}{n}$ 为调和级数，是发散级数，由极限形式的比较审敛法可知 $\sum\limits_{n=1}^{\infty}\dfrac{1}{\sqrt{3+n^2}}$ 发散.

例 7 判断级数 $\sum\limits_{n=1}^{\infty}\dfrac{1}{\sqrt{2+n^3}}$ 的敛散性.

解 设 $v_n=\dfrac{1}{n^{\frac{3}{2}}}$，则

$$\lim_{n\to\infty}\frac{u_n}{v_n}=\frac{\frac{1}{\sqrt{2+n^3}}}{\frac{1}{n^{\frac{3}{2}}}}=\lim_{n\to\infty}\frac{1}{\sqrt{2+n^3}}\cdot n^{\frac{3}{2}}=1.$$

由于 $\sum\limits_{n=1}^{\infty}v_n=\sum\limits_{n=1}^{\infty}\dfrac{1}{n^{\frac{3}{2}}}$ 为 $p=\dfrac{3}{2}$ 的 p-级数，它是收敛级数，由极限形式的比较判别法可

知级数 $\sum\limits_{n=1}^{\infty} \frac{1}{\sqrt{2+n^3}}$ 收敛.

2. 正项级数的比值审敛法

定理 7.5(比值审敛法) 设 $\sum\limits_{n=1}^{\infty} u_n$ 是一个正项级数,且

$$\lim_{n\to\infty}\frac{u_{n+1}}{u_n}=\rho,$$

则

(1) 当 $\rho<1$ 时,级数 $\sum\limits_{n=1}^{\infty} u_n$ 收敛;

(2) 当 $\rho>1$(或 $\lim\limits_{n\to\infty}\frac{u_{n+1}}{u_n}=\infty$)时,级数 $\sum\limits_{n=1}^{\infty} u_n$ 发散;

(3) 当 $\rho=1$ 时,级数 $\sum\limits_{n=1}^{\infty} u_n$ 可能收敛,也可能发散.

例 8 判断下列级数的敛散性:

(1) $\sum\limits_{n=1}^{\infty} \frac{1}{n!}$; (2) $\sum\limits_{n=1}^{\infty} \frac{3^n}{2^n n^2}$.

解 (1) 因为

$$\lim_{n\to\infty}\frac{u_{n+1}}{u_n}=\lim_{n\to\infty}\frac{\frac{1}{(n+1)!}}{\frac{1}{n!}}=\lim_{n\to\infty}\frac{1}{n+1}=0<1,$$

由比值审敛法可知,级数 $\sum\limits_{n=1}^{\infty} \frac{1}{n!}$ 是收敛的.

(2) 因为

$$\lim_{n\to\infty}\frac{u_{n+1}}{u_n}=\lim_{n\to\infty}\frac{\frac{3^{n+1}}{2^{n+1}\cdot(n+1)^2}}{\frac{3^n}{2^n\cdot n^2}}=\lim_{n\to\infty}\frac{3}{2\left(1+\frac{1}{n}\right)^2}=\frac{3}{2}>1,$$

由比值审敛法可知,级数 $\sum\limits_{n=1}^{\infty} \frac{3^n}{2^n n^2}$ 是发散的.

例 9 判断级数 $\sum\limits_{n=1}^{\infty} \frac{1}{(n+1)(n+2)}$ 的敛散性.

解 因为

$$\lim_{n\to\infty}\frac{u_{n+1}}{u_n}=\lim_{n\to\infty}\frac{\frac{1}{(n+1+1)(n+1+2)}}{\frac{1}{(n+1)(n+2)}}=\lim_{n\to\infty}\frac{(n+1)(n+2)}{(n+1+1)(n+1+2)}=\lim_{n\to\infty}\frac{n+1}{n+3}=1,$$

所以比值审敛法失效,我们选用比较审敛法.

由于级数的通项 $u_n=\frac{1}{(n+1)(n+2)}<\frac{1}{n^2}$,而 p-级数 $\sum\limits_{n=1}^{\infty} \frac{1}{n^2}$ 是收敛的,所以由比较审敛法知原级数 $\sum\limits_{n=1}^{\infty} \frac{1}{(n+1)(n+2)}$ 是收敛的.

二、交错级数及其收敛性

定义 7.5 设 $u_n>0(n=1,2,3,\cdots)$，则称级数 $\sum\limits_{n=1}^{\infty}(-1)^{n-1}u_n$ 为**交错级数**.

交错级数具有下列重要结论：

定理 7.6(莱布尼茨判别法) 如果交错级数 $\sum\limits_{n=1}^{\infty}(-1)^{n-1}u_n$ $(u_n>0,n=1,2,3,\cdots)$满足条件：

(1) $u_n\geqslant u_{n+1}$ $(n=1,2,3,\cdots)$；

(2) $\lim\limits_{n\to\infty}u_n=0$.

则交错级数 $\sum\limits_{n=1}^{\infty}(-1)^{n-1}u_n$ $(u_n>0,n=1,2,3,\cdots)$收敛.

例 10 判断交错级数 $1-\frac{1}{2}+\frac{1}{3}-\frac{1}{4}+\cdots+(-1)^{n-1}\frac{1}{n}+\cdots$的收敛性.

解 因为交错级数 $1-\frac{1}{2}+\frac{1}{3}-\frac{1}{4}+\cdots+(-1)^{n}\frac{1}{n}+\cdots=\sum\limits_{n=1}^{\infty}(-1)^{n-1}\frac{1}{n}$ 中 $u_n=\frac{1}{n}$，它满足条件：

(1) $u_n=\frac{1}{n}>\frac{1}{n+1}=u_{n+1}$；

(2) $\lim\limits_{n\to\infty}u_n=\lim\limits_{n\to\infty}\frac{1}{n}=0$.

由定理 7.6 知，所给级数是收敛的.

三、绝对收敛与条件收敛

对于一般的任意项级数没有判断其收敛性的通用方法，通常是将级数

$$\sum_{n=1}^{\infty}u_n=u_1+u_2+\cdots+u_n+\cdots$$

的敛散性问题化为研究级数

$$\sum_{n=1}^{\infty}|u_n|=|u_1|+|u_2|+\cdots+|u_n|+\cdots$$

的敛散性问题，即转化为正项级数的敛散性问题.

定义 7.6 如果级数 $\sum\limits_{n=1}^{\infty}u_n$ 收敛，且级数 $\sum\limits_{n=1}^{\infty}|u_n|$ 也收敛，则称级数 $\sum\limits_{n=1}^{\infty}u_n$ 绝对收敛.

定义 7.7 如果级数 $\sum\limits_{n=1}^{\infty}u_n$ 收敛，而级数 $\sum\limits_{n=1}^{\infty}|u_n|$ 发散，则称级数 $\sum\limits_{n=1}^{\infty}u_n$ 条件收敛.

下面定理给出了级数 $\sum\limits_{n=1}^{\infty}u_n$ 与 $\sum\limits_{n=1}^{\infty}|u_n|$ 敛散性之间的关系：

定理 7.7 如果级数 $\sum\limits_{n=1}^{\infty}|u_n|$ 收敛，则级数 $\sum\limits_{n=1}^{\infty}u_n$ 也收敛.

定理 7.7 说明了如果级数 $\sum\limits_{n=1}^{\infty}|u_n|$ 收敛，就能得出级数 $\sum\limits_{n=1}^{\infty}u_n$ 绝对收敛的结论.

例 11 判断下列级数的敛散性. 若收敛，指出是条件收敛还是绝对收敛.

(1) $\sum\limits_{n=1}^{\infty}\frac{\cos nx}{2^n}$；　　(2) $\sum\limits_{n=1}^{\infty}(-1)^{n-1}\frac{n!}{n^n}$；

(3) $\sum\limits_{n=1}^{\infty}(-1)^{n-1}\frac{1}{n}$.

解　(1) 因为级数 $\sum\limits_{n=1}^{\infty}\frac{\cos nx}{2^n}$ 是任意项级数，所以先考察级数 $\sum\limits_{n=1}^{\infty}\left|\frac{\cos nx}{2^n}\right|$ 的敛散性.

由于 $0\leqslant\left|\frac{\cos nx}{2^n}\right|\leqslant\frac{1}{2^n}$，而等比级数 $\sum\limits_{n=1}^{\infty}\frac{1}{2^n}$ 是收敛的，由正项级数的比较审敛法知，级数 $\sum\limits_{n=1}^{\infty}\left|\frac{\cos nx}{2^n}\right|$ 收敛.

根据定理 7.7 可得，原级数 $\sum\limits_{n=1}^{\infty}\frac{\cos nx}{2^n}$ 也收敛，因此级数 $\sum\limits_{n=1}^{\infty}\frac{\cos nx}{2^n}$ 绝对收敛.

(2) 因为

$$\lim_{n\to\infty}\left|\frac{u_{n+1}}{u_n}\right|=\lim_{n\to\infty}\frac{(n+1)!}{(n+1)^{n+1}}\cdot\frac{n^n}{n!}=\lim_{n\to\infty}\left(\frac{n}{n+1}\right)^n=\frac{1}{\mathrm{e}}<1,$$

所以由正项级数的比值审敛法，得级数 $\sum\limits_{n=1}^{\infty}\left|(-1)^{n-1}\frac{n!}{n^n}\right|=\sum\limits_{n=1}^{\infty}\frac{n!}{n^n}$ 收敛.

由定理 7.7 可得，原级数 $\sum\limits_{n=1}^{\infty}(-1)^{n-1}\frac{n!}{n^n}$ 绝对收敛.

(3) 由例 10 知级数 $\sum\limits_{n=1}^{\infty}(-1)^{n-1}\frac{1}{n}$ 是收敛的，而级数 $\sum\limits_{n=1}^{\infty}\left|(-1)^{n-1}\frac{1}{n}\right|=\sum\limits_{n=1}^{\infty}\frac{1}{n}$ 是发散的. 所以原级数 $\sum\limits_{n=1}^{\infty}(-1)^{n-1}\frac{1}{n}$ 条件收敛.

习 题 7-2

1. 用比较审敛法判断下列级数的敛散性：

(1) $\sum\limits_{n=1}^{\infty}\frac{1}{n^2+1}$；　　(2) $\sum\limits_{n=1}^{\infty}\frac{1}{2n-1}$；

(3) $\sum\limits_{n=1}^{\infty}\frac{1}{(2n+1)^2}$；　　(4) $\sum\limits_{n=1}^{\infty}\frac{1}{\sqrt{n+2}}$；

(5) $\sum\limits_{n=1}^{\infty}\frac{1}{n\sqrt{n+1}}$；　　(6) $\sum\limits_{n=1}^{\infty}\sin\frac{\pi}{4^n}$.

2. 用比值审敛法判断下列级数的敛散性：

(1) $\sum\limits_{n=1}^{\infty}\frac{n^2}{2^n}$；　　(2) $\sum\limits_{n=1}^{\infty}\frac{3^n}{n\cdot 2^n}$；

(3) $\sum\limits_{n=1}^{\infty}\frac{2^n\cdot n!}{n^n}$；　　(4) $\sum\limits_{n=1}^{\infty}n\tan\frac{\pi}{2^{n+1}}$.

3. 判定下列级数的敛散性. 若收敛，指出是条件收敛还是绝对收敛：

(1) $\sum\limits_{n=1}^{\infty}\frac{(-1)^{n-1}}{3\cdot 2^n}$；　　(2) $\sum\limits_{n=1}^{\infty}(-1)^{n+1}\cdot\frac{n}{3^{n-1}}$；

(3) $\sum\limits_{n=1}^{\infty}\frac{(-1)^{n-1}}{n+1}$；　　(4) $\sum\limits_{n=1}^{\infty}\frac{(-1)^{n-1}}{\sqrt[n]{n}}$.

第三节　幂级数及其收敛性

一、幂级数的概念

引例 7.2【等比级数的和】 考察等比级数 $\sum_{n=0}^{\infty} x^n = 1 + x + x^2 + \cdots + x^n + \cdots$ 的和.

由等比级数的敛散性知道,当且仅当 $|x| < 1$ 时,级数 $\sum_{n=0}^{\infty} x^n$ 收敛;当 $|x| \geqslant 1$ 时,级数 $\sum_{n=0}^{\infty} x^n$ 发散.

也就是说,当 $x \in (-1,1)$ 时,级数 $\sum_{n=0}^{\infty} x^n$ 收敛,其和是一个函数

$$S(x) = \sum_{n=0}^{\infty} x^n = 1 + x + x^2 + \cdots + x^n + \cdots = \frac{1}{1-x}.$$

当 x 在区间 $(-1,1)$ 以外的点处取值时,级数 $\sum_{n=0}^{\infty} x^n$ 都发散.

一般地,我们有如下定义:

定义 7.8 设 $u_n(x)(n=1,2,3,\cdots)$ 是定义在区间 I 上的函数列,则称 $\sum_{n=1}^{\infty} u_n(x)$ 为定义在区间 I 上的**函数项级数**.

注意

对于区间 I 内每一点 x_0,函数项级数 $\sum_{n=1}^{\infty} u_n(x)$ 都可化为常数项级数 $\sum_{n=1}^{\infty} u_n(x_0)$.

定义 7.9 若级数 $\sum_{n=1}^{\infty} u_n(x_0)$ 收敛,则称点 x_0 为函数项级数 $\sum_{n=1}^{\infty} u_n(x)$ 的**收敛点**,级数 $\sum_{n=1}^{\infty} u_n(x)$ 的收敛点的全体,称为该级数的**收敛域**. 若级数 $\sum_{n=1}^{\infty} u_n(x_0)$ 发散,则称点 x_0 为函数项级数 $\sum_{n=1}^{\infty} u_n(x)$ 的**发散点**.

对收敛域内每一点 x, $\sum_{n=1}^{\infty} u_n(x)$ 的和是 x 的函数,称这个函数为 $\sum_{n=1}^{\infty} u_n(x)$ 的**和函数**,记为 $S(x)$,即在收敛域内总有

$$S(x) = \sum_{n=1}^{\infty} u_n(x).$$

定义 7.10 形如

$$\sum_{n=0}^{\infty} a_n (x-x_0)^n = a_0 + a_1(x-x_0) + a_2(x-x_0)^2 + \cdots + a_n(x-x_0)^n + \cdots \quad (7\text{-}1)$$

的函数项级数称为**幂级数**,其中 $a_0, a_1, a_2, \cdots$ 称为幂级数的**系数**. 当 $x_0 = 0$ 时,有

$$\sum_{n=0}^{\infty} a_n x^n = a_0 + a_1 x + a_2 x^2 + \cdots + a_n x^n + \cdots. \quad (7\text{-}2)$$

下面,我们着重讨论幂级数 $\sum_{n=0}^{\infty} a_n x^n$ 的情形,因为只要把幂级数(7-2)中的 x 换成 $x - x_0$

就可以得到幂级数(7-1).

二、幂级数的收敛域

对于一般的幂级数,其基本问题依然有两个：一是何处收敛,收敛域是否为一个区间?二是其和等于什么?对此,给出下面的定理.

定理 7.8(阿贝尔定理)：

(1) 级数 $\sum_{n=0}^{\infty}a_nx^n$ 在 $x=0$ 处收敛；

(2) 若级数 $\sum_{n=0}^{\infty}a_nx^n$ 在 $x=x_0(x_0\neq0)$ 处收敛,则对于所有满足 $|x|<|x_0|$ 的点 x,幂级数 $\sum_{n=0}^{\infty}a_nx^n$ 绝对收敛；

(3) 若幂级数 $\sum_{n=0}^{\infty}a_nx^n$ 在 $x=x_0$ $(x_0\neq0)$处发散,则对于所有满足 $|x|>|x_0|$ 的点 x,幂级数 $\sum_{n=0}^{\infty}a_nx^n$ 都发散.

定理 7.8 揭示了幂级数收敛点集的结构.即如果幂级数 $\sum_{n=0}^{\infty}a_nx^n$ 在 $x=x_0$ 处收敛,则在区间$(-|x_0|,|x_0|)$内绝对收敛;如果幂级数在 $x=x_1$ 处发散,则对于区间$[-|x_1|,|x_1|]$外的任何点 x 处必定发散.为此有下面的推论：

推论　如果幂级数 $\sum_{n=0}^{\infty}a_nx^n$ 不是仅在 $x=0$ 处收敛,也不是在$(-\infty,+\infty)$内都收敛,则必有一个完全确定的正数 R 存在,使得

(1) 当 $|x|<R$ 时, $\sum_{n=0}^{\infty}a_nx^n$ 绝对收敛；

(2) 当 $|x|>R$ 时, $\sum_{n=0}^{\infty}a_nx^n$ 发散；

(3) 当 $x=-R$ 与 $x=R$ 时, $\sum_{n=0}^{\infty}a_nx^n$ 可能收敛,也可能发散.

我们称上述正数 R 为幂级数 $\sum_{n=0}^{\infty}a_nx^n$ 的**收敛半径**.区间$(-R,R)$为幂级数 $\sum_{n=0}^{\infty}a_nx^n$ 的**收敛区间**,考虑区间端点的收敛性,可得幂级数 $\sum_{n=0}^{\infty}a_nx^n$ 的**收敛域**.

图 7-1 为上述推论的几何说明：

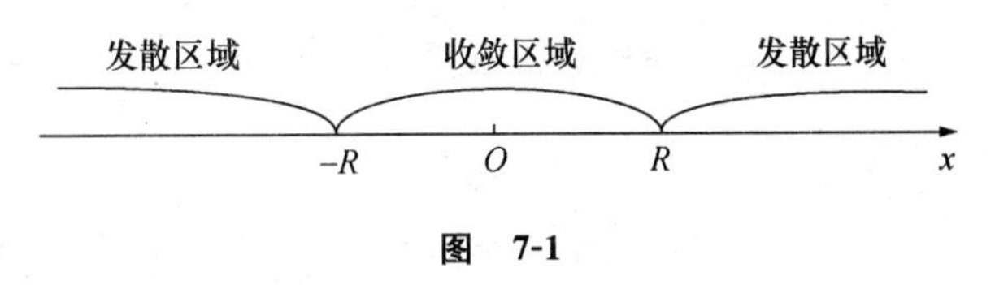

图　7-1

由以上讨论可知,幂级数的收敛域为一区间.欲求幂级数的收敛域,只要求出收敛半径 R,然后再判别幂级数在点 $x=\pm R$ 处的敛散性便可得出,即收敛域为$(-R,R)$、$[-R,R)$、$(-R,R]$、$[-R,R]$之一.

下面给出确定幂级数 $\sum_{n=0}^{\infty} a_n x^n$ 的收敛半径 R 的一个定理.

定理 7.9 对于幂级数 $\sum_{n=0}^{\infty} a_n x^n$，设 $a_n \neq 0\ (n=0,1,2,3,\cdots)$，并设

$$\lim_{n\to\infty}\left|\frac{a_{n+1}}{a_n}\right|=\rho,$$

(1) 当 $0<\rho<+\infty$ 时，收敛半径 $R=\frac{1}{\rho}$；

(2) 当 $\rho=0$ 时，收敛半径 $R=+\infty$；

(3) 当 $\rho=+\infty$ 时，收敛半径 $R=0$.

例 1 求幂级数 $\sum_{n=1}^{\infty} n^n x^n$ 的收敛半径.

解 由于

$$\rho=\lim_{n\to\infty}\left|\frac{a_{n+1}}{a_n}\right|=\lim_{n\to\infty}\left|\frac{(n+1)^{n+1}}{n^n}\right|=\lim_{n\to\infty}\left(1+\frac{1}{n}\right)^n(n+1)=+\infty.$$

所以幂级数 $\sum_{n=1}^{\infty} n^n x^n$ 的收敛半径为 $R=0$.

例 2 求幂级数 $\sum_{n=1}^{\infty} \frac{x^n}{n!}$ 的收敛域.

解 由于

$$\rho=\lim_{n\to\infty}\left|\frac{a_{n+1}}{a_n}\right|=\lim_{n\to\infty}\left|\frac{\frac{1}{(n+1)!}}{\frac{1}{n!}}\right|=\lim_{n\to\infty}\frac{1}{n+1}=0.$$

所以幂级数 $\sum_{n=1}^{\infty} \frac{x^n}{n!}$ 的收敛半径为 $R=+\infty$，收敛域为 $(-\infty,+\infty)$.

例 3 求幂级数 $\sum_{n=1}^{\infty} \frac{x^n}{n}$ 的收敛半径、收敛区间和收敛域.

解 由于

$$\rho=\lim_{n\to\infty}\left|\frac{a_{n+1}}{a_n}\right|=\lim_{n\to\infty}\left|\frac{\frac{1}{n+1}}{\frac{1}{n}}\right|=\lim_{n\to\infty}\frac{n}{n+1}=1.$$

所以幂级数 $\sum_{n=1}^{\infty} \frac{x^n}{n}$ 的收敛半径为 $R=\frac{1}{\rho}=1$，收敛区间为 $(-1,1)$.

当 $x=-1$ 时，原级数化为 $-1+\frac{1}{2}-\frac{1}{3}+\frac{1}{4}-\cdots$ 为交错级数，由莱布尼茨定理知其收敛；

当 $x=1$ 时，原级数化为 $1+\frac{1}{2}+\cdots+\frac{1}{n}+\cdots$ 为调和级数，是发散的.

由以上讨论可知所给级数的收敛域为 $[-1,1)$.

例 4 求幂级数 $\sum_{n=0}^{\infty} \frac{(x-2)^n}{\sqrt{n+1}}$ 的收敛域.

解 令 $x-2=t$，则 $\sum_{n=0}^{\infty}\frac{(x-2)^n}{\sqrt{n+1}}=\sum_{n=0}^{\infty}\frac{t^n}{\sqrt{n+1}}$. 由于

$$\rho=\lim_{n\to\infty}\left|\frac{a_{n+1}}{a_n}\right|=\lim_{n\to\infty}\frac{1}{\sqrt{n+1+1}}\cdot\sqrt{n+1}=1,$$

所以幂级数 $\sum_{n=0}^{\infty}\frac{t^n}{\sqrt{n+1}}$ 的收敛半径为 $R=\frac{1}{\rho}=1$.

也就是说，当 $-1<x-2<1$，即 $1<x<3$ 时，原级数 $\sum_{n=0}^{\infty}\frac{(x-2)^n}{\sqrt{n+1}}$ 收敛.

当 $x=1$ 时，级数 $\sum_{n=0}^{\infty}\frac{(x-2)^n}{\sqrt{n+1}}=\sum_{n=0}^{\infty}\frac{(1-2)^n}{\sqrt{n+1}}=\sum_{n=0}^{\infty}\frac{(-1)^n}{\sqrt{n+1}}$ 为交错级数，易知它是收敛的；

当 $x=3$ 时，级数 $\sum_{n=0}^{\infty}\frac{(x-2)^n}{\sqrt{n+1}}=\sum_{n=0}^{\infty}\frac{(3-2)^n}{\sqrt{n+1}}=\sum_{n=0}^{\infty}\frac{1}{\sqrt{n+1}}$ 为 $p=\frac{1}{2}<1$ 的 p-级数，它是发散的.

因此原级数 $\sum_{n=0}^{\infty}\frac{(x-2)^n}{\sqrt{n+1}}$ 的收敛域为$[1,3)$.

三、幂级数的性质

1. 连续性

若幂级数 $\sum_{n=0}^{\infty}a_nx^n$ 在收敛区间 $(-R,R)$ 内的和函数为 $S(x)$，则在区间 $(-R,R)$ 内，$S(x)$ 是连续函数.

也就是说，当 $x_0\in(-R,R)$ 时，有

$$\lim_{x\to x_0}S(x)=\lim_{x\to x_0}\left(\sum_{n=0}^{\infty}a_nx^n\right)=\sum_{n=0}^{\infty}\left(\lim_{x\to x_0}a_nx^n\right)=\sum_{n=0}^{\infty}a_nx_0^n=S(x_0).$$

2. 加减法和乘法

设幂级数 $\sum_{n=0}^{\infty}a_nx^n$ 在收敛区间 $(-R_1,R_1)$ 内的和函数为 $S_1(x)$，幂级数 $\sum_{n=0}^{\infty}b_nx^n$ 在收敛区间 $(-R_2,R_2)$ 内的和函数为 $S_2(x)$，取 $R=\min(R_1,R_2)$，则在区间 $(-R,R)$ 内有下列运算：

(1) 加法

$$\sum_{n=0}^{\infty}a_nx^n+\sum_{n=0}^{\infty}b_nx^n=\sum_{n=0}^{\infty}(a_n+b_n)x^n=S_1(x)+S_2(x).$$

(2) 减法

$$\sum_{n=0}^{\infty}a_nx^n-\sum_{n=0}^{\infty}b_nx^n=\sum_{n=0}^{\infty}(a_n-b_n)x^n=S_1(x)-S_2(x).$$

(3) 乘法

$$\sum_{n=0}^{\infty}a_nx^n\cdot\sum_{n=0}^{\infty}b_nx^n=a_0b_0+(a_0b_1+a_1b_0)x+(a_0b_2+a_1b_1+a_2b_0)x_2$$

$$+\cdots+(a_0b_n+a_1b_{n-1}+a_2b_{n-2}+\cdots+a_nb_0)x^n+\cdots$$

$$=\sum_{n=0}^{\infty}(a_0b_n+a_1b_{n-1}+a_2b_{n-2}+\cdots+a_nb_0)x^n=S_1(x)S_2(x).$$

3. 逐项求导

设幂级数 $\sum\limits_{n=0}^{\infty}a_nx^n$ 在收敛区间$(-R,R)$内的和函数为 $S(x)$，则在区间$(-R,R)$内，$S(x)$可导，且有逐项求导公式

$$S'(x)=\left(\sum_{n=0}^{\infty}a_nx^n\right)'=\sum_{n=0}^{\infty}(a_nx^n)'=\sum_{n=0}^{\infty}na_nx^{n-1}.$$

逐项求导后的幂级数与原幂级数有相同的收敛半径，但在收敛区间端点处，级数的敛散性可能会改变.

4. 逐项积分

设幂级数 $\sum\limits_{n=0}^{\infty}a_nx^n$ 在收敛区间$(-R,R)$内的和函数为 $S(x)$，则在区间$(-R,R)$内，$S(x)$可积，且有逐项积分公式

$$\int_0^x S(x)\mathrm{d}x=\int_0^x\left(\sum_{n=0}^{\infty}a_nx^n\right)\mathrm{d}x=\sum_{n=0}^{\infty}\left(\int_0^x a_nx^n\mathrm{d}x\right)=\sum_{n=0}^{\infty}\frac{a_n}{n+1}x^{n+1}.$$

逐项积分后的幂级数与原幂级数有相同的收敛半径，但在收敛区间端点处，级数的敛散性可能会改变.

例 5 求下列级数的和函数：

(1) $\sum\limits_{n=1}^{\infty}(-1)^{n-1}\frac{x^n}{n}$；　　(2) $\sum\limits_{n=1}^{\infty}nx^{n-1}$.

解 (1) 容易求出级数 $\sum\limits_{n=1}^{\infty}(-1)^{n-1}\frac{x^n}{n}$ 的收敛区间为$(-1,1)$，并设该级数在收敛区间内的和函数为 $S(x)$，即

$$S(x)=\sum_{n=1}^{\infty}(-1)^{n-1}\frac{x^n}{n},$$

由级数的微分性质，得

$$S'(x)=\left[\sum_{n=1}^{\infty}(-1)^{n-1}\frac{x^n}{n}\right]'=\sum_{n=1}^{\infty}\left[(-1)^{n-1}\frac{x^n}{n}\right]'=\sum_{n=1}^{\infty}(-1)^{n-1}x^{n-1}$$

$$=\frac{1}{1-(-x)}=\frac{1}{1+x},x\in(-1,1).$$

对上式两边求积分，得

$$S(x)=\int_0^x S'(x)\mathrm{d}x=\int_0^x\frac{1}{1+x}\mathrm{d}x=\ln(1+x),x\in(-1,1).$$

当 $x=-1$ 时，级数 $\sum\limits_{n=1}^{\infty}(-1)^{n-1}\frac{x^n}{n}=\sum\limits_{n=1}^{\infty}(-1)^{n-1}\frac{(-1)^n}{n}=\sum\limits_{n=1}^{\infty}\left(-\frac{1}{n}\right)=-\sum\limits_{n=1}^{\infty}\frac{1}{n}$ 为调和级数，它是发散的；

当 $x=1$ 时，级数 $\sum\limits_{n=1}^{\infty}(-1)^{n-1}\frac{x^n}{n}=\sum\limits_{n=1}^{\infty}(-1)^{n-1}\frac{1}{n}$ 是交错级数，由交错级数的收敛定理

易知，它是收敛的.

因此原级数的和函数为

$$\sum_{n=1}^{\infty}(-1)^{n-1}\frac{x^n}{n}=\ln(1+x),x\in(-1,1].$$

(2) 易求出级数 $\sum\limits_{n=1}^{\infty}nx^{n-1}$ 的收敛区间为$(-1,1)$，并设该级数在收敛区间内的和函数为 $S(x)$，即 $S(x)=\sum\limits_{n=1}^{\infty}nx^{n-1}$，由级数的积分性质，得

$$\int_0^x S(x)\mathrm{d}x=\int_0^x\left(\sum_{n=1}^{\infty}nx^{n-1}\right)\mathrm{d}x=\sum_{n=1}^{\infty}\left(\int_0^x nx^{n-1}\mathrm{d}x\right)$$

$$=\sum_{n=1}^{\infty}x^n=\frac{x}{1-x},x\in(-1,1).$$

对上式两边求导数，得

$$S(x)=\left(\frac{x}{1-x}\right)'=\frac{1}{(1-x)^2},\quad x\in(-1,1).$$

当 $x=-1$ 时，级数 $\sum\limits_{n=1}^{\infty}nx^{n-1}=\sum\limits_{n=1}^{\infty}n(-1)^{n-1}=\sum\limits_{n=1}^{\infty}(-1)^{n-1}n$ 是发散的；

当 $x=1$ 时，级数 $\sum\limits_{n=1}^{\infty}nx^{n-1}=\sum\limits_{n=1}^{\infty}n$ 是发散的.

因此原级数的和函数为

$$\sum_{n=1}^{\infty}nx^{n-1}=\frac{1}{(1-x)^2},x\in(-1,1).$$

习题 7-3

1. 求下列幂级数的收敛半径和收敛域：

(1) $\sum\limits_{n=1}^{\infty}nx^n$；

(2) $\sum\limits_{n=1}^{\infty}(-1)^n\frac{x^n}{n^2}$；

(3) $\sum\limits_{n=1}^{\infty}\frac{x^n}{n\cdot 3^n}$；

(4) $\sum\limits_{n=1}^{\infty}\frac{2^n}{n^2+1}x^n$；

(5) $\sum\limits_{n=1}^{\infty}\frac{2n-1}{2^n}x^{2n-2}$；

(6) $\sum\limits_{n=1}^{\infty}\frac{(x-5)^n}{\sqrt{n}}$.

2. 求下列幂级数在收敛域内的和函数：

(1) $\sum\limits_{n=1}^{\infty}(-1)^n\frac{x^{2n+1}}{2n+1}$；

(2) $\sum\limits_{n=0}^{\infty}\frac{2n+1}{n!}x^{2n}$；

(3) $2x-\frac{4}{3!}x^3+\frac{6}{5!}x^5-\frac{8}{7!}x^7+\cdots$；

(4) $\sum\limits_{n=1}^{\infty}n(x-1)^n$.

第四节　将函数展开成幂级数

前面我们讨论了幂级数的收敛区间及其和函数.但在许多实际问题中，还会遇到相反的问题，即对给定的函数 $f(x)$，能否在某个区间内表示成一个幂级数的形式.这就是本节要介绍的函数的幂级数展开.

这里要解决两个问题：(1) 对给定的函数 $f(x)$，在什么情况下可以表示成一个幂级数的形式；(2) 若能表示成幂级数形式，如何求出这个幂级数.

一、麦克劳林级数

为了解决上述第一个问题，下面先介绍用多项式来表示函数的公式——麦克劳林公式.

定理 7.10 如果函数 $f(x)$在 $x_0=0$ 的某邻域内有直至 $n+1$ 阶导数，则对此邻域内的任意点 x，有 n **阶麦克劳林公式**

$$f(x)=f(0)+\frac{f'(0)}{1!}x+\frac{f''(0)}{2!}x^2+\cdots+\frac{f^{(n)}(0)}{n!}x^n+R_n(x), \tag{7-3}$$

其中 $R_n(x)=\dfrac{f^{(n+1)}(\xi)}{(n+1)!}x^{n+1}$（$\xi$ 在 0 与 x 之间）称为 n 阶麦克劳林公式的**拉格朗日型余项**.

定义 7.11 若函数 $f(x)$在 $x_0=0$ 的某邻域内有任意阶导数，则称幂级数

$$\sum_{n=0}^{\infty}\frac{f^{(n)}(0)}{n!}x^n=f(0)+\frac{f'(0)}{1!}x+\frac{f''(0)}{2!}x^2+\cdots+\frac{f^{(n)}(0)}{n!}x^n+\cdots \tag{7-4}$$

为函数 $f(x)$的**麦克劳林级数**.

定理 7.11 如果函数 $f(x)$在点 $x_0=0$ 的某邻域内具有任意阶的导数，则 $f(x)$的麦克劳林级数收敛于 $f(x)$的充分必要条件是 $\lim\limits_{n\to\infty}R_n(x)=0$. 其中 $R_n(x)$为麦克劳林公式的拉格朗日型余项.

需要注意的是：

(1) 函数的麦克劳林级数是唯一的；

(2) 函数 $f(x)$的麦克劳林级数与把 $f(x)$展开为麦克劳林级数的意义是不同的，前者是指求出 $f(x)$的麦克劳林级数；后者是指不仅求出 $f(x)$的麦克劳林级数，而且该级数收敛于 $f(x)$本身.

函数展开为麦克劳林级数，通常有直接展开法和间接展开法.

二、直接法将函数展开成幂级数

直接展开法是指先利用公式 $a_n=\dfrac{f^{(n)}(0)}{n!}$ $(n=0,1,2,3,\cdots)$计算出 $f(x)$的麦克劳林系数，写出对应的麦克劳林级数 $\sum\limits_{n=0}^{\infty}\dfrac{f^{(n)}(0)}{n!}x^n$；然后由 $R_n(x)=\dfrac{f^{(n+1)}(\xi)}{(n+1)!}x^{n+1}$，讨论是否有 $\lim\limits_{n\to\infty}R_n(x)=0$，若 $\lim\limits_{n\to\infty}R_n(x)=0$，则有

$$f(x)=\sum_{n=0}^{\infty}\frac{f^{(n)}(0)}{n!}x^n.$$

例 1 将函数 $f(x)=e^x$ 展开成 x 的幂级数.

解 因为

$$f(x)=f'(x)=f''(x)=\cdots=f^{(n)}(x)=\cdots=e^x,$$

所以

$$f(0)=f'(0)=f''(0)=\cdots=f^{(n)}(0)=\cdots=e^0=1,$$

于是 $f(x)$的幂级数为

$$\sum_{n=0}^{\infty}\frac{f^{(n)}(0)}{n!}x^n=\sum_{n=0}^{\infty}\frac{1}{n!}x^n=1+x+\frac{1}{2!}x^2+\frac{1}{3!}x^3+\cdots+\frac{1}{n!}x^n+\cdots.$$

易知其收敛区间为$(-\infty,+\infty)$. 可以验证在收敛区间为$(-\infty,+\infty)$内

$$\lim_{n\to\infty}R_n(x)=0(\text{略}).$$

由定理7.11知e^x可以展开成x的幂级数,即

$$e^x=1+x+\frac{1}{2!}x^2+\frac{1}{3!}x^3+\cdots+\frac{1}{n!}x^n+\cdots, x\in(-\infty,+\infty).$$

例2 将函数$f(x)=\sin x$展开成x的幂级数.

解 由

$$f^{(n)}(x)=\sin\left(x+\frac{n\pi}{2}\right)\quad(n=1,2,3,\cdots)$$

可知,$f^{(n)}(0)$依次循环地取$1,0,-1,0,\cdots(n=1,2,3,\cdots)$. 于是$f(x)$的幂级数为

$$x-\frac{x^3}{3!}+\frac{x^5}{5!}-\cdots+(-1)^n\frac{x^{2n+1}}{(2n+1)!}+\cdots,$$

其收敛区间为$(-\infty,+\infty)$.

可以证明$\lim\limits_{n\to\infty}R_n(x)=0$,因而,得到$f(x)=\sin x$的幂级数展开式为

$$\sin x=x-\frac{x^3}{3!}+\frac{x^5}{5!}-\cdots+(-1)^n\frac{x^{2n+1}}{(2n+1)!}+\cdots\quad(-\infty<x<+\infty).$$

由于直接展开法计算量大,又难于寻求$f^{(n)}(x)$的规律. 因此在实际应用中,人们尽量不用直接展开法而用间接展开法.

三、间接法将函数展开成幂级数

间接展开法,就是借助于已知的幂级数展开式,利用幂级数在收敛区间上的性质,例如两个幂级数可逐项加、减,幂级数在收敛区间内可以逐项求导、逐项求积分等,将所给函数展开为幂级数.

例3 将$f(x)=\cos x$展开成x的幂级数.

解 因为

$$\sin x=x-\frac{1}{3!}x^3+\frac{1}{5!}x^5-\frac{1}{7!}x^7+\cdots+(-1)^n\frac{1}{(2n+1)!}x^{2n+1}+\cdots, x\in(-\infty,+\infty).$$

由幂级数的微分性质,对上式两边求导,得

$$\cos x=1-\frac{1}{2!}x^2+\frac{1}{4!}x^4-\frac{1}{6!}x^6+\cdots+(-1)^n\frac{1}{(2n)!}x^{2n}+\cdots, x\in(-\infty,+\infty).$$

注意

用间接展开法将函数展成x的幂级数,要记住下面几个常用函数的麦克劳林级数展开式:

$$\frac{1}{1-x}=1+x+x^2+\cdots+x^n+\cdots, x\in(-1,1);$$

$$e^x=1+x+\frac{1}{2!}x^2+\cdots+\frac{1}{n!}x^n+\cdots, x\in(-\infty,+\infty);$$

$$\sin x=x-\frac{1}{3!}x^3+\frac{1}{5!}x^5-\frac{1}{7!}x^7+\cdots+(-1)^n\frac{1}{(2n+1)!}x^{2n+1}+\cdots, x\in(-\infty,+\infty);$$

$$\cos x=1-\frac{1}{2!}x^2+\frac{1}{4!}x^4-\frac{1}{6!}x^6+\cdots+(-1)^n\frac{1}{(2n)!}x^{2n}+\cdots, x\in(-\infty,+\infty).$$

欲将$f(x)$展开为幂级数,首先与上述标准展开式对照,如果$f(x)$的形式与上述标准展开式相近,就可以用标准展开式与幂级数的性质展开.

例 4 设 $f(x)=\dfrac{1}{x-a}(a>0)$，将 $f(x)$ 展开为 x 的幂级数.

解 由于 $f(x)=\dfrac{1}{x-a}$ 与 $\dfrac{1}{1-x}$ 相似，所以

$$\frac{1}{x-a}=\frac{1}{-a}\cdot\frac{1}{1-\dfrac{x}{a}}=-\frac{1}{a}\sum_{n=0}^{\infty}\left(\frac{x}{a}\right)^n=-\sum_{n=0}^{\infty}\frac{x^n}{a^{n+1}}.$$

此级数的收敛区间由 $-1<\dfrac{x}{a}<1$ 确定，即 $-a<x<a$.

例 5 将下列函数展开成 x 的幂级数：

(1) $f(x)=e^{-3x}$； (2) $f(x)=\sin^2 x$.

解 (1) 因为

$$e^x=1+x+\frac{x^2}{2!}+\cdots+\frac{x^n}{n!}+\cdots,x\in(-\infty,+\infty).$$

用 $-3x$ 代换 x，得

$$\begin{aligned}e^{-3x}&=1+(-3x)+\frac{(-3x)^2}{2!}+\cdots+\frac{(-3x)^n}{n!}+\cdots\\&=1-3x+\frac{(3x)^2}{2!}+\cdots+(-1)^n\frac{(3x)^n}{n!}+\cdots,x\in(-\infty,+\infty).\end{aligned}$$

(2) 因为

$$\sin^2 x=\frac{1}{2}(1-\cos 2x),$$

把 $\cos x$ 展开式中的 x 换成 $2x$，得到 $\cos 2x$ 的展开式为

$$\begin{aligned}\cos 2x&=1-\frac{1}{2!}(2x)^2+\frac{1}{4!}(2x)^4-\frac{1}{6!}(2x)^6+\cdots+(-1)^n\frac{1}{(2n)!}(2x)^{2n}+\cdots\\&=1-\frac{2^2}{2!}x^2+\frac{2^4}{4!}x^4-\frac{2^6}{6!}x^6+\cdots+(-1)^n\frac{2^{2n}}{(2n)!}x^{2n}+\cdots,x\in(-\infty,+\infty).\end{aligned}$$

从而有

$$\begin{aligned}\sin^2 x&=\frac{1}{2}\left\{1-\left[1-\frac{2^2}{2!}x^2+\frac{2^4}{4!}x^4-\cdots+(-1)^n\frac{2^{2n}}{(2n)!}x^{2n}+\cdots\right]\right\}\\&=x^2-\frac{2^3}{4!}x^4+\frac{2^5}{6!}x^6-\cdots+(-1)^{n-1}\frac{2^{2n-1}}{(2n)!}x^{2n}+\cdots,x\in(-\infty,+\infty).\end{aligned}$$

例 6 将 $f(x)=\ln(1+x)$ 展开成 x 的幂级数.

解 所给函数与上述常用函数展开式中的形式皆不一致，但是由于

$$[\ln(1+x)]'=\frac{1}{1+x},$$

又

$$\frac{1}{1+x}=\frac{1}{1-(-x)}=\sum_{n=0}^{\infty}(-x)^n=\sum_{n=0}^{\infty}(-1)^n x^n,x\in(-1,1).$$

上式两边积分，得

$$\int_0^x\frac{1}{1+x}dx=\ln(1+x)-\ln(1+0)=\int_0^x\sum_{n=0}^{\infty}(-1)^n x^n dx=\sum_{n=0}^{\infty}\frac{(-1)^n}{n+1}x^{n+1}.$$

当 $x=-1$ 时，级数 $\displaystyle\sum_{n=0}^{\infty}\frac{(-1)^n}{n+1}x^{n+1}=\sum_{n=0}^{\infty}\frac{(-1)^n}{n+1}(-1)^{n+1}=\sum_{n=0}^{\infty}\left(-\frac{1}{n+1}\right)=-\sum_{n=0}^{\infty}\frac{1}{n+1}$

为调和级数,易知,它是发散的;

当 $x=1$ 时,级数 $\sum_{n=0}^{\infty}\frac{(-1)^n}{n+1}x^{n+1}=\sum_{n=0}^{\infty}\frac{(-1)^n}{n+1}1^{n+1}=\sum_{n=0}^{\infty}\frac{(-1)^n}{n+1}$ 是交错级数,由交错级数的收敛定理易知,它是收敛的.

因此

$$\ln(1+x)=\sum_{n=0}^{\infty}\frac{(-1)^n}{n+1}x^{n+1},x\in(-1,1].$$

例 7 将 $f(x)=\ln(1+x)$ 展开成 $(x-1)$ 的幂级数.

解 由于

$$f(x)=\ln(1+x)=\ln[2+(x-1)]=\ln\left[2\left(1+\frac{x-1}{2}\right)\right]=\ln2+\ln\left(1+\frac{x-1}{2}\right),$$

根据例 6 的结果,得

$$\ln(1+x)=\ln2+\sum_{n=0}^{\infty}\frac{(-1)^n}{2^{n+1}(n+1)}(x-1)^{n+1}.$$

这里 $-1<\frac{x-1}{2}\leqslant1$,即 $x\in(-1,3]$.

习 题 7-4

1. 将下列函数展开成 x 的幂级数,并写出其收敛域:

(1) $x^2e^{x^2}$;
(2) $\sin\frac{x}{2}$;
(3) $\ln(2+x)$;
(4) $\cos^2x$;
(5) $(1+x)\ln(1+x)$;
(6) $\frac{x}{1+x-2x^2}$.

2. 将下列函数展开成 $(x-2)$ 的幂级数:

(1) $f(x)=\frac{1}{1-x}$;
(2) $f(x)=\ln(1+x)$.

第五节 傅里叶级数

函数项级数中,在理论上最重要、在应用上最广泛的,除幂级数以外,还有三角级数.

定义 7.12 函数项级数

$$\frac{a_0}{2}+\sum_{n=1}^{\infty}(a_n\cos nx+b_n\sin nx)$$

称为**三角级数**,其中常数 a_0、a_n、$b_n(n=1,2,3,\cdots)$称为此**三角级数的系数**.

本书中,我们仅讨论三角级数中的一种:傅里叶级数.我们研究把一个函数表示成三角级数所需要的条件,以及在条件满足以后如何展开成三角级数的问题.

一、三角函数系的正交性

函数系

$$1,\sin x,\cos x,\sin2x,\cos2x,\cdots,\sin nx,\cos nx,\cdots \tag{7-5}$$

称为**三角函数系**,它在区间$[-\pi,\pi]$上具有**正交性**,即在三角函数系(7-5)中,任何两个不同

的函数的乘积在区间$[-\pi,\pi]$上的积分等于零. 用式子表示为

$$\int_{-\pi}^{\pi}\cos nx\,\mathrm{d}x=0\quad(n=1,2,\cdots);$$

$$\int_{-\pi}^{\pi}\sin nx\,\mathrm{d}x=0\quad(n=1,2,3,\cdots);$$

$$\int_{-\pi}^{\pi}\cos mx\cos nx\,\mathrm{d}x=0\quad(m,n=1,2,3,\cdots;m\neq n);$$

$$\int_{-\pi}^{\pi}\sin mx\sin nx\,\mathrm{d}x=0\quad(m,n=1,2,3,\cdots;m\neq n);$$

$$\int_{-\pi}^{\pi}\sin mx\cos nx\,\mathrm{d}x=0\quad(m,n=1,2,3,\cdots).$$

以上等式，读者可以通过计算定积分来验证.

在三角函数系(7-5)中，两个相同函数的乘积在区间$[-\pi,\pi]$上的积分不等于零. 其中

$$\int_{-\pi}^{\pi}1^2\,\mathrm{d}x=2\pi,\int_{-\pi}^{\pi}\sin^2 nx\,\mathrm{d}x=\pi,\int_{-\pi}^{\pi}\cos^2 nx\,\mathrm{d}x=\pi\quad(n=1,2,3,\cdots).$$

二、将周期为 2π 的函数展开成傅里叶级数

类似于幂级数的两个问题，我们对三角级数也讨论两个问题.

问题1 如果函数$f(x)$已表示成三角级数，也就是说$f(x)$是某一个三角级数的和函数，那么函数$f(x)$具有什么性质？级数中的系数a_0、a_n、$b_n(n=1,2,3,\cdots)$是怎样确定的？

设

$$f(x)=\frac{a_0}{2}+\sum_{k=1}^{\infty}(a_k\cos kx+b_k\sin kx).\tag{7-6}$$

且假设(7-6)式的右端可以逐项积分，上式两边在区间$[-\pi,\pi]$上积分，得

$$\int_{-\pi}^{\pi}f(x)\,\mathrm{d}x=\int_{-\pi}^{\pi}\frac{a_0}{2}\mathrm{d}x+\sum_{k=1}^{\infty}\left[a_k\int_{-\pi}^{\pi}\cos kx\,\mathrm{d}x+b_k\int_{-\pi}^{\pi}\sin kx\,\mathrm{d}x\right].$$

由三角函数系的正交性，右端除第一项外，其余各项均为零，所以

$$\int_{-\pi}^{\pi}f(x)\,\mathrm{d}x=\frac{a_0}{2}\cdot 2\pi=a_0\pi.$$

于是

$$a_0=\frac{1}{\pi}\int_{-\pi}^{\pi}f(x)\,\mathrm{d}x.$$

为求a_n，先用$\cos nx$乘以(7-6)式两端后，再在区间$[-\pi,\pi]$上积分，得

$$\int_{-\pi}^{\pi}f(x)\cos nx\,\mathrm{d}x=\int_{-\pi}^{\pi}\frac{a_0}{2}\cos nx\,\mathrm{d}x+\sum_{k=1}^{\infty}\left[a_k\int_{-\pi}^{\pi}\cos kx\cos nx\,\mathrm{d}x+b_k\int_{-\pi}^{\pi}\sin kx\cos nx\,\mathrm{d}x\right]$$

根据三角函数系的正交性，上式右边除$n=k$的一项外，其余均为0，所以

$$\int_{-\pi}^{\pi}f(x)\cos nx\,\mathrm{d}x=a_n\int_{-\pi}^{\pi}\cos^2 nx\,\mathrm{d}x=a_n\pi.$$

于是

$$a_n=\frac{1}{\pi}\int_{-\pi}^{\pi}f(x)\cos nx\,\mathrm{d}x\quad(n=1,2,3,\cdots).$$

类似地，用$\sin nx$乘(7-6)式两端后，再在区间$[-\pi,\pi]$上积分，得

$$b_n=\frac{1}{\pi}\int_{-\pi}^{\pi}f(x)\sin nx\,\mathrm{d}x\quad(n=1,2,3,\cdots).$$

由此可见，如果周期为 2π 的函数 $f(x)$能展开成三角级数

$$\frac{a_0}{2}+\sum_{n=1}^{\infty}(a_n\cos nx+b_n\sin nx),$$

则它的三角级数的系数可由下列式子给出

$$\begin{cases} a_0=\dfrac{1}{\pi}\displaystyle\int_{-\pi}^{\pi}f(x)\mathrm{d}x, \\ a_n=\dfrac{1}{\pi}\displaystyle\int_{-\pi}^{\pi}f(x)\cos nx\,\mathrm{d}x \quad (n=1,2,3,\cdots), \\ b_n=\dfrac{1}{\pi}\displaystyle\int_{-\pi}^{\pi}f(x)\sin nx\,\mathrm{d}x \quad (n=1,2,3,\cdots). \end{cases} \tag{7-7}$$

(7-7)式称为**傅里叶公式**，由(7-7)式所确定的系数 a_0、a_n、b_n($n=1,2,3,\cdots$)称为 $f(x)$的**傅里叶系数**，由傅里叶系数，(7-7)式所确定的三角级数

$$\frac{a_0}{2}+\sum_{n=1}^{\infty}(a_n\cos nx+b_n\sin nx)$$

称为 $f(x)$的**傅里叶(Fourier)级数.**

如果 $f(x)$是$[-\pi,\pi]$上的周期为 2π 的奇函数，它的傅里叶系数为

$$a_0=0,$$

$$a_n=\frac{1}{\pi}\int_{-\pi}^{\pi}f(x)\cos nx\,\mathrm{d}x=0 \quad (n=1,2,3,\cdots),$$

$$b_n=\frac{1}{\pi}\int_{-\pi}^{\pi}f(x)\sin nx\,\mathrm{d}x=\frac{2}{\pi}\int_{0}^{\pi}f(x)\sin nx\,\mathrm{d}x \quad (n=1,2,3,\cdots).$$

由此所确定的傅里叶级数 $\sum\limits_{n=1}^{\infty}b_n\sin nx$ 称为**正弦级数.**

如果 $f(x)$是$[-\pi,\pi]$上的周期为 2π 的偶函数，它的傅里叶系数为

$$a_0=\frac{1}{\pi}\int_{-\pi}^{\pi}f(x)\mathrm{d}x=\frac{2}{\pi}\int_{0}^{\pi}f(x)\mathrm{d}x,$$

$$a_n=\frac{1}{\pi}\int_{-\pi}^{\pi}f(x)\cos nx\,\mathrm{d}x=\frac{2}{\pi}\int_{0}^{\pi}f(x)\cos nx\,\mathrm{d}x \quad (n=1,2,3,\cdots),$$

$$b_n=\frac{1}{\pi}\int_{-\pi}^{\pi}f(x)\sin nx\,\mathrm{d}x=0 \quad (n=1,2,3,\cdots).$$

由此所确定的傅里叶级数 $\dfrac{a_0}{2}+\sum\limits_{n=1}^{\infty}a_n\cos nx$ 称为**余弦级数.**

问题 2 $f(x)$的傅里叶级数是否收敛于 $f(x)$？对此，有下面的定理：

定理 7.12(狄利克莱(Dirichlet)收敛定理) 设 $f(x)$是以 2π 为周期的周期函数，在区间$[-\pi,\pi]$上满足狄利克莱(Dirichlet)条件：

(1) 连续或仅有有限个第一类间断点，

(2) 至多只有有限个极值点，

则 $f(x)$的傅里叶级数收敛，并且有

(1) 当 x 是 $f(x)$的连续点时，级数收敛于 $f(x)$，

(2) 当 x 是 $f(x)$的间断点时，级数收敛于$\dfrac{f(x-0)+f(x+0)}{2}$.

例 1 设锯齿脉冲信号函数 $f(x)$是周期为 2π 的函数，它在$[-\pi,\pi)$上的表达式为

$$f(x)=\begin{cases}0, & -\pi\leqslant x<0,\\ x, & 0\leqslant x<\pi.\end{cases}$$

将 $f(x)$ 展开成傅里叶级数.

解 $f(x)$ 的图形如图 7-2 所示.

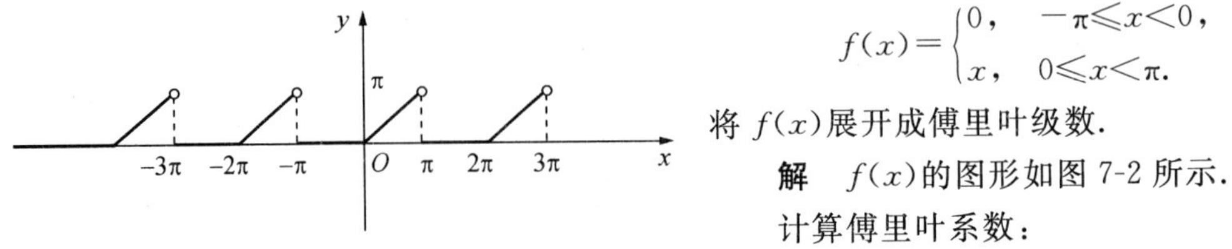

图 7-2

计算傅里叶系数：

$$a_0=\frac{1}{\pi}\int_{-\pi}^{\pi}f(x)\mathrm{d}x=\frac{1}{\pi}\int_0^{\pi}x\mathrm{d}x=\frac{\pi}{2},$$

$$\begin{aligned}a_n&=\frac{1}{\pi}\int_{-\pi}^{\pi}f(x)\cos nx\,\mathrm{d}x=\frac{1}{\pi}\int_0^{\pi}x\cos nx\,\mathrm{d}x=\frac{1}{n\pi}\int_0^{\pi}x\mathrm{d}\sin nx\\&=\frac{1}{n\pi}\left(x\sin nx\Big|_0^{\pi}-\int_0^{\pi}\sin nx\,\mathrm{d}x\right)=\frac{1}{n^2\pi}\cos nx\Big|_0^{\pi}\\&=\frac{1}{n^2\pi}(\cos n\pi-1)=\begin{cases}-\dfrac{2}{n^2\pi} & (n=1,3,5,\cdots),\\ 0 & (n=2,4,6,\cdots).\end{cases}\end{aligned}$$

$$\begin{aligned}b_n&=\frac{1}{\pi}\int_{-\pi}^{\pi}f(x)\sin nx\,\mathrm{d}x=\frac{1}{\pi}\int_0^{\pi}x\sin nx\,\mathrm{d}x=\frac{1}{n\pi}\int_0^{\pi}x\mathrm{d}(-\cos nx)\\&=\frac{1}{n\pi}\left(-x\cos nx\Big|_0^{\pi}+\int_0^{\pi}\cos nx\,\mathrm{d}x\right)=-\frac{\cos n\pi}{n}\Big|_0^{\pi}\\&=\begin{cases}\dfrac{1}{n} & (n=1,3,5,\cdots),\\ -\dfrac{1}{n} & (n=2,4,6,\cdots).\end{cases}\end{aligned}$$

于是，$f(x)$ 的傅里叶级数展开式为

$$f(x)=\frac{\pi}{4}-\frac{2}{\pi}\left(\frac{\cos x}{1^2}+\frac{\cos 3x}{3^2}+\frac{\cos 5x}{5^2}+\cdots\right)+\left(\sin x-\frac{\sin 2x}{2}+\frac{\sin 3x}{3}-\cdots\right),$$

$$x\neq(2k-1)\pi\quad(k\in\mathbf{Z}).$$

依据收敛定理 7.12 知，当 $x=(2k-1)\pi(k\in\mathbf{Z})$ 时，级数收敛于

$$\frac{f(x-0)+f(x+0)}{2}=\frac{\pi+0}{2}=\frac{\pi}{2}.$$

$f(x)$ 的傅里叶级数的和函数的图形如图 7-3 所示：

例 2 一矩形波的表达式为

$$f(x)=\begin{cases}-1, & (2k-1)\pi\leqslant x<2k\pi,\\ 1, & 2k\pi\leqslant x<(2k+1)\pi.\end{cases}\quad(k\in\mathbf{Z}),$$

将 $f(x)$ 展开成傅里叶级数.

解 函数 $f(x)$ 的图像如图 7-4 所示.

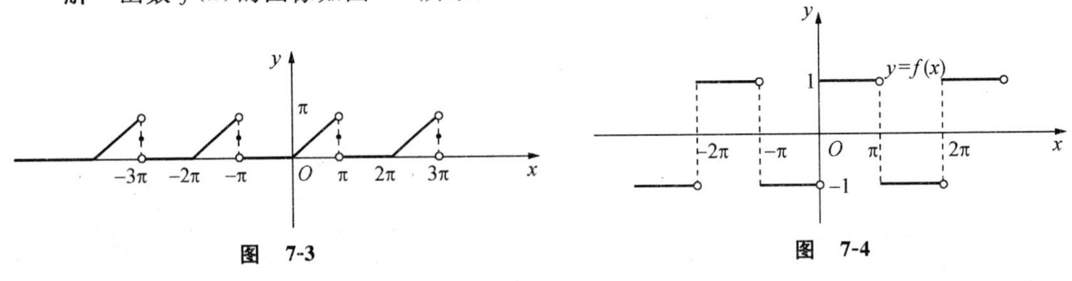

图 7-3　　图 7-4

由傅里叶公式计算傅里叶系数. 由于 $f(x)$是奇函数,所以

$$a_n = 0 \quad (n = 0,1,2,3,\cdots),$$

$$b_n = \frac{2}{\pi}\int_0^{\pi} f(x)\sin nx\,dx = \frac{2}{\pi}\int_0^{\pi}\sin nx\,dx$$

$$= \frac{2}{\pi}\left[-\frac{\cos nx}{n}\right]_0^{\pi} = -\frac{2}{n\pi}(\cos n\pi - 1) = \begin{cases}\dfrac{4}{n\pi} & (n = 1,3,5,\cdots),\\ 0 & (n = 2,4,6,\cdots).\end{cases}$$

于是,$f(x)$的傅里叶级数展开式为

$$f(x)=\frac{4}{\pi}\left[\sin x+\frac{1}{3}\sin 3x+\cdots+\frac{1}{2n-1}\sin(2n-1)x+\cdots\right],x\neq k\pi \quad (k\in \mathbf{Z}).$$

由收敛定理的条件知当 $x=k\pi(k\in\mathbf{Z})$时,级数收敛于

$$\frac{f(x-0)+f(x+0)}{2}=\frac{-1+1}{2}=0.$$

$f(x)$的傅里叶级数的和函数图形如图 7-5 所示.

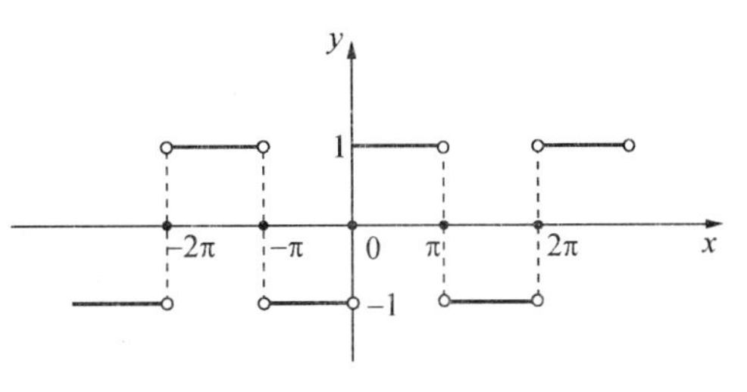

图 7-5

如果把例 2 中的函数理解为一矩形波的波形函数,那么上面的展开式表明:矩形波是由具有共同周期但频率不同的正弦波叠加而成. 所以矩形波在一个周期内的图形可用其展开式中的前 n 项的部分和 $S_n(x)$来近似表示:

$$S_1(x)= \frac{4}{\pi}\sin x;$$

$$S_2(x)= \frac{4}{\pi}(\sin x + \frac{1}{3}\sin 3x);$$

$$S_3(x)= \frac{4}{\pi}(\sin x + \frac{1}{3}\sin 3x + \frac{1}{5}\sin 5x);$$

$$S_4(x)= \frac{4}{\pi}(\sin x + \frac{1}{3}\sin 3x + \frac{1}{5}\sin 5x + \frac{1}{7}\sin 7x);$$

……

它们的近似关系如图 7-6 所示,从图中可以看出,正弦波的个数越多,这些波的叠加就越逼近于矩形波.

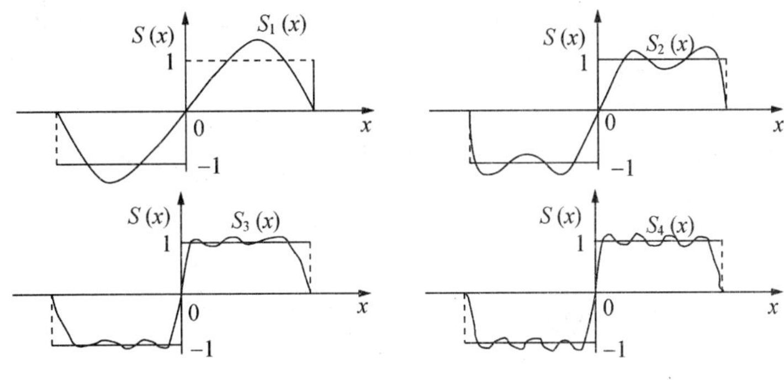

图 7-6

例 3 已知脉冲三角信号 $f(x)$ 是以 2π 为周期的周期函数，它在 $[-\pi,\pi]$ 的表达式为

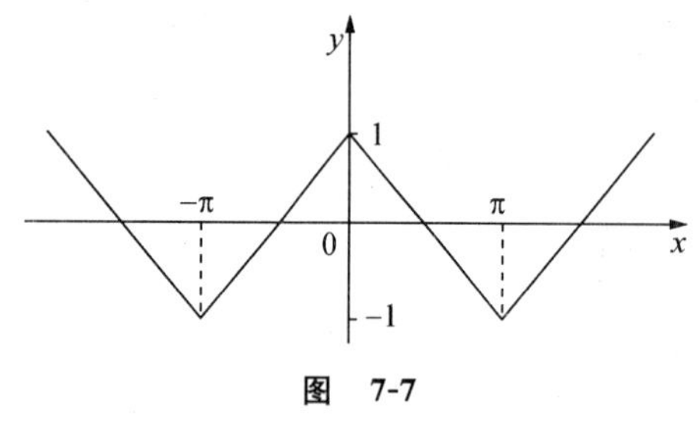

图 7-7

$$f(x)=\begin{cases}1+\dfrac{2}{\pi}x, & -\pi\leqslant x<0,\\ 1-\dfrac{2}{\pi}x, & 0\leqslant x<\pi.\end{cases}$$

把 $f(x)$ 展开为傅里叶级数.

解 如图 7-7 所示，显然 $f(x)$ 在 $(-\infty,+\infty)$ 内处处连续，且满足收敛条件. 由于 $f(x)$ 是一个偶函数，所以

$$b_n=0 \quad (n=1,2,3,\cdots),$$

$$a_0=\frac{2}{\pi}\int_0^{\pi}f(x)\mathrm{d}x=\frac{2}{\pi}\int_0^{\pi}\left(1-\frac{2}{\pi}x\right)\mathrm{d}x=0,$$

$$\begin{aligned}a_n&=\frac{2}{\pi}\int_0^{\pi}f(x)\cos nx\,\mathrm{d}x=\frac{2}{\pi}\int_0^{\pi}\left(1-\frac{2}{\pi}x\right)\cos nx\,\mathrm{d}x\\&=\frac{2}{\pi}\left(\int_0^{\pi}\cos nx\,\mathrm{d}x-\frac{2}{n\pi}\int_0^{\pi}x\mathrm{d}\sin nx\right)\\&=\frac{2}{\pi}\left(\frac{1}{n}\sin nx\Big|_0^{\pi}-\frac{2}{n\pi}\left(x\sin nx\Big|_0^{\pi}-\int_0^{\pi}\sin nx\,\mathrm{d}x\right)\right)\\&=\frac{4}{n\pi^2}\int_0^{\pi}\sin nx\,\mathrm{d}x=-\frac{4}{n^2\pi^2}\cos nx\Big|_0^{\pi}\\&=\frac{4}{n^2\pi^2}[1-\cos n\pi]=\begin{cases}\dfrac{8}{n^2\pi^2}, & n=1,3,5,\cdots,\\ 0, & n=2,4,6,\cdots.\end{cases}\end{aligned}$$

根据收敛定理可得

$$f(x)=\frac{8}{\pi^2}\left(\cos x+\frac{1}{3^2}\cos 3x+\frac{1}{5^2}\cos 5x+\cdots\right)\quad(-\infty<x<+\infty).$$

三、将周期为 $2l$ 的函数展开成傅里叶级数

设 $f(x)$ 是以 $2l$（l 是任意正数）为周期的周期函数，函数 $f(x)$ 满足收敛定理的条件，作变量代换 $x=\frac{l}{\pi}t$，就可化为以 2π 为周期的函数.

事实上，令 $x=\frac{l}{\pi}t$，则 $t=\frac{\pi}{l}x$，于是当 $-l\leqslant x\leqslant l$ 时，就有 $-\pi\leqslant t\leqslant\pi$，且

$$f(x)=f\left(\frac{l}{\pi}t\right)\overset{\text{记作}}{=}\varphi(t),$$

则 $\varphi(t)$ 就是以 2π 为周期的函数. 并且它满足收敛定理的条件，将 $\varphi(t)$ 展开为傅里叶级数，其傅里叶系数为

$$a_0=\frac{1}{\pi}\int_{-\pi}^{\pi}\varphi(t)\mathrm{d}t\xlongequal{t=\frac{\pi}{l}x}\frac{1}{l}\int_{-l}^{l}f(x)\mathrm{d}x,$$

$$a_n=\frac{1}{\pi}\int_{-\pi}^{\pi}\varphi(t)\cos nt\,\mathrm{d}t\xlongequal{t=\frac{\pi}{l}x}\frac{1}{l}\int_{-l}^{l}f(x)\cos\frac{n\pi}{l}x\,\mathrm{d}x\quad(n=1,2,3,\cdots),$$

$$b_n=\frac{1}{\pi}\int_{-\pi}^{\pi}\varphi(t)\sin nt\,\mathrm{d}t \xlongequal{t=\frac{\pi}{l}x} \frac{1}{l}\int_{-l}^{l}f(x)\sin\frac{n\pi}{l}x\,\mathrm{d}x \quad (n=1,2,3,\cdots).$$

于是得到 $f(x)$ 的傅里叶级数展开式为

$$\frac{a_0}{2}+\sum_{n=1}^{\infty}\left(a_n\cos\frac{n\pi}{l}x+b_n\sin\frac{n\pi}{l}x\right).$$

类似地，若 $f(x)$ 是以 $2l$ 为周期的奇函数，则它的傅里叶级数是正弦级数，即

$$f(x)=\sum_{n=1}^{\infty}b_n\sin\frac{n\pi}{l}x.$$

其中

$$b_n=\frac{2}{l}\int_0^l f(x)\sin\frac{n\pi}{l}x\,\mathrm{d}x \quad (n=1,2,3,\cdots).$$

若 $f(x)$ 是以 $2l$ 为周期的偶函数，则它的傅里叶级数是余弦级数，即

$$f(x)=\frac{a_0}{2}+\sum_{n=1}^{\infty}a_n\cos\frac{n\pi}{l}x.$$

其中

$$a_0=\frac{2}{l}\int_0^l f(x)\,\mathrm{d}x,$$

$$a_n=\frac{2}{l}\int_0^l f(x)\cos\frac{n\pi}{l}x\,\mathrm{d}x \quad (n=1,2,3,\cdots).$$

注意

根据收敛定理的结论，在 $f(x)$ 的连续点 x 处，$f(x)$ 的傅里叶级数收敛于 $f(x)$；在 $f(x)$ 的间断点 x 处，$f(x)$ 的傅里叶级数收敛于 $\frac{1}{2}[f(x+0)+f(x-0)]$.

例 4 设 $f(x)$ 是周期为 2 的函数，它在 $[-1,1)$ 上的表达式为

$$f(x)=\begin{cases}1, & -1\leqslant x<0,\\ 2, & 0\leqslant x<1.\end{cases}$$

将 $f(x)$ 展开成傅里叶级数.

解 函数 $f(x)$ 满足收敛定理的条件，可以展开成傅里叶级数，由于 $l=1$，故有

$$a_0=\int_{-1}^{1}f(x)\,\mathrm{d}x=\int_{-1}^{0}\mathrm{d}x+\int_0^1 2\,\mathrm{d}x=3,$$

$$a_n=\int_{-1}^{1}f(x)\cos n\pi x\,\mathrm{d}x=\int_{-1}^{0}\cos n\pi x\,\mathrm{d}x+\int_0^1 2\cos n\pi x\,\mathrm{d}x$$

$$=\frac{1}{n\pi}\sin n\pi x\Big|_{-1}^{0}+\frac{2}{n\pi}\sin n\pi x\Big|_0^1=0 \quad (n=1,2,3,\cdots),$$

$$b_n=\int_{-1}^{1}f(x)\sin n\pi x\,\mathrm{d}x=\int_{-1}^{0}\sin n\pi x\,\mathrm{d}x+\int_0^1 2\sin n\pi x\,\mathrm{d}x$$

$$=-\frac{1}{n\pi}\cos n\pi x\Big|_{-1}^{0}-\frac{2}{n\pi}\cos n\pi x\Big|_0^1$$

$$=-\frac{1}{n\pi}(1-\cos n\pi)-\frac{2}{n\pi}(\cos n\pi-1)=\begin{cases}\frac{2}{n\pi}, & n=1,3,5,\cdots,\\ 0, & n=2,4,6,\cdots.\end{cases}$$

于是，函数 $f(x)$ 的傅里叶级数为

$$\frac{3}{2}+\frac{2}{\pi}\left(\sin\pi x+\frac{1}{3}\sin3\pi x+\frac{1}{5}\sin5\pi x+\cdots\right),x\neq k(k\in\mathbf{Z}).$$

依据收敛定理知，当 $x=k(k\in\mathbf{Z})$ 时，上述级数收敛于 $\frac{1+2}{2}=\frac{3}{2}$.

四、$[-\pi,\pi]$ 或 $[0,\pi]$ 上的函数展开成傅里叶级数

由于求函数 $f(x)$ 的傅里叶系数只用到 $f(x)$ 在区间 $[-\pi,\pi]$ 上的部分，由此可知，即使 $f(x)$ 只在 $[-\pi,\pi]$ 上有定义或虽在 $[-\pi,\pi]$ 外也有定义但不是周期函数，对于有定义的非周期函数，以区间 $(-\pi,\pi)$ 上图像为基础，沿 x 轴向两端无限延伸，使其成为以 2π 为周期的函数. 即在区间 $(-\pi,\pi)$ 外补充函数的定义，使它拓广成周期为 2π 的周期函数 $F(x)$，这种拓广方式叫做**周期延拓**. 再将 $F(x)$ 展开成傅里叶级数. 由于在 $(-\pi,\pi)$ 内 $F(x)\equiv f(x)$，仍可用公式(7-12)求出它的傅里叶系数，如果 $f(x)$ 在区间 $[-\pi,\pi]$ 上满足收敛定理条件，则 $f(x)$ 在 $(-\pi,\pi)$ 内的连续点处傅里叶级数是收敛于 $f(x)$ 的，而在区间端点 $x=\pm\pi$ 处收敛于 $\frac{f(\pi-0)+f(-\pi+0)}{2}$.

类似地，如果 $f(x)$ 只在 $[0,\pi]$ 上有定义且满足收敛定理的条件，要得到 $f(x)$ 在 $[0,\pi]$ 上的傅里叶级数展开式，可以补充 $f(x)$ 在 $[-\pi,0]$ 上的定义，便可得到相应的傅里叶级数展开式. 这一展开式至少在 $(0,\pi)$ 内的连续点处是收敛于 $f(x)$ 的. 常用这两种延拓办法把 $f(x)$ 延拓成奇函数（这个过程称为**奇延拓**）或者偶函数（这个过程称为**偶延拓**），再周期延拓，然后将函数 $f(x)$ 分别展开为正弦级数或余弦级数. 而在区间端点以及区间 $(0,\pi)$ 内的间断点处，则可根据收敛定理判定其收敛情况.

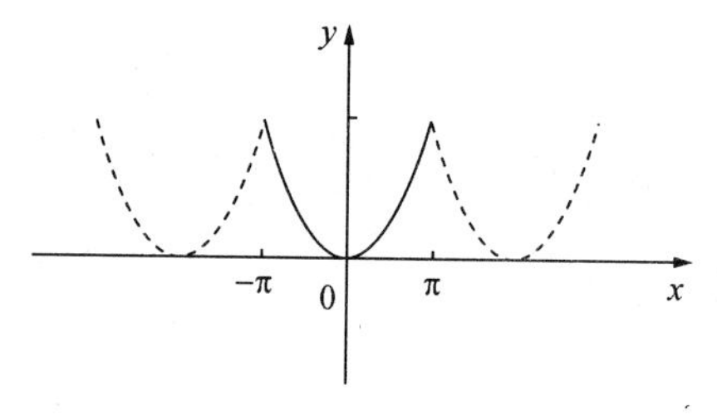

图 7-8

例 5 试将定义在 $[-\pi,\pi]$ 上的函数 $f(x)=x^2$ 展开成傅里叶级数.

解 将 $f(x)$ 在整个数轴上作周期延拓，如图 7-8 所示. 由于在 $[-\pi,\pi]$ 上 $f(x)$ 为偶函数，所以

$$b_n=0\quad(n=1,2,3,\cdots),$$

$$a_0=\frac{2}{\pi}\int_0^\pi f(x)\mathrm{d}x=\frac{2}{\pi}\int_0^\pi x^2\mathrm{d}x=\frac{2\pi^2}{3},$$

$$a_n=\frac{2}{\pi}\int_0^\pi f(x)\cos nx\,\mathrm{d}x=\frac{2}{\pi}\int_0^\pi x^2\cos nx\,\mathrm{d}x=\frac{2}{n\pi}\int_0^\pi x^2\,\mathrm{d}\sin nx$$

$$=\frac{2}{n\pi}\left(x^2\sin nx\Big|_0^\pi-2\int_0^\pi x\sin nx\,\mathrm{d}x\right)=\frac{4}{n^2\pi}\int_0^\pi x\,\mathrm{d}\cos nx$$

$$=\frac{4}{n^2\pi}\left(x\cos nx\Big|_0^\pi-\int_0^\pi\cos nx\,\mathrm{d}x\right)$$

$$=\frac{4}{n^2}(-1)^n\quad(n=1,2,3,\cdots).$$

于是函数 $f(x)$ 在连续点处的傅里叶级数展开式为

$$x^2=\frac{\pi^2}{3}-4\left(\cos x-\frac{\cos2x}{2^2}+\frac{\cos3x}{3^2}-\cdots\right).$$

因为 $f(x)$ 在 $[-\pi,\pi]$ 上连续，经延拓后 $x=\pm\pi$ 仍为 $f(x)$ 的连续点，因此函数 $f(x)$ 傅里叶级数在区间 $[-\pi,\pi]$ 上收敛于 x^2.

例 6　将函数 $f(x)=x+1(0\leqslant x\leqslant\pi)$分别展开成正弦级数和余弦级数.

解　(1) 将 $f(x)$进行奇延拓(如图 7-9 所示),再周期延拓,展开成正弦级数. 于是

$$a_n=0\quad(n=0,1,2,3,\cdots),$$

$$b_n=\frac{2}{\pi}\int_0^\pi f(x)\sin nx\,\mathrm{d}x=\frac{2}{\pi}\int_0^\pi(x+1)\sin nx\,\mathrm{d}x$$

$$=-\frac{2}{n\pi}\int_0^\pi(x+1)\mathrm{d}\cos nx=-\frac{2}{n\pi}\left[(x+1)\cos nx\,\Big|_0^\pi-\int_0^\pi\cos nx\,\mathrm{d}x\right]$$

$$=\frac{2}{n\pi}[1-(\pi+1)\cos n\pi]=\begin{cases}\dfrac{2}{n\pi}(\pi+2),&(n=1,3,5,\cdots),\\-\dfrac{2}{n},&(n=2,4,6,\cdots).\end{cases}$$

所以函数 $f(x)$的正弦级数展开式为

$$x+1=\frac{2}{\pi}\left[(\pi+2)\sin x-\frac{\pi}{2}\sin 2x+\frac{1}{3}(\pi+2)\sin 3x-\frac{\pi}{4}\sin 4x+\cdots\right]\quad(0<x<\pi).$$

在端点 $x=0$ 与 $x=\pi$ 处级数收敛于零,它不代表原来函数 $f(x)$的值.

(2) 将 $f(x)$进行偶延拓(如图 7-10 所示),再周期延拓,展开成余弦级数. 于是

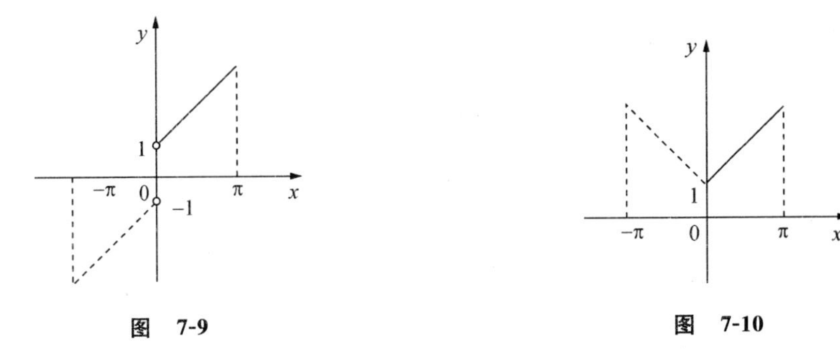

图　7-9　　　　图　7-10

$$b_n=0\ (n=1,2,3,\cdots),$$

$$a_0=\frac{2}{\pi}\int_0^\pi f(x)\mathrm{d}x=\frac{2}{\pi}\int_0^\pi(x+1)\mathrm{d}x=\pi+2,$$

$$a_n=\frac{2}{\pi}\int_0^\pi f(x)\cos nx\,\mathrm{d}x=\frac{2}{\pi}\int_0^\pi(x+1)\cos nx\,\mathrm{d}x$$

$$=\frac{2}{n\pi}\int_0^\pi(x+1)\mathrm{d}\sin nx=\frac{2}{n\pi}\left[(x+1)\sin nx\,\Big|_0^\pi-\int_0^\pi\sin nx\,\mathrm{d}x\right]$$

$$=\frac{2}{n^2\pi}\cos nx\,\Big|_0^\pi=\frac{2}{n^2\pi}[(-1)^n-1]=\begin{cases}-\dfrac{4}{n^2\pi},&(n=1,3,5,\cdots),\\0,&(n=2,4,6,\cdots).\end{cases}$$

由于偶延拓后,$f(x)$在点 $x=0$ 及 $x=\pi$ 都连续,所以由收敛定理得函数 $f(x)$的余弦级数展开式为

$$x+1=\frac{\pi}{2}+1-\frac{4}{\pi}\left(\cos x+\frac{\cos 3x}{3^2}+\frac{\cos 5x}{5^2}+\cdots\right)\quad(0\leqslant x\leqslant\pi).$$

习 题 7-5

1. 下列函数 $f(x)$是周期为 2π 的函数,它们在$[-\pi,\pi]$上的表达式如下,试将各函数展开成傅里叶

级数：

(1) $f(x)=|x|,x\in[-\pi,\pi]$；

(2) $f(x)=2x,x\in[-\pi,\pi]$；

(3) $f(x)=\begin{cases}x, & 0\leqslant x\leqslant\pi, \\ x+2\pi, & -\pi\leqslant x<0.\end{cases}$

2. 将函数 $f(x)=x$ 在$[0,\pi]$上分别展开成正弦级数和余弦级数.

3. 设函数 $f(x)$是以 2 为周期的函数，它在一个周期$[-1,1)$内的表达式为

$$f(x)=\begin{cases}1, & -1\leqslant x<0, \\ 2, & 0\leqslant x<1.\end{cases}$$

试将其展开为傅里叶级数.

4. 将函数 $f(x)=1-x^2\left(-\frac{1}{2}\leqslant x\leqslant\frac{1}{2}\right)$展开为傅里叶级数.

复 习 题 七

1. 填空：

(1) 若任意项级数 $\sum\limits_{n=1}^{\infty}u_n$ 满足$\sum\limits_{n=1}^{\infty}|u_n|$收敛，则级数$\sum\limits_{n=1}^{\infty}u_n$ 的敛散性为__________.

(2) 当________时，级数 $\sum\limits_{n=0}^{\infty}\frac{a}{q^n}$ $(a\neq0)$收敛.

(3) 级数 $\sum\limits_{n=0}^{\infty}a_nx^n$ 在$x=x_0$ 时发散，则级数$\sum\limits_{n=0}^{\infty}a_nx^n$ 在点x_1（其中$|x_1|>|x_0|$）的敛散性是______.

(4) 若级数 $\sum\limits_{n=1}^{\infty}u_n$ 收敛，则$\lim\limits_{n\to\infty}u_n=$ ______.

2. 选择题：

(1) $\lim\limits_{n\to\infty}u_n=0$ 是数项级数 $\sum\limits_{n=1}^{\infty}u_n$ 收敛的(　　).

A. 必要条件　　B. 充分条件　　C. 充要条件　　D. 无关条件

(2) 正项级数 $\sum\limits_{n=1}^{\infty}u_n$ 满足条件(　　　　)时必收敛.

A. $\lim\limits_{n\to\infty}u_n=0$

B. $\lim\limits_{n\to\infty}\frac{u_n}{u_{n+1}}=\rho<1$

C. $\lim\limits_{n\to\infty}\frac{u_{n+1}}{u_n}=\rho\leqslant1$

D. $\lim\limits_{n\to\infty}\frac{u_n}{u_{n+1}}=\rho>1$

(3) 关于级数 $\sum\limits_{n=1}^{\infty}\frac{x^n}{n}$ 的结论正确的是(　　).

A. 当且仅当$|x|<1$ 时收敛

B. 当$|x|\leqslant1$ 时收敛

C. 当$-1\leqslant x<1$ 时收敛

D. 当$-1<x\leqslant1$ 时收敛

(4) 级数 $\sum\limits_{n=1}^{\infty}\frac{(-1)^n}{n^p}$ $(p>0)$ 的敛散情况是(　　).

A. 当 $p>1$ 时绝对收敛，$p\leqslant1$ 时条件收敛

B. 当 $p<1$ 时绝对收敛，$p\geqslant1$ 时条件收敛

C. 当 $p>1$ 时收敛，$p\leqslant1$ 时发散

D. 对任意的 $p>0$,级数绝对收敛

3. 判断下列级数的敛散性:

(1) $\sum\limits_{n=1}^{\infty}\left(\frac{1}{2^n}+\ln\frac{1}{n}\right)$; (2) $\sum\limits_{n=1}^{\infty}\frac{1}{2^n+3}$;

(3) $\sum\limits_{n=0}^{\infty}\frac{\ln^n 2}{2^n}$; (4) $\sum\limits_{n=1}^{\infty}\frac{1}{(3n-2)(3n+1)}$;

(5) $\sum\limits_{n=0}^{\infty}\frac{1+n}{1+n^2}$; (6) $\sum\limits_{n=1}^{\infty}\frac{\sqrt{n}}{\sqrt{n^4+1}}$;

(7) $\sum\limits_{n=1}^{\infty}3^n\sin\frac{\pi}{4^n}$; (8) $\sum\limits_{n=1}^{\infty}\frac{2^n n!}{n^n}$.

4. 级数 $\sum\limits_{n=1}^{\infty}\frac{(-1)^n n}{2^n}$ 是否收敛?若收敛,是绝对收敛还是条件收敛?

5. 求下列幂级数的收敛半径和收敛域:

(1) $\sum\limits_{n=1}^{\infty}\frac{1}{n}\left(\frac{x}{5}\right)^n$; (2) $\sum\limits_{n=1}^{\infty}\frac{(-1)^{n-1}}{(2n-1)!}x^{2n-1}$;

(3) $\sum\limits_{n=1}^{\infty}\frac{(-1)^{n-1}}{n}(x-1)^n$; (4) $\sum\limits_{n=1}^{\infty}\frac{x^n}{3^n+n}$.

6. 求下列级数的和函数:

(1) $\sum\limits_{n=0}^{\infty}\frac{x^{n+2}}{(n+1)(n+2)}$; (2) $\sum\limits_{n=0}^{\infty}\frac{2n+1}{n!}x^{2n}$.

7. 设 $f(x)$ 是以 2π 为周期的周期函数,且当 $-\pi\leqslant x\leqslant\pi$ 时,$f(x)=x^2$,将 $f(x)$ 展开成傅里叶级数,并求数项级数 $\sum\limits_{n=1}^{\infty}\frac{1}{n^2}$ 的和.

8. 设 $f(x)=\begin{cases}x, & 0\leqslant x\leqslant\frac{\pi}{2},\\ \frac{\pi}{2}, & \frac{\pi}{2}<x\leqslant\pi.\end{cases}$ 将 $f(x)$ 分别展成正弦级数和余弦级数.

9. 设 $f(x)$ 是周期为 4 的函数,它在区间 $[-2,2)$ 上的表示式为

$$f(x)=\begin{cases}0, & -2\leqslant x<0,\\ E, & 0\leqslant x<2,\end{cases}\quad(\text{常数 } E\neq 0).$$

将 $f(x)$ 展开成傅里叶级数.

【数学史典故 7】

学者傅里叶

【简介】

傅里叶(Fourier,Jean Baptiste Joseph,1768—1830),法国数学家、物理学家。

【履历】

傅里叶出身平民,父亲是位裁缝.9 岁时双亲亡故,以后由教会送入镇上的军校就读,表

傅里叶
(1768—1830)

现出对数学的特殊爱好.早在13岁时,傅里叶即显现出他在文学与数学方面的兴趣,14岁他已读完Bezout的《数学教程》全六册.他还有志于参加炮兵或工程兵,但因家庭地位低而遭到拒绝.后来希望到巴黎更优越的环境下追求他有兴趣的研究.可是法国大革命中断了他的计划,于1789年回到家乡奥塞尔的母校执教.

在大革命期间,傅里叶以热心地方事务而知名,并因替当时恐怖行为的受害者申辩而被捕入狱.出狱后,他曾就读于巴黎师范学校,虽为期甚短,其数学才华却给人以深刻印象.1795年,当巴黎综合工科学校成立时,即被任命为助教,协助J.L.拉格朗日(Lagrange)和G.蒙日(Monge)从事数学教学.这一年他还讽刺性地被当做罗伯斯庇尔(Robespierre)的支持者而被捕,后经同事营救获释.1898年,蒙日选派他跟随拿破仑(Napoleon)远征埃及.在开罗,他担任埃及研究院的秘书,并从事许多外交活动,但同时他仍不断地进行个人业余的数学、物理方面的研究.

1801年回到法国后,傅里叶希望继续执教于巴黎综合工科学校,但因拿破仑赏识他的行政才能,任命他为伊泽尔地区首府格勒诺布尔的高级官员.由于政绩卓著,1808年拿破仑又授予他男爵称号.此后几经宦海浮沉,1815年,傅里叶终于在拿破仑百日王朝的尾期辞去爵位和官职,毅然返回巴黎以图全力投入学术研究.但是,失业、贫困以及政治名声的落潮使得这时的傅里叶处于一生中最艰难的时期.由于得到昔日同事和学生的关怀,为他谋得统计局主管之职,工作不繁重,收入足以为生,使他得以继续从事研究.

1816年,傅里叶被提名为法国科学院的成员.初时因怒其与拿破仑的关系而为路易十八所拒.后来,事情澄清,于1817年就职科学院,其声誉又随之迅速上升.他的任职得到了当时年事已高的P.S.M.拉普拉斯(Laplace)的支持,却不断受到S.D.泊松(Poisson)的反对.1822年,他被选为科学院的终身秘书,这是极有权力的职位.1827年,他又被选为法兰西学院院士,还被英国皇家学会选为外国会员.

1830年,傅里叶去世后,在他的家乡为他树立了一座青铜塑像.20世纪以后,还以他的名字命名了一所学校,以示人们对他的尊敬和纪念.

【主要贡献】

傅里叶的科学成就主要在于他对热传导问题的研究,以及他为推进这一方面的研究所引入的数学方法.其他贡献有:最早使用定积分符号、改进了代数方程符号法则的证法和实根个数的判别法等。

早在远征埃及时,他就对热传导问题产生了浓厚的兴趣,1807年,他向科学院呈交了一篇很长的论文,题为《热的传播》,内容是关于不联结的物质和特殊形状的连续体(矩形的、环状的、球状的、柱状的、棱柱形的)中的热扩散(即热传导,笔者注)问题.在论文的审阅人中,拉普拉斯、蒙日和S.F.拉克鲁瓦(Lacroix)都是赞成接受这篇论文的.但是遭到了拉格朗日的强烈反对,因为文中所用的三角级数(后来被称为傅里叶级数)表示某些物体的初温分布与拉格朗日自己在19世纪50年代处理弦振动问题时对三角级数的否定相矛盾.于是,这篇文章未能发表.

为了推动对热扩散问题的研究，科学院于 1810 年悬赏征求论文. 傅里叶呈交了一篇对其 1807 年的文章加以修改的论文，题目是《热在固体中的运动理论》，文中增加了在无穷大物体中热扩散的新分析. 但是在这一情形中，傅里叶原来所用的三角级数因具有周期性而不能应用. 于是，傅里叶代之以积分形式(后来被称为傅里叶积分).

这篇论文在竞争中获胜，傅里叶获得科学院颁发的奖金. 但是评委——可能是由于拉格朗日的坚持——仍从文章的严格性和普遍性上给予了批评，以致这篇论文又未能正式发表. 傅里叶认为这是一种无理的非难，他决心将这篇论文的数学部分扩充成为一本书. 他终于完成了这部书：《热的解析理论》，于 1822 年出版.

傅里叶不是一个头脑简单的形式主义者. 他精于处理有关"收敛"的问题，在他讨论锯齿形函数的级数表示时就显示出了这种能力. 有关傅里叶级数的收敛性的几种基本证明，其主要思想均可在傅里叶的著作中找到. 在计算傅氏级数的系数时，对一给定的三角级数逐项积分，是不能保证其正确性的.

傅里叶的三角级数展开的使人震惊之处在于，他表达的似乎是一种矛盾的性质：在一有限区间内，完全不同的代数式之间的相等性. 对于很广泛的一类函数中的任何一个函数，都可以相应地造出一个三角级数，它在指定的区间内具有与这函数相同的值. 他用例子说明，那给定的函数甚至可以在基本区间内分段有不同的代数表示式.

作为一位数学家，傅里叶对于实际问题中的严格性的关心，不亚于除柯西和阿贝尔以外的任何人.

纵观傅里叶一生的学术成就，他的最突出的贡献就是他对热传导问题的研究和新的普遍性数学方法的创造，这就为数学物理学的前进开辟了康庄大道，极大地推动了应用数学的发展，从而也有力地推动了物理学的发展.

傅里叶大胆地断言："任意"函数(实际上是在有限区间上只有有限个间断点的函数)都可以展开成三角级数，并且列举了大量函数和运用图形来说明函数的三角级数展开的普遍性. 虽然他没有给出明确的条件和严格的证明，但是毕竟由此开创出"傅里叶分析"这一重要的数学分支，拓广了传统的函数概念. 1837 年狄利克莱正是研究了傅里叶级数理论之后才提出了现代数学中通用的函数定义. 1854 年 G. F. B. 黎曼(Riemann)在讨论傅里叶级数的文章中第一次阐述了现代数学通用的积分定义. 1861 年魏尔斯特拉斯运用三角级数构造出处处连续而处处不可微的特殊函数. 正是从傅里叶级数提出来的许多问题直接引导狄利克莱、黎曼、G. G. 斯托克斯(Stokes)以及从 H. E. 海涅(Heine)直至 G. 康托尔(Cantor)、H. L. 勒贝格(Lebesque)、F. 里斯(Riesz)和 E. 费希(Fisch)等人在实变分析的各个方面获得了卓越的研究成果，并且导致一些重要数学分支，如泛函分析、集合论等的建立. 傅里叶的工作对纯数学的发展也产生了深远的影响，这是傅里叶本人及其同时代人都难以预料到的，而且，这种影响至今还在发展之中.

(摘自《百度文库》)

第八章　线性代数初步

在经济、管理和工程技术活动中大量存在着变量之间的线性关系，而线性代数主要就是研究变量之间的线性关系的.本章我们着重介绍行列式、矩阵以及有关的一些基本概念，并简要介绍线性方程组的解的结构问题和求解方法.

第一节　行　列　式

一、行列式的定义

定义 8.1　由 n^2 个数组成的算式

$$D=\begin{vmatrix} a_{11} & a_{12} & \cdots & a_{1n} \\ a_{21} & a_{22} & \cdots & a_{2n} \\ \vdots & \vdots & & \vdots \\ a_{n1} & a_{n2} & \cdots & a_{nn} \end{vmatrix}$$

称为 n **阶行列式**.其中横排称为行列式的行，竖排称为行列式的列，$a_{ij}\,(i,j=1,2,3,\cdots,n)$称为行列式第 i 行第 j 列的元素，从左上角到右下角的对角线称为行列式的**主对角线**，从右上角到左下角的对角线称为行列式的**次对角线**.

特别地，当 $n=2$ 时，$D=\begin{vmatrix} a_{11} & a_{12} \\ a_{21} & a_{22} \end{vmatrix}$ 为**二阶行列式**，并规定

$$\begin{vmatrix} a_{11} & a_{12} \\ a_{21} & a_{22} \end{vmatrix}=a_{11}a_{22}-a_{12}a_{21}.$$

上式右端 $a_{11}a_{22}-a_{12}a_{21}$ 称为**二阶行列式的展开式**.

当 $n=3$ 时，$D=\begin{vmatrix} a_{11} & a_{12} & a_{13} \\ a_{21} & a_{22} & a_{23} \\ a_{31} & a_{32} & a_{33} \end{vmatrix}$ 为**三阶行列式**，并规定

$$\begin{vmatrix} a_{11} & a_{12} & a_{13} \\ a_{21} & a_{22} & a_{23} \\ a_{31} & a_{32} & a_{33} \end{vmatrix}=a_{11}a_{22}a_{33}+a_{12}a_{23}a_{31}+a_{13}a_{21}a_{32}$$
$$-a_{13}a_{22}a_{31}-a_{11}a_{23}a_{32}-a_{12}a_{21}a_{33}.$$

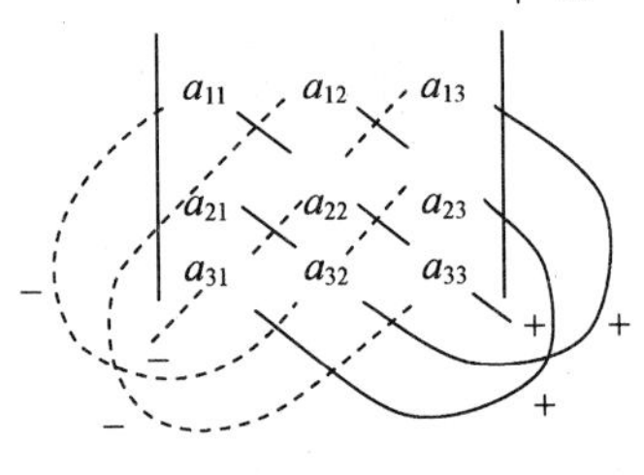

图　8-1

上式右端称为**三阶行列式的展开式**，共有六项，每一项都是行列式中位于不同行不同列的三个不同元素的乘积，具体我们可以引用对角线法把三阶行列式的展开式写出来，方法是在原来行列式的基础上按图 8-1 连线.则三阶行列式中展开式中的六项分别是由图 8-1 中的六条线中每条线所连接的三个元素的

乘积的和得到的. 其中实线连接的积取“+”,虚线连接的积取“−”.

例 1　计算行列式:

(1) $\begin{vmatrix} 2 & -3 \\ 4 & 3 \end{vmatrix}$;　　　(2) $\begin{vmatrix} 2 & -1 & 0 \\ -1 & 5 & 1 \\ 2 & -6 & 6 \end{vmatrix}$.

解　(1) $\begin{vmatrix} 2 & -3 \\ 4 & 3 \end{vmatrix}=2\times3-4\times(-3)=6+12=18.$

(2) $$\begin{vmatrix} 2 & -1 & 0 \\ -1 & 5 & 1 \\ 2 & -6 & 6 \end{vmatrix}=2\times5\times6+(-1)\times(-6)\times0+2\times(-1)\times1$$

$$-2\times5\times0-(-1)\times(-1)\times6-2\times(-6)\times1=64.$$

例 2　求 $\begin{vmatrix} x & 1 & 3 \\ 1 & y & 2 \\ 3 & 2 & z \end{vmatrix}$ 的展开式.

解　$$\begin{vmatrix} x & 1 & 3 \\ 1 & y & 2 \\ 3 & 2 & z \end{vmatrix}=xyz+1\times2\times3+3\times2\times1-3\times y\times3-2\times2\times x-1\times1\times z$$

$$=xyz-9y-4x-z+12.$$

二、行列式的性质

用行列式的定义直接计算行列式的值,通常是十分复杂的. 下面给出行列式的一些性质,通过它们可使行列式的计算在许多情况下大为简化.

定义 8.2　把行列式 D 的行与列互换(即每一行都变为相应的列,每一列都变为相应的行)得到的行列式称为 D 的**转置行列式**,记为 D^T. 显然

$$(D^T)^T=D.$$

性质 1　行列式与它的转置行列式相等. 即

$$\begin{vmatrix} a_{11} & a_{12} & \cdots & a_{1n} \\ a_{21} & a_{22} & \cdots & a_{2n} \\ \vdots & \vdots & & \vdots \\ a_{n1} & a_{n2} & \cdots & a_{nn} \end{vmatrix}=\begin{vmatrix} a_{11} & a_{21} & \cdots & a_{n1} \\ a_{12} & a_{22} & \cdots & a_{n2} \\ \vdots & \vdots & & \vdots \\ a_{1n} & a_{2n} & \cdots & a_{nn} \end{vmatrix}.$$

性质 1 说明行列式中行与列的地位是相同的,凡对行成立的性质,对列也同样成立.

性质 2　若将行列式的任意两行(列)的元素互换位置,那么行列式的值只改变符号.

推论　若行列式中有两行(列)的对应元素相同,则此行列式的值等于零.

性质 3　行列式中某一行(列)的所有元素有公因子可以提到行列式符号的外面. 即

$$\begin{vmatrix} a_{11} & a_{12} & \cdots & a_{1n} \\ \vdots & \vdots & & \vdots \\ ka_{i1} & ka_{i2} & \cdots & ka_{in} \\ \vdots & \vdots & & \vdots \\ a_{n1} & a_{n2} & \cdots & a_{nn} \end{vmatrix}=k\begin{vmatrix} a_{11} & a_{12} & \cdots & a_{1n} \\ \vdots & \vdots & & \vdots \\ a_{i1} & a_{i2} & \cdots & a_{in} \\ \vdots & \vdots & & \vdots \\ a_{n1} & a_{n2} & \cdots & a_{nn} \end{vmatrix}.$$

推论 1 数 k 乘以行列式等于数 k 乘以行列式的某行(列)的所有元素.

推论 2 如果行列式中有一行(列)元素全为零,则此行列式的值等于零.

推论 3 如果行列式中有两行(列)的元素对应成比例,则行列式的值为零.

性质 4 如果行列式中某一行(列)的每一个元素都是二项式,则此行列式等于把这个二项式各取一项作为相应的行(列)上的元素,而其余元素不变的两个行列式的和.即

$$\begin{vmatrix} a_{11} & a_{12} & \cdots & a_{1n} \\ \vdots & \vdots & & \vdots \\ b_{i1}+c_{i1} & b_{i2}+c_{i2} & \cdots & b_{in}+c_{in} \\ \vdots & \vdots & & \vdots \\ a_{n1} & a_{n2} & \cdots & a_{nn} \end{vmatrix} = \begin{vmatrix} a_{11} & a_{12} & \cdots & a_{1n} \\ \vdots & \vdots & & \vdots \\ b_{i1} & b_{i2} & \cdots & b_{in} \\ \vdots & \vdots & & \vdots \\ a_{n1} & a_{n2} & \cdots & a_{nn} \end{vmatrix} + \begin{vmatrix} a_{11} & a_{12} & \cdots & a_{1n} \\ \vdots & \vdots & & \vdots \\ c_{i1} & c_{i2} & \cdots & c_{in} \\ \vdots & \vdots & & \vdots \\ a_{n1} & a_{n2} & \cdots & a_{nn} \end{vmatrix}.$$

性质 5 行列式的某一行(列)的所有元素同乘以常数 k 后加到另一行(列)对应的元素上去,行列式的值不变.

在行列式的计算中采用以下记号：

(1) $r_i \leftrightarrow r_j$ 表示第 i 行元素与第 j 行元素交换位置,$c_i \leftrightarrow c_j$ 表示第 i 列元素与第 j 列元素交换位置；

(2) kr_i 表示第 i 行的每一个元素同乘以常数 k,kc_j 表示第 j 列的每一个元素同乘以常数 k；

(3) $r_j + kr_i$ 表示第 i 行的每一个元素同乘以常数 k 后加到第 j 行的对应元素上；$c_j + kc_i$ 表示第 i 列的每一个元素同乘以常数 k 后加到第 j 列的对应元素上去.

于是性质 5 可表示为

$$\begin{vmatrix} a_{11} & a_{12} & \cdots & a_{1n} \\ \vdots & \vdots & & \vdots \\ a_{i1} & a_{i2} & \cdots & a_{in} \\ \vdots & \vdots & & \vdots \\ a_{j1} & a_{j2} & \cdots & a_{jn} \\ \vdots & \vdots & & \vdots \\ a_{n1} & a_{n2} & \cdots & a_{nn} \end{vmatrix} \xlongequal{r_j + kr_i} \begin{vmatrix} a_{11} & a_{12} & \cdots & a_{1n} \\ \vdots & \vdots & & \vdots \\ a_{i1} & a_{i2} & \cdots & a_{in} \\ \vdots & \vdots & & \vdots \\ a_{j1}+ka_{i1} & a_{j2}+ka_{i2} & \cdots & a_{jn}+ka_{in} \\ \vdots & \vdots & & \vdots \\ a_{n1} & a_{n2} & \cdots & a_{nn} \end{vmatrix}.$$

三、行列式的计算

先引入余子式和代数余子式的概念.

在 n 阶行列式中划去元素 a_{ij} 所在的第 i 行和第 j 列的元素,剩下的元素按原次序构成的 $n-1$ 阶行列式称为 a_{ij} 的**余子式**,记作 M_{ij}. M_{ij} 乘以 $(-1)^{i+j}$ 的积称为元素 a_{ij} 的**代数余子式**,记作 A_{ij},即

$$A_{ij} = (-1)^{i+j} M_{ij}.$$

例如,三阶行列式 $\begin{vmatrix} a_{11} & a_{12} & a_{13} \\ a_{21} & a_{22} & a_{23} \\ a_{31} & a_{32} & a_{33} \end{vmatrix}$ 中元素 a_{23} 的余子式为 $M_{23} = \begin{vmatrix} a_{11} & a_{12} \\ a_{31} & a_{32} \end{vmatrix}$. 元素 a_{23} 的代数余子式为

$$A_{23}=(-1)^{2+3}M_{23}=(-1)^{2+3}\begin{vmatrix}a_{11} & a_{12}\\ a_{31} & a_{32}\end{vmatrix}=-\begin{vmatrix}a_{11} & a_{12}\\ a_{31} & a_{32}\end{vmatrix}.$$

定理 8.1　行列式 D 等于它的任一行(列)的各元素与其对应的代数余子式的乘积之和. 即

$$D=a_{i1}A_{i1}+a_{i2}A_{i2}+\cdots+a_{in}A_{in}\quad (i=1,2,\cdots,n),$$
$$D=a_{1j}A_{1j}+a_{2j}A_{2j}+\cdots+a_{nj}A_{nj}\quad (j=1,2,\cdots,n).$$

这样,就可以通过计算 n 个 $n-1$ 阶行列式来计算 n 阶行列式.

例如,三阶行列式按第二行展开为

$$D=a_{21}A_{21}+a_{22}A_{22}+a_{23}A_{23}.$$

把定理 8.1 和行列式的性质结合起来,可以使行列式的计算大为简化.

例 3　计算下列行列式:

(1) $\begin{vmatrix}-1 & 4 & 2\\ 2 & 3 & 1\\ 201 & 296 & 98\end{vmatrix}$;　　(2) $\begin{vmatrix}1 & 1 & 3 & -3\\ 1 & 0 & 1 & -1\\ 3 & -1 & -1 & 1\\ 1 & 2 & 0 & 1\end{vmatrix}$.

解　(1) $\begin{vmatrix}-1 & 4 & 2\\ 2 & 3 & 1\\ 201 & 296 & 98\end{vmatrix}=\begin{vmatrix}-1 & 4 & 2\\ 2 & 3 & 1\\ 200+1 & 300-4 & 100-2\end{vmatrix}$

$$=\begin{vmatrix}-1 & 4 & 2\\ 2 & 3 & 1\\ 200 & 300 & 100\end{vmatrix}+\begin{vmatrix}-1 & 4 & 2\\ 2 & 3 & 1\\ 1 & -4 & -2\end{vmatrix}=0+0=0.$$

(2) $\begin{vmatrix}1 & 1 & 3 & -3\\ 1 & 0 & 1 & -1\\ 3 & -1 & -1 & 1\\ 1 & 2 & 0 & 1\end{vmatrix}\xlongequal[r_4-r_1]{\substack{r_2-r_1\\ r_3-3r_1}}\begin{vmatrix}1 & 1 & 3 & -3\\ 0 & -1 & -2 & 2\\ 0 & -4 & -10 & 10\\ 0 & 1 & -3 & 4\end{vmatrix}=\begin{vmatrix}-1 & -2 & 2\\ -4 & -10 & 10\\ 1 & -3 & 4\end{vmatrix}$

$$\xlongequal{c_3+c_2}\begin{vmatrix}-1 & -2 & 0\\ -4 & -10 & 0\\ 1 & -3 & 1\end{vmatrix}=\begin{vmatrix}-1 & -2\\ -4 & -10\end{vmatrix}=10-8=2.$$

例 4　用行列式的性质证明

$$\begin{vmatrix}a^2 & ab & b^2\\ 2a & a+b & 2b\\ 1 & 1 & 1\end{vmatrix}=(a-b)^3.$$

证明　$\begin{vmatrix}a^2 & ab & b^2\\ 2a & a+b & 2b\\ 1 & 1 & 1\end{vmatrix}\xlongequal{\substack{c_1-c_3\\ c_2-c_3}}\begin{vmatrix}a^2-b^2 & ab-b^2 & b^2\\ 2(a-b) & a-b & 2b\\ 0 & 0 & 1\end{vmatrix}$

$$=(a-b)^2\begin{vmatrix}a+b & b & b^2\\ 2 & 1 & 2b\\ 0 & 0 & 1\end{vmatrix}=(a-b)^2\begin{vmatrix}a+b & b\\ 2 & 1\end{vmatrix}$$

$$=(a-b)^2(a+b-2b)=(a-b)^3.$$

习题 8-1

1. 计算下列行列式：

(1) $\begin{vmatrix} 5 & 2 \\ 7 & 3 \end{vmatrix}$；　　(2) $\begin{vmatrix} 2 & -1 & 0 \\ -1 & 4 & 1 \\ 2 & -6 & 5 \end{vmatrix}$；

(3) $\begin{vmatrix} 1 & 2 & 3 & -3 \\ 1 & 0 & 1 & -1 \\ 3 & -1 & -1 & 1 \\ 1 & 2 & 0 & 1 \end{vmatrix}$；　　(4) $\begin{vmatrix} 4 & 3 & 2 & 1 \\ 3 & 2 & 1 & 4 \\ 2 & 1 & 4 & 3 \\ 1 & 4 & 3 & 2 \end{vmatrix}$.

2. 当 λ 为何值时，下列行列式的值为 0：

(1) $\begin{vmatrix} 2 & 2 & 1 \\ -4 & 0 & \lambda \\ -1 & 1 & 3 \end{vmatrix}$；　　(2) $\begin{vmatrix} \lambda+1 & 2 & 0 \\ 3 & 5 & -3 \\ 2 & 4 & 1 \end{vmatrix}$.

第二节　矩阵的概念

一、矩阵的概念

1. 矩阵的定义

为了弄清什么是矩阵，先看下面两个引例.

引例 8.1　在物资调运中，经常要考虑如何供应销地，使物资的总运费最低. 如果某个地区的钢材有两个产地 x_1、x_2，有三个销地 y_1、y_2、y_3，可以用一个数表来表示钢材的调运方案（表 8-1）.

表 8-1　钢材调运方案

销地 产地	y_1	y_2	y_3
x_1	a_{11}	a_{12}	a_{13}
x_2	a_{21}	a_{22}	a_{23}

表中数字 a_{ij} 表示由产地 x_i 运到销地 y_j 的钢材数量，去掉表头后，得到按一定次序排列的矩形数表 $\begin{pmatrix} a_{11} & a_{12} & a_{13} \\ a_{21} & a_{22} & a_{23} \end{pmatrix}$，它表示了该地区钢材的调运规律.

引例 8.2　某公司销售四种商品 A、B、C、D，它们在第一季度的销售量分别如表 8-2 所示.

表 8-2　商品在第一季度的销售量

商品 月份	销售额/件			
	A	B	C	D
1	210	220	150	300
2	250	310	90	335
3	270	260	120	410

如果把这些数按原来的行列次序排出一张矩形数表$\begin{pmatrix} 210 & 220 & 150 & 300 \\ 250 & 310 & 90 & 335 \\ 270 & 260 & 120 & 410 \end{pmatrix}$，这种矩形数表在数学上就叫做矩阵.

定义 8.3　由 $m\times n$ 个数 $a_{ij}(i=1,2,\cdots,m;j=1,2,\cdots,n)$按一定次序排成一个 m 行 n 列的矩形数表

$$\begin{pmatrix} a_{11} & a_{12} & \cdots & a_{1n} \\ a_{21} & a_{22} & \cdots & a_{2n} \\ \vdots & \vdots & & \vdots \\ a_{m1} & a_{m2} & \cdots & a_{mn} \end{pmatrix}$$

称为 m 行 n 列**矩阵**，简称**矩阵**. $a_{ij}(i=1,2,\cdots,m;j=1,2,\cdots,n)$称为矩阵的第 i 行第 j 列的元素.

我们通常用大写字母 $\boldsymbol{A},\boldsymbol{B},\boldsymbol{C},\cdots$ 表示矩阵，有时也可表示为 $\boldsymbol{A}_{m\times n},\boldsymbol{B}_{m\times n},\cdots$ 或者 $(a_{ij})_{m\times n},(b_{ij})_{m\times n},\cdots$. 即

$$\boldsymbol{A}=(a_{ij})_{m\times n}\quad (i=1,2,\cdots,m;j=1,2,\cdots,n).$$

特别地：

(1) 当把矩阵 $\boldsymbol{A}$ 中各个元素变为相反数时而得到的矩阵称为 $\boldsymbol{A}$ 的**负矩阵**，记作 $-\boldsymbol{A}$；

(2) 当 $m=n$ 时，称矩阵 $\boldsymbol{A}$ 为 n **阶方阵**；

(3) 当 $m=1$ 时，矩阵 $\boldsymbol{A}$ 称为**行矩阵**，即

$$\boldsymbol{A}_{1\times n}=(a_{11}\quad a_{12}\quad \cdots \quad a_{1n}),$$

当 $n=1$ 时，矩阵 $\boldsymbol{A}$ 称为**列矩阵**，记作

$$\boldsymbol{A}_{m\times 1}=\begin{pmatrix} a_{11} \\ a_{21} \\ \vdots \\ a_{m1} \end{pmatrix};$$

(4) 当矩阵 $\boldsymbol{A}=(a_{ij})_{m\times n}$的所有元素全为 0，即

$$a_{ij}=0\quad (i=1,2,\cdots,m;j=1,2,\cdots,n)$$

时，称 $\boldsymbol{A}$ 为**零矩阵**，记作 $\boldsymbol{0}$. 即

$$\boldsymbol{0}_{m\times n}=\boldsymbol{0}=\begin{pmatrix} 0 & 0 & \cdots & 0 \\ 0 & 0 & \cdots & 0 \\ \vdots & \vdots & & \vdots \\ 0 & 0 & \cdots & 0 \end{pmatrix}_{m\times n}.$$

2. 矩阵相等

定义 8.4　如果两个矩阵 $\boldsymbol{A}$ 和 $\boldsymbol{B}$ 的行数与列数均对应相等，我们称矩阵 $\boldsymbol{A}$ 和矩阵 $\boldsymbol{B}$ 为**同形矩阵**.

如矩阵 $\boldsymbol{A}=\begin{pmatrix} 15 & 2 & -1 \\ 0 & 30 & -2 \end{pmatrix}$与 $\boldsymbol{B}=\begin{pmatrix} 2 & 100 & 1 \\ -1 & 1 & 3 \end{pmatrix}$都是 2×3 矩阵，它们是同形矩阵.

定义 8.5　设 $\boldsymbol{A}$ 和 $\boldsymbol{B}$ 是两个同形矩阵，若它们对应位置上的元素分别相等，则称矩阵 $\boldsymbol{A}$ 和 $\boldsymbol{B}$ **相等**，记作 $\boldsymbol{A}=\boldsymbol{B}$.

例如，矩阵 $\boldsymbol{A}=\begin{pmatrix}3&2&3\\1&0&5\end{pmatrix}$，$\boldsymbol{B}=\begin{pmatrix}a&b&c\\d&e&f\end{pmatrix}$，若 $\boldsymbol{A}=\boldsymbol{B}$，则有 $a=3,b=2,c=3,d=1,e=0,f=5$.

3. 几种特殊的矩阵

对于 n 阶方阵来讲，有几种特殊矩阵.

(1) **三角矩阵**：当 n 阶方阵 $\boldsymbol{A}$ 主对角线（从左上方到右下方）下面的元素全为零，则称此方阵为**上三角矩阵**（此时零元素可略去不写）. 即

$$\boldsymbol{A}=\begin{pmatrix}a_{11}&a_{12}&\cdots&a_{1n}\\0&a_{22}&\cdots&a_{2n}\\\vdots&\vdots&&\vdots\\0&0&\cdots&a_{nn}\end{pmatrix}.$$

当 n 阶方阵主对角线上面的所有元素均为零，则称此方阵为**下三角矩阵**（此时零元素可略去不写）. 即

$$\boldsymbol{A}=\begin{pmatrix}a_{11}&0&\cdots&0\\a_{21}&a_{22}&\cdots&0\\\vdots&\vdots&&\vdots\\a_{n1}&a_{n2}&\cdots&a_{nn}\end{pmatrix}.$$

上三角矩阵和下三角矩阵统称为**三角矩阵**.

(2) **对角矩阵**：如果一个方阵除主对角线上的元素外，其余元素均为 0，则称此方阵为**对角矩阵**，简称为**对角阵**. 即

$$\boldsymbol{A}=\begin{pmatrix}a_{11}&&&\\&a_{22}&&\\&&\ddots&\\&&&a_{nn}\end{pmatrix}.$$

(3) **数量矩阵**：在对角矩阵中，如果 $a_{11}=a_{22}=\cdots=a_{nn}=k$，则称此方阵为 n 阶**数量矩阵**. 即

$$\boldsymbol{A}=\begin{pmatrix}k&&&\\&k&&\\&&\ddots&\\&&&k\end{pmatrix}.$$

(4) **单位矩阵**：$k=1$ 的 n 阶数量矩阵称为 n 阶**单位矩阵**，常记为 $\boldsymbol{E}_n$ 或 $\boldsymbol{E}$. 即

$$\boldsymbol{E}=\begin{pmatrix}1&&&\\&1&&\\&&\ddots&\\&&&1\end{pmatrix}.$$

4. n 阶方阵的行列式

定义 8.6　设 n 阶方阵 $\boldsymbol{A}=\begin{pmatrix} a_{11} & a_{12} & \cdots & a_{1n} \\ a_{21} & a_{22} & \cdots & a_{2n} \\ \vdots & \vdots & & \vdots \\ a_{n1} & a_{n2} & \cdots & a_{nn} \end{pmatrix}$，则相应的行列式

$$\begin{vmatrix} a_{11} & a_{12} & \cdots & a_{1n} \\ a_{21} & a_{22} & \cdots & a_{2n} \\ \vdots & \vdots & & \vdots \\ a_{n1} & a_{n2} & \cdots & a_{nn} \end{vmatrix}$$

称为**矩阵 $\boldsymbol{A}$ 的行列式**，记作 $|\boldsymbol{A}|$.

二、矩阵的运算

1. 矩阵的加法和减法

对于两个同形矩阵，我们可以定义它们的加法运算和减法运算.

定义 8.7　设 $\boldsymbol{A}=(a_{ij})_{m\times n}$ 与 $\boldsymbol{B}=(b_{ij})_{m\times n}$ 是两个同形矩阵，则 $\boldsymbol{A}$、$\boldsymbol{B}$ 的和与差分别是

$$\boldsymbol{A}+\boldsymbol{B}=(a_{ij}+b_{ij})_{m\times n},$$
$$\boldsymbol{A}-\boldsymbol{B}=(a_{ij}-b_{ij})_{m\times n}.$$

即两个同形矩阵相加减就是对应位置上的元素相加或相减，结果还是一个同形矩阵.

例 1　设矩阵 $\boldsymbol{A}=\begin{pmatrix} 0 & 2 & 3 \\ -1 & 5 & 2 \end{pmatrix}$，$\boldsymbol{B}=\begin{pmatrix} 1 & 2 & -1 \\ 3 & -6 & -2 \end{pmatrix}$，求：$\boldsymbol{A}+\boldsymbol{B}$，$\boldsymbol{A}-\boldsymbol{B}$.

解　$\boldsymbol{A}+\boldsymbol{B}=\begin{pmatrix} 0+1 & 2+2 & 3+(-1) \\ -1+3 & 5+(-6) & 2+(-2) \end{pmatrix}=\begin{pmatrix} 1 & 4 & 2 \\ 2 & -1 & 0 \end{pmatrix}$；

$\boldsymbol{A}-\boldsymbol{B}=\begin{pmatrix} 0-1 & 2-2 & 3-(-1) \\ -1-3 & 5-(-6) & 2-(-2) \end{pmatrix}=\begin{pmatrix} -1 & 0 & 4 \\ -4 & 11 & 4 \end{pmatrix}$.

不难证明，矩阵的加减运算应满足如下运算律：

(1) **交换律**　$\boldsymbol{A}+\boldsymbol{B}=\boldsymbol{B}+\boldsymbol{A}$；

(2) **结合律**　$(\boldsymbol{A}+\boldsymbol{B})+\boldsymbol{C}=\boldsymbol{A}+(\boldsymbol{B}+\boldsymbol{C})$；

(3) $\boldsymbol{A}+\boldsymbol{0}=\boldsymbol{A}$　($\boldsymbol{0}$ 表示与 $\boldsymbol{A}$ 同形的零矩阵)，$\boldsymbol{A}+(-\boldsymbol{A})=\boldsymbol{0}$；

(4) $\boldsymbol{A}-\boldsymbol{B}=\boldsymbol{A}+(-\boldsymbol{B})$.

例 2　某运输公司分两次将某商品(单位：吨)从 3 个产地运往 4 个销地，两次调运方案分别用矩阵 $\boldsymbol{A}$ 和矩阵 $\boldsymbol{B}$ 表示：

$$\boldsymbol{A}=\begin{pmatrix} 4 & 2 & 0 & 5 \\ 1 & 2 & 3 & 1 \\ 3 & 2 & 1 & 4 \end{pmatrix},\boldsymbol{B}=\begin{pmatrix} 3 & 0 & 1 & 4 \\ 5 & 2 & 2 & 3 \\ 2 & 1 & 1 & 3 \end{pmatrix},$$

求该公司两次从各产地运往各销地的商品运输量.

解　所求商品运输量用矩阵表示为

$$\boldsymbol{A}+\boldsymbol{B}=\begin{pmatrix} 4+3 & 2+0 & 0+1 & 5+4 \\ 1+5 & 2+2 & 3+2 & 1+3 \\ 3+2 & 2+1 & 1+1 & 4+3 \end{pmatrix}=\begin{pmatrix} 7 & 2 & 1 & 9 \\ 6 & 4 & 5 & 4 \\ 5 & 3 & 2 & 7 \end{pmatrix}.$$

2. 数与矩阵的乘法

定义 8.8 设矩阵 $\boldsymbol{A}=\begin{pmatrix} a_{11} & a_{12} & \cdots & a_{1n} \\ a_{21} & a_{22} & \cdots & a_{2n} \\ \vdots & \vdots & & \vdots \\ a_{m1} & a_{m2} & \cdots & a_{mn} \end{pmatrix}$，由数 k 乘以 $\boldsymbol{A}$ 中每一个元素所得到的矩阵

$$\begin{pmatrix} ka_{11} & ka_{12} & \cdots & ka_{1n} \\ ka_{21} & ka_{22} & \cdots & ka_{2n} \\ \vdots & \vdots & & \vdots \\ ka_{m1} & ka_{m2} & \cdots & ka_{mn} \end{pmatrix}$$

称为**数 k 与矩阵 $\boldsymbol{A}$ 的乘积**，记作 $k\boldsymbol{A}$.

由此，我们可知，数量矩阵可以表示为数与单位矩阵的乘积，即

$$\begin{pmatrix} k & & & \\ & k & & \\ & & \ddots & \\ & & & k \end{pmatrix}=k\begin{pmatrix} 1 & & & \\ & 1 & & \\ & & \ddots & \\ & & & 1 \end{pmatrix}=k\boldsymbol{E}.$$

假设 $\boldsymbol{A}$、$\boldsymbol{B}$ 为同形矩阵，k、h 是数，则有以下算式成立：

(1) $k(\boldsymbol{A}\pm\boldsymbol{B})=k\boldsymbol{A}\pm k\boldsymbol{B}$；

(2) $(k\pm h)\boldsymbol{A}=k\boldsymbol{A}\pm h\boldsymbol{A}$；

(3) $(kh)\boldsymbol{A}=k(h\boldsymbol{A})=h(k\boldsymbol{A})$；

(4) $1\boldsymbol{A}=\boldsymbol{A}$；$(-1)\boldsymbol{A}=-\boldsymbol{A}$.

例 3 设 $\boldsymbol{A}=\begin{pmatrix} 2 & 3 & 1 \\ 0 & 1 & -1 \end{pmatrix}$，$\boldsymbol{B}=\begin{pmatrix} -1 & 3 & 1 \\ 2 & 2 & -1 \end{pmatrix}$，求 $2\boldsymbol{A}-3\boldsymbol{B}$.

解
$$\begin{aligned} 2\boldsymbol{A}-3\boldsymbol{B} &=2\begin{pmatrix} 2 & 3 & 1 \\ 0 & 1 & -1 \end{pmatrix}-3\begin{pmatrix} -1 & 3 & 1 \\ 2 & 2 & -1 \end{pmatrix}=\begin{pmatrix} 4 & 6 & 2 \\ 0 & 2 & -2 \end{pmatrix}-\begin{pmatrix} -3 & 9 & 3 \\ 6 & 6 & -3 \end{pmatrix} \\ &=\begin{pmatrix} 4-(-3) & 6-9 & 2-3 \\ 0-6 & 2-6 & -2-(-3) \end{pmatrix}=\begin{pmatrix} 7 & -3 & -1 \\ -6 & -4 & 1 \end{pmatrix}. \end{aligned}$$

3. 矩阵的乘法

定义 8.9 设 $\boldsymbol{A}$ 是 $m\times s$ 矩阵，$\boldsymbol{B}$ 是 $s\times n$ 矩阵

$$\boldsymbol{A}=\begin{pmatrix} a_{11} & a_{12} & \cdots & a_{1s} \\ a_{21} & a_{22} & \cdots & a_{2s} \\ \vdots & \vdots & & \vdots \\ a_{m1} & a_{m2} & \cdots & a_{ms} \end{pmatrix},\boldsymbol{B}=\begin{pmatrix} b_{11} & b_{12} & \cdots & b_{1n} \\ b_{21} & b_{22} & \cdots & b_{2n} \\ \vdots & \vdots & & \vdots \\ b_{s1} & b_{s2} & \cdots & b_{sn} \end{pmatrix},$$

我们把矩阵

$$\boldsymbol{AB}=\begin{pmatrix} c_{11} & c_{12} & \cdots & c_{1n} \\ c_{21} & c_{22} & \cdots & c_{2n} \\ \vdots & \vdots & & \vdots \\ c_{m1} & c_{m2} & \cdots & c_{mn} \end{pmatrix}$$

称为**矩阵 $\boldsymbol{A}$ 和矩阵 $\boldsymbol{B}$ 的乘积矩阵**，记作 $\boldsymbol{C}=\boldsymbol{AB}$. 其中 $\boldsymbol{C}$ 的第 i 行第 j 列的元素 c_{ij} 等于 $\boldsymbol{A}$ 的第 i 行的每一个元素与 $\boldsymbol{B}$ 的第 j 列对应元素的乘积之和. 即

$$c_{ij}=a_{i1}b_{1j}+a_{i2}b_{2j}+\cdots+a_{is}b_{sj}=\sum_{k=1}^{s}a_{ik}b_{kj}\quad(i=1,2,\cdots,m;j=1,2,\cdots,n).$$

由此可知，两矩阵 $\boldsymbol{A}$ 与 $\boldsymbol{B}$ 相乘时，第一个矩阵 $\boldsymbol{A}$ 的列数与第二个矩阵 $\boldsymbol{B}$ 的行数必须相等，此时称 $\boldsymbol{A}$ 与 $\boldsymbol{B}$ 可乘，且 $\boldsymbol{AB}$ 的行数等于矩阵 $\boldsymbol{A}$ 的行数，$\boldsymbol{AB}$ 的列数等于矩阵 $\boldsymbol{B}$ 的列数. 两矩阵 $\boldsymbol{A}$ 与 $\boldsymbol{B}$ 不能相乘时，称矩阵 $\boldsymbol{A}$ 与 $\boldsymbol{B}$ 不可乘，$\boldsymbol{AB}$ 无意义.

例 4　已知矩阵 $\boldsymbol{A}=\begin{pmatrix}2&1\\0&1\\-1&0\end{pmatrix}$，$\boldsymbol{B}=\begin{pmatrix}0&1\\-2&2\end{pmatrix}$，求 $\boldsymbol{AB}$.

解　$$\boldsymbol{AB}=\begin{pmatrix}2&1\\0&1\\-1&0\end{pmatrix}\begin{pmatrix}0&1\\-2&2\end{pmatrix}=\begin{pmatrix}2\times0+1\times(-2)&2\times1+1\times2\\0\times0+1\times(-2)&0\times1+1\times2\\(-1)\times0+0\times(-2)&(-1)\times1+0\times2\end{pmatrix}$$

$$=\begin{pmatrix}-2&4\\-2&2\\0&-1\end{pmatrix}.$$

容易验证，矩阵的乘法满足以下运算律：

(1) **结合律**　$(\boldsymbol{AB})\boldsymbol{C}=\boldsymbol{A}(\boldsymbol{BC})$；

(2) **分配律**　$(\boldsymbol{A}\pm\boldsymbol{B})\boldsymbol{C}=\boldsymbol{AC}\pm\boldsymbol{BC}$，$\boldsymbol{A}(\boldsymbol{B}\pm\boldsymbol{C})=\boldsymbol{AB}\pm\boldsymbol{AC}$；

(3) $k(\boldsymbol{AB})=(k\boldsymbol{A})\boldsymbol{B}=\boldsymbol{A}(k\boldsymbol{B})$.

注意

由于矩阵的乘法运算与数的乘法运算有很大的不同，所以矩阵的乘法运算不满足以下运算律：

① 矩阵乘法一般不满足交换律.

这是因为 $\boldsymbol{A}$ 与 $\boldsymbol{B}$ 可乘时，$\boldsymbol{B}$ 与 $\boldsymbol{A}$ 不一定可乘，即使都可乘，也不一定有 $\boldsymbol{AB}=\boldsymbol{BA}$. 因此我们称 $\boldsymbol{AB}$ 为 $\boldsymbol{A}$ **左乘** $\boldsymbol{B}$ 或 $\boldsymbol{B}$ **右乘** $\boldsymbol{A}$.

例如，矩阵 $\boldsymbol{A}$ 是 3×2 矩阵，矩阵 $\boldsymbol{B}$ 是 2×3 矩阵，则 $\boldsymbol{AB}$ 是 3×3 矩阵，$\boldsymbol{BA}$ 是 2×2 矩阵，二者不同形，更不会相等.

又如，设 $\boldsymbol{A}=\begin{pmatrix}1&2\\-1&0\end{pmatrix}$，$\boldsymbol{B}=\begin{pmatrix}0&1\\-1&0\end{pmatrix}$，则

$$\boldsymbol{AB}=\begin{pmatrix}1&2\\-1&0\end{pmatrix}\begin{pmatrix}0&1\\-1&0\end{pmatrix}=\begin{pmatrix}-2&1\\0&-1\end{pmatrix},$$

$$\boldsymbol{BA}=\begin{pmatrix}0&1\\-1&0\end{pmatrix}\begin{pmatrix}1&2\\-1&0\end{pmatrix}=\begin{pmatrix}-1&0\\-1&-2\end{pmatrix}.$$

显然 $\boldsymbol{AB}\neq\boldsymbol{BA}$.

如果两个矩阵 $\boldsymbol{AB}$ 满足 $\boldsymbol{AB}=\boldsymbol{BA}$，则称 $\boldsymbol{A}$、$\boldsymbol{B}$ 是**可交换的**.

② 矩阵乘法一般不满足消去律.

例如，设 $\boldsymbol{A}=\begin{pmatrix}3&1\\4&0\end{pmatrix}$，$\boldsymbol{B}=\begin{pmatrix}2&1\\4&0\end{pmatrix}$，$\boldsymbol{C}=\begin{pmatrix}0&0\\1&1\end{pmatrix}$，则

$$\boldsymbol{AC}=\begin{pmatrix}3&1\\4&0\end{pmatrix}\begin{pmatrix}0&0\\1&1\end{pmatrix}=\begin{pmatrix}1&1\\0&0\end{pmatrix},$$

$$\boldsymbol{BC}=\begin{pmatrix}2&1\\4&0\end{pmatrix}\begin{pmatrix}0&0\\1&1\end{pmatrix}=\begin{pmatrix}1&1\\0&0\end{pmatrix}.$$

显然 $\boldsymbol{AC}=\boldsymbol{BC}$，但 $\boldsymbol{A}\neq\boldsymbol{B}$.

③ 零矩阵与任何矩阵相乘（只要可乘）都等于零矩阵，而两个非零矩阵相乘，也可能是零矩阵，这一点与两数相乘时不同.

例如，设 $\boldsymbol{A}=\begin{pmatrix}1&1\\0&0\end{pmatrix}$，$\boldsymbol{B}=\begin{pmatrix}1&0\\-1&0\end{pmatrix}$，则

$$\boldsymbol{AB}=\begin{pmatrix}1&1\\0&0\end{pmatrix}\begin{pmatrix}1&0\\-1&0\end{pmatrix}=\begin{pmatrix}0&0\\0&0\end{pmatrix}.$$

例 5 某工厂生产三种产品 A、B、C，各种产品每件所需的生产成本估计以及各个季度每一产品的生产件数分别由表 8-3 和表 8-4 给出.

表 8-3 各种产品每件所需的生产成本估计（单位：万元）

产品 / 名目	A	B	C
原材料	0.20	0.30	0.20
劳动量	0.30	0.40	0.25
管理费	0.10	0.20	0.15

表 8-4 各季度每一产品的生产件数（单位：个）

季度 / 产品	一	二	三	四
A	4200	4500	4600	4000
B	2000	2400	2600	2200
C	5600	6000	5800	6200

请给出一张指明各个季度所需各类成本的明细表.

解 借记矩阵记号，前两张表可写成矩阵形式

$$\boldsymbol{M}=\begin{pmatrix}0.20&0.30&0.20\\0.30&0.40&0.25\\0.10&0.20&0.15\end{pmatrix},\boldsymbol{P}=\begin{pmatrix}4200&4500&4600&4000\\2000&2400&2600&2200\\5600&6000&5800&6200\end{pmatrix}.$$

以第一季度三种产品 A、B、C 的原材料成本的计算为例，所需原材料成本为

$$0.20\times4200+0.30\times2000+0.20\times5600=2560.$$

依此方法可以计算出各个季度的各类成本. 实际上通过计算 $\boldsymbol{MP}$，得

$$\boldsymbol{MP}=\begin{pmatrix}2560&2820&2860&2700\\3460&3810&3870&3630\\1660&1830&1850&1770\end{pmatrix}=\boldsymbol{C}.$$

因此各个季度所需各类成本的明细表结构如表 8-5 所示.

表 8-5　各个季度所需各类成本的明细表(单位：万元)

名目＼季度	一	二	三	四
原材料	2560	2820	2860	2700
劳动量	3460	3810	3870	3630
管理费	1660	1830	1850	1770

例如 $c_{23}=3870$，表示第三季度三种产品 A、B、C 的劳动量成本为 3870 万元.

习 题 8-2

1. 设矩阵

$$\boldsymbol{A}=\begin{pmatrix}0&1&2&1\\-2&3&-2&0\\2&3&1&1\end{pmatrix},\boldsymbol{B}=\begin{pmatrix}3&-1&-1&2\\0&0&4&1\\-3&2&1&1\end{pmatrix},$$

(1) 求 $2\boldsymbol{A}+\boldsymbol{B}$；　(2) 求 $3\boldsymbol{A}-2\boldsymbol{B}$；　(3) 若 $\boldsymbol{X}$ 满足 $\boldsymbol{A}+\boldsymbol{X}=\boldsymbol{B}$，求 $\boldsymbol{X}$.

2. 计算：

(1) $\begin{pmatrix}2&2\\-1&1\end{pmatrix}\begin{pmatrix}1&-1\\3&4\end{pmatrix}$；　(2) $\begin{pmatrix}0&1\\4&1\end{pmatrix}\begin{pmatrix}-2&3\\0&1\end{pmatrix}$；

(3) $(a\quad b\quad c)\begin{pmatrix}a\\b\\c\end{pmatrix}$；　(4) $\begin{pmatrix}a\\b\\c\end{pmatrix}(a\quad b\quad c)$；

(5) $\begin{pmatrix}1&2&3\\-2&1&2\end{pmatrix}\begin{pmatrix}2&1&0\\0&-3&1\\2&1&0\end{pmatrix}$；　(6) $\begin{pmatrix}1&2&5\\-1&0&3\\2&2&1\end{pmatrix}\begin{pmatrix}0&0&1\\2&4&1\\-3&3&2\end{pmatrix}$.

3. 设矩阵 $\boldsymbol{A}=\begin{pmatrix}3&1&1\\2&1&2\\1&2&3\end{pmatrix},\boldsymbol{B}=\begin{pmatrix}1&1&1\\2&-1&0\\1&0&1\end{pmatrix}$，试计算 $\boldsymbol{AB}-\boldsymbol{BA}$.

4. 下列所给两组矩阵，$\boldsymbol{AB}$、$\boldsymbol{BA}$ 是否有意义，若有意义，求出结果.

(1) $\boldsymbol{A}=\begin{pmatrix}2&1&0\\3&0&4\end{pmatrix},\boldsymbol{B}=\begin{pmatrix}1&0\\1&-2\\3&1\end{pmatrix}$；　(2) $\boldsymbol{A}=\begin{pmatrix}1&3&4\\0&-2&-1\\1&-3&2\end{pmatrix},\boldsymbol{B}=\begin{pmatrix}2&1\\-1&2\\3&-3\end{pmatrix}$.

第三节　矩阵的初等变换

一、矩阵的初等变换

定义 8.10　对矩阵的行(列)作下列三种变换称为**矩阵的初等行(列)变换**.

(1) **位置变换**：互换任意两行(列)元素的位置，用记号 $r_i\leftrightarrow r_j(c_i\leftrightarrow c_j)$ 表示；

(2) **倍法变换**：用一个非零数 k 乘矩阵的某一行(列)的元素，用记号 $kr_i(kc_i)$ 表示；

(3) **倍加变换**：用一个非零数 k 乘矩阵某一行(列)的元素加到另一行(列)对应的元素上，用记号 $r_j+kr_i(c_j+kc_i)$ 表示.

矩阵的初等行变换和初等列变换统称为**矩阵的初等变换**.

说明： 对一个矩阵实施初等变换后所得到的矩阵一般不与原矩阵相等，仅是矩阵的演变. 因此这两个矩阵之间不能用等号来连接，我们常用"→"来连接两个变换前后的矩阵. 并在"→"上方标明所实施的变换.

当矩阵 $\boldsymbol{A}$ 经过初等变换变成矩阵 $\boldsymbol{B}$ 时，记作 $\boldsymbol{A}\rightarrow\boldsymbol{B}$.

例 1 利用初等变换，将矩阵 $\boldsymbol{A}=\begin{pmatrix}2&3&1\\0&1&3\\1&2&5\end{pmatrix}$ 化成单位矩阵.

解

$$\boldsymbol{A}=\begin{pmatrix}2&3&1\\0&1&3\\1&2&5\end{pmatrix}\xrightarrow{r_1\leftrightarrow r_3}\begin{pmatrix}1&2&5\\0&1&3\\2&3&1\end{pmatrix}\xrightarrow{r_3-2r_1}\begin{pmatrix}1&2&5\\0&1&3\\0&-1&-9\end{pmatrix}\xrightarrow{r_3+r_2}\begin{pmatrix}1&2&5\\0&1&3\\0&0&-6\end{pmatrix}$$

$$\xrightarrow{-\frac{1}{6}r_3}\begin{pmatrix}1&2&5\\0&1&3\\0&0&1\end{pmatrix}\xrightarrow[r_2-3r_3]{r_1-5r_3}\begin{pmatrix}1&2&0\\0&1&0\\0&0&1\end{pmatrix}\xrightarrow{r_1-2r_2}\begin{pmatrix}1&0&0\\0&1&0\\0&0&1\end{pmatrix}.$$

不难看出，一个矩阵经初等变换后，可以变成一个特殊矩阵.

二、矩阵的秩

1. 矩阵秩的定义

定义 8.11 设 $\boldsymbol{A}$ 是 $m\times n$ 矩阵，在 $\boldsymbol{A}$ 中任取 k 行 k 列，位于这些行和列交叉处的元素，按它们原来的次序组成一个 k 阶行列式，称为矩阵 $\boldsymbol{A}$ 的一个 k **阶子式**，其中 $k\leqslant\min(m,n)$.

例如，设矩阵 $\boldsymbol{A}=\begin{pmatrix}2&-1&2&-4&1\\0&3&-1&0&2\\0&0&4&3&1\\0&0&0&0&0\end{pmatrix}$. 我们取它的第 1 行、第 2 行、第 3 列、第 4 列，得到 $\boldsymbol{A}$ 的一个 2 阶子式 $\begin{vmatrix}2&-4\\-1&0\end{vmatrix}$，若取它的第 2 行、第 3 行、第 2 列、第 3 列，则得到 $\boldsymbol{A}$ 的另一个 2 阶子式 $\begin{vmatrix}3&-1\\0&4\end{vmatrix}$.

不难看出，从 $\boldsymbol{A}$ 中可以取出若干个 1 阶、2 阶、3 阶、4 阶子式，在 $\boldsymbol{A}$ 所有 4 阶子式中，因为至少有一个零行，所以，$\boldsymbol{A}$ 的所有 4 阶子式均为零，而 3 阶子式不全为零，如

$$\begin{vmatrix}2&-1&2\\0&3&-1\\0&0&4\end{vmatrix}=24.$$

为此，我们给出如下定义.

定义 8.12 矩阵 $\boldsymbol{A}$ 的不全等于零的子式（又称非零子式）的最高阶数，称为矩阵 $\boldsymbol{A}$ 的**秩**，记作

$$秩(\boldsymbol{A})或 r(\boldsymbol{A}).$$

由定义 8.12，我们得到，如果矩阵 $\boldsymbol{A}$ 的秩是 r，那么至少有一个 $\boldsymbol{A}$ 的 r 阶子式不为零，而 $\boldsymbol{A}$ 的阶数大于 r 的所有子式全为零.

根据定义来逐个求矩阵中各阶子式的值，从而求得矩阵秩的方法显然较繁，下面，我们给出一个简便的方法.

2. 利用初等变换求矩阵的秩

定义 8.13 满足下列两个条件的矩阵称为**阶梯形矩阵**：

(1) 矩阵的零行在矩阵的最下方；

(2) 非零行的第一个不为零的元素的列标随着行标的增大而严格增大.

例如，矩阵 $\begin{pmatrix}1&2&-1&3&-4\\0&3&1&0&0\\0&0&0&7&4\\0&0&0&0&0\end{pmatrix}$ 和 $\begin{pmatrix}2&3&4&-5\\0&0&3&-4\\0&0&0&1\end{pmatrix}$ 都是阶梯形矩阵. 而矩阵 $\begin{pmatrix}1&0&3&4\\0&-4&-7&0\\0&5&2&3\end{pmatrix}$ 和 $\begin{pmatrix}1&0&-3\\0&0&0\\0&-3&4\end{pmatrix}$ 都不是阶梯形矩阵.

关于用初等变换求矩阵的秩有下面的定理.

定理 8.2 矩阵 $\boldsymbol{A}$ 经过初等变换变为矩阵 $\boldsymbol{B}$，矩阵的秩不变，即 $r(\boldsymbol{A})=r(\boldsymbol{B})$.

由定理 8.2 得到一个用初等变换求矩阵秩的方法：对矩阵进行初等变换，使其化为阶梯形矩阵，阶梯形矩阵非零行的行数为该矩阵的秩.

例 2 求矩阵 $\boldsymbol{A}=\begin{pmatrix}2&1&3\\3&4&5\\1&1&2\end{pmatrix}$ 的秩.

解 因为

$$\boldsymbol{A}=\begin{pmatrix}2&1&3\\3&2&7\\1&1&2\end{pmatrix}\xrightarrow{r_1\leftrightarrow r_3}\begin{pmatrix}1&1&2\\3&2&7\\2&1&3\end{pmatrix}\xrightarrow[r_3-2r_1]{r_2-3r_1}\begin{pmatrix}1&1&2\\0&-1&1\\0&-1&-1\end{pmatrix}\xrightarrow{r_3-r_2}\begin{pmatrix}1&1&2\\0&-1&1\\0&0&-2\end{pmatrix}.$$

所以

$$r(\boldsymbol{A})=3.$$

例 3 求矩阵 $\boldsymbol{B}=\begin{pmatrix}3&-3&0&7&0\\1&-1&0&2&1\\1&-1&2&3&2\\2&-2&2&5&3\end{pmatrix}$ 的秩.

解 因为

$$\boldsymbol{B}=\begin{pmatrix}3&-3&0&7&0\\1&-1&0&2&1\\1&-1&2&3&2\\2&-2&2&5&3\end{pmatrix}\xrightarrow{r_1\leftrightarrow r_2}\begin{pmatrix}1&-1&0&2&1\\3&-3&0&7&0\\1&-1&2&3&2\\2&-2&2&5&3\end{pmatrix}\xrightarrow[\substack{r_3-r_1\\r_4-2r_1}]{r_2-3r_1}\begin{pmatrix}1&-1&0&2&1\\0&0&0&1&-3\\0&0&2&1&1\\0&0&2&1&1\end{pmatrix}$$

$$\xrightarrow{r_4-r_3}\begin{pmatrix}1&-1&0&2&1\\0&0&0&1&-3\\0&0&2&1&1\\0&0&0&0&0\end{pmatrix}\xrightarrow{r_2\leftrightarrow r_3}\begin{pmatrix}1&-1&0&2&1\\0&0&2&1&1\\0&0&0&1&-3\\0&0&0&0&0\end{pmatrix},$$

所以

$$r(\boldsymbol{B})=3.$$

三、逆矩阵

1. 逆矩阵的定义

我们知道，在数的除法运算里，当数 $a\neq 0$ 时，$\frac{1}{a}$有意义，且 $a\cdot\frac{1}{a}=a\cdot a^{-1}=1$，其中 a^{-1} 称为数 a 的倒数，也称 a 的逆. 在矩阵里，单位阵 $\boldsymbol{E}$ 相当于数的乘法运算中的数 1，仿照数 a 可作为除数的定义，我们给出矩阵 $\boldsymbol{A}$ 的逆矩阵概念.

定义 8.14 设矩阵 $\boldsymbol{A}$ 的行列式 $|\boldsymbol{A}|\neq 0$，如果存在矩阵 $\boldsymbol{B}$，使得

$$\boldsymbol{AB}=\boldsymbol{BA}=\boldsymbol{E},$$

则称 $\boldsymbol{B}$ 为 $\boldsymbol{A}$ 的**逆矩阵**，矩阵 $\boldsymbol{A}$ 的逆矩阵记作 $\boldsymbol{A}^{-1}$，即 $\boldsymbol{B}=\boldsymbol{A}^{-1}$，称矩阵 $\boldsymbol{A}$ 为**可逆矩阵**，可逆矩阵又称为**非奇异矩阵**(或**非退化矩阵**).

由定义可知，可逆矩阵与其逆矩阵一定是同阶方阵(如不特别指出，矩阵都是 n 阶方阵)，由于定义中 $\boldsymbol{A}$ 与 $\boldsymbol{B}$ 的地位是平等的，所以也称 $\boldsymbol{A}$ 是 $\boldsymbol{B}$ 的逆矩阵，它们互为逆矩阵，即

$$\boldsymbol{A}^{-1}=\boldsymbol{B} \text{ 或 } \boldsymbol{A}=\boldsymbol{B}^{-1}.$$

下面，我们给出一种求逆矩阵的方法.

2. 利用初等变换求逆矩阵

给出一个 n 阶方阵 $\boldsymbol{A}$，如果它可逆，则我们可以用初等变换来求出 $\boldsymbol{A}^{-1}$，具体方法如下：

把 n 阶方阵 $\boldsymbol{A}$ 和同阶的单位方阵 $\boldsymbol{E}$，写成一个矩阵 $(\boldsymbol{A}\vdots\boldsymbol{E})$，对新矩阵 $(\boldsymbol{A}\vdots\boldsymbol{E})$ 作初等行变换，当虚线左边的 $\boldsymbol{A}$ 变为单位矩阵 $\boldsymbol{E}$ 时，虚线右边的 $\boldsymbol{E}$ 就变成了 $\boldsymbol{A}^{-1}$. 即

$$(\boldsymbol{A}\vdots\boldsymbol{E})\xrightarrow{\text{初等行变换}}(\boldsymbol{E}\vdots\boldsymbol{A}^{-1}).$$

如果对 $(\boldsymbol{A}\vdots\boldsymbol{E})$ 进行一系列初等行变换后，$\boldsymbol{A}$ 始终不能化为单位矩阵 $\boldsymbol{E}$，那么 $\boldsymbol{A}$ 不是可逆矩阵，即 $\boldsymbol{A}$ 的逆矩阵不存在.

例 4 求矩阵 $\boldsymbol{A}=\begin{pmatrix}0&1&2\\1&1&4\\2&-1&0\end{pmatrix}$ 的逆矩阵.

解

$$(\boldsymbol{A}\vdots\boldsymbol{E})=\left(\begin{array}{ccc:ccc}0&1&2&1&0&0\\1&1&4&0&1&0\\2&-1&0&0&0&1\end{array}\right)\xrightarrow{r_1\leftrightarrow r_2}\left(\begin{array}{ccc:ccc}1&1&4&0&1&0\\0&1&2&1&0&0\\2&-1&0&0&0&1\end{array}\right)$$

$$\xrightarrow{r_3-2r_1}\left(\begin{array}{ccc:ccc}1&1&4&0&1&0\\0&1&2&1&0&0\\0&-3&-8&0&-2&1\end{array}\right)\xrightarrow[r_1-r_2]{r_3+3r_2}\left(\begin{array}{ccc:ccc}1&0&2&-1&1&0\\0&1&2&1&0&0\\0&0&-2&3&-2&1\end{array}\right)$$

$$\xrightarrow{-\frac{1}{2}r_3}\left(\begin{array}{ccc:ccc}1&0&2&-1&1&0\\0&1&2&1&0&0\\0&0&1&-\frac{3}{2}&1&-\frac{1}{2}\end{array}\right)\xrightarrow[r_2-2r_3]{r_1-2r_3}\left(\begin{array}{ccc:ccc}1&0&0&2&-1&1\\0&1&0&4&-2&1\\0&0&1&-\frac{3}{2}&1&-\frac{1}{2}\end{array}\right).$$

这样，这个 3×6 矩阵的虚线的左半部分 $\boldsymbol{A}$ 变成了单位矩阵 $\boldsymbol{E}$，而虚线的右半部分 $\boldsymbol{E}$ 化

成了 $\boldsymbol{A}^{-1}$，即

$$\boldsymbol{A}^{-1}=\begin{pmatrix}2 & -1 & 1\\ 4 & -2 & 1\\ -\frac{3}{2} & 1 & -\frac{1}{2}\end{pmatrix}.$$

例 5 矩阵 $\boldsymbol{A}$、$\boldsymbol{B}$ 是否可逆？若可逆，求出逆矩阵.

$$\boldsymbol{A}=\begin{pmatrix}1 & 2 & 3\\ 2 & 1 & 2\\ 1 & 3 & 3\end{pmatrix},\boldsymbol{B}=\begin{pmatrix}2 & 3 & -1\\ -1 & 3 & 5\\ 1 & 5 & 3\end{pmatrix}.$$

解 (1) $(\boldsymbol{A}\vdots\boldsymbol{E})=\left(\begin{array}{ccc:ccc}1 & 2 & 3 & 1 & 0 & 0\\ 2 & 1 & 2 & 0 & 1 & 0\\ 1 & 3 & 3 & 0 & 0 & 1\end{array}\right)\xrightarrow[r_3-r_1]{r_2-2r_1}\left(\begin{array}{ccc:ccc}1 & 2 & 3 & 1 & 0 & 0\\ 0 & -3 & -4 & -2 & 1 & 0\\ 0 & 1 & 0 & -1 & 0 & 1\end{array}\right)$

$\xrightarrow{r_2\leftrightarrow r_3}\left(\begin{array}{ccc:ccc}1 & 2 & 3 & 1 & 0 & 0\\ 0 & 1 & 0 & -1 & 0 & 1\\ 0 & -3 & -4 & -2 & 1 & 0\end{array}\right)\xrightarrow[r_1-2r_2]{r_3+3r_2}\left(\begin{array}{ccc:ccc}1 & 0 & 3 & 3 & 0 & -2\\ 0 & 1 & 0 & -1 & 0 & 1\\ 0 & 0 & -4 & -5 & 1 & 3\end{array}\right)$

$\xrightarrow{-\frac{1}{4}r_3}\left(\begin{array}{ccc:ccc}1 & 0 & 3 & 3 & 0 & -2\\ 0 & 1 & 0 & -1 & 0 & 1\\ 0 & 0 & 1 & \frac{5}{4} & -\frac{1}{4} & -\frac{3}{4}\end{array}\right)\xrightarrow{r_1-3r_3}\left(\begin{array}{ccc:ccc}1 & 0 & 0 & -\frac{3}{4} & \frac{3}{4} & \frac{1}{4}\\ 0 & 1 & 0 & -1 & 0 & 1\\ 0 & 0 & 1 & \frac{5}{4} & -\frac{1}{4} & -\frac{3}{4}\end{array}\right).$

所以矩阵 $\boldsymbol{A}$ 可逆，且

$$\boldsymbol{A}^{-1}=\begin{pmatrix}-\frac{3}{4} & \frac{3}{4} & \frac{1}{4}\\ -1 & 0 & 1\\ \frac{5}{4} & -\frac{1}{4} & -\frac{3}{4}\end{pmatrix}.$$

(2) $(\boldsymbol{B}\vdots\boldsymbol{E})=\left(\begin{array}{ccc:ccc}2 & 3 & -1 & 1 & 0 & 0\\ -1 & 3 & 5 & 0 & 1 & 0\\ 1 & 5 & 3 & 0 & 0 & 1\end{array}\right)\xrightarrow{r_1\leftrightarrow r_3}\left(\begin{array}{ccc:ccc}1 & 5 & 3 & 0 & 0 & 1\\ -1 & 3 & 5 & 0 & 1 & 0\\ 2 & 3 & -1 & 1 & 0 & 0\end{array}\right)$

$\xrightarrow[r_3-2r_1]{r_2+r_1}\left(\begin{array}{ccc:ccc}1 & 5 & 3 & 0 & 0 & 1\\ 0 & 8 & 8 & 0 & 1 & 1\\ 0 & -7 & -7 & 1 & 0 & -2\end{array}\right)\xrightarrow{\frac{1}{8}r_2}\left(\begin{array}{ccc:ccc}1 & 5 & 3 & 0 & 0 & 1\\ 0 & 1 & 1 & 0 & \frac{1}{8} & \frac{1}{8}\\ 0 & -7 & -7 & 1 & 0 & -2\end{array}\right)$

$\xrightarrow{r_3+7r_2}\left(\begin{array}{ccc:ccc}1 & 5 & 3 & 0 & 0 & 1\\ 0 & 1 & 1 & 0 & \frac{1}{8} & \frac{1}{8}\\ 0 & 0 & 0 & 1 & \frac{7}{8} & -\frac{9}{8}\end{array}\right).$

矩阵 $\boldsymbol{B}$ 经过初等变换后成了 $\begin{pmatrix}1 & 5 & 3\\ 0 & 1 & 1\\ 0 & 0 & 0\end{pmatrix}$，不可能变换成单位矩阵，所以矩阵 $\boldsymbol{B}$ 不可逆.

习题 8-3

1. 用矩阵的初等变换求下列矩阵的秩：

(1) $\begin{pmatrix} 1 & -2 & 3 & -1 & -1 \\ 2 & -1 & 1 & 0 & -2 \\ -2 & -2 & 3 & -2 & 3 \\ 1 & 1 & -1 & 1 & -2 \end{pmatrix}$；　　(2) $\begin{pmatrix} 1 & 3 & 2 & -1 \\ -1 & 3 & 0 & 4 \\ -3 & -3 & -4 & 6 \end{pmatrix}$；

(3) $\begin{pmatrix} 1 & 2 & -1 & -2 \\ -1 & 0 & 2 & -1 \\ 0 & 2 & 1 & 0 \\ 2 & 4 & -1 & -1 \end{pmatrix}$；　　(4) $\begin{pmatrix} 1 & -1 & 0 & -1 & -2 \\ -1 & 2 & 1 & 3 & 6 \\ 0 & 1 & 1 & 2 & 4 \\ 1 & -2 & -1 & 0 & -1 \end{pmatrix}$.

2. 求下列矩阵的逆矩阵：

(1) $\begin{pmatrix} 1 & 0 \\ 2 & 4 \end{pmatrix}$；　　(2) $\begin{pmatrix} 1 & 1 & 1 \\ 0 & 1 & 1 \\ 0 & 0 & 1 \end{pmatrix}$；

(3) $\begin{pmatrix} 0 & -1 & 0 \\ 1 & 0 & 1 \\ 1 & 0 & 2 \end{pmatrix}$；　　(4) $\begin{pmatrix} 3 & 0 & 0 \\ 0 & 1 & 0 \\ 0 & 0 & 3 \end{pmatrix}$；

(5) $\begin{pmatrix} 3 & 7 & 0 & 0 \\ -2 & -5 & 0 & 0 \\ 0 & 0 & -1 & 0 \\ 0 & 0 & 0 & 4 \end{pmatrix}$；　　(6) $\begin{pmatrix} 2 & 0 & 0 & 0 \\ 1 & 2 & 0 & 0 \\ 0 & 0 & 3 & 0 \\ 0 & 0 & 1 & 3 \end{pmatrix}$.

3. 设 $\boldsymbol{A}$ 为 n 阶方阵，证明：$|k\boldsymbol{A}|=k^n|\boldsymbol{A}|$.

第四节　线性方程组的解法

一、线性方程组有解的判定定理

根据矩阵乘法和矩阵相等的定义，线性方程组

$$\begin{cases} a_{11}x_1+a_{12}x_2+\cdots+a_{1n}x_n=b_1, \\ a_{21}x_1+a_{22}x_2+\cdots+a_{2n}x_n=b_2, \\ \vdots \\ a_{m1}x_1+a_{m2}x_2+\cdots+a_{mn}x_n=b_m. \end{cases} \tag{7-1}$$

可以表示为矩阵形式

$$\begin{pmatrix} a_{11} & a_{12} & \cdots & a_{1n} \\ a_{21} & a_{22} & \cdots & a_{2n} \\ \vdots & \vdots & & \vdots \\ a_{m1} & a_{m2} & \cdots & a_{mn} \end{pmatrix}\begin{pmatrix} x_1 \\ x_2 \\ \vdots \\ x_n \end{pmatrix}=\begin{pmatrix} b_1 \\ b_2 \\ \vdots \\ b_m \end{pmatrix}.$$

同样，这种矩阵形式的方程也对应着一个线性方程组(7-1).

这里，我们把矩阵

$$\begin{pmatrix} a_{11} & a_{12} & \cdots & a_{1n} \\ a_{21} & a_{22} & \cdots & a_{2n} \\ \vdots & \vdots & & \vdots \\ a_{m1} & a_{m2} & \cdots & a_{mn} \end{pmatrix} \text{和} \begin{pmatrix} a_{11} & a_{12} & \cdots & a_{1n} & b_1 \\ a_{21} & a_{22} & \cdots & a_{2n} & b_2 \\ \vdots & \vdots & & \vdots & \vdots \\ a_{m1} & a_{m2} & \cdots & a_{mn} & b_m \end{pmatrix}$$

分别叫做线性方程组(7-1)的**系数矩阵**和**增广矩阵**,分别记作 $\boldsymbol{A}$ 和$\widetilde{\boldsymbol{A}}$.

定理 8.3(线性方程组解的判定定理)

(1) 线性方程组(7-1)有解的充分必要条件是它的系数矩阵 $\boldsymbol{A}$ 与增广矩阵$\widetilde{\boldsymbol{A}}$的秩相等,即 $r(\boldsymbol{A})=r(\widetilde{\boldsymbol{A}})$. 且

① 若 $r(\boldsymbol{A})=r(\widetilde{\boldsymbol{A}})<n$ 时,则方程组有无穷多组解;

② 若 $r(\boldsymbol{A})=r(\widetilde{\boldsymbol{A}})=n$ 时,则方程组有唯一一组解(其中 n 是未知数的个数).

(2) 线性方程组(7-1)无解的充分必要条件是它的系数矩阵 $\boldsymbol{A}$ 与增广矩阵$\widetilde{\boldsymbol{A}}$的秩不相等,即 $r(\boldsymbol{A})\neq r(\widetilde{\boldsymbol{A}})$.

由定理 8.3 知,线性方程组(7-1)的解有三种情况:唯一解,无穷多解,无解. 在线性方程组有无穷多解的情况下,这些解之间有什么关系,这就是所谓解的结构问题.

二、用初等变换解线性方程组

定义 8.15　如果阶梯形矩阵还进一步满足两个条件:

(1) 行首个非零元素都是 1;

(2) 所有行首个非零元素所在列的其余元素均为零,称该矩阵为**行简化阶梯形矩阵**.

例如,矩阵

$$\begin{pmatrix} 1 & 2 & 0 & 7 & 0 & 1 \\ 0 & 0 & 1 & 2 & 0 & 3 \\ 0 & 0 & 0 & 0 & 1 & -2 \end{pmatrix}, \begin{pmatrix} 1 & 0 & -2 & 1 & 3 \\ 0 & 1 & 2 & 0 & 2 \\ 0 & 0 & 0 & 0 & 0 \end{pmatrix}$$

都是行简化阶梯形矩阵.

解线性方程组,实质上就是对方程组的增广矩阵进行初等行变换,把增广矩阵先化为阶梯形矩阵,如果有解,再化为行简化阶梯形矩阵,从而求出解. 这种方法称为**高斯消元法**.

例 1　判断下列线性方程组是否有解,若有解,求出其解.

(1) $\begin{cases} x_1+x_2-2x_3-x_4=1, \\ 2x_1+x_2-2x_3-3x_4=2, \\ x_1+3x_2-x_3-2x_4=0; \end{cases}$　　(2) $\begin{cases} x_1-x_2+2x_3=1, \\ -x_1+2x_2+3x_3=-2, \\ 2x_1-3x_2-2x_3=2; \end{cases}$

(3) $\begin{cases} x_1+3x_2+5x_3+2x_4=2, \\ 3x_1+5x_2+6x_3+4x_4=4, \\ x_1+7x_2+14x_3+4x_4=4, \\ 3x_1+x_2-3x_3+2x_4=5. \end{cases}$

解　(1) $\widetilde{\boldsymbol{A}}=\begin{pmatrix} 1 & 1 & -2 & -1 & 1 \\ 2 & 1 & -2 & -3 & 2 \\ 1 & 3 & -1 & -2 & 0 \end{pmatrix} \xrightarrow[r_3-r_1]{r_2-2r_1} \begin{pmatrix} 1 & 1 & -2 & -1 & 1 \\ 0 & -1 & 2 & -1 & 0 \\ 0 & 2 & 1 & -1 & -1 \end{pmatrix}$

$$\xrightarrow[r_3+2r]{r_1+r_2}\begin{pmatrix}1&0&0&-2&1\\0&-1&2&-1&0\\0&0&5&-3&-1\end{pmatrix}\xrightarrow[\frac{1}{5}r_3]{-r_2}\begin{pmatrix}1&0&0&-2&1\\0&1&-2&1&0\\0&0&1&-\frac{3}{5}&-\frac{1}{5}\end{pmatrix}$$

$$\xrightarrow{r_2+2r_3}\begin{pmatrix}1&0&0&-2&1\\0&1&0&-\frac{1}{5}&-\frac{2}{5}\\0&0&1&-\frac{3}{5}&-\frac{1}{5}\end{pmatrix}.$$

所以 $r(\widetilde{\mathbf{A}})=r(\mathbf{A})=3<n=4$. 由定理 8.3 知方程组有无穷多解，且它所对应的方程组为

$$\begin{cases}x_1-2x_4=1,\\x_2-\frac{1}{5}x_4=-\frac{2}{5},\\x_3-\frac{3}{5}x_4=-\frac{1}{5}.\end{cases}$$

即

$$\begin{cases}x_1=2x_4+1,\\x_2=\frac{1}{5}x_4-\frac{2}{5},\\x_3=\frac{3}{5}x_4-\frac{1}{5}.\end{cases}\tag{7-2}$$

此方程组中的未知量 x_4 称为**自由未知量**，就是说 x_4 在方程组中可以取任意值，因此原方程组有无穷多个解. 我们将方程组(7-2)称为原方程组的一般解. 即由一组自由未知量表示其他未知量的方程组解的表示式称为**方程组的一般解**.

应当注意的是，方程组的一般解中自由未知量的选取不是唯一的.

(2) $$\widetilde{\mathbf{A}}=\begin{pmatrix}1&-1&2&1\\-1&2&3&-2\\2&-3&-2&2\end{pmatrix}\xrightarrow[r_3-2r_1]{r_2+r_1}\begin{pmatrix}1&-1&2&1\\0&1&5&-1\\0&-1&-6&0\end{pmatrix}$$

$$\xrightarrow[r_3+r_2]{r_1+r_2}\begin{pmatrix}1&0&7&0\\0&1&5&-1\\0&0&-1&-1\end{pmatrix}\xrightarrow{-r_3}\begin{pmatrix}1&0&7&0\\0&1&5&-1\\0&0&1&1\end{pmatrix}$$

$$\xrightarrow[r_1-7r_3]{r_2-5r_3}\begin{pmatrix}1&0&0&-7\\0&1&0&-6\\0&0&1&1\end{pmatrix}.$$

从而 $r(\widetilde{\mathbf{A}})=r(\mathbf{A})=3=n$，由定理 8.3 知方程组有唯一一组解，它所对应的方程组为

$$\begin{cases}x_1=-7,\\x_2=-6,\\x_3=1.\end{cases}$$

这个例子说明，在方程组有解的情况下，当系数矩阵 $\mathbf{A}$ 的秩 $r(\mathbf{A})$ 与未知量个数 n 相等时，方程组有唯一解.

(3) $$\widetilde{\mathbf{A}}=\begin{pmatrix}1&3&5&2&2\\3&5&6&4&4\\1&7&14&4&4\\3&1&-3&2&5\end{pmatrix}\xrightarrow[r_4-3r_1]{\substack{r_2-3r_1\\r_3-r_1}}\begin{pmatrix}1&3&5&2&2\\0&-4&-9&-2&-2\\0&4&9&2&2\\0&-8&-18&-4&-1\end{pmatrix}$$

$$\xrightarrow[r_4-2r_2]{r_3+r_2}\begin{pmatrix}1&3&5&2&2\\0&-4&-9&-2&-2\\0&0&0&0&0\\0&0&0&0&3\end{pmatrix}.$$

仔细观察不难发现,对矩阵 $\widetilde{\mathbf{A}}$ 进行的这些初等行变换,实际上就是用消元法解方程组的过程,所以最后一个矩阵所对应的是一个与原方程组等价的方程组. 即

$$\begin{cases}x_1+3x_2+5x_3+2x_4=2,\\-4x_2-9x_3-2x_4=-2,\\0=0,\\0=3.\end{cases}$$

从该方程组可以看出,不论 x_1、x_2、x_3、x_4 取怎样的一组数,都不能使"$0=3$"成立,且 $r(\widetilde{\mathbf{A}})=3\neq r(\mathbf{A})=2$,这样的方程组无解.

例 2　解线性方程组 $\begin{cases}x_1-x_2+5x_3-x_4=0,\\x_1+x_2-2x_3+3x_4=0,\\3x_1-x_2+8x_3+x_4=0,\\x_1+3x_2-9x_3+7x_4=0.\end{cases}$

解　所给方程组为齐次线性方程组,它的增广矩阵 $\widetilde{\mathbf{A}}$ 最后一列常数项全是 0,对 $\widetilde{\mathbf{A}}$ 施行初等行变换后,最后一列不会发生变化,所以相当于对系数矩阵 $\mathbf{A}$ 实施初等行变换.

$$\mathbf{A}=\begin{pmatrix}1&-1&5&-1\\1&1&-2&3\\3&-1&8&1\\1&3&-9&7\end{pmatrix}\xrightarrow[r_4-r_1]{\substack{r_2-r_1\\r_3-3r_1}}\begin{pmatrix}1&-1&5&-1\\0&2&-7&4\\0&2&-7&4\\0&4&-14&8\end{pmatrix}\xrightarrow[r_4-2r_2]{r_3-r_2}\begin{pmatrix}1&-1&5&-1\\0&2&-7&4\\0&0&0&0\\0&0&0&0\end{pmatrix}$$

$$\xrightarrow{\frac{1}{2}r_2}\begin{pmatrix}1&-1&5&-1\\0&1&-\frac{7}{2}&2\\0&0&0&0\\0&0&0&0\end{pmatrix}\xrightarrow{r_1+r_2}\begin{pmatrix}1&0&\frac{3}{2}&1\\0&1&-\frac{7}{2}&2\\0&0&0&0\\0&0&0&0\end{pmatrix}.$$

最后一个矩阵是行简化阶梯形矩阵,所对应的方程组为

$$\begin{cases}x_1+\frac{3}{2}x_3+x_4=0,\\x_2-\frac{7}{2}x_3+2x_4=0.\end{cases}$$

我们取 x_3、x_4 作为自由未知量,得到原方程组的一般解

$$\begin{cases} x_1 = -\dfrac{3}{2}x_3 - x_4, \\ x_2 = \dfrac{7}{2}x_3 - 2x_4. \end{cases}$$

习题 8-4

1. 将下列方程组表示成矩阵形式 $AX=B$：

(1) $\begin{cases} -x_1+2x_2-3x_3+5x_4=1, \\ 3x_1-x_2-x_3+2x_4=2, \\ 4x_1+2x_2+3x_3-x_4=0, \\ x_1-2x_2+x_3+3x_4=0; \end{cases}$　　(2) $\begin{cases} x_1+3x_2-x_4=-3, \\ x_2+2x_3+2x_4=2, \\ x_1+x_2+2x_3=0. \end{cases}$

2. 若下列矩阵是某一方程组的增广矩阵，写出相应的线性方程组：

(1) $\begin{pmatrix} 2 & 1 & -1 & 3 & 0 \\ -1 & -1 & 2 & 1 & 1 \\ 3 & 0 & 3 & 4 & -2 \end{pmatrix}$；　　(2) $\begin{pmatrix} 3 & 2 & 2 & 1 & 0 \\ 0 & 3 & -1 & 0 & -2 \\ 0 & 0 & 0 & 2 & 3 \end{pmatrix}$；

(3) $\begin{pmatrix} 1 & 4 & 2 & -1 & 0 & 3 \\ 0 & 0 & -3 & 2 & 1 & 1 \end{pmatrix}$.

3. 求下列线性方程组的解：

(1) $\begin{cases} 5x_1+x_2+2x_3=2, \\ 2x_1+x_2+x_3=4, \\ 9x_1+2x_2+5x_3=3; \end{cases}$　　(2) $\begin{cases} 2x_1-3x_2+x_3+5x_4=6, \\ -3x_1+x_2+2x_3-4x_4=5, \\ -x_1-2x_2+3x_3+x_4=-2; \end{cases}$

(3) $\begin{cases} x_1+x_2-2x_3-x_4=1, \\ 3x_1-x_2+x_3+4x_4=4, \\ x_1+5x_2-x_3-2x_4=0. \end{cases}$

复习题八

1. 选择题：

(1) 设 $\boldsymbol{A}$ 是 $m\times n$ 矩阵，又是可逆矩阵，则(　　).

A. m 和 n 一定相等　　B. m 和 n 一定不等

C. m 一定大于 n　　D. m 一定小于 n

(2) 设 $\boldsymbol{A}$ 是3阶方阵，则 $|3\boldsymbol{A}|=$(　　).

A. $|\boldsymbol{A}|$　　B. $3|\boldsymbol{A}|$　　C. $3^2|\boldsymbol{A}|$　　D. $3^3|\boldsymbol{A}|$

(3) 设 D_1 表示一个三阶行列式的值，D_2 表示一个四阶行列式的值，则(　　).

A. $D_1>D_2$　　B. $D_1<D_2$　　C. $D_1=D_2$　　D. 不能确定

(4) 设 $\boldsymbol{A}$ 是 $m\times n$ 矩阵，$\boldsymbol{B}$ 是 $s\times p$ 矩阵，则能作加减法运算 $\boldsymbol{A}\pm\boldsymbol{B}$ 的条件是(　　).

A. $m=s$ 或 $n=p$　　B. $m=s$ 且 $n=p$

C. $m=p$ 或 $n=s$　　D. $m=p$ 且 $n=s$

(5) 以下结论正确的是(　　).

A. 如果矩阵 $\boldsymbol{A}$ 的行列式 $|\boldsymbol{A}|=0$，则 $\boldsymbol{A}=0$

B. 如果矩阵 $\boldsymbol{A}$ 满足 $\boldsymbol{A}^2=0$，则 $\boldsymbol{A}=0$

C. n 阶数量矩阵 $\boldsymbol{A}$ 与任意一个 n 阶方阵的乘积都是可交换的

D. 对任意方阵 $\boldsymbol{A}$、$\boldsymbol{B}$，有 $(\boldsymbol{A}-\boldsymbol{B})(\boldsymbol{A}+\boldsymbol{B})=\boldsymbol{A}^2-\boldsymbol{B}^2$

(6) 设 $\boldsymbol{A}$ 是三角矩阵，且 $|\boldsymbol{A}|=0$，那么 $\boldsymbol{A}$ 的对角线上的元素(　　).

A. 全都是零　　B. 只有一个是零

C. 至少有一个是零　　D. 可能有零，可能没有

2. D 是一个三阶行列式 $\begin{vmatrix} a_{11} & a_{12} & a_{13} \\ a_{21} & a_{22} & a_{23} \\ a_{31} & a_{32} & a_{33} \end{vmatrix}$，试验证 $a_{11}A_{21}+a_{12}A_{22}+a_{13}A_{23}=0$.

3. 计算行列式的值：

(1) $\begin{vmatrix} 3 & 2 & 2 \\ 7 & -4 & 1 \\ 3 & 7 & 4 \end{vmatrix}$；　(2) $\begin{vmatrix} 0 & 0 & 0 & 3 \\ 0 & 0 & 2 & -1 \\ 0 & 3 & -1 & 5 \\ 2 & 8 & -7 & 6 \end{vmatrix}$.

4. 计算：

(1) $2\begin{pmatrix} 1 & -5 \\ 5 & 3 \\ -7 & 1 \end{pmatrix}-\dfrac{3}{2}\begin{pmatrix} 6 & -8 \\ 10 & 4 \\ -4 & 0 \end{pmatrix}$；　(2) $\begin{pmatrix} 0 & 1 \\ 1 & 0 \end{pmatrix}\begin{pmatrix} 5 & 3 \\ 2 & 7 \end{pmatrix}\begin{pmatrix} 0 & 1 \\ 1 & 0 \end{pmatrix}$；

(3) $\begin{pmatrix} 1 & 0 & 4 & 7 \\ -1 & -2 & 5 & 0 \\ 0 & 0 & -5 & -2 \end{pmatrix}\begin{pmatrix} 0 & 2 \\ 1 & 3 \\ 4 & -5 \\ -2 & 1 \end{pmatrix}$；　(4) $\begin{pmatrix} a & 2a & -b \\ 0 & -3c & 2b \\ 3a & 4c & 0 \end{pmatrix}\begin{pmatrix} 1 & 2 & 3 \\ -4 & 0 & 6 \\ 0 & -3 & 2 \end{pmatrix}$.

5. 求下列矩阵的逆矩阵：

(1) $\begin{pmatrix} 3 & -2 & -5 \\ 2 & -1 & -3 \\ -4 & 0 & 1 \end{pmatrix}$；　(2) $\begin{pmatrix} 3 & -1 & 2 \\ 1 & 0 & -1 \\ -2 & 1 & 4 \end{pmatrix}$；

(3) $\begin{pmatrix} 1 & 0 & 1 \\ 2 & 1 & 0 \\ -3 & 2 & -5 \end{pmatrix}$；　(4) $\begin{pmatrix} 1 & 2 & 3 & 4 \\ 2 & 3 & 1 & 2 \\ 1 & 1 & 1 & -1 \\ 1 & 0 & -2 & -6 \end{pmatrix}$.

6. 把下列矩阵化为阶梯形矩阵，并求其秩：

(1) $\begin{pmatrix} 2 & 3 & -1 & 0 & 2 \\ 2 & 6 & 1 & -7 & -4 \\ 8 & 12 & -4 & 0 & 12 \end{pmatrix}$；　(2) $\begin{pmatrix} 2 & -10 & 2 & 9 & 27 \\ -1 & 5 & 2 & -7 & 7 \\ 3 & -15 & 0 & 16 & 20 \\ 1 & -5 & 0 & 4 & -7 \end{pmatrix}$；

(3) $\begin{pmatrix} -3 & -2 & 8 & -5 & 2 \\ 3 & 2 & -5 & 1 & 0 \\ 6 & 4 & -13 & 6 & -2 \\ 9 & 6 & -18 & 7 & -2 \end{pmatrix}$；　(4) $\begin{pmatrix} 1 & -4 & 7 & 0 & 2 \\ 0 & 3 & -3 & 2 & 6 \\ 1 & -1 & 5+a & 2 & 8 \\ 3 & -12 & 22+a & 0 & 6 \end{pmatrix}$.

7. 设线性方程组

$$\begin{cases}\lambda x_1+x_2+x_3=1,\\ x_1+\lambda x_2+x_3=\lambda,\\ x_1+x_2+\lambda x_3=\lambda^2.\end{cases}$$

问当λ取何值时，(1) 它有唯一解；(2) 无解；(3) 有无穷多解，当有解时求出解.

8. 解下列线性方程组：

(1) $\begin{cases}-x_1-4x_2+5x_3+x_4=1,\\ 2x_2-4x_3-4x_4=-2,\\ 3x_1+x_2+7x_3+19x_4=8,\\ 5x_2-10x_3-10x_4=-5;\end{cases}$　　(2) $\begin{cases}x_1-x_2+2x_4=-5,\\ 3x_1+2x_2-2x_4=6,\\ 4x_1+3x_3-x_4=0,\\ 2x_1-x_3-x_4=0.\end{cases}$

【数学史典故8】

德国数学家高斯

高斯
(1777—1855)

要说明高斯的数学天赋，如果用他开创的复杂的数学理论来解释，对于普通人来说太过艰深.只用加法运算就足以证明高斯的绝顶聪明：9岁的高斯在解答1+2+3直到累加至100的加法运算中使用了一个巧妙的算法，即将数列分别组合为1+100，2+99，3+98，…，共50组，并轻而易举地得出最后的结果是5050.高斯晚年曾豪言自己在学会语言之前就学会了计算.这是否是他的戏言，无从查考.但坊间流传的有关他聪明才智的故事却体现了普通人对高斯这个天才人物的崇拜.

一、幼年的高斯

卡尔·弗里德里希·高斯(Carl Friedrich Gauss；1777.4.30—1855.2.23)，德国数学家，出生于德国布伦兹维克的一个贫苦家庭.父亲格尔恰尔德·迪德里赫，先后当过护堤工、泥瓦匠和园丁，第一个妻子和他生活了十多年后因病去世，没有为他留下孩子.迪德里赫后来娶了罗捷雅，第二年他们的孩子高斯出生了，这是他们唯一的孩子.父亲对高斯要求极为严厉，甚至有些过分，常常喜欢凭自己的经验为年幼的高斯规划人生.高斯尊重他的父亲，并且秉承了其父诚实、谨慎的性格.1806年迪德里赫逝世，此时高斯已经做出了许多划时代的成就.

在成长过程中，幼年的高斯主要是依靠母亲和舅舅培养.高斯的外祖父是一位石匠，30岁那年死于肺结核，留下了两个孩子：高斯的母亲罗捷雅、舅舅弗利德里希.弗利德里希富有智慧，为人热情而又聪明能干，投身于纺织贸易，颇有成就.他发现姐姐的儿子聪明伶俐，因此他就把一部分精力花在这位小天才身上，用生动活泼的方式开发高斯的智力.若干年后，已成年并成就显赫的高斯回想起舅舅为他所做的一切，深感对他成才之重要，他想到舅舅多产的思想，不无伤感地说，舅舅去世使“我们失去了一位天才”.正是由于弗利德里希慧眼识英才，经常劝导姐夫让孩子向学者方面发展，才使得高斯没有成为园丁或者泥瓦匠.

二、年轻的数学家

在当时的欧洲，贵族资助科学家和艺术家是非常流行的事情．所以高斯在 14 岁的时候即被引荐给布伦瑞克的费迪南德公爵．费迪南德公爵被高斯的天才所打动，遂决定资助他求学的所有开销．

高斯 19 岁才投身数学事业（高斯亦很有语言天赋，曾考虑在此方面发展），但他初出茅庐就震惊了数学界．他仅用尺规便构造出了十七边形，为流传了 2000 年的欧氏几何提供了自古希腊时代以来的第一次重要补充．

高斯 22 岁获博士学位，25 岁当选圣彼得堡科学院外籍院士，30 岁任哥廷根大学数学系教授和天文台台长并在此终老．高斯最伟大的著作是他 24 岁时发表的《算术研究》，在这本书中高斯简洁地阐明了多边形的尺规作图和二次互反定律．简而言之，高斯的《算术研究》翻开了数论历史的新一页．关于《算术研究》还有一桩轶事：1849 年 7 月 16 日，哥廷根大学为高斯获得数学博士举行 50 周年庆典仪式．活动进程中，高斯居然拿出一张《算术研究》的原稿准备用来点烟，他旁边的数学家狄利克莱像看到人亵渎神明一样扑上去将这页手稿抢下并保存了下来．

三、孤傲的高斯

高斯很少和自己的同行交流，也很少对别人的工作作出评价．高斯尤其不喜欢辩论，如果对方提高音调，他会非常不给面子地转身走开．超越时代和同僚的智慧，让高斯陷入一种无法排遣的寂寞．他经常提醒他的同事，该同事的结论已经被自己很早就证明了，只是因为基础理论的不完备性而没有发表．批评者说他这样是因为极爱出风头．实际上高斯将研究结果都做了详细记录，却没有在有生之年发布．在他死后，有 20 部这样的笔记被发现，证实了高斯当年所言非虚．一般认为，即使这 20 部笔记，也不是高斯全部的笔记，这位天才可能还有很多超越时代的研究成果，与那些遗失的手稿一起消失了．

四、多领域的伟大成就

高斯运用他的数学天才在其他领域也获得了很高的成就．高斯通过意大利天文学家的三次观测数据，计算出了谷神星的运行轨迹．奥地利天文学家奥尔博斯在高斯计算出的轨道上成功发现了这颗小行星．高斯将这种方法著述在著作《天体运动论》中．

在 1818 年至 1826 年之间高斯主导了汉诺威公国的大地测量工作．他发明了日光反射仪，可以将光束反射至大约 450 千米外的地方．高斯后来不止一次地为原先的设计作出改进，试制成功了被广泛应用于大地测量的镜式六分仪．

高斯后来辞去了天文台的工作，而转向物理研究．他与韦伯（1804—1891）在电磁学的领域共同工作．1833 年，通过受电磁影响的罗盘指针，二人发明了电报．1840 年他和韦伯画出了世界第一张地球磁场图，而且定出了地球磁南极和磁北极的位置，并于次年得到美国科学家的证实．

五、难以超越的数学泰斗

有关高斯在数学史上的地位，与高斯同时代的两位顶尖科学家的对话，可能是对他最好的评价：高斯的好友 A. 洪堡（德国自然科学家，近代地理学创建人之一）曾问法国大数学家拉普拉斯谁是当时德国最伟大的数学家.拉普拉斯戏称是数学家普法夫，A.洪堡大惊失色，追问拉普拉斯如何评价高斯.后者正色道："高斯是全世界最伟大的数学家."

高斯一生历经两任妻子，育有6个孩子.高斯于1805年10月5日与乔安娜结婚，共生育了3个孩子.但1809年10月11日，乔安娜不幸去世了.次年8月4日高斯迎娶第二位妻子弗蕾德里佳.他们又生育了3个孩子.1831年9月12日他的第二位妻子也去世了.1855年2月23日，人类历史上最伟大的数学家高斯在睡梦中与世长辞，享年77岁.

（摘自《博雅旅游网》，http://eur.bytravel.cn/art/sxj/sxjgs/）

第九章　拉普拉斯变换

拉普拉斯(Laplace)变换简称拉氏变换,是数学中的一种积分变换.在求解常系数线性微分方程时,它是一种重要的数学工具,并且在分析和综合自动控制系统及脉冲电路的工作过程中有着广泛的应用.本章主要介绍拉普拉斯变换的基本概念、主要性质以及拉普拉斯逆变换,并通过例子说明拉普拉斯变换的简单应用方法.

第一节　拉普拉斯变换的概念

一、拉普拉斯变换的概念

定义 9.1　设 $f(t)$为当 $t\geqslant 0$ 时有定义的实变量 t 的函数,若广义积分

$$\int_0^{+\infty} f(t)\mathrm{e}^{-pt}\,\mathrm{d}t$$

在 p 的某一范围内收敛,则由此积分所确定的 p 的函数称为函数 $f(t)$的**拉普拉斯变换**(**简称拉氏变换**).记为 $L[f(t)]$.即

$$L[f(t)]=\int_0^{+\infty} f(t)\mathrm{e}^{-pt}\,\mathrm{d}t = F(p). \tag{9-1}$$

其中,$F(p)$是 $f(t)$经拉普拉斯变换后的函数.反之,$L^{-1}[F(p)]=f(t)$.则称 $f(t)$为 $F(p)$的**拉普拉斯逆变换**.

$F(p)$也称为 $f(t)$的**象函数**,$f(t)$也称为 $F(p)$的**象原函数**.

关于拉普拉斯氏变换,作以下几点说明:

(1) 在拉普拉斯变换定义中,只要求函数 $f(t)$在 $t\geqslant 0$ 上有定义.为了方便研究拉普拉斯变换某些性质,以后总假定:当 $t<0$ 时,$f(t)\equiv 0$.

这个假定也是符合物理过程的实际情况的,因为一般总是从时间 $t=0$ 开始研究过程,当 $t<0$ 时,过程没有发生,所以表示过程的函数应取零值.

(2) 拉普拉斯变换中的参数 p 是在复数范围内取值.为了简便,本章只讨论把参数 p 看作实数的情况,但所得的结果和各种性质仍适用于 p 取复数的情况.

(3) 拉普拉斯变换就是将给定的函数,通过特定的广义积分,转换成一个新的函数.因此,实质上它是一种积分变换.并非所有函数的拉普拉斯变换都存在,但在一般的科学技术中遇到的函数,它的拉普拉斯变换都是存在的,所以本章略去拉普拉斯变换存在性的讨论.

例 1　求函数 $f(t)=1(t\geqslant 0)$的拉普拉斯变换.

解　由拉普拉斯变换的定义,得

$$L[f(t)] = L[1] = \int_0^{+\infty} 1\cdot \mathrm{e}^{-pt}\,\mathrm{d}t = \left[-\frac{1}{p}\mathrm{e}^{-pt}\right]_0^{+\infty} = \frac{1}{p}\quad (p>0).$$

二、几种典型函数的拉普拉斯变换

1. 指数函数 $f(t)=e^{at}(t\geqslant 0, a$ 为常数)的拉普拉斯变换

$$L[e^{at}]=\int_0^{+\infty} e^{at}\cdot e^{-pt}dt=\int_0^{+\infty} e^{-(p-a)t}dt$$
$$=\left[-\frac{1}{p-a}e^{-(p-a)t}\right]_0^{+\infty}=\frac{1}{p-a}\quad(p>a).$$

所以

$$L[e^{at}]=\frac{1}{p-a}\quad(p>a).\tag{9-2}$$

2. $f(t)=\sin\omega t$ 与 $f(t)=\cos\omega t$ 的拉普拉斯变换

$$L[\sin\omega t]=\int_0^{+\infty} e^{-pt}\sin\omega t\,dt$$
$$=\left[-\frac{1}{p^2+\omega^2}\cdot e^{-pt}(p\sin\omega t+\omega\cos\omega t)\right]_0^{+\infty}$$
$$=\frac{\omega}{p^2+\omega^2}\ (p>0).$$

即

$$L[\sin\omega t]=\frac{\omega}{p^2+\omega^2}\quad(p>0).\tag{9-3}$$

用同样的方法可求得

$$L[\cos\omega t]=\frac{p}{p^2+\omega^2}\quad(p>0).\tag{9-4}$$

3. 单位阶梯函数的拉普拉斯变换

单位阶梯函数(如图 9-1(1)所示)的表达式为

$$u(t)=\begin{cases}0, t<0,\\ 1, t\geqslant 0.\end{cases}\tag{9-5}$$

由例 1 便知单位阶梯函数(9-5)式的拉普拉斯变换为

$$L[u(t)]=\frac{1}{p}\quad(p>0).\tag{9-6}$$

把 $u(t)$ 分别平移 $|a|$ (如图 9-1(2)所示)和 $|b|$ (如图 9-1(3)所示)个单位,便得

$$u(t-a)=\begin{cases}0, & t<a,\\ 1, & t\geqslant a.\end{cases}\tag{9-7}$$

$$u(t-b)=\begin{cases}0, & t<b,\\ 1, & t\geqslant b.\end{cases}\tag{9-8}$$

当 $a<b$ 时,由(9-7)式减去(9-8)式,得

$$u(t-a)-u(t-b)=\begin{cases}1, & a\leqslant t<b,\\ 0, & t<a\text{ 或 }t\geqslant b.\end{cases}\tag{9-9}$$

如图 9-1(4)所示.

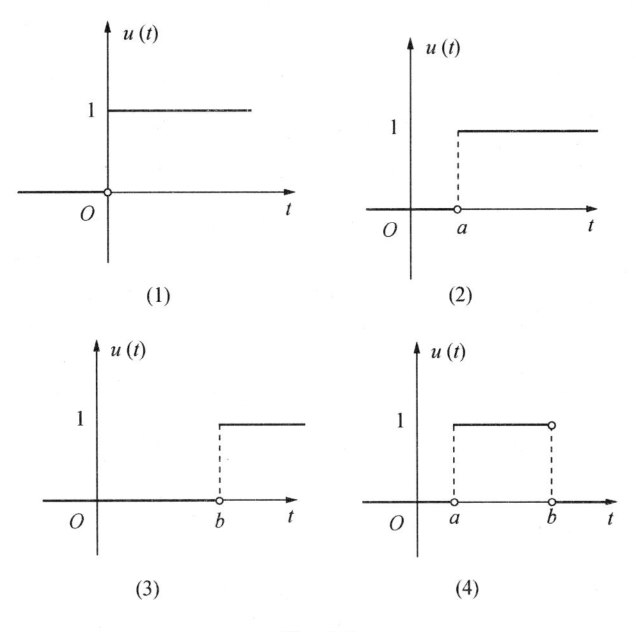

图　9-1

利用单位阶梯函数(9-5)、(9-7)、(9-8)及(9-9)各式能够将分段函数表示成一个式子,以助于分段函数拉普拉斯变换的计算.例如

$$f(t)=\begin{cases}0, & t<0,\\ c_1, & 0\leqslant t<a_1,\\ c_2, & a_1\leqslant t<a_2,\\ \vdots & \vdots\\ c_n, & t\geqslant a_{n-1}.\end{cases}$$

其中 $0<a_1<a_2<\cdots<a_{n-1}, c_i \quad (i=1,2,\cdots,n)$为常数.那么不难推得

$$f(t)=c_1u(t)+(c_2-c_1)u(t-a_1)+\cdots+(c_n-c_{n-1})u(t-a_{n-1}). \tag{9-10}$$

例 2　把函数

$$f(t)=\begin{cases}0, & t<0,\\ c, & 0\leqslant t<a,\\ 2c, & a\leqslant t<3a,\\ 0, & t\geqslant 3a.\end{cases}\quad (c\text{ 为常数})$$

用 $u(t)$合写成一个式子.

解　根据式(9-10),得

$$\begin{aligned}f(t)&=cu(t)+(2c-c)u(t-a)+(0-2c)u(t-3a)\\ &=cu(t)+cu(t-a)-2cu(t-3a).\end{aligned} \tag{9-11}$$

4. 斜坡函数 $f(t)=at(t\geqslant 0, a$ 为常数$)$的拉普拉斯变换

一次函数 $f(t)=at(t\geqslant 0, a$ 为常数$)$也称**斜坡函数**,它是自动控制理论中常用的重要函数之一.

$$L(at)=\int_0^{+\infty} at\,\mathrm{e}^{-pt}\,\mathrm{d}t=-\frac{a}{p}\int_0^{+\infty} t\,\mathrm{d}(\mathrm{e}^{-pt})$$

$$=-\left[\frac{at}{p}\mathrm{e}^{-pt}\right]_0^{+\infty}+\frac{a}{p}\int_0^{+\infty}\mathrm{e}^{-pt}\,\mathrm{d}t=-\lim_{t\to+\infty}\frac{at}{p}\mathrm{e}^{-pt}-\left[\frac{a}{p^2}\mathrm{e}^{-pt}\right]_0^{+\infty}$$

$$=-\lim_{t\to+\infty}\frac{at}{p}\mathrm{e}^{-pt}-\lim_{t\to+\infty}\frac{a}{p^2}\mathrm{e}^{-pt}+\frac{a}{p^2}.$$

当 $p>0$ 时，根据洛必达法则，有

$$\lim_{t\to+\infty}\frac{at}{p}\mathrm{e}^{-pt}=\frac{a}{p}\lim_{t\to+\infty}\frac{t}{\mathrm{e}^{pt}}=\frac{a}{p}\lim_{t\to+\infty}\frac{1}{p\mathrm{e}^{pt}}=0,$$

$$\lim_{t\to+\infty}\frac{a}{p^2}\mathrm{e}^{-pt}=\frac{a}{p^2}\lim_{t\to+\infty}\mathrm{e}^{-pt}=0,$$

所以

$$L[at]=\frac{a}{p^2}\quad(p>0).$$

5. 狄拉克(Dirac)函数的拉普拉斯变换

已知函数

$$\delta_\tau(t)=\begin{cases}0, & t<0,\\ \dfrac{1}{\tau}, & 0\leqslant t\leqslant\tau,\\ 0, & t>\tau.\end{cases}$$

当 $\tau\to0$ 时，$\delta_\tau(t)$ 的极限

$$\delta(t)=\lim_{\tau\to0}\delta_\tau(t)=\begin{cases}0, & t\neq0,\\ \infty, & t=0.\end{cases}$$

叫做**狄拉克(Dirac)函数**，简记为 $\delta(t)$，$\delta_\tau(t)$ 的图像如图 9-2 所示.

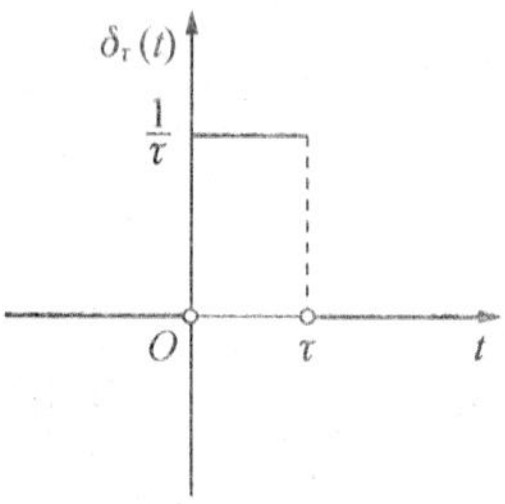

图 9-2

显然，对于任何 $\tau>0$，有

$$\int_{-\infty}^{+\infty}\delta_\tau(t)\,\mathrm{d}t=\int_0^\tau\frac{1}{\tau}\,\mathrm{d}t=1.$$

我们规定：$\int_{-\infty}^{+\infty}\delta(t)\,\mathrm{d}t=1.$

在工程技术中，常将 $\delta(t)$ 叫做**单位脉冲函数**.

下面来求狄拉克函数的拉普拉斯变换：

$$L[\delta(t)]=\int_0^{+\infty}\delta(t)\mathrm{e}^{-pt}\,\mathrm{d}t=\int_0^\tau\lim_{\tau\to0}\frac{1}{\tau}\mathrm{e}^{-pt}\,\mathrm{d}t+\int_\tau^{+\infty}0\cdot\mathrm{e}^{-pt}\,\mathrm{d}t$$

$$=\lim_{\tau\to0}\frac{1}{\tau}\left[-\frac{\mathrm{e}^{-pt}}{p}\right]_0^\tau=\frac{1}{p}\lim_{\tau\to0}\frac{1-\mathrm{e}^{-p\tau}}{\tau}$$

$$=\frac{1}{p}\lim_{\tau\to0}\frac{(1-\mathrm{e}^{-p\tau})'}{\tau'}=\frac{1}{p}\lim_{\tau\to0}\frac{p\mathrm{e}^{-p\tau}}{1}=1.$$

习题 9-1

利用拉普拉斯变换的定义，求下列函数的拉普拉斯变换：

(1) $f(t)=\mathrm{e}^{-2t}$；

(2) $f(t)=3t$；

(3) $f(t)=\sin\sqrt{5}t$；

(4) $f(t)=\cos\dfrac{t}{\sqrt{2}}$；

(5) $f(t)=-\dfrac{1}{\sqrt{3}}\mathrm{e}^{-\frac{t}{\sqrt{3}}}$；

(6) $f(t)=1-\mathrm{e}^{-\frac{t}{2}}$；

(7) $f(t)=3t+2$;　　(8) $f(t)=\begin{cases}1, & 0\leqslant t<1,\\ 0, & t\geqslant 1.\end{cases}$

第二节　拉普拉斯变换的性质

这一节主要介绍拉普拉斯变换的几个重要性质，掌握了这些性质以后，不仅可以方便地求得一些较为复杂的函数的拉普拉斯变换，而且这些性质在拉普拉斯变换的实际应用中都会起到重要的作用.

一、线性性质

设 a_1、a_2 是常数，且 $L[f_1(t)]=F_1(p)$，$L[f_2(t)]=F_2(p)$，则

$$L[a_1f_1(t)+a_2f_2(t)]=a_1L[f_1(t)]+a_2L[f_2(t)]=a_1F_1(p)+a_2F_2(p).$$

例 1　求下列各函数的拉普拉斯变换：

(1) $f(t)=\frac{3}{a}(1-e^{-at})$;　　(2) $f(t)=-2\cos t+4\sin t$.

解　(1) $L[f(t)]=L\left[\frac{3}{a}(1-e^{-at})\right]=\frac{3}{a}L[1-e^{-at}]$

$$=\frac{3}{a}L[1]-\frac{3}{a}L[e^{-at}]=\frac{3}{a}\left(\frac{1}{p}-\frac{1}{p+a}\right)=\frac{3}{p(p+a)}.$$

(2) $L[f(t)]=L[-2\cos t+4\sin t]=-2L[\cos t]+4L[\sin t]$

$$=-\frac{2p}{p^2+1}+\frac{4}{p^2+1}=\frac{4-2p}{p^2+1}.$$

二、平移性质

若 $L[f(t)]=F(p)$，则

$$L[e^{at}f(t)]=F(p-a).$$

这个性质之所以称为平移性质，是因为象原函数 $f(t)$ 乘以 e^{at} 等于其象函数 $F(p)$ 作位移 a 后的象函数 $F(p-a)$.

例 2　求函数 $f(t)=e^{2t}\sin\omega t$ 和 $g(t)=e^{-3t}\cos\omega t$ 的拉普拉斯变换.

解　由拉普拉斯变换的平移性质和(9-3)式、(9-4)式，得

$$L[f(t)]=L[e^{2t}\sin\omega t]=\frac{\omega}{(p-2)^2+\omega^2},$$

$$L[g(t)]=L[e^{-3t}\cos\omega t]=\frac{p+3}{(p+3)^2+\omega^2}.$$

三、延滞性质

若 $L[f(t)]=F(p)$，则

$$L[f(t-a)]=e^{-pa}F(p)\quad (a>0).$$

在该性质中，若把自变量 t 作为时间变量，则函数 $f(t-a)$ 表示函数 $f(t)$ 在时间上滞后 a 个单位(如图 9-3 所示)，因此我们称这个性质为延滞性质.

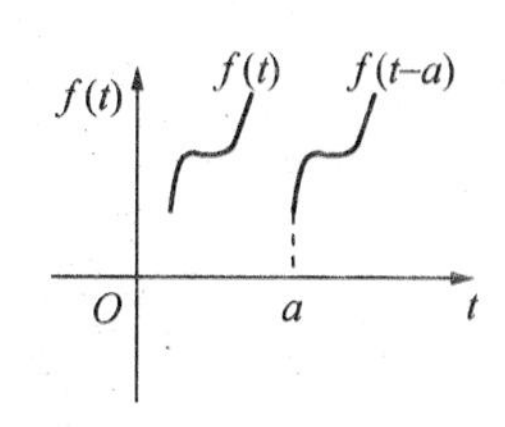

图 9-3

例3 求下列各函数的拉普拉斯变换：

(1) $u(t-a)=\begin{cases}0, & t<a,\\ 1, & t\geqslant a.\end{cases}$ (2) $f(t)=\begin{cases}0, & t<0,\\ c, & 0\leqslant t<a,\\ 2c, & a\leqslant t<3a,\\ 0, & t\geqslant 3a.\end{cases}$

解 (1) 由拉普拉斯变换的延滞性质和(9-6)式，得

$$L[u(t-a)]=\mathrm{e}^{-pa}\cdot\frac{1}{p}=\frac{1}{p\mathrm{e}^{pa}}.$$

(2) 按(9-11)式可得

$$f(t)=cu(t)+cu(t-a)-2cu(t-3a).$$

由拉普拉斯变换的线性性质和延滞性质，得

$$\begin{aligned}L[f(t)]&=L[cu(t)+cu(t-a)-2cu(t-3a)]\\&=L[cu(t)]+L[cu(t-a)]-L[2cu(t-3a)]\\&=\frac{c}{p}+\frac{c}{p}\mathrm{e}^{-pa}-2\frac{c}{p}\mathrm{e}^{-3pa}=\frac{c}{p}(1+\mathrm{e}^{-pa}-2\mathrm{e}^{-3pa}).\end{aligned}$$

四、微分性质

若 $L[f(t)]=F(p)$，并设 $f(t)$ 在 $[0,+\infty)$ 上连续有界，$f'(t)$ 分段连续，则

$$L[f'(t)]=pF(p)-f(0).$$

这个性质表明，一个函数求导后取拉普拉斯变换等于这个函数的拉普拉斯变换乘以参数 p，再减去函数的初值.

推论 若 $L[f(t)]=F(p)$，则

$$L[f^{(n)}(t)]=p^nF(p)-[p^{n-1}f(0)+p^{n-2}f'(0)+\cdots+f^{(n-1)}(0)].$$

特别地，当 $f(0)=f'(0)=f''(0)=\cdots=f^{(n-1)}(0)=0$ 时，则有

$$L[f^{(n)}(t)]=p^nF(p).$$

例如，$L[f''(t)]=p^2F(p)-[pf(0)+f'(0)]$.

根据拉普拉斯变换的微分性质，可将微分运算转化为代数运算. 这是拉普拉斯变换的一个重要特点.

例4 利用微分性质求函数 $f(t)=\sin\omega t$ 和 $f(t)=\cos\omega t$ 的拉普拉斯变换.

解 因为

$$f(t)=\sin\omega t,$$

所以

$$f'(t)=\omega\cos\omega t,f''(t)=-\omega^2\sin\omega t.$$

并且

$$f(0)=0,f'(0)=\omega.$$

由线性性质，得

$$L[f''(t)]=L[-\omega^2\sin\omega t]=-\omega^2L[\sin\omega t].$$

再由微分性质，得

$$L[f''(t)]=p^2L[f(t)]-pf(0)-f'(0)=p^2L[\sin\omega t]-\omega.$$

从而有

$$-\omega^2 L[\sin\omega t]=p^2 L[\sin\omega t]-\omega.$$

所以

$$L[\sin\omega t]=\frac{\omega}{p^2+\omega^2}.$$

又

$$\cos\omega t=\left(\frac{1}{\omega}\sin\omega t\right)'.$$

由线性性质和微分性质,得

$$L[\cos\omega t]=\frac{1}{\omega}L[(\sin\omega t)']=\frac{p}{\omega}L[\sin\omega t]=\frac{p}{p^2+\omega^2}.$$

例 5 求函数 $f(t)=t^n$(n 为自然数)的拉普拉斯变换.

解 由于

$$f'(t)=nt^{n-1},\ f''(t)=n(n-1)t^{n-2},\ \cdots,f^{(n)}(t)=n!.$$
$$f(0)=f'(0)=f''(0)=\cdots=f^{(n-1)}(0)=0,$$

所以由微分性质,得

$$L[f^{(n)}(t)]=p^n L[f(t)].$$

又

$$L[f^{(n)}(t)]=L[n!]=n!\ L[1]=\frac{n!}{p}.$$

于是

$$p^n L[f(t)]=\frac{n!}{p}.$$

即

$$L[f(t)]=L[t^n]=\frac{n!}{p\cdot p^n}=\frac{n!}{p^{n+1}}.$$

类似于微分性质,还可以得到

$$L[t^n f(t)]=(-1)^n F^{(n)}(p)\quad (n=1,2,\cdots).$$

其中 $L[f(t)]=F(p)$.

例 6 求 $L[t\sin\omega t]$.

解 $L[t\sin\omega t]=-F'(p)=-\left[\frac{\omega}{p^2+\omega^2}\right]'=\frac{2\omega p}{(p^2+\omega^2)^2}.$

五、积分性质

若 $L[f(t)]=F(p)\,(p\neq 0)$,且 $f(t)$ 连续,则

$$L\left[\int_0^t f(t)\mathrm{d}t\right]=\frac{F(p)}{p}.$$

这个性质说明,一个函数积分后取拉普拉斯变换,等于这个函数的象函数除以参数 p.

例 7 利用积分性质求 $L[t],L[t^2],\cdots,L[t^n]$($n$ 为自然数).

解 因为

$$t=\int_0^t 1\mathrm{d}t,t^2=\int_0^t 2t\mathrm{d}t,t^3=\int_0^t 3t^2\mathrm{d}t,\cdots,t^n=\int_0^t nt^{n-1}\mathrm{d}t,$$

所以由积分性质,得

$$L[t]=L\left[\int_0^t 1\mathrm{d}t\right]=\frac{L[1]}{p}=\frac{\frac{1}{p}}{p}=\frac{1!}{p^2};$$

$$L[t^2]=L\left[\int_0^t 2t\mathrm{d}t\right]=\frac{2L[t]}{p}=\frac{2\cdot\frac{1!}{p^2}}{p}=\frac{2!}{p^3};$$

$$L[t^3]=L\left[\int_0^t 3t^2\mathrm{d}t\right]=\frac{3L[t^2]}{p}=\frac{3\cdot\frac{2!}{p^3}}{p}=\frac{3!}{p^4};$$

……

$$L[t^n]=L\left[\int_0^t nt^{n-1}\mathrm{d}t\right]=\frac{nL[t^{n-1}]}{p}=\frac{n\cdot\frac{(n-1)!}{p^n}}{p}=\frac{n!}{p^{n+1}}.$$

下面把拉普拉斯变换的性质和常用函数的拉普拉斯变换分别列表(表 9-1、表 9-2),以便我们在必要时查阅.

表 9-1　拉普拉斯变换的性质一览表

序号	拉普拉斯变换的性质　(设 $L[f(t)]=F(p)$)
1	$L[a_1f_1(t)+a_2f_2(t)]=a_1L[f_1(t)]+a_2L[f_2(t)]$
2	$L[\mathrm{e}^{at}f(t)]=F(p-a)$
3	$L[f(t-a)]=\mathrm{e}^{-pa}F(p)\quad(a>0)$
4	$L[f'(t)]=pF(p)-f(0)$
5	$L[f^{(n)}(t)]=p^nF(p)-[p^{n-1}f(0)+p^{n-2}f'(0)+\cdots+f^{(n-1)}(0)]$
6	$L\left[\int_0^t f(x)\mathrm{d}x\right]=\frac{F(p)}{p}$
7	$L[f(at)]=\frac{1}{a}F\left(\frac{p}{a}\right)\quad(a>0)$
8	$L[t^nf(t)]=(-1)^nF^{(n)}(p)$
9	$L\left[\frac{f(t)}{t}\right]=\int_p^{+\infty}F(\tau)\mathrm{d}\tau$

表 9-2　常用函数的拉普拉斯变换表

序号	$f(t)$	$F(p)$
1	$\delta(t)$	1
2	$u(t)$	$\frac{1}{p}$
3	t	$\frac{1}{p^2}$
4	$t^n(n=1,2,3,\cdots)$	$\frac{n!}{p^{n+1}}$
5	e^{at}	$\frac{1}{p-a}$

（续表）

序号	$f(t)$	$F(p)$
6	$1-e^{at}$	$\frac{a}{p(p-a)}$
7	te^{at}	$\frac{1}{(p-a)^2}$
8	$t^n e^{at}\quad(n=1,2,3,\cdots)$	$\frac{n!}{(p-a)^{n+1}}$
9	$\sin\omega t$	$\frac{\omega}{p^2+\omega^2}$
10	$\cos\omega t$	$\frac{p}{p^2+\omega^2}$
11	$\sin(\omega t+\varphi)$	$\frac{p\sin\varphi+\omega\cos\varphi}{p^2+\omega^2}$
12	$\cos(\omega t+\varphi)$	$\frac{p\cos\varphi-\omega\sin\varphi}{p^2+\omega^2}$
13	$t\sin\omega t$	$\frac{2\omega p}{(p^2+\omega^2)^2}$
14	$t\cos\omega t$	$\frac{p^2-\omega^2}{(p^2+\omega^2)^2}$
15	$e^{-at}\sin\omega t$	$\frac{\omega}{(p+a)^2+\omega^2}$
16	$e^{-at}\cos\omega t$	$\frac{p+a}{(p+a)^2+\omega^2}$
17	$\frac{1}{a^2}(1-\cos at)$	$\frac{1}{p(p^2+a^2)}$
18	$e^{at}-e^{bt}$	$\frac{a-b}{(p-a)(p-b)}$
19	$\sin\omega t-\omega t\cos\omega t$	$\frac{2\omega^3}{(p^2+\omega^2)^2}$
20	$2\sqrt{\frac{t}{\pi}}$	$\frac{1}{p\sqrt{p}}$
21	$\frac{1}{\sqrt{\pi t}}$	$\frac{1}{\sqrt{p}}$

习　题　9-2

利用拉普拉斯变换的性质，求下列函数的拉普拉斯变换：

(1) $f(t)=5e^{-3t}$；

(2) $f(t)=e^{\frac{1}{2}t}-e^{-2t}$；

(3) $f(t)=2t+3$；

(4) $f(t)=\frac{1}{2}e^{t}+\sin 3t$；

(5) $f(t)=\frac{1}{2}\cos t+\frac{\sqrt{3}}{2}\sin\sqrt{3}t$；

(6) $f(t)=te^{t}$；

(7) $f(t)=e^{3t}\sin 6t$；

(8) $f(t)=\sin\left(2t+\frac{\pi}{6}\right)$；

(9) $f(t)=u(2t-1)$；　　(10) $f(t)=\begin{cases}-1, & 0\leqslant t<4,\\ 1, & t\geqslant 4.\end{cases}$

第三节　拉普拉斯逆变换

在前面两节中，我们学习了由已知函数 $f(t)$（即象原函数）求其拉普拉斯变换 $F(p)$（即象函数）的基本方法，但在实际应用中常常会遇到与此相反的问题，即已知象函数 $F(p)$，求它的象原函数 $f(t)$. 这就是拉普拉斯逆变换问题.

只要熟练地掌握常用函数的拉普拉斯变换的性质，就能够进行拉普拉斯逆变换的运算. 为了便于使用拉普拉斯变换的性质求拉普拉斯逆变换，下面把常用的拉普拉斯变换性质用逆变换形式列出来.

一、线性性质

设 a_1、a_2 是常数，且 $L^{-1}[F_1(p)]=f_1(t)$，$L^{-1}[F_2(p)]=f_2(t)$，则

$$\begin{aligned}L^{-1}[a_1F_1(p)+a_2F_2(p)]&=a_1L^{-1}[F_1(p)]+a_2L^{-1}[F_2(p)]\\&=a_1f_1(t)+a_2f_2(t).\end{aligned}$$

二、平移性质

若 $L^{-1}[F(p)]=f(t)$，则

$$L^{-1}[F(p-a)]=e^{at}L^{-1}[F(p)]=e^{at}f(t).$$

三、延滞性质

若 $L^{-1}[F(p)]=f(t)$，则

$$L^{-1}[e^{-ap}F(p)]=f(t-a)u(t-a)\quad(a>0).$$

例 1　求下列象函数的拉普拉斯逆变换：

(1) $F(p)=\dfrac{1}{p}$；　　(2) $F(p)=\dfrac{2}{p^3}$；

(3) $F(p)=\dfrac{1}{(p-2)^3}$；　　(4) $F(p)=\dfrac{2p-5}{p^2}$.

解　(1) 因为 $L[u(t)]=\dfrac{1}{p}$，所以

$$f(t)=L^{-1}\left[\frac{1}{p}\right]=u(t)=\begin{cases}1, & t\geqslant 0,\\ 0, & t<0.\end{cases}$$

(2) 因为 $L[t^n]=\dfrac{n!}{p^{n+1}}$，所以

$$f(t)=L^{-1}\left[\frac{2}{p^3}\right]=t^2.$$

(3) 因为 $L[t^n e^{at}]=\dfrac{n!}{(p-a)^{n+1}}$，所以

$$f(t)=L^{-1}\left[\frac{1}{(p-2)^3}\right]=\frac{1}{2}L^{-1}\left[\frac{2!}{(p-2)^{2+1}}\right]=\frac{1}{2}t^2e^{2t}.$$

(4) $f(t)=L^{-1}\left[\frac{2p-5}{p^2}\right]=2L^{-1}\left[\frac{1}{p}\right]-5L^{-1}\left[\frac{1}{p^2}\right]=2-5t.$

当我们对拉普拉斯逆变换的性质使用熟练之后，求较复杂的象函数 $F(p)$ 的象原函数 $f(t)$ 时，先把象函数 $F(p)$ 进行必要的恒等变形，再求其拉普拉斯逆变换.

例 2　求 $F(p)=\frac{p+2}{p^2+p+1}$ 的拉普拉斯逆变换.

解

$$f(t)=L^{-1}\left[\frac{p+2}{p^2+p+1}\right]=L^{-1}\left[\frac{\left(p+\frac{1}{2}\right)+\frac{3}{2}}{\left(p+\frac{1}{2}\right)^2+\frac{3}{4}}\right]$$

$$=L^{-1}\left[\frac{p+\frac{1}{2}}{\left(p+\frac{1}{2}\right)^2+\left(\frac{\sqrt{3}}{2}\right)^2}\right]+L^{-1}\left[\frac{\sqrt{3}\cdot\frac{\sqrt{3}}{2}}{\left(p+\frac{1}{2}\right)^2+\left(\frac{\sqrt{3}}{2}\right)^2}\right]$$

$$=\mathrm{e}^{-\frac{t}{2}}\cos\frac{\sqrt{3}}{2}t+\mathrm{e}^{-\frac{t}{2}}\cdot\sqrt{3}\sin\frac{\sqrt{3}}{2}t=\mathrm{e}^{-\frac{t}{2}}\left(\cos\frac{\sqrt{3}}{2}t+\sqrt{3}\sin\frac{\sqrt{3}}{2}t\right).$$

在利用拉普拉斯逆变换解决工程技术中的实际问题时，遇到的象函数常常是有理分式. 对比较复杂的有理分式一般可采用待定系数法进行恒等变形，将其分解为最简单的有理分式之和(部分分式和)，然后根据拉普拉斯逆变换的性质和常用函数的拉普拉斯逆变换，求出其逆变换.

例 3　求 $F(p)=\frac{2p-7}{p^2-7p+12}$ 的拉普拉斯逆变换.

解　由于

$$F(p)=\frac{(p-4)+(p-3)}{(p-4)(p-3)}=\frac{1}{p-4}+\frac{1}{p-3}.$$

因此

$$f(t)=L^{-1}\left[\frac{1}{p-4}+\frac{1}{p-3}\right]=L^{-1}\left[\frac{1}{p-4}\right]+L^{-1}\left[\frac{1}{p-3}\right]$$
$$=\mathrm{e}^{4t}+\mathrm{e}^{3t}.$$

例 4　求 $F(p)=\frac{p}{p^3-p^2-p+1}$ 的拉普拉斯逆变换.

解　因为 $F(p)=\frac{p}{p^3-p^2-p+1}=\frac{p}{(p-1)^2(p+1)}$，所以首先将 $F(p)$ 分解为三个最简单的有理分式之和，可设

$$\frac{p}{(p-1)^2(p+1)}=\frac{A}{(p-1)^2}+\frac{B}{p-1}+\frac{C}{p+1}.$$

利用待定系数法，得

$$A=\frac{1}{2},B=\frac{1}{4},C=-\frac{1}{4}.$$

从而

$$f(t)=L^{-1}\left[\frac{p}{p^3-p^2-p+1}\right]=L^{-1}\left[\frac{\frac{1}{2}}{(p-1)^2}+\frac{\frac{1}{4}}{p-1}-\frac{\frac{1}{4}}{p+1}\right]$$

$$=\frac{1}{2}L^{-1}\left[\frac{1}{(p-1)^2}\right]+\frac{1}{4}L^{-1}\left[\frac{1}{p-1}\right]-\frac{1}{4}L^{-1}\left[\frac{1}{p+1}\right]$$

$$=\frac{1}{2}te^t+\frac{1}{4}e^t-\frac{1}{4}e^{-t}.$$

例 5 求 $F(p)=\frac{p^2}{(p+2)(p^2+2p+2)}$ 的拉普拉斯逆变换.

解 设 $F(p)=\frac{p^2}{(p+2)(p^2+2p+2)}=\frac{A}{p+2}+\frac{Bp+C}{p^2+2p+2}$，由待定系数法求得

$$A=2,B=-1,C=-2.$$

从而

$$\frac{p^2}{(p+2)(p^2+2p+2)}=\frac{2}{p+2}-\frac{p+2}{p^2+2p+2}$$

$$=\frac{2}{p+2}-\frac{p+1}{(p+1)^2+1}-\frac{1}{(p+1)^2+1}.$$

于是

$$f(t)=L^{-1}\left[\frac{1}{(p+2)(p^2+2p+2)}\right]$$

$$=L^{-1}\left[\frac{2}{p+2}\right]-L^{-1}\left[\frac{p+1}{(p+1)^2+1}\right]-L^{-1}\left[\frac{1}{(p+1)^2+1}\right]$$

$$=2e^{-2t}-e^{-t}\cos t-e^{-t}\sin t.$$

习 题 9-3

求下列各函数的拉普拉斯逆变换：

(1) $F(p)=\frac{2}{2p+1}$；

(2) $F(p)=\frac{5p}{5p^2+1}$；

(3) $F(p)=\frac{12}{p^2+16}$；

(4) $F(p)=\frac{p+2}{p^2+4p+5}$；

(5) $F(p)=\frac{2-3p}{p^2+1}$；

(6) $F(p)=\frac{p}{(p+3)(p+5)}$；

(7) $F(p)=\frac{1}{p^2(p^2-1)}$；

(8) $F(p)=\frac{(p-1)^2}{p^5}$；

(9) $F(p)=\frac{p+2}{p^2+2p+2}$；

(10) $F(p)=\frac{4p^2+3p+2}{2p(p^2+p+1)}$；

(11) $F(p)=\frac{2p}{(p+1)(p+2)}$；

(12) $F(p)=\frac{p^2+p+2}{(p+1)(p^2+1)}$；

(13) $F(p)=\frac{p^2+1}{p(p-1)^2}$；

(14) $F(p)=\frac{1}{p(p+1)(p+2)}$.

第四节 拉普拉斯变换的应用

由于拉普拉斯变换能够将微积分运算转化为代数运算，所以它在解常微分方程及电路分析中，有着独到的奇妙作用，下面举例说明.

一、利用拉普拉斯变换法解微分方程

由拉普拉斯变换的微分性质

$$L[f'(t)]=pF(p)-f(0)$$

和

$$L[f''(t)]=p^2F(p)-pf(0)-f'(0)$$

可以看出，它将函数 $f(t)$的一阶导数 $f'(t)$运算转化成了代数运算 $pF(p)-f(0)$，将函数 $f(t)$的二阶导数 $f''(t)$运算转化成了代数运算 $p^2F(p)-pf(0)-f'(0)$.

我们通常把 $f(0)$、$f'(0)$称为**初始条件**.

下面通过举例说明拉普拉斯变换在解常系数线性微分方程中的用法.

例 1 利用拉普拉斯变换求微分方程 $y'+y-1=0$ 满足初始条件 $y(0)=0$ 的解.

解 设 $L[y(x)]=Y(p)$，对微分方程两边求拉普拉斯变换，得

$$pY(p)-y(0)+Y(p)-\frac{1}{p}=0,$$

将初始条件 $y(0)=0$ 代入上式，解出 $Y(p)$，得

$$Y(p)=\frac{1}{p(p+1)}=\frac{1}{p}-\frac{1}{p+1},$$

上式两边取拉普拉斯逆变换，得

$$y(x)=L^{-1}[Y(p)]=L^{-1}\left[\frac{1}{p}-\frac{1}{p+1}\right]$$

$$=L^{-1}\left[\frac{1}{p}\right]-L^{-1}\left[\frac{1}{p+1}\right]=1-\mathrm{e}^{-x}.$$

即微分方程 $y'+y-1=0$ 满足初始条件 $y(0)=0$ 的解为

$$y=1-\mathrm{e}^{-x}.$$

从上述例子可以看出，利用拉普拉斯变换求解微分方程的步骤如下：

(1) 对微分方程两端取拉普拉斯变换，得象函数的代数方程；

(2) 由代数方程解出象函数；

(3) 对象函数取拉普拉斯逆变换，求出象原函数，这就是微分方程的解.

这种解法的示意图如图 9-4 所示.

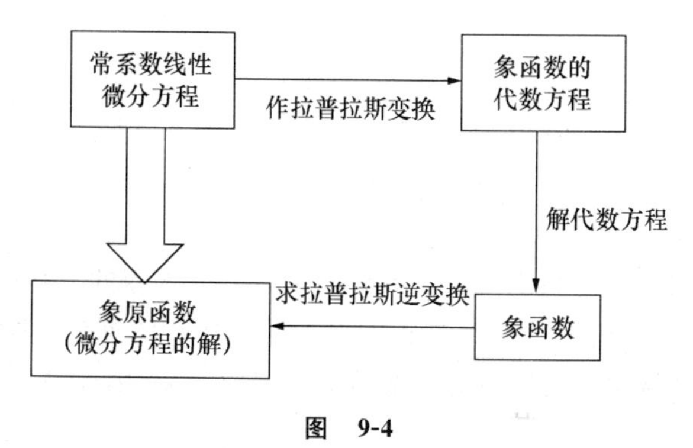

图 9-4

例 2 求微分方程 $y''(t)+2y'(t)-3y(t)=\mathrm{e}^{-t}$满足初始条件 $y(0)=0, y'(0)=1$ 的解.

解 设 $L[y(t)]=Y(p)$，对方程两端取拉普拉斯变换，得

$$[p^2Y(p)-py(0)-y'(0)]+2[pY(p)-y(0)]-3Y(p)=\frac{1}{p+1},$$

$$(p^2+2p-3)Y(p)-py(0)-2y(0)-y'(0)=\frac{1}{p+1}.$$

将初始条件 $y(0)=0, y'(0)=1$ 代入上式化简，得

$$(p^2+2p-3)Y(p)=\frac{p+2}{p+1}.$$

解出象函数，得

$$\begin{aligned}Y(p)&=\frac{p+2}{(p+1)(p^2+2p-3)}=\frac{p+2}{(p+1)(p-1)(p+3)}\\&=-\frac{1}{4}\cdot\frac{1}{p+1}+\frac{3}{8}\cdot\frac{1}{p-1}-\frac{1}{8}\cdot\frac{1}{p+3}.\end{aligned}$$

求 $Y(p)$ 的拉普斯逆变换，得所求微分方程的解为

$$y(t)=L^{-1}[Y(p)]=-\frac{1}{4}e^{-t}+\frac{3}{8}e^{t}-\frac{1}{8}e^{-3t}.$$

例 3 求微分方程组

$$\begin{cases}x''-2y'-x=0,\\x'-y=0\end{cases}$$

满足初始条件 $x(0)=0, x'(0)=1, y(0)=1$ 的解.

解 设 $L[x(t)]=X(p)=X, L[y(t)]=Y(p)=Y$，并对微分方程组两边取拉普拉斯变换，得

$$\begin{cases}p^2X-px(0)-x'(0)-2[pY-y(0)]-X=0,\\pX-x(0)-Y=0.\end{cases}$$

将初始条件 $x(0)=0, x'(0)=1, y(0)=1$ 代入上式，整理得

$$\begin{cases}(p^2-1)X-2pY=-1,\\pX-Y=0.\end{cases}$$

解此代数方程组，得

$$\begin{cases}X=\dfrac{1}{p^2+1},\\Y=\dfrac{p}{p^2+1}.\end{cases}$$

取拉普拉斯逆变换，得所求的解为

$$\begin{cases}x(t)=\sin t,\\y(t)=\cos t.\end{cases}$$

从以上例子可以看出，在利用拉普拉斯变换求解微分方程的过程中，初始条件也同时使用，结果就是所求的特解，避免了微分方程的一般解法中先求通解，再根据初始条件确定任意常数的复杂运算，在这里求通解和定常数两件事同时完成. 因此拉普拉斯变换法也是解微分方程常用的方法.

二、利用拉普拉斯变换法分析电路

根据电路的有关原理建立有关电路问题的微分（或积分）方程后，可以用拉普拉斯变换

法求解相应的微分方程.

例 4　如图 9-5 所示,一个由电阻 $R=10\,\Omega$,电感 $L=2\,\mathrm{H}$ 和电压 $u=50\sin 5t\,\mathrm{V}$ 所组成的电路,开关 K 合上后,电路中有电流通过,求电流 $i(t)$ 的变化规律.

解　由回路电压定律知

$$u_R+u_L=u.$$

而

$$u_R=Ri,u_L=L\,\frac{\mathrm{d}i}{\mathrm{d}t},$$

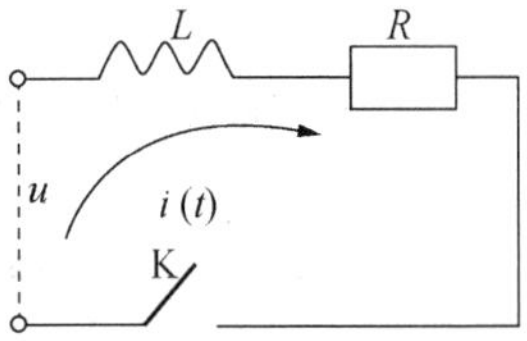

图　9-5

故有

$$2\,\frac{\mathrm{d}i}{\mathrm{d}t}+10i=50\sin 5t.$$

设 $L[i(t)]=I(p)$,并对上面方程两端取拉氏变换,得

$$[pI(p)-i(0)]+5I(p)=25\cdot\frac{5}{p^2+25},$$

代入初始条件 $i(0)=0$,整理后,得

$$I(p)=\frac{125}{(p+5)(p^2+25)}=\frac{\frac{5}{2}}{p+5}-\frac{\frac{5}{2}p}{p^2+25}+\frac{\frac{25}{2}}{p^2+25},$$

取拉普拉斯逆变换,得

$$i(t)=\frac{5}{2}\mathrm{e}^{-5t}-\frac{5}{2}\cos 5t+\frac{5}{2}\sin 5t,$$

即

$$i(t)=\frac{5}{2}\mathrm{e}^{-5t}+\frac{5}{2}\sqrt{2}\sin\left(5t-\frac{\pi}{4}\right).$$

例 5　设 $t<0$ 时,电容器 C 中没有电荷. 在 $t=0$ 时,合上开关 K(如图 9-6 所示),对电容器进行充电. 求充电电流 $I(t)$.

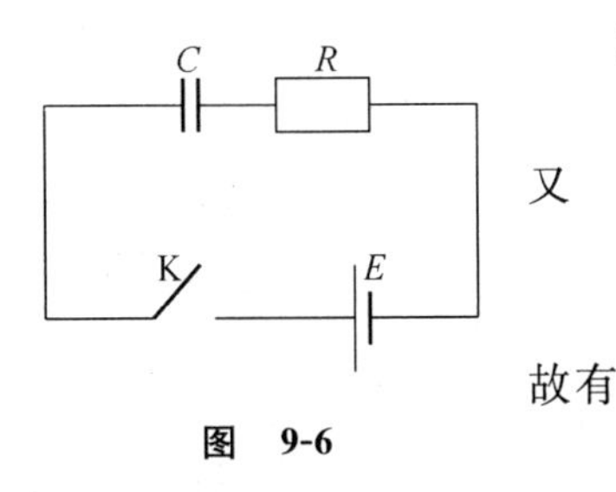

图　9-6

解　由回路电压定律知

$$u_R+u_C=E,$$

又

$$u_R=RI(t),u_C=\frac{1}{C}q(t)=\frac{1}{C}\int_0^t I(\tau)\mathrm{d}\tau,$$

故有

$$\frac{1}{C}\int_0^t I(\tau)\mathrm{d}\tau+RI(t)=E,$$

两边取拉普拉斯变换,得

$$\frac{1}{C}\cdot\frac{L[I(t)]}{p}+RL[I(t)]=\frac{E}{p},$$

解出 $L[I(t)]$,得

$$L[I(t)]=\frac{E}{p}\cdot\frac{1}{\frac{1}{Cp}+R}=\frac{E}{R}\cdot\frac{1}{p+\frac{1}{RC}},$$

取拉普拉斯逆变换,得所求电流为

$$I(t)=\frac{E}{R}L^{-1}\left[\left(\frac{1}{p+\frac{1}{RC}}\right)\right]=\frac{E}{R}e^{-\frac{t}{RC}}.$$

习 题 9-4

1. 利用拉普拉斯变换求下列微分方程的解：

(1) $y'+5y=10e^{-3x}, y(0)=0$;

(2) $y'+4y=4+4x, y(0)=y'(0)=0$;

(3) $y'-y=e^{x}, y(0)=1$;

(4) $y''-3y'+2y-2e^{-x}=0, y(0)=2, y'(0)=-1$;

(5) $y''+16y'-32x=0, y(0)=3, y'(0)=-2$;

(6) $y'''+y=1, y(0)=y'(0)=y''(0)=0$.

2. 解下列微分方程组：

(1) $\begin{cases} x'+x-y=e^{t}, \\ y'+3x-2y=2e^{t}, \end{cases} x(0)=y(0)=1$;

(2) $\begin{cases} x''+2y=0, \\ y'+x+y=0, \end{cases} x(0)=0, x'(0)=1, y(0)=1$.

3. 求解积分方程 $y+2\int_0^x y(t)\mathrm{d}t=e^{\frac{x}{2}}$.

复 习 题 九

1. 选择题：

(1) 为了研究拉普拉斯变换某些性质的方便，总是假定，当 $t<0$ 时，$f(t)$______.

A. $\leqslant 0$　　B. $\geqslant 0$　　C. $\neq 0$　　D. $=0$

(2) 函数 $f(t)=e^{2-t}$的拉普拉斯变换为________.

A. $\dfrac{2e}{p+1}$　　B. $\dfrac{e^2}{p+1}$　　C. $\dfrac{2e}{p+2}$　　D. $\dfrac{e^2}{p+2}$

(3) 设 $L[f(t)]=\dfrac{e^{p}p^2}{p^2+1}$，则 $L[f(t-1)]=$________.

A. $\dfrac{p^2}{p^2+1}$　　B. $\dfrac{(p+1)^2}{(p+1)^2+1}$　　C. $\dfrac{e^{2p}p^2}{p^2+1}$　　D. $\dfrac{e^{2p}(p+1)^2}{(p+1)^2+1}$

(4) 设 $L[f(t)]=pF(p)$，则 $L\left[\int_0^t f(t)\mathrm{d}t\right]=$________.

A. $\dfrac{1}{p}F\left(\dfrac{1}{p}\right)$　　B. $\dfrac{F(p)}{p}$　　C. $F(p)$　　D. $pF\left(\dfrac{1}{p}\right)$

(5) 设$L^{-1}[F(p)]=e^{2t}+e^{3t}$，则 $L^{-1}[F(p-1)]=$________.

A. $e^{3t}+e^{4t}$　　B. $e^{4(t-1)}+e^{3(t-1)}$　　C. $e^{t}+e^{2t}$　　D. $e^{2(t-1)}+e^{3(t-1)}$

2. 填空题：

(1) 在表达式 $L[f(t)]=F(p)$中，$F(p)$称为 $f(t)$的__________变换或________函数，$f(t)$称为 $F(p)$的__________变换或________函数.

(2) 已知 $L[f(t)]=F(p)$且 $f(0)=f'(0)=0$，则 $L[f'(t)]=$__________，$L[f''(t)]=$______________.

(3) 因为狄拉克函数 $\delta(t)$的拉普拉斯变换为______，所以由拉普拉斯变换的性质知，

$F(p)=e^p$ 的拉普拉斯逆变换 $L^{-1}[F(p)]=$ ______.

3. 求下列函数的拉普拉斯变换:

(1) $f(t)=\begin{cases}3, & 0\leqslant t<1,\\ 1, & t\geqslant 1;\end{cases}$　　(2) $f(t)=-\frac{1}{2}\sin 2t-e^{-5t}$;

(3) $f(t)=e^{2t}(\sin 2t+\cos 2t)$;　　(4) $f(t)=\int_0^t \tau^2 e^{3\tau}d\tau$.

4. 求下列函数的拉普拉斯逆变换:

(1) $F(p)=\frac{1}{p(p-1)^2}$;　　(2) $F(p)=\frac{p+5}{(p-1)^4}$;

(3) $F(p)=\frac{3p+9}{p^2+2p+10}$;　　(4) $F(p)=\frac{5p^2-15p+7}{(p+1)(p-2)^2}$.

5. 利用拉普拉斯变换解下列微分方程:

(1) $y''+2y'+2y=e^{-x}, y(0)=y'(0)=0$;

(2) $y''+9y=\cos 3t, y(0)=y'(0)=0$;

(3) $y'''+8y=32t^3-16t, y(0)=y'(0)=y''(0)=0$.

6. 利用拉普拉斯变换解下列微分方程组:

(1) $\begin{cases}x''+y'+3x=\cos 2t,\\ y''-4x'+3y=\sin 2t.\end{cases}$ $x|_{t=0}=\frac{1}{5}, x'|_{t=0}=0, y|_{t=0}=0, y'|_{t=0}=\frac{6}{5}$;

(2) $\begin{cases}2x-y-y'=4(1-e^{-t}),\\ 2x'+y=2(1+3e^{-2t}).\end{cases}$ $x(0)=y(0)=0$.

【数学史典故 9】

法国数学家拉普拉斯

【简介】

拉普拉斯

(1749—1827)

拉普拉斯 Laplace Pierre-Simon,法国数学家、天文学家、法国科学院院士.1749 年 3 月 23 日生于法国西北部卡尔瓦多斯的博蒙昂诺日,1827 年 3 月 5 日卒于巴黎.曾任巴黎军事学院数学教授.1795 年任巴黎综合工科学校教授,后又在高等师范学校任教授.1816 年被选为法兰西学院院士,1817 年任该院院长.

【履历】

拉普拉斯生于法国诺曼底的博蒙,父亲是一个农场主.他从青年时期就显示出卓越的数学才能,18 岁时离家赴巴黎,决定从事数学工作.于是带着一封推荐信去找当时法国著名学者达朗贝尔,但被拒绝接见.拉普拉斯就寄去一篇自己在力学方面的论文给达朗贝尔.这篇论文出色至极,以至达朗贝尔高兴得要当他的教父,并促使拉普拉斯被推荐到军事学校教书.此后,他同拉瓦锡在一起工作了一段时期,他们测定了许多物质的比热.1780 年,他们两人证明了将一种化合物分解为其组成元素所需的热量就等于这些元素形成该化合物时所放出的热量，这可以看作是热化学的开端，而且，它也是继布拉克关于潜热的研究工作之后向能量守恒定律迈进的又一个里程碑. 60年后这个定律终于瓜熟蒂落地诞生了. 拉普拉斯的主要注意力集中在天体力学的研究上面，尤其是太阳系的天体摄动，以及太阳系的普遍稳定性问题. 他把牛顿的万有引力定律应用到整个太阳系，1773年解决了一个当时著名的难题：解释木星轨道为什么在不断地收缩，而同时土星的轨道又在不断地膨胀. 拉普拉斯用数学方法证明行星平均运动的不变性，并证明偏心率为倾角的3次幂. 这就是著名的拉普拉斯定理，从此，他开始了太阳系稳定性问题的研究. 同年，他成为法国科学院副院士. 1784—1785年，他求得天体对其外任一质点的引力分量可以用一个势函数来表示，这个势函数满足一个偏微分方程，即著名的拉普拉斯方程. 1785年他被选为科学院院士. 1786年证明行星轨道的偏心率和倾角总保持很小和恒定、能自动调整，即摄动效应是守恒和周期性的，既不会积累也不会消解. 1787年发现月球的加速度同地球轨道的偏心率有关，从理论上解决了太阳系动态中观测到的最后一个反常问题. 1796年他的著作《宇宙体系论》问世，书中提出了对后来有重大影响的关于行星起源的星云假说. 他在1799—1825年出版的共5卷16册的巨著《天体力学》，是经典天体力学的代表作.

拉普拉斯在数学上也有许多贡献，1812年出版了重要的《概率分析理论》一书. 1799年他还担任过法国经度局局长，并在拿破仑政府中任过六个星期的内政部长.

拉普拉斯在1814年提出科学假设，称之为拉普拉斯妖. 即：假设有一个智能生物能确定从最大天体到最轻原子的运动的现时状态，就能按照力学规律推算出整个宇宙的过去状态和未来状态. 后人把他所假定的智能生物称为拉普拉斯妖.

拉普拉斯在数学和物理学方面也有重要贡献，以他的名字命名的拉普拉斯变换和拉普拉斯方程，在科学技术的各个领域中都有着广泛的应用.

【主要贡献】

拉普拉斯是天体力学的主要奠基人，是天体演化学的创立者之一，是分析概率论的创始人，是应用数学的先驱. 拉普拉斯用数学方法证明了行星的轨道大小只有周期性变化. 他发表的天文学、数学和物理学的论文有270多篇，专著合计有4000多页，其中最有代表性的专著有《天体力学》、《宇宙体系论》和《概率分析理论》. 1796年，他发表了《宇宙体系论》，该专著因研究太阳系稳定性的动力学问题而使拉普拉斯被誉为“法国的牛顿”和“天体力学之父”.

（摘自“中国·威海”政府门户网站，http://xxgk.weihai.gov.cn/xxgk_default.asp? id=418850）

第十章　概率与数理统计初步

概率论是研究随机现象的一个重要数学分支，而随机现象广泛地存在于自然界和人类社会中，随着生产的发展和科学研究的深入，概率论的方法已被广泛应用到工农业生产和科学技术的研究上.

数理统计是以概率为基础，研究如何合理地、有效地收集观测数据，并采用合理有效的数学方法对数据加以整理与分析，从而对随机变量的分布或数字特征作出合理的估计和推断的一门学科.

本章将介绍随机事件及其概率、随机变量及其概率分布、随机变量的数字特征等有关概率论的知识以及一些常用的统计方法.

第一节　随机事件与概率

自然界中存在有两类本质完全不同的现象：确定性现象与随机现象.在一定条件下必然发生或必然不发生的现象，称之为**确定性现象**.在一定条件下具有多种可能结果，但在试验和观察之前不能断定它将发生哪一种结果的现象，称之为**随机现象**.

一、随机试验与随机事件

1. 随机试验与随机事件

引例 10.1【抛掷硬币】　抛掷一枚硬币，观察正面和反面出现的情况.

引例 10.2【抽检产品】　在一大批产品中，有合格品，也有不合格品，现从中任取一件，观察产品是否合格.

引例 10.3【抽取号码】　一个口袋中装有编号分别为 1，2，…，10 的 10 个球，从此袋中任意取出一个球，观察所取球的号码后立即放回袋中.

为了发现并掌握随机现象数量方面的规律性，必须对随机现象进行深入观察.把在一定条件下，对随机现象的一次观察称为**随机试验**(简称**试验**)，满足以下三个条件：

(1) 可以在相同条件下重复多次试验；

(2) 每次试验的可能结果不止一个且在试验之前知道所有可能结果；

(3) 进行一次试验之前不能预知哪个结果会出现.

引例 10.1、引例 10.2、引例 10.3 都是随机试验的例子.

随机试验的每一可能结果，称为**随机事件**(简称**事件**)，通常用大写字母 A、B、C 等表示.在一次试验中，当且仅当这一事件中的某一个可能结果出现时，称这个事件发生.

在随机试验中，不能再分解的事件称为**基本事件**，由若干基本事件组成的事件称为**复合事件**.

在引例 10.3 中，设 $A=\{$所取球的号码为 5$\}$，$B=\{$所取球的号码不超过 3$\}$等都是随机事件.其中 A 是基本事件；B 是复合事件，它是由{所取球的号码为 1}，{所取球的号码为 2}，

{所取球的号码为3}这三个基本事件复合而成的.

每次试验中必定发生的事件称为**必然事件**,记为Ω;而每次试验必定不发生的事件称为**不可能事件**,记为∅.

例如,在标准大气压下,把纯水加热到100℃,水沸腾为必然事件;某战士进行一次射击,命中环数不超过10环也是必然事件,但超过10环是不可能事件.

2. 事件的关系及运算

在随机试验中,经常要研究在相同条件下事件之间的关系. 随机事件事实上就是一个集合,它也有相应的并、交、补等运算,有与集合运算相同的运算方式、运算符号、文氏图表示. 只是这里的集合的元素就是基本事件.

(1) 事件的包含关系

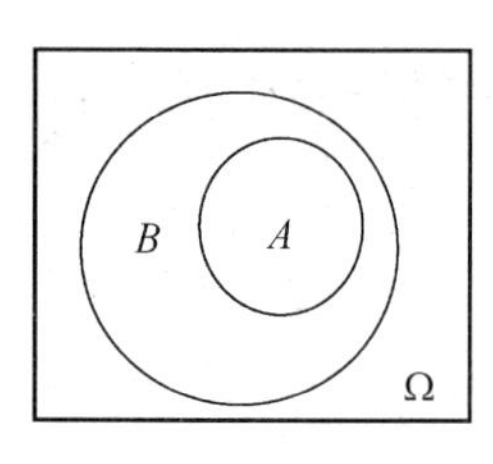

图 10-1

若事件 A 发生一定导致事件 B 发生,则称**事件 A 包含于事件 B**,或称**事件 B 包含事件 A**,记作 $A\subset B$ 或 $B\supset A$. 也就是 A 中的每一个基本事件都属于 B(如图10-1所示).

(2) 事件的相等

若 $A\subset B$ 且 $B\subset A$,则称**事件 A 和事件 B 相等**,记为 $A=B$. 事件相等说明事件所包含的基本事件是相同的.

(3) 事件的并

在试验中事件 A 与事件 B 至少有一个发生的事件,称为**事件 A 与事件 B 的并**(或和),记为 $A\cup B$(如图10-2中的阴影部分).

事件的并可以推广到 n 个事件,即 n 个事件 $A_1,A_2,\cdots,A_n$ 至少发生一个的事件为

$$A_1\cup A_2\cup\cdots\cup A_n=\bigcup_{i=1}^{n}A_i.$$

(4) 事件的交

在试验中事件 A 与事件 B 同时发生的事件,称为**事件 A 与事件 B 的交**(或积),记为 $A\cap B$(或 AB)(如图10-3中的阴影部分).

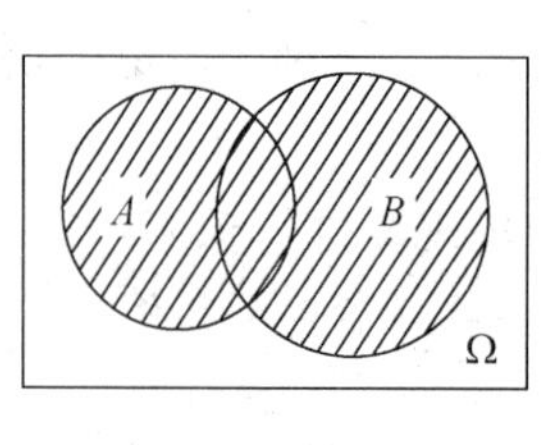

图 10-2

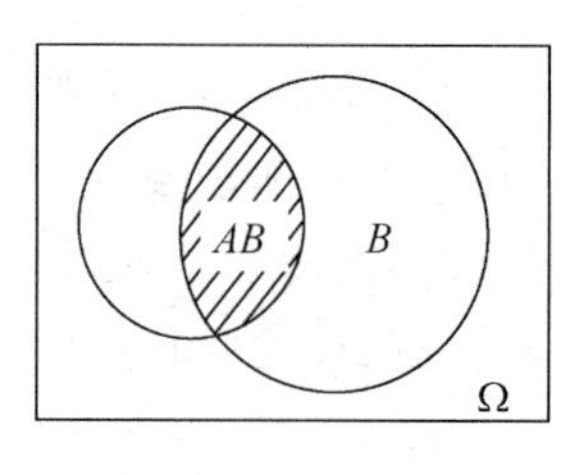

图 10-3

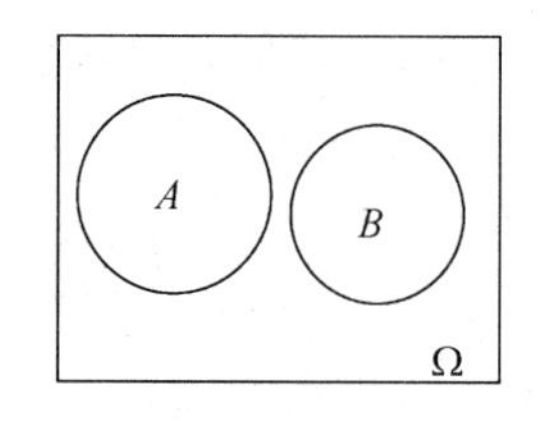

图 10-4

类似地,n 个事件 $A_1,A_2,\cdots,A_n$ 都发生的事件为

$$A_1\cap A_2\cap\cdots\cap A_n=\bigcap_{i=1}^{n}A_i.$$

(5) 互不相容事件

若事件 A 与事件 B 不能同时发生,即 $AB=\varnothing$,则称事件 A 与事件 B 是**互不相容的事件**,简称事件 A 与事件 B **互不相容**. 如图10-4中 A 与 B 是互不相容的.

例如,在引例10.3中,从袋中任取一个球,设事件 A={所取球的号码为4},B={所取球的号码为5},显然在一次试验中事件 A 与事件 B 不能同时发生,即事件 A、B 为互不相容

事件.

任何两个基本事件都是互不相容事件.

(6) 互逆(对立)事件

若两事件 A、B 满足 $A\cup B=\Omega$ 且 $AB=\varnothing$，则称 A **与** B **为互逆事件**(或**对立事件**)，记为$\overline{A}=B$ 或$\overline{B}=A$. 图 10-5 中阴影部分表示事件 A 的逆事件.

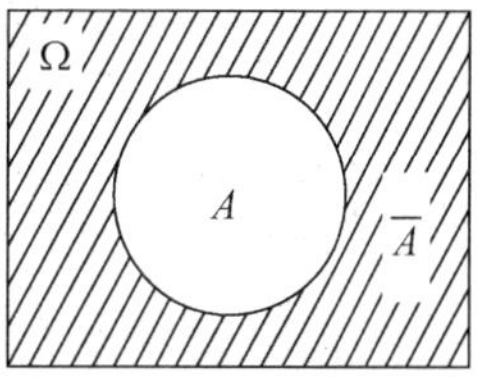

图　10-5

例如，在引例 10.1 抛掷硬币的试验中，设事件 $A=\{$正面向上$\}$，则$\overline{A}=\{$正面向下$\}$.

根据逆事件的含义，可以得到：$A\cap\overline{A}=\varnothing$，$A\cup\overline{A}=\Omega$，$\overline{\overline{A}}=A$.

例 1　对某一目标进行三次射击，设 $A=\{$第一次击中目标$\}$，$B=\{$第二次击中目标$\}$，$C=\{$第三次击中目标$\}$. 试用 A、B、C 表示下列各事件：

(1) 至少有一次击中目标；(2) 三次都击中目标；(3) 第一次击中，第二、三次都没有击中目标；(4) 三次都没有击中目标.

解　(1) 事件“至少有一次击中目标”是 A、B、C 的并，即 $A\cup B\cup C$；

(2) 三次都击中目标就是 A、B、C 同时发生，即 $A\cap B\cap C$；

(3) $A\cap\overline{B}\cap\overline{C}$；

(4) $\overline{A}\cap\overline{B}\cap\overline{C}$或$\overline{A\cup B\cup C}$.

二、随机事件的概率

“事件的概率”就是对事件发生的可能性大小的定量描述. 如何对事件发生的可能性进行定量的描述呢? 下面通过事件发生的“频率”引入概率的统计定义和古典定义.

1. 概率的统计定义

引例 10.4【炮弹命中率】　要了解某种反坦克导弹命中坦克的概率时，在实际工作中，经常是在相同条件下，对坦克靶射出多发炮弹，观察命中发数，并用实际命中率：命中发数与射击发数的比值作为度量命中目标可能性大小的数量指标.

在一定条件下，设事件 A 在 n 次重复试验中发生 $k\,(0\leqslant k\leqslant n)$ 次，则称比值$\dfrac{k}{n}$为事件 A 在 n 次试验中发生的**频率**.

历史上著名的统计学家蒲丰(Buffon)和皮尔逊(Pearson)曾进行过大量掷硬币的试验，所得结果列表如下：

试验者	掷硬币次数	出现正面的次数	出现正面的频率
蒲丰	4040	2048	0.5069
皮尔逊	12 000	6019	0.5016
皮尔逊	24 000	12 012	0.5005

从此表可以看出，随着试验次数的增加，出现正面的频率总在 0.5 附近波动. 且逐渐稳定于 0.5. 这就揭示了随机事件的频率具有稳定性.

定义 10.1(概率的统计定义)　在相同条件下的大量重复试验中，事件 A 发生的频率总稳定在一个确定的常数 p 附近，这个常数 p 称为事件 A 发生的**概率**，记为 $P(A)$，即

$$P(A)=p.$$

事件发生的频率和概率既有联系又有区别.事件的频率与试验有关，因而具有随机性；而事件的概率作为频率的稳定值，消除了频率的波动性.

一般来说，在试验次数相当大时，事件 A 发生的频率近似于事件 A 的概率，即

$$P(A)\approx\frac{k}{n}.$$

例如，为求种子在某种条件下的发芽率，对1000粒种子进行发芽试验，结果有946粒种子发芽，发芽频率为 $\frac{946}{1000}=0.946$，因此，可以认为种子发芽的概率的近似值为0.946.

由于统计概率只要求每次试验在相同条件下进行(即重复试验)，除此之外不需要别的条件，因此应用十分广泛.如产品合格率、天气预报准确率、种子发芽率等都是用频率来确定概率.

2. 概率的古典定义

按概率的统计定义求概率，必须在相同条件下进行大量重复试验，然后用事件发生的频率来估计它的概率，这往往是很困难的.事实上，某些特殊类型的随机现象，不需要进行试验和观察，根据所讨论事件的特点也可直接计算事件的概率.

引例 10.5【抛掷骰子】 抛掷一只质地均匀正六面体的骰子，观察朝上的点数.设 $A_i=$｛出现点数为 i｝$(i=1,2,3,4,5,6)$ 是随机试验的6个基本事件，由于骰子的对称性，出现各个基本事件的可能性相同，都为 $\frac{1}{6}$.

一般地，具备下面两个特点的随机试验的数学模型称为**古典概型**：

(1) 有限性——每次试验只出现有限个基本事件；

(2) 等可能性——每个基本事件发生的可能性都相同，即每个基本事件的概率相等.

对于古典概型，有下面的定义.

定义 10.2(概率的古典定义) 在古典概型中，如果试验的基本事件总数为 n，而事件 A 由 $m(m\leqslant n)$ 个基本事件所组成，则比值 $\frac{m}{n}$ 称为事件 A 发生的**概率**，记为

$$P(A)=\frac{m}{n}.$$

一般地，古典概型中事件 A 的概率的计算，可利用排列组合的方法计算出 n 和 m，从而求得事件 A 的概率.

事件的概率具有下列性质：

(1) 事件 A 的概率一定满足 $0\leqslant P(A)\leqslant 1$；

(2) 必然事件的概率为1，即 $P(\Omega)=1$ ；

(3) 不可能事件的概率为0，即 $P(\varnothing)=0$.

例 2 从标号分别为1～9的9件同型产品中，随机地取出3件产品，求取得的3件产品的标号都是偶数的概率.

解 设 $A=$｛取得的3件产品的标号都是偶数｝.

(1) 从9件中，取得的任何3件都是一个基本事件，基本事件总数为 $n=C_9^3$(从9件中取3件的不同组合数)，这些不同的结果是等可能的.

(2) A 包含的基本事件个数为从4件标号为偶数的产品中取3件的不同组合数 $m=C_4^3$.

(3) 由概率的定义，得

$$P(A)=\frac{m}{n}=\frac{C_4^3}{C_9^3}=\frac{1}{21}.$$

例 3　在 100 件同型产品中有 5 件次品，其余都是正品. 从 100 件中无放回地任取 10 个产品，求取得的产品中正好有 3 件是次品的概率.

解　设 $A=\{$正好取得 3 件次品$\}$

(1) 从 100 件产品中无放回地任取 10 个产品，共有 C_{100}^{10} 种不同的取法，即基本事件总数 $n=C_{100}^{10}$.

(2) $A=\{$正好取得 3 件次品$\}$这一事件包含的基本事件个数为 m_A，由于从 5 件次品中抽出 3 件的抽法有 C_5^3 种，另外的 7 件必须从 95 件正品中取，其不同的取法有 C_{95}^7，所以 $m_A=C_5^3C_{95}^7$.

(3) 由概率的定义，得

$$P(A)=\frac{m_A}{n}=\frac{C_5^3C_{95}^7}{C_{100}^{10}}\approx 0.0064.$$

例 4　盒中有 10 只灯泡，其中正品 8 只，次品 2 只，从中任取灯泡 2 只，每次取 1 只，第一次取后放回，求取得 2 只都是正品的概率.

解　设 $A=\{$取得 2 只都是正品$\}$，由题意知，第一次从 10 只灯泡中抽取 1 只，有 10 种可能结果，第二次抽取时，仍有 10 种可能结果，因此基本事件总数 $n=10^2$.

有利于事件 A 发生的抽取正品，只能从 8 只正品中抽取，所以 A 包含的基本事件个数 $m_A=8^2$.

由概率的古典定义知

$$P(A)=\frac{m_A}{n}=\frac{8^2}{10^2}=0.64.$$

习 题 10-1

1. 指出下列事件中哪些是必然事件，哪些是不可能事件，哪些是随机事件.
   (1) $A=\{$从一副扑克牌中随机地抽出一张是黑桃$\}$；
   (2) $B=\{$没有水分，水稻种子会发芽$\}$.
2. 袋中有 10 个球，分别编有 1 至 10 的号码，从中任取一球，设 $A=\{$取得球的号码是偶数$\}$，$B=\{$取得球的号码是奇数$\}$，$C=\{$取得球的号码小于 5$\}$，问下述运算分别表示什么事件？
   (1) $A\cup B$；　(2) AB；　(3) AC；　(4) $\overline{A}\,\overline{C}$；　(5) $\overline{B\cup C}$.
3. 一批产品有正品也有次品，从中抽取 3 件，设 $A=\{$抽出的第 1 件是正品$\}$，$B=\{$抽出的第 2 件是正品$\}$，$C=\{$抽出的第 3 件是正品$\}$，试用 A、B、C 的并、交、逆表示下列事件：
   (1) {只有第 1 件是正品}；　(2) {3 件皆是正品}；
   (3) {恰有 1 件是正品}；　(4) {至少有 1 件是正品}；
   (5) {没有 1 件是正品}.
4. 从 10 名同学中任意选派 2 名同学去郊游，甲乙 2 人同时被选取的概率是多少？甲被选取乙未被选取的概率是多少？
5. 100 只集成电路中有 96 只合格品，4 只次品，从中任取 4 只，求下列事件概率：
   (1) $A=\{$全是合格品$\}$；　(2) $B=\{$恰有 1 只次品$\}$.
6. 将一枚硬币连续抛 5 次，求恰有 2 次出现正面的概率.
7. 20 个运动队任意分成两组(每组 10 个队)进行比赛，已知其中有 2 个种子队，求这 2 个种子队：
   (1) 分在不同组的概率；　(2) 分在同一组的概率.

第二节 概率的基本公式

一、概率的加法公式

对任意两个事件 A 与 B，有**概率的加法公式**

$$P(A\cup B)=P(A)+P(B)-P(AB).$$

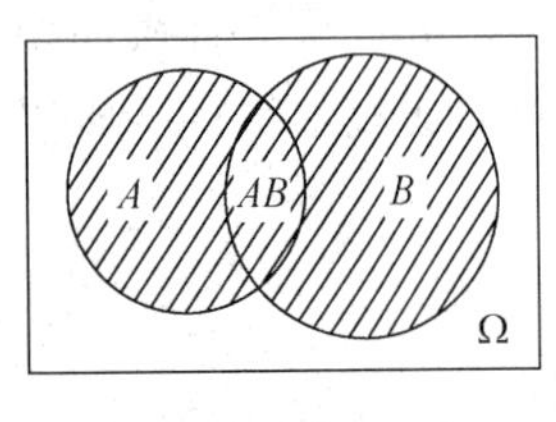

图 10-6

用文氏图来说明这个公式. 如果规定矩形区域 Ω 的面积为 1，那么任一事件的概率就可以用它在 Ω 内占有区域面积的大小来表示. 如图 10-6 所示，图形 $A\cup B$ 的面积是图形 A 的面积与图形 B 的面积之和减去图形 AB 部分的面积.

若事件 A、B 互不相容，即 $AB=\varnothing$，则

$$P(A\cup B)=P(A)+P(B).$$

这一性质可以推广到有限个互不相容事件的情形. 设 $A_1,A_2,\cdots,A_n$ 为 n 个互不相容事件，则

$$P(A_1\cup A_2\cup\cdots\cup A_n)=P(A_1)+P(A_2)+\cdots+P(A_n).$$

由 $P(\Omega)=P(A\cup\overline{A})=P(A)+P(\overline{A})=1$，得

$$P(\overline{A})=1-P(A)\text{或 }P(A)=1-P(\overline{A}).$$

例 1 生产某种零件需要经过甲、乙两台机器加工，每台机器运转的概率都是 0.87，两台机器同时运转的概率为 0.78. 试求两台机器中至少有一台运转的概率.

解 设 $A_1=\{$甲机器运转$\}$，$A_2=\{$乙机器运转$\}$，$A=\{$两台机器至少有一台运转$\}$，显然

$$A=A_1\cup A_2.$$

于是

$$P(A)=P(A_1\cup A_2)=P(A_1)+P(A_2)-P(A_1A_2)=0.87+0.87-0.78=0.96.$$

例 2 某车间生产的产品有一、二等品和废品三种，产品中一、二等品的概率分别是 0.71 和 0.23，求产品的合格率和废品率.

解 设 $A=\{$合格品$\}$，$A_1=\{$一等品$\}$，$A_2=\{$二等品$\}$，显然 A_1 与 A_2 互不相容，且 $A=A_1\cup A_2$，于是

$$P(A)=P(A_1\cup A_2)=P(A_1)+P(A_2)=0.71+0.23=0.94.$$

设 $\overline{A}$ 表示“废品”，则

$$P(\overline{A})=1-P(A)=1-0.94=0.06.$$

二、条件概率公式

在实际问题中，我们不仅需要研究事件 A 发生的概率 $P(A)$，有时还要考察另一个事件 B 发生条件下事件 A 发生的概率. 为此引入条件概率的定义.

定义 10.3 设 A、B 是两个随机事件，且 $P(B)>0$，在事件 B 已发生条件下事件 A 发生的概率，称为事件 A 对事件 B 的**条件概率**，记为 $P(A|B)$.

条件概率可以通过下列公式计算：设 $P(B)>0$，则对任何事件 A，有

$$P(A|B)=\frac{P(AB)}{P(B)}.$$

下面以古典概型为例加以解释.

设基本事件总数为 n,其中事件 B 包含了 k 个基本事件,就是新的基本事件总数.事件 AB 包含了 r 个基本事件,也就是 B 发生后 A 发生的基本事件个数,从而

$$P(A|B)=\frac{r}{k}=\frac{r/n}{k/n}=\frac{P(AB)}{P(B)}.$$

同理,当 $P(A)>0$ 时,可得

$$P(B|A)=\frac{P(AB)}{P(A)}.$$

例 3　某工厂生产的 100 件产品中,一等品有 60 个,二等品有 35 个,废品有 5 个.规定一、二等品都为合格品.

(1) 若从这 100 件产品中任取一件,问这件产品是一等品的概率是多少?

(2) 若从合格品中任取一件,它是一等品的概率是多少?

解　(1) 设 $A=\{$任取一件是一等品$\}$,则

$$P(A)=\frac{60}{100}=0.6.$$

(2) 设 $B=\{$任取一件是合格品$\}$,则 $P(B)=\frac{95}{100}$,由题意不难得到事件 $AB=\{$既是合格品,又是一等品$\}$,且

$$P(AB)=\frac{60}{100},$$

所求事件"从合格品中任取一件是一等品"的事件是已经事先约定有了"合格品"这一前提条件,即 $A|B$,因此所求概率为

$$P(A|B)=\frac{P(AB)}{P(B)}=\frac{60/100}{95/100}=\frac{60}{95}\approx 0.632.$$

三、概率的乘法公式

由条件概率计算公式,可直接推得**概率的乘法公式**

$$P(AB)=P(A)P(B|A)=P(B)P(A|B).$$

这就是说,两个事件积的概率等于其中一事件的概率乘以该事件发生的条件下另一事件的概率.

例 4　袋中有 5 个阄,其中仅有两个有物.今甲、乙、丙、…5 个人依次先后从袋中无放回各任取一阄:

(1) 求甲取得有物阄的概率;

(2) 求甲、乙都取得有物阄的概率.

解　设 $A=\{$甲取得有物阄$\}$,$B=\{$乙取得有物阄$\}$

(1) 由古典概率计算方法,有

$$P(A)=\frac{2}{5}.$$

(2) 由乘法公式和条件概率公式,有

$$P(AB)=P(A)P(B|A)=\frac{2}{5}\cdot\frac{1}{4}=\frac{1}{10}.$$

四、事件的独立性

1. 事件的独立性

在实践中常有这样的情况，事件 A 发生的可能性不受事件 B 发生与否的影响，这就是事件的独立性问题.

定义 10.4 如果事件 A 的发生不影响事件 B 发生的概率，即 $P(B|A)=P(B)$，则称**事件 B 对事件 A 是独立的**.

显然，若事件 A 对于 B 独立，则事件 B 对于事件 A 也一定独立，亦即事件 A 与事件 B 相互独立.

如果 $n(n>2)$ 个事件 $A_1,A_2,\cdots,A_n$ 中，任何一个事件发生的可能性都不受其他任何一个或 $k(1\leqslant k<n)$ 个事件发生与否的影响，则称 $A_1,A_2,\cdots,A_n$ **相互独立**.

关于事件的独立性，有以下几个命题成立：

(1) 事件 A 与 B 相互独立的充分必要条件是 $P(AB)=P(A)P(B)$.

(2) 若事件 A 与 B 相互独立，则 A 与 $\overline{B}$、B 与 $\overline{A}$、$\overline{A}$ 与 $\overline{B}$ 中每一对事件都相互独立.

(3) 若事件 $A_1,A_2,\cdots,A_n$ 相互独立，则有

$$P(A_1A_2\cdots A_n)=P(A_1)P(A_2)\cdots P(A_n)=\prod_{i=1}^{n}P(A_i).$$

例 5 据某日气象预报，次日甲城市降水概率为 0.90，与甲城市相距遥远的乙城市降水概率为 0.70：

(1) 求次日甲、乙两城市都降水的概率；

(2) 求次日至少有一城市降水的概率.

解 设 $A=\{$甲城市次日降水$\}$，$B=\{$乙城市次日降水$\}$，事件 A 和事件 B 相互独立.

(1) $P(AB)=P(A)P(B)=0.90\times0.70=0.63$.

(2) $P(A\cup B)=P(A)+P(B)-P(AB)=0.90+0.70-0.63=0.97$.

2. 贝努利概型

在随机试验中，还有一种常见的概型，其特点是，在相同的条件下进行 n 次相互独立的试验，每次试验只有两种可能的结果 A 或 $\overline{A}$，且 $P(A)=p$，$P(\overline{A})=1-p=q(0<p<1)$，称这样的 n 次独立试验构成的概型为**二项概型**，又称 **n 重贝努利概型**.

若在一次试验中，事件 A 发生的概率为 $P(A)=p$，$P(\overline{A})=1-p=q$，则在 n 重贝努利概型中事件 A 恰好发生 k 次的概率为

$$P_n(k)=C_n^k p^k q^{n-k}\quad(k=0,1,2,\cdots,n).$$

例 6 一批产品的次品率为 5%，从中任取 3 件进行检验，每次取 1 件，检查后放回，求：(1) 3 件中恰有 1 件次品的概率；(2) 至少有 1 件次品的概率.

解 本题满足二项概型条件，其中

$$n=3,p=0.05,q=1-p=0.95.$$

(1) $P_3(1)=C_3^1\times0.05\times0.95^{3-1}=0.135$.

(2) 设 $B=\{$至少有一件次品$\}$，则 $\overline{B}=\{$3 件都是正品$\}$，则有

$$P(B)=1-P(\overline{B})=1-P_3(0)=1-0.857=0.143.$$

习 题 10-2

1. 填空题：

(1) 加工某产品需经过两道工序，如果这两道工序都合格的概率为0.95，则至少有一道工序不合格的概率 $P=$________.

(2) 甲、乙两射手在相同条件下进行射击，“击中目标”的概率分别为0.9与0.8，则甲、乙两射手同时“击中目标”的概率 $P=$________.

(3) 某人打电话，忘记了最后一位电话号码的数字，于是他进行猜测. 第一次猜对的概率是________；第一次不对，第二次猜对的概率是________.

2. 某产品可能有两类缺陷 A 和 B 其中的一个或两个，缺陷 A 和 B 发生是相互独立的，$P(A)=0.15$，$P(B)=0.03$. 求产品有下述各情况的概率.

(1) A 和 B 都有；　(2) 有 A 没有 B；　(3) A、B 中至少有一个.

3. 从一批含有一等品，二等品和废品的产品中任取一件，取得一等品、二等品的概率分别是0.8和0.18，求产品的合格率及废品率.

4. 50名学生中，有10名会日语，15名会法语，5名既懂日语又懂法语，从中任选一位同学. 求该同学懂日语或法语的概率.

5. 袋中有红色、白色球共30颗，其中红色球10颗，用下列两种方法依次从袋中任取两球，求两球都是红色球的概率.

(1) 第一枚球不放回；　(2) 第一枚球放回.

6. 甲乙两炮同时向目标射击，甲的击中率为0.6，乙的击中率为0.7，求目标被击中的概率是多少？

7. 有一批种子，根据测试任一粒发芽的概率为95%，现播下5粒，试计算：

(1) 其中恰有一粒发芽的概率；　(2) 其中至少有一粒发芽的概率.

第三节　随机变量及其数字特征

随机事件是指随机现象的各种结果，前面讨论了随机事件及其概率的基本理论. 为了更深入地研究随机现象，需要把它的结果数量化，常用一种特殊的变量——随机变量来描述随机现象.

一、随机变量的概念

引例 10.6【不合格品数】 设100件同型号产品中有5件不合格品，今从中任取2件，观察取得的不合格品数.

设 $A_0=\{$取得0件不合格品$\}$，$A_1=\{$取得1件不合格品$\}$，$A_2=\{$取得2件不合格品$\}$.

若用变量 X 表示取得的不合格品数，则有

$$X=\begin{cases}0,\text{当 } A_0 \text{ 发生时},\\1,\text{当 } A_1 \text{ 发生时},\\2,\text{当 } A_2 \text{ 发生时},\end{cases}$$

这就实现了变量与随机事件的对应.

定义 10.5 在随机试验中，若其试验结果可以用具有如下特性的变量来描述：

(1) 随机性——它取什么值，试验前预先不能确定；

(2) 统计规律性——在大量重复试验时，它在各个数值上反映出一定的统计规律性.

具备这两个特性的变量称为**随机变量**. 常用大写字母 X、Y、Z、…或希腊字母 ξ、η、ζ、…表示，其值可以用小写字母 x、y、z、…表示.

在引例10.6中，$\{X\geqslant 1\}$表示随机事件{至少取得1件不合格品}.

如果随机变量X的所有可能值可以一一列举出来(有限个或无穷可列个)，则称X为**离散型随机变量**.如引例10.6中随机变量X.

如果随机变量X的可能取值对应于一个连续区间，则称X为**连续型随机变量**.如测量某物体长度的误差X就是连续型随机变量.

二、离散型随机变量的概率分布

定义10.6　离散型随机变量X的所有可能值$x_1,x_2,\cdots,x_k,\cdots$与其对应的概率$P\{X=x_1\}=p_1,P\{X=x_2\}=p_2,\cdots,P\{X=x_k\}=p_k,\cdots$所组成的表

X	x_1	x_2	$\cdots$	x_k	$\cdots$
P_k	p_1	p_2	$\cdots$	p_k	$\cdots$

称为离散型随机变量X的**概率分布列(也称分布律)**，简称X的**分布列**.可简写为

$$P_k=P\{X=x_k\}\ (k=1,2,3,\cdots).$$

分布列清楚而且完整地表示了X取值的概率分布情况，它具有下列基本性质：

(1) 非负有界性：$0\leqslant p_k\leqslant 1\ (k=1,2,3,\cdots)$；

(2) 归一性：$\sum\limits_{k=1}^{\infty} p_k=1$.

例1　已知随机变量X的分布列为

X	0	1	2	3	4	5
P_k	$\frac{1}{12}$	$\frac{1}{6}$	$\frac{1}{3}$	$\frac{1}{12}$	$\frac{2}{9}$	$\frac{1}{9}$

求事件$\{X\leqslant 2\}$、$\{0<X\leqslant 3\}$、$\{X\geqslant 4\}$的概率.

解　由分布列的性质，得

$$P\{X\leqslant 2\}=P\{X=2\}+P\{X=1\}+P\{X=0\}=\frac{1}{3}+\frac{1}{6}+\frac{1}{12}=\frac{7}{12},$$

$$P\{0<X\leqslant 3\}=P\{X=1\}+P\{X=2\}+P\{X=3\}=\frac{1}{6}+\frac{1}{3}+\frac{1}{12}=\frac{7}{12},$$

$$P\{X\geqslant 4\}=P\{X=4\}+P\{X=5\}=\frac{2}{9}+\frac{1}{9}=\frac{1}{3}.$$

例2　一批零件中有9个合格品和3个废品.安装机器时，从这批零件中依次抽取，如果每次取出的废品不再放回去，求在取得合格品以前，已取出的废品数的概率分布.

解　设取得合格品前已取出的废品数为随机变量X，则X的可能取值为0,1,2,3.

$$P\{X=0\}=\frac{9}{12}=0.75,$$

$$P\{X=1\}=\frac{3}{12}\times\frac{9}{11}\approx 0.2045,$$

$$P\{X=2\}=\frac{3}{12}\times\frac{2}{11}\times\frac{9}{10}\approx 0.0410,$$

$$P\{X=3\}=\frac{3}{12}\times\frac{2}{11}\times\frac{1}{10}\times\frac{9}{9}\approx 0.0045.$$

所以 X 的概率分布为

X	0	1	2	3
P_k	0.75	0.2045	0.0410	0.0045

三、连续型随机变量概率密度函数与分布函数

定义 10.7　设 X 为连续型随机变量，如果存在一个非负可积函数 $f(x)$，使 X 落在任一区间 $[a,b]$ 内取值的概率为

$$P\{a \leqslant X \leqslant b\} = \int_a^b f(x)\mathrm{d}x,$$

就称 $f(x)$ 为连续型随机变量 X 的**概率密度函数**(简称**分布密度**或**密度函数**).

与离散型随机变量的分布列相似，对于密度函数有以下两个性质：

(1) 非负性：$f(x) \geqslant 0$；

(2) 归一性：$\int_{-\infty}^{+\infty} f(x)\mathrm{d}x = 1$.

概率 $P\{a \leqslant X \leqslant b\}$ 就是在区间 $[a,b]$ 上分布密度曲线下的曲边梯形的面积(如图 10-7 所示).

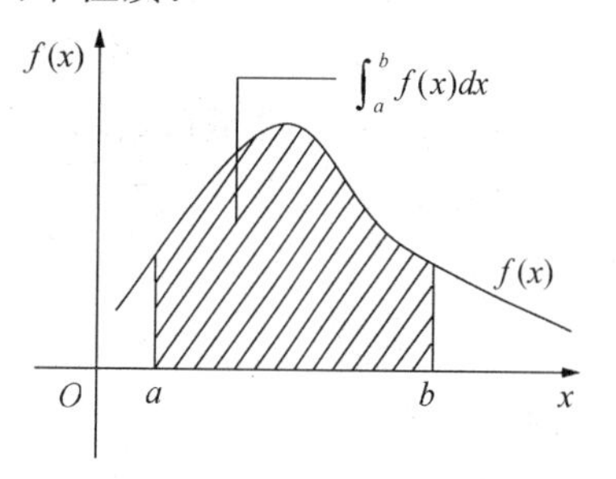

图　10-7

显然连续型随机变量在 $x=x_0$ 点的概率 $P\{X=x_0\}=0$. 因此，计算连续型随机变量 X 在某个区间上取值的概率时，可不考虑该区间是开区间还是闭区间，即有

$$P\{a<X<b\}=P\{a<X\leqslant b\}=P\{a\leqslant X<b\}=P\{a\leqslant X\leqslant b\}.$$

例 3　设连续型随机变量 X 的分布密度为 $f(x)=\begin{cases} Ax^2, & 0\leqslant x\leqslant 2, \\ 0, & \text{其他}. \end{cases}$ 求：(1) 常数 A；(2) X 落在区间 $(-1,1]$ 上的概率.

解　(1) 由密度函数性质，得

$$\int_{-\infty}^{+\infty} f(x)\mathrm{d}x = \int_0^2 Ax^2\mathrm{d}x = \frac{8}{3}A = 1,$$

所以

$$A=\frac{3}{8}.$$

(2) $P\{-1 < X \leqslant 1\} = \int_{-1}^1 f(x)\mathrm{d}x = \int_0^1 \frac{3}{8}x^2\mathrm{d}x = \frac{1}{8}.$

例 4　设随机变量 X 的密度函数为 $f(x)=\begin{cases} A\sin x, & x\in[0,\pi], \\ 0, & \text{其他}. \end{cases}$ 求：(1) 系数 A；(2) X 落在区间 $\left[0,\frac{\pi}{4}\right)$ 内的概率.

解　(1) 根据密度函数的性质，可得

$$\int_{-\infty}^{+\infty} f(x)\mathrm{d}x = \int_0^{\pi} A\sin x\mathrm{d}x = -A\cos x\Big|_0^{\pi} = 2A = 1,$$

所以

$$A=\frac{1}{2}.$$

(2) 由连续型随机变量密度函数的定义，有

$$P\left\{0\leqslant X<\frac{\pi}{4}\right\}=\int_0^{\frac{\pi}{4}}\frac{1}{2}\sin x\mathrm{d}x=-\frac{1}{2}\cos x\Big|_0^{\frac{\pi}{4}}=\frac{2-\sqrt{2}}{4}.$$

四、随机变量的分布函数

定义 10.8 若 X 是一个随机变量，对任何实数 x，称

$$F(x)=P\{X\leqslant x\}\ (-\infty<x<+\infty)$$

为随机变量 X 的**分布函数**.

函数 $F(x)$ 表示事件 $\{X\leqslant x\}$ 的概率，对任意实数 $x_1<x_2$，有

$$P\{x_1<X\leqslant x_2\}=P\{X\leqslant x_2\}-P\{X\leqslant x_1\}=F(x_2)-F(x_1).$$

因此，若已知随机变量 X 的分布函数 $F(x)$，就能知道 X 的任何一个区间上取值的概率. 分布函数完整地描述了随机变量的变化情况，它具有以下性质：

(1) $0\leqslant F(x)\leqslant 1$，其中 $x\in(-\infty,+\infty)$；

(2) $F(x)$ 是非减函数. 即当 $x_1<x_2$ 时，$F(x_1)\leqslant F(x_2)$；

(3) $F(x)$ 在每一点处右连续；

(4) $F(-\infty)=\lim\limits_{x\to-\infty}F(x)=0, F(+\infty)=\lim\limits_{x\to+\infty}F(x)=1$.

对于离散型随机变量 X，如果其分布列为 $P\{X=x_k\}=p_k(k=1,2,3,\cdots)$，那么它的分布函数是

$$F(x)=P\{X\leqslant x\}=\sum_{x_k\leqslant x}p_k.$$

这里的和式 $\sum\limits_{x_k\leqslant x}p_k$ 是对所有满足 $x_k\leqslant x$ 的 p_k 求和.

对于连续型随机变量 X，如果密度函数为 $f(x)$，那么它的分布函数是

$$F(x)=P\{X\leqslant x\}=\int_{-\infty}^{x}f(t)\mathrm{d}t.$$

因此，在 $f(x)$ 的连续点处有

$$F'(x)=f(x).$$

例 5 设随机变量 X 的分布列为

X	1	2	3
P_k	0.3	0.2	0.5

求 X 的分布函数，并作出分布函数的图像.

解 (1) 当 $x<1$ 时，$F(x)=P\{X\leqslant x\}=\sum\limits_{x_k<1}p_k=0$；

(2) 当 $1\leqslant x<2$ 时，$F(x)=P\{X\leqslant x\}=\sum\limits_{x_k<2}p_k=P\{X=1\}=0.3$；

(3) 当 $2\leqslant x<3$ 时，$F(x)=P\{X\leqslant x\}=\sum\limits_{x_k<3}p_k=P\{X=1\}+P\{X=2\}=0.5$；

(4) 当 $x\geqslant 3$ 时，$F(x)=P\{X\leqslant x\}=\sum\limits_{x_k\leqslant x}p_k=P\{X=1\}+P\{X=2\}+P\{X=3\}=1$.

因此所求分布函数为

$$F(x)=\begin{cases}0, & x<1,\\ 0.3, & 1\leqslant x<2,\\ 0.5, & 2\leqslant x<3,\\ 1, & x\geqslant 3.\end{cases}$$

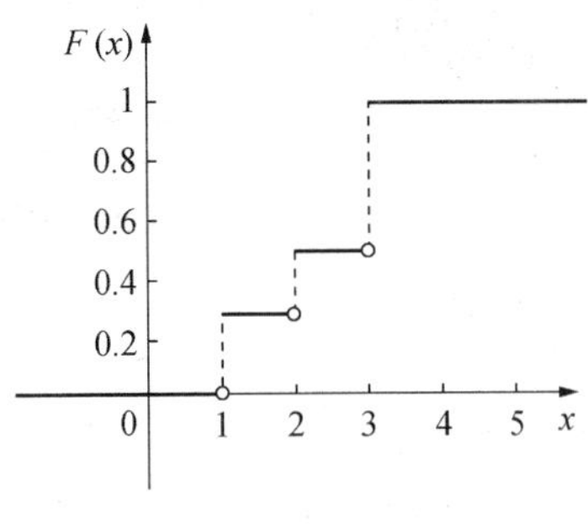

图 10-8

如图 10-8 所示为分布函数 $F(x)$的图像.

例 6 已知连续型随机变量 X 的密度函数为 $f(x)=\begin{cases}\dfrac{1}{b-a}, & a\leqslant x\leqslant b,\\ 0, & 其他.\end{cases}$ 求分布函数 $F(x)$.

解 当 $x<a$ 时，$F(x)=\int_{-\infty}^{x}f(t)\mathrm{d}t=\int_{-\infty}^{x}0\mathrm{d}t=0$；

当 $a\leqslant x<b$ 时，$F(x)=\int_{-\infty}^{x}f(t)\mathrm{d}t=\int_{-\infty}^{a}f(t)\mathrm{d}t+\int_{a}^{x}f(t)\mathrm{d}t=\int_{a}^{x}\frac{1}{b-a}\mathrm{d}t=\frac{x-a}{b-a}$；

当 $x\geqslant b$ 时，
$$F(x)=\int_{-\infty}^{x}f(t)\mathrm{d}t=\int_{-\infty}^{a}f(t)\mathrm{d}t+\int_{a}^{b}f(t)\mathrm{d}t+\int_{b}^{x}f(t)\mathrm{d}t$$
$$=\int_{a}^{b}\frac{1}{b-a}\mathrm{d}t=1.$$

于是所求分布函数为

$$F(x)=\begin{cases}0, & x<a,\\ \dfrac{x-a}{b-a}, & a\leqslant x<b,\\ 1, & x\geqslant b.\end{cases}$$

五、正态分布

1. 正态分布的定义

正态分布是所有概率分布中最常见、最重要的一种分布，如产品的长度、高度、质量指标，人体的身高、体重，测量的误差，等等，都近似服从正态分布.

定义 10.9 若连续随机变量 X 的密度函数为

$$f(x)=\frac{1}{\sqrt{2\pi}\sigma}\mathrm{e}^{-\frac{(x-\mu)^2}{2\sigma^2}},$$

则称 X 服从**正态分布**，记为 $X\sim N(\mu,\sigma^2)$. 其中 μ、σ 为参数，且 $\sigma>0$.

通过图 10-9 和图 10-10 看出，μ、σ^2 对正态分布密度函数的影响.

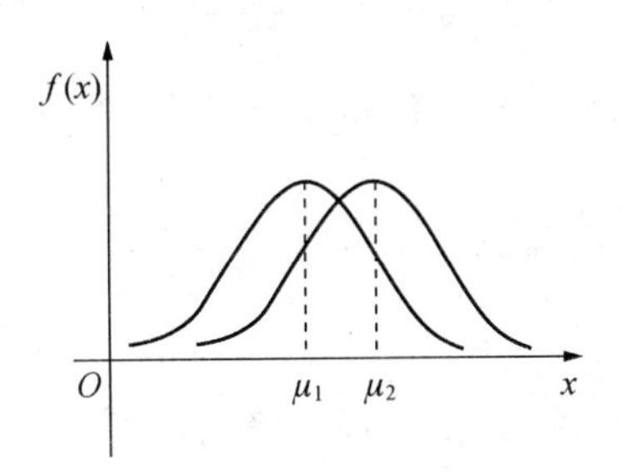

图 10-9

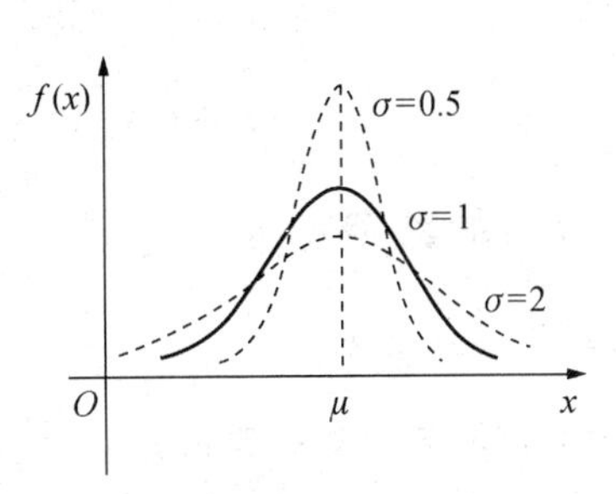

图 10-10

服从正态分布的随机变量 X 的分布函数为

$$F(x)=P\{X\leqslant x\}=\int_{-\infty}^{x}\frac{1}{\sqrt{2\pi}\sigma}\mathrm{e}^{-\frac{(t-\mu)^2}{2\sigma^2}}\mathrm{d}t\quad(-\infty<x<+\infty).$$

特别地当 $\mu=0,\sigma=1$ 时，称随机变量 X 服从**标准正态分布**，记为 $X\sim N(0,1)$. 其密度函数为

$$f(x)=\frac{1}{\sqrt{2\pi}}\mathrm{e}^{-\frac{x^2}{2}}.$$

易知，标准正态分布的密度函数的图像关于 y 轴对称.

2. 正态分布的概率计算

设随机变量 $X\sim N(\mu,\sigma^2)$，根据随机变量概率计算方法，X 在区间(x_1,x_2)内取值的概率为

$$P\{x_1<X<x_2\}=F(x_2)-F(x_1).$$

若 $X\sim N(\mu,\sigma^2)$，令 $Y=\frac{X-\mu}{\sigma}$，则有 $Y\sim N(0,1)$，这就是正态分布随机变量与标准正态分布随机变量间的关系. 利用这个关系，可将一般正态分布转化为标准正态分布，再通过查表进行相关计算，即

$$P\{x_1<X<x_2\}=\Phi\left(\frac{x_2-\mu}{\sigma}\right)-\Phi\left(\frac{x_1-\mu}{\sigma}\right).$$

其中 $\Phi(x)=\frac{1}{\sqrt{2\pi}}\int_{-\infty}^{x}\mathrm{e}^{-\frac{t^2}{2}}\mathrm{d}t$ 是标准正态分布函数（见附录 2 中的附表 1）.

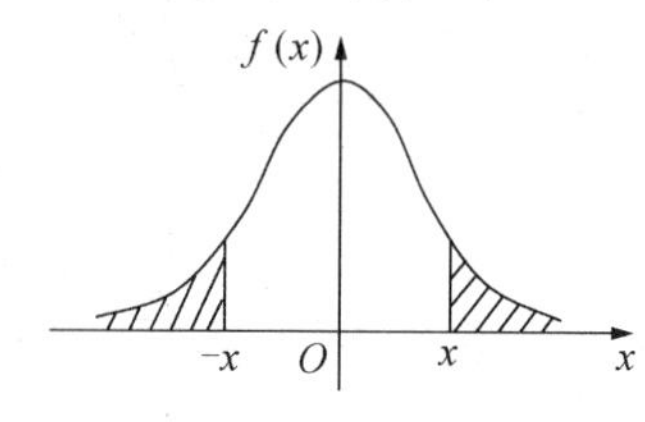

图 10-11

如图 10-11 所示，根据正态曲线的对称性可以直观地得出

$$\Phi(-x)=P(X<-x)=P(X\geqslant x)=1-P(X<x)=1-\Phi(x).$$

例 7 设 $X\sim N(0,1)$，求：

(1) $P\{X<1.5\}$； (2) $P\{0.5<X<1.5\}$； (3) $P\{X\geqslant 1.5\}$.

解 (1) $P\{X<1.5\}=\Phi(1.5)\xlongequal{\text{查附表 1}}0.9332$.

(2) $P\{0.5<X<1.5\}=\Phi(1.5)-\Phi(0.5)\xlongequal{\text{查附表 1}}0.9332-0.6915=0.2417$.

(3) $P\{X\geqslant 1.5\}=1-P\{X<1.5\}=1-\Phi(1.5)=1-0.9332=0.0668$.

例 8 在机床上加工零件，发现它的长度 X 是服从正态分布 $N(\mu,\sigma^2)$的随机变量. 已知 $\mu=20$ cm，$\sigma=0.2$ cm. 求零件长度在 19.7～20.3 cm 之间的概率（即两边偏差不超过 0.3 cm）.

解 已知 $\mu=20,\sigma=0.2$，故

$$\begin{aligned}P\{|X-20|<0.3\}&=P\{20-0.3<X<20+0.3\}=P\{19.7<X<20.3\}\\&=\Phi\left(\frac{20.3-20}{0.2}\right)-\Phi\left(\frac{19.7-20}{0.2}\right)=\Phi(1.5)-\Phi(-1.5)\\&=2\Phi(1.5)-1=2\times 0.932-1=0.8664.\end{aligned}$$

六、随机变量的数字特征

1. 数学期望的概念

引例 10.7【产品的平均售价】 设一盒产品共 10 件，其中 6 件一级品，3 件二级品，1 件等外品. 已知一级品、二级品、等外品每件售价分别为 10 元、8 元和 5 元，如下表所示，求这盒产品的平均售价.

单价(Z_k)	5	8	10
件数(n_k)	1	3	6
概率$\left(P_k=\dfrac{n_k}{n}\right)$	$\dfrac{1}{10}$	$\dfrac{3}{10}$	$\dfrac{3}{5}$

若产品的平均售价用$\overline{X}$表示，则

$$\overline{X}=\frac{5\times1+8\times3+10\times6}{10}=5\times\frac{1}{10}+8\times\frac{3}{10}+10\times\frac{6}{10}=8.9.$$

亦即售价的平均值$\overline{X}$等于各可能价格Z_k与各自出现的概率P_k乘积之和.

一般地，我们有如下定义：

定义 10.10　若随机变量X的所有可能值与其对应的概率乘积之和存在，则称此和为随机变量X的**数学期望**(或均值)，记为$E(X)$.

根据随机变量的类型，均值的计算又分为以下两种情况：

(1) 设X为离散型随机变量，其概率分布为$p_i=P\{X=x_i\}(i=1,2,\cdots)$，若级数$\sum\limits_{i=1}^{\infty}x_ip_i$绝对收敛，则随机变量$X$的数学期望为$E(X)=\sum\limits_{i=1}^{\infty}x_ip_i$.

特别地，$i=1,2,\cdots,n$时，$E(X)=\sum\limits_{i=1}^{n}x_ip_i$.

(2) 设X为连续型随机变量，其密度函数为$f(x)$，若积分$\int_{-\infty}^{+\infty}xf(x)\mathrm{d}x$存在，则随机变量$X$的数学期望为$E(X)=\int_{-\infty}^{+\infty}xf(x)\mathrm{d}x$.

例 9　A、B两台自动机床生产同一种标准件，生产1000只产品所出的次品数分别表示为X、Y，经过一段时间的考察，X、Y的分布列分别如下：

X	0	1	2	3
$P\{X=k\}$	0.7	0.1	0.1	0.1

Y	0	1	2	3
$P\{Y=k\}$	0.5	0.3	0.2	0

问哪一台机床质量好些？

解　质量好坏，可以用次品数随机变量X和Y的均值来比较，因为

$$E(X)=0\times0.7+1\times0.1+2\times0.1+3\times0.1=0.6,$$
$$E(Y)=0\times0.5+1\times0.3+2\times0.2+3\times0=0.7.$$

所以

$$E(X)<E(Y).$$

上式说明自动机床A所出次品的平均数较低，也就是说，自动机床A的质量较高.

例 10　如果连续随机变量X的密度函数为

$$f(x)=\begin{cases}\lambda\mathrm{e}^{-\lambda x}, & x>0,\\ 0, & x\leqslant0,\end{cases}\quad(\lambda>0),$$

则称 X 服从参数为 λ 的**指数分布**，求指数分布的均值.

解　$E(X)=\int_{-\infty}^{+\infty}xf(x)\mathrm{d}x=\int_{0}^{+\infty}x\lambda\mathrm{e}^{-\lambda x}\mathrm{d}x=\lambda\int_{0}^{+\infty}x\mathrm{e}^{-\lambda x}\mathrm{d}x$

$$=\lambda\cdot\left(-\frac{1}{\lambda}\right)\int_{0}^{+\infty}x\mathrm{d}\mathrm{e}^{-\lambda x}$$

$$=\lambda\left(-\frac{1}{\lambda}x\mathrm{e}^{-\lambda x}\Big|_{0}^{+\infty}+\frac{1}{\lambda}\int_{0}^{+\infty}\mathrm{e}^{-\lambda x}\mathrm{d}x\right)$$

$$=\lambda\left(-\frac{1}{\lambda^2}\mathrm{e}^{-\lambda x}\Big|_{0}^{+\infty}\right)=\frac{1}{\lambda}.$$

2. 方差的概念

均值反映了随机变量的平均状况，为了能对随机变量的变化情况作出更全面、准确的描述，人们还希望知道随机变量对期望值的偏离程度究竟有多大.

引例 10.8【射击命中的准确度】　设甲、乙两门炮射击时，着弹点与目标的距离为随机变量 X、Y，且各自的概率分布如下：

X	80	85	90	95	100
P_x	$\frac{1}{5}$	$\frac{1}{5}$	$\frac{1}{5}$	$\frac{1}{5}$	$\frac{1}{5}$

Y	85	87.5	90	92.5	95
P_y	$\frac{1}{5}$	$\frac{1}{5}$	$\frac{1}{5}$	$\frac{1}{5}$	$\frac{1}{5}$

试比较命中的准确程度.

由均值的计算公式易得 $E(X)=E(Y)=90$，但比较两组数据可看出，乙门炮的着弹点较甲门炮的着弹点更集中一些，从而认为乙门炮的准确性更高一些.

方差就是反映随机变量的取值在均值附近偏离程度的另一个重要数字特征.

定义 10.11　设 X 是一个随机变量，若 $E[X-E(X)]^2$ 存在，则称数值 $E[X-E(X)]^2$ 为 X 的**方差**，记为 $D(X)$，即

$$D(X)=E[X-E(X)]^2.$$

同时，称 $\sqrt{D(X)}$ 为 X 的**标准差**（或**均方差**）.

方差（或均方差）是描述随机变量取值集中（或分散）程度的一个数字特征，方差越小，取值越集中；方差越大，取值越分散.

根据随机变量的类型，方差也可按离散型随机变量和连续型随机变量两种情况计算：

(1) 如果离散型随机变量 X 的分布列为 $P(X=x_k)=p_k(k=1,2,3,\cdots,n)$，则

$$D(X)=E[X-E(X)]^2=\sum_{k=1}^{n}[x_k-E(X)]^2p_k.$$

(2) 如果连续型随机变量 X 的密度函数为 $f(x)$，则

$$D(X)=\int_{-\infty}^{+\infty}[x-E(X)]^2f(x)\mathrm{d}x.$$

例 11　求引例 10.8 中随机变量 X、Y 的方差.

解　由引例 10.8 知 $E(X)=E(Y)=90$，于是

$$D(X)=\frac{1}{5}\times[(80-90)^2+(85-90)^2+(90-90)^2+(95-90)^2+(100-90)^2]$$
$$=50,$$
$$D(Y)=\frac{1}{5}\times[(85-90)^2+(87.5-90)^2+(90-90)^2+(92.5-90)^2+(95-90)^2]$$
$$=12.5.$$

由于 $D(X)>D(Y)$，所以乙门炮较甲门炮的准确程度高.

例 12　现有 A、B 两个投资方案，如下表

可能的结果	A 投资方案		B 投资方案	
	收益(元)	概率	收益(元)	概率
好	4000	0.1	6000	0.2
中	3000	0.8	4000	0.6
坏	2000	0.1	2000	0.2

试对 A、B 方案进行投资风险价值分析.

解　投资风险价值是反映投资者冒着风险进行某项投资所得到的报酬. 投资风险越大，为补偿额外风险，通常其所要求获得的报酬也就越高.

在实际工作中，测定风险大小常用的是"标准差". 一般地，标准差越大，说明投资风险就大，投资风险价值就越大.

设 ξ_A 表示 A 方案的收益，ξ_B 表示 B 方案的收益，那么对 A 方案有

$$E(\xi_A)=4000\times0.1+3000\times0.8+2000\times0.1=3000,$$
$$\sqrt{D(\xi_A)}=\sqrt{(4000-3000)^2\times0.1+(3000-3000)^2\times0.8+(2000-3000)^2\times0.1}$$
$$=447.21.$$

同理对 B 方案有

$$E(\xi_B)=4000,\sqrt{D(\xi_B)}=1264.91.$$

从上面计算的结果可以看出，A 方案的平均收益比 B 方案小，而 A 方案的投资风险要比 B 方案小，即 B 方案的投资风险价值大于 A 方案.

3. 常见随机变量分布表达式及数字特征

根据均值和方差的计算公式，我们很容易求得常见随机变量的均值和方差. 为学习方便，将常见随机变量分布表达式及数字特征列于表 10-1.

表 10-1　常见随机变量分布表达式及数字特征

名　称	分布表达式	参数范围	均　值	方　差
0～1 分布	$P\{X=k\}=p^kq^{1-k}\quad(k=0,1)$	$0<p<1,q=1-p$	p	pq
二项分布	$P\{X=k\}=C_n^kp^kq^{n-k}$ $(k=0,1,\cdots,n)$	$0<p<1,q=1-p,n\in\mathbf{N}$	np	npq
泊松分布	$P\{X=k\}=\frac{\lambda^k}{k!}e^{-\lambda}(k=0,1,2,\cdots)$	$\lambda>0$	λ	λ

（续表）

名　称	分布表达式	参数范围	均　值	方　差
均匀分布	$f(x)=\begin{cases}\frac{1}{b-a}, & a\leqslant x\leqslant b,\\0, & x<a \text{ 或 } x>b.\end{cases}$	$b>a$	$\frac{b+a}{2}$	$\frac{(b-a)^2}{12}$
指数分布	$f(x)=\begin{cases}\lambda e^{-\lambda x}, & x>0,\\0, & x\leqslant 0.\end{cases}$	$\lambda>0$	$\frac{1}{\lambda}$	$\frac{1}{\lambda^2}$
正态分布	$f(x)=\frac{1}{\sqrt{2\pi}\sigma}e^{-\frac{(x-\mu)^2}{2\sigma^2}}$	$-\infty<\mu<+\infty,\sigma>0$	μ	σ^2
标准正态分布	$f(x)=\frac{1}{\sqrt{2\pi}}e^{-\frac{x^2}{2}}$		0	1

习 题 10-3

1. 袋中有2只红球，13只白球，每次从中任取1只，取后不再放回，连续取3次. 设 X 表示取出红球的个数，试写出 X 的分布列.

2. 设随机变量 X 的密度函数为 $f(x)=\begin{cases}ax^2, & -\frac{1}{2}\leqslant x\leqslant\frac{1}{2},\\0, & x<-\frac{1}{2}\text{ 或 }x>\frac{1}{2}.\end{cases}$

   求：(1) 系数 a；(2) 分布函数 $F(x)$；(3) $P\left\{-\frac{1}{4}<X<\frac{1}{4}\right\}$.

3. 设随机变量 X 的分布函数为 $F(x)=\begin{cases}0, & x<0,\\Ax^2, & 0\leqslant x\leqslant 1,\\1, & x>1.\end{cases}$

   求：(1) 系数 A；(2) $P\{0.3<X<0.7\}$；(3) X 的密度函数.

4. 已知 X 的密度函数为 $f(x)=\begin{cases}\frac{1}{2}, & x\in[2,4],\\0, & \text{其他}.\end{cases}$

   求：(1) $P\{X<3\}$；(2) $P\{-1\leqslant X<3\}$；(3) $P\{X\geqslant 2\}$.

5. 某种铸件的重量 X 是一个随机变量 $X\sim N(160,\sigma^2)$.

   (1) 若 $\sigma=30$ kg，求这种铸件重量在120～200 kg之间的概率；

   (2) 当 σ 为何值时，有 $P\{100<X<220\}=0.8030$.

6. 数控机床生产的某种零件长度 X(cm)，服从参数 $\mu=10.05$ cm，$\sigma=0.06$ cm的正态分布. 规定长度在 (10.05 ± 0.12)cm内为合格产品. 求这种零件长度的不合格率.

7. 设随机变量 X 的分布列为

X	-1	0	$\frac{1}{2}$	1	2
p_k	$\frac{1}{3}$	$\frac{1}{6}$	$\frac{1}{6}$	$\frac{1}{12}$	$\frac{1}{4}$

   求 $E(X)$ 和 $D(X)$.

8. A、B两台机床同时加工某零件，每生产1000件出现次品的概率分别如下表所示：

次品数	0	1	2	3
概率(A)	0.7	0.2	0.06	0.04
概率(B)	0.8	0.06	0.04	0.10

问哪一台机床加工质量较好？

9. 设随机变量 X 的密度函数为 $f(x)=\begin{cases}\dfrac{1}{\pi\sqrt{1-x^2}}, & |x|<1,\\ 0, & |x|\geqslant 1,\end{cases}$ 求 $E(X)$ 和 $D(X)$.

第四节　数理统计的几个基本概念

一、总体与样本

引例 10.9【零件达标】　某工厂生产一批零件共 10 000 个，今要了解这批零件重量是否达到标准，从中任取 10 个零件进行检验，得到数据如下(单位：kg)：

18.84	18.83	18.87	18.86	18.84
18.83	18.79	18.88	18.81	18.85

从以上数据来推断这批零件重量是否达到标准.

上面的引例 10.9，就是为了研究某个对象的性质，不是一一研究对象所包含的全部个体，而是只研究其中的一部分，通过这部分个体的研究，推断对象全体的性质，这就引出了总体和样本的概念.

研究对象的全体称为**总体**，组成总体的每个元素称为**个体**，从总体中抽取出来的个体称为**样品**，若干个样品组成的集合称为**样本**，一个样本中所含有样品的个数称为**样本容量**. 当从总体中抽取一个样本进行测试后，随机变量就取得一组观测值 $x_1,x_2,\cdots,x_n$，这组数值称为**样本观测值**(也称**样本值**). 由 n 个样品组成的样本用 $X_1,X_2,\cdots,X_n$ 表示，用 $x_1,x_2,\cdots,x_n$ 表示样本观测值.

引例 10.9 中，单位产品(个体)是每个零件的重量，总体是由这 10 000 个零件的重量组成，从这 10 000 个零件中任取 10 个零件的重量组成一个样本，样本容量为 $n=10$.

假设表示总体的随机变量 X 的分布函数为 $F(x)$，则称总体 X 的分布为 $F(x)$，记作 $X\sim F(x)$. 今后，凡是提到总体，就是指一个随机变量；说总体的分布，就是指随机变量的分布. 总体用大写字母 $X,Y,Z,\cdots$ 表示.

为了使样本能很好地反映总体的特征，在抽取样本时，必须满足以下两个要求：

(1) 代表性——样本中每一个样品 $X_i(i=1,2,\cdots,n)$ 和总体 X 具有相同的分布；

(2) 独立性——样本中每一个样品 $X_i(i=1,2,\cdots,n)$ 是相互独立的随机变量.

按以上两个条件进行的抽样叫做**简单随机抽样**，由简单随机抽样得到的样本称为**简单随机样本**，简称**样本**. 今后所指样本都是简单随机样本.

二、统计量

抽样的目的是利用样本值来推断总体的情况，而抽样所得的样本值看起来是杂乱无章的，在应用时，往往不是直接使用样本本身，而是必须先对这些数据进行加工、整理，针对不同的问题构造样本的适当函数，再利用这些样本函数进行统计推断，这样的函数，在数理统计中称为统计量.

定义 10.12　设 $X_1,X_2,\cdots,X_n$ 是来自总体 X 的一个样本，$f(X_1,X_2,\cdots,X_n)$是 $X_1,X_2,\cdots,X_n$ 的函数，如果其中不包含总体的未知参数，则称 $f(X_1,X_2,\cdots,X_n)$为样本 $X_1,X_2,\cdots,X_n$ 的一个**统计量**.

当 $X_1,X_2,\cdots,X_n$ 取定一组值 $x_1,x_2,\cdots,x_n$ 时，$f(x_1,x_2,\cdots,x_n)$就是统计量的一个观测值.

在不至于混淆的情况下，也可以说 $x_1,x_2,\cdots,x_n$ 是来自总体 X 的一个样本.

统计量是统计推断中一个非常重要的概念，当我们要推断一个总体的分布或确定总体中的某个参数时，往往要构造一个统计量，然后依据样本所服从的总体分布，找到统计量所服从的分布，以此对总体的分布或总体中的某个参数作出合理的推断.

下面列出几个常用的统计量.

1. 样本均值

设 $x_1,x_2,\cdots,x_n$ 是总体 X 的一个样本，则称统计量 $\overline{X}=\frac{1}{n}\sum_{i=1}^{n}x_i$ 为**样本均值**（或**样本平均数**）. $\overline{X}$反映了样本数据的平均值.

2. 样本方差

设 $x_1,x_2,\cdots,x_n$ 是总体 X 的一个样本，则称统计量 $S^2=\frac{1}{n-1}\sum_{i=1}^{n}(x_i-\overline{X})^2$ 为**样本方差**.

3. 样本标准差

设 $x_1,x_2,\cdots,x_n$ 是总体 X 的一个样本，则称统计量 $S=\sqrt{S^2}=\sqrt{\frac{1}{n-1}\sum_{i=1}^{n}(x_i-\overline{X})^2}$ 为**样本标准差**（或**样本均方差**）.

样本方差 S^2 和样本标准差 S 反映了样本数据对样本均值的分散程度.

三、抽样分布

统计量的概率布称为**抽样分布**. 当总体的分布函数已知时，抽样分布是确定的，然而要求出统计量的确切分布，一般来说是比较困难的.

下面介绍几个来自正态总体的样本所构成的统计量的分布.

1. χ^2 分布

设 $x_1,x_2,\cdots,x_n$ 是来自标准正态分布 $N(0,1)$的一个样本，则称统计量

$$\chi^2=x_1^2+x_2^2+\cdots+x_n^2$$

服从自由度为 n 的 **χ^2 分布**，记作 $\chi^2\sim\chi^2(n)$. 自由度是指相互独立的随机变量的个数.

χ^2 分布密度函数 $f(x)$的图像如图 10-12 所示，其形状与自由度 n 有关.

对于给定的正数 $\alpha(0<\alpha<1)$，称满足条件 $P\{\chi^2>\chi_\alpha^2(n)\}=\int_{\chi_\alpha^2(n)}^{+\infty}f(x)\mathrm{d}x=\alpha$ 的点 $\chi_\alpha^2(n)$ 为 **χ^2 分布的上 α 分位点**（也称临界值），如图 10-13 所示.

χ^2 分布的上 α 分位点可通过查本书附录 2 中的附表 3（χ^2 分布表）而得到.

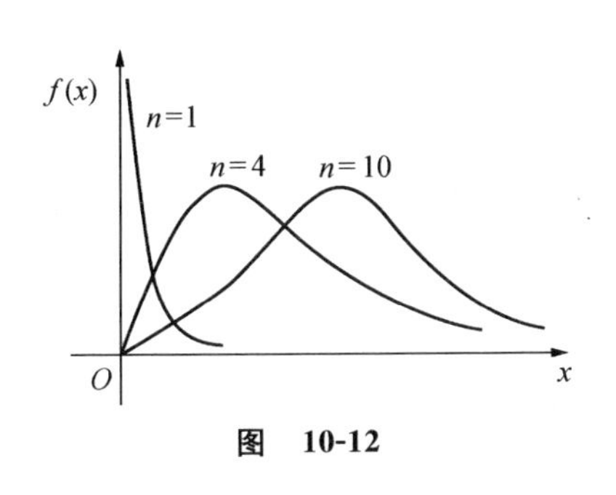

图　10-12

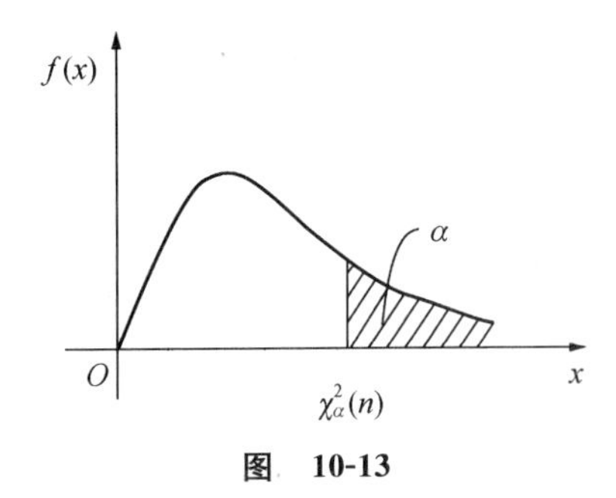

图　10-13

定理 10.1　设 $x_1,x_2,\cdots,x_n$ 是来自正态总体 $N(\mu,\sigma^2)$ 的一个样本，则有如下结论：

(1) 样本均值 $\overline{X}\sim N\left(\mu,\frac{\sigma^2}{n}\right)$；

(2) 统计量 $\frac{(n-1)S^2}{\sigma^2}\sim\chi^2(n-1)$；

(3) $\overline{X}$ 与 S^2 相互独立.

例 1　已知某单位职工的月奖金服从正态分布，总体均值为 200，总体标准差为 40，从该总体中抽取一个容量为 20 的简单随机样本，求这一样本的均值介于 190～210 的概率.

解　因为 $X\sim N(200,40^2)$，$n=20$，由定理 10.1，得

$$E(\overline{X})=200,D(\overline{X})=\frac{\sigma^2}{n}=\frac{40^2}{20}=80,$$

因此 $\overline{X}\sim N(200,80)$. 于是

$$\begin{aligned}P\{190<\overline{X}<210\}&=P\left\{\frac{190-200}{\sqrt{80}}<\frac{\overline{X}-200}{\sqrt{80}}<\frac{210-200}{\sqrt{80}}\right\}\\&=P\left\{-1.118<\frac{\overline{X}-200}{\sqrt{80}}<1.118\right\}\\&=2\Phi(1.118)-1=2\times0.8686-1=0.7372.\end{aligned}$$

所以样本均值介于 190～210 的概率是 0.7372.

2. t 分布

设 X 与 Y 是两个相互独立的随机变量，且 $X\sim N(0,1)$，$Y\sim\chi^2(n)$，则称统计量

$$t=\frac{X}{\sqrt{Y/n}}$$

服从自由度为 n 的 **t 分布**，记作 $t\sim t(n)$.

t 分布的密度函数的图形如图 10-14 所示，形状与 n 有关，当 n 越大峰越高，当 n 很大时(一般地 $n>30$)，t 分布近似于标准正态分布 $N(0,1)$，但对于较小的自由度 n，t 分布与 $N(0.1)$ 相差很大.

对于给定的正数 $\alpha(0<\alpha<1)$，称满足条件 $P\{t>t_\alpha(n)\}=\int_{t_\alpha(n)}^{+\infty}f(t)\mathrm{d}t=\alpha$ 的点 $t_\alpha(n)$ 为 **t 分布的上 α 分位点**(也称临界值)(如图 10-15 所示).

t 分布的上 α 分位点可通过查本书附录 2 中的附表 2(t 分布表)而得到.

由 t 分布的上 α 分位点的定义及其密度函数 $f(t)$ 图形的对称性知

$$t_{1-\alpha}(n)=-t_\alpha(n).$$

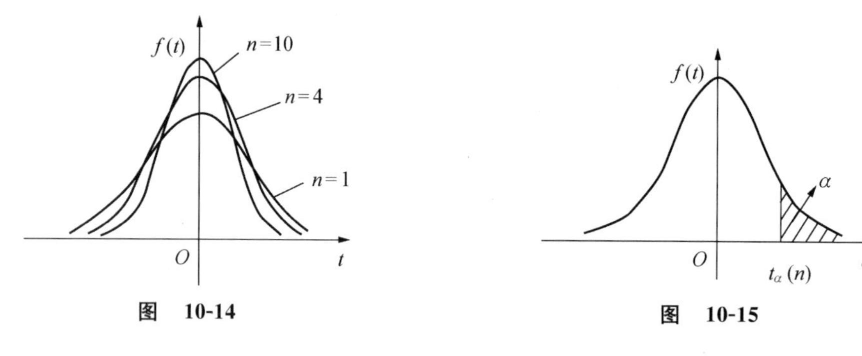

图 10-14

图 10-15

定理 10.2 设 $x_1,x_2,\cdots,x_n(n\geqslant 2)$是来自总体 $N(\mu,\sigma^2)$的一个样本，则统计量

$$T=\frac{\overline{X}-\mu}{S/\sqrt{n}}\sim t(n-1).$$

习 题 10-4

1. 设总体 X 服从正态分布 $N(\mu,\sigma^2)$，其中 μ 未知，σ^2 已知，$x_1,x_2,\cdots,x_n$ 是由总体抽取的一个样本，指出下列各式中哪些是统计量？

(1) $\frac{1}{n}(x_1^2+x_2^2+\cdots+x_n^2)$；　　(2) $\sum_{i=1}^{n}(x_i^2-\overline{X})^2$；

(3) $\sum_{i=1}^{n}(x_i-\mu)^2$；　　(4) $\frac{1}{\sigma^2}\sum_{i=1}^{n}x_i^2$；

(5) $\frac{1}{3}(x_1-x_2+x_3)-\mu$；　　(6) $\min(x_1,x_2,\cdots,x_n)$.

2. 设从总体中抽取一个样本，样本观测值为 0.98，1.01，0.99，1.11，0.8，求：

(1) 样本均值；　　(2) 样本方差及标准差.

3. 从一批电容器中随机抽取 10 只测试，测得数据如下(单位：pF)：

20.6　20.02　19.96　19.98　20.01　20.05　19.94　20.04　19.95　19.99

试计算样本均值$\overline{X}$、样本方差 S^2 及标准差 S.

4. 查表求下列各式中的上 α 分位点 λ：

(1) $P\{t(8)>\lambda\}=0.1,P\{t(8)>\lambda\}=0.05,P\{t(8)<\lambda\}=0.95$；

(2) $P\{\chi^2(15)>\lambda\}=0.01,P\{\chi^2(15)<\lambda\}=0.01$.

第五节　参数的假设检验

一、假设检验问题

假设检验问题是统计推断中的一类重要问题. 在总体的分布函数完全未知或只知其形式但不知其参数的情况下，为了推断总体的某些未知特性，提出某些关于总体的假设.

在统计中，我们称待考察的命题为**假设**，从样本去判断假设是否成立，称为**假设检验**. 下面通过一个例子介绍假设检验的基本思想和基本方法.

引例 10.10【圆柱直径标准】 某种圆柱直径 X 标准尺寸为 $\mu_0=8$ mm，$\sigma=0.09$ mm，今从一批圆柱中任取 9 枚，测得直径(单位 mm)为 7.92，7.94，7.95，7.93，7.92，7.92，7.93，7.91，7.94. 根据历史资料，认为圆柱直径 $X\sim N(\mu,\sigma^2)$，其标准偏差也符合标准(即 $\sigma=0.09$ mm). 试

问这批圆柱直径是否符合标准?

假设检验进行统计推断的过程是这样:先对关心的问题提出一个看法,称之为统计假设,并记为 H_0;然后,集中样本带来的信息,对假设的合理性进行推断.

在引例 10.10 中,所关心的问题是圆柱的直径 X 的均值 μ 是否等于标准中规定的 $\mu_0=8$ mm. 可以先提出假设 $H_0:\mu=\mu_0$,现在要根据实测的 9 个样本数据来判断这个命题是否成立,命题 $H_0:\mu=\mu_0$ 称为**原假设**(或**零假设**),是待检验的假设,它的对立命题 $\mu\neq\mu_0$ 称为**备择假设**(或**对立假设**),记作 $H_1:\mu\neq\mu_0$.

一般可表述为

$$H_0:\mu=\mu_0,H_1:\mu\neq\mu_0.$$

如果原假设 $H_0:\mu=\mu_0$ 成立,那么 μ 的估计值 $\overline{X}$ 与 μ_0 的绝对差值 $|\overline{X}-\mu_0|$ 应较小,一旦 $|\overline{X}-\mu_0|$"太大"了,我们就怀疑原假设 H_0 的正确性而拒绝 H_0,就认为原假设 H_0 不成立. 考虑到当假设 H_0 为真时,$\dfrac{\overline{X}-\mu_0}{\sigma/\sqrt{n}}\sim N(0,1)$,而衡量 $|\overline{X}-\mu_0|$ 的大小可归结为衡量 $\left|\dfrac{\overline{X}-\mu_0}{\sigma/\sqrt{n}}\right|$ 的大小. 基于上面的想法,我们可适当地选取一个正数 k,使当观测值 $\overline{X}$ 满足 $\left|\dfrac{\overline{X}-\mu_0}{\sigma/\sqrt{n}}\right|>k$ 时就拒绝假设 H_0,若 $\left|\dfrac{\overline{X}-\mu_0}{\sigma/\sqrt{n}}\right|<k$ 就接受假设 H_0.

为了确定 k 值,我们考虑统计量 $U=\dfrac{\overline{X}-\mu_0}{\sigma/\sqrt{n}}$(称为**检验统计量**),如果假设 H_0 成立,则事件 $\left|\dfrac{\overline{X}-\mu_0}{\sigma/\sqrt{n}}\right|>k$ 发生的概率应该是很小的,即

$$P\left\{\left|\frac{\overline{X}-\mu_0}{\sigma/\sqrt{n}}\right|>k\right\}=\alpha.$$

α 的值很小(如取 $\alpha=0.05$ 或 $\alpha=0.01$),称 α 为**显著性水平**.

若假设 H_0 不成立,H_1 成立,则

$$P\left\{\left|\frac{\overline{X}-\mu_0}{\sigma/\sqrt{n}}\right|>k\right\}=1-a.$$

当假设 H_0 成立时,$U=\dfrac{\overline{X}-\mu_0}{\sigma/\sqrt{n}}\sim N(0,1)$,由标准正态分布的上 α 分位点的定义得 $k=u_{\frac{\alpha}{2}}$(如图 10-16 所示).

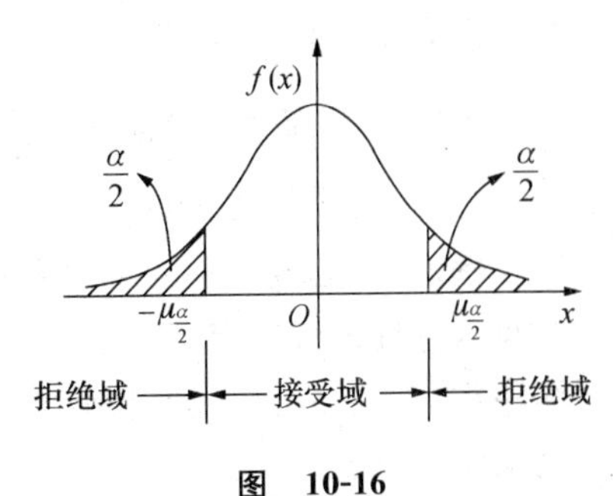

图 10-16

因而若 U 的观测值满足

$$|U|=\left|\frac{\overline{X}-\mu_0}{\sigma/\sqrt{n}}\right|>k=u_{\frac{\alpha}{2}},$$

则拒绝 H_0.

若 U 的观测值满足

$$|U|=\left|\frac{\overline{X}-\mu_0}{\sigma/\sqrt{n}}\right|<k=u_{\frac{\alpha}{2}},$$

则接受 H_0.

当检验统计量取某个区域 C 中的值时,我们拒绝原假设,则称区域 C 为**拒绝域**,否则就称为**接受域**,拒绝域与接受域的边界点称为**临界值**. 如上例中拒绝域为 $|U|>u_{\frac{\alpha}{2}}$,接受域为

$|U|<u_{\frac{\alpha}{2}}$，临界值为$-u_{\frac{\alpha}{2}}$和$u_{\frac{\alpha}{2}}$.

在引例10.10中取$\alpha=0.05$，查表得，拒绝域为$|U|>u_{\frac{\alpha}{2}}=u_{0.025}=1.96$，接受域为$|U|<u_{\frac{\alpha}{2}}=u_{0.025}=1.96$.

由于$\overline{X}=7.929, \mu_0=8, \sigma=0.09, n=9$，则

$$|U|=\left|\frac{\overline{X}-\mu_0}{\sigma/\sqrt{n}}\right|=\left|\frac{7.929-8}{0.09/\sqrt{9}}\right|=2.37>1.96.$$

可见U的值落入拒绝域而是没有落入接受域中，因此原假设$H_0: \mu=\mu_0=8$ mm不成立. 因此否定H_0，接受H_1，认为$\mu\neq\mu_0=8$ mm，即这批圆柱直径不符合标准.

检验假设$H_0: \mu=\mu_0, H_1: \mu\neq\mu_0$称为**双边假设检验**.

检验假设$H_0: \mu\geqslant\mu_0, H_1: \mu<\mu_0$ **左边检验**.

检验假设$H_0: \mu\leqslant\mu_0, H_1: \mu>\mu_0$称为**右边检验**.

右边检验和左边检验统称为**单边假设检验**.

二、正态总体的假设检验

1. 关于均值μ的检验

(1) σ^2已知(U检验法)

设$x_1, x_2, \cdots, x_n$是正态总体$X\sim N(\mu, \sigma^2)$的一个样本，其中μ未知，σ^2已知，给定显著性水平α. 可利用统计量$U=\dfrac{\overline{X}-\mu_0}{\sigma/\sqrt{n}}$来检验正态分布总体的均值，这种方法叫做$U$**检验法**.

引例10.10就揭示了U检验法的基本思想. 由引例10.10可知U检验法的步骤如下：

第一步，提出假设$H_0: \mu=\mu_0, H_1: \mu\neq\mu_0$；

第二步，在H_0成立的条件下(即$\mu=\mu_0$)，选用U统计量

$$U=\frac{\overline{X}-u_0}{\sigma/\sqrt{n}}\sim N(0,1);$$

第三步，确定H_0的拒绝域. 具体办法是：给定显著性水平$\alpha(0<\alpha<1)$，令$P\{|U|>u_{\frac{\alpha}{2}}\}=\alpha$. 查正态分布表得$u_{\frac{\alpha}{2}}$，使得$\Phi(u_{\frac{\alpha}{2}})=1-\dfrac{\alpha}{2}$，由此确定拒绝域为$|U|>u_{\frac{\alpha}{2}}$，接受域为$|U|<u_{\frac{\alpha}{2}}$；

第四步，作推断. 根据样本值计算U的实现值，比较$|U|$和$u_{\frac{\alpha}{2}}$，若$|U|>u_{\frac{\alpha}{2}}$，则否定H_0；若$|U|<u_{\frac{\alpha}{2}}$，则接受H_0.

例1 我国出口的某种鱼罐头，标准规格是每罐净重250克，根据以往经验，标准差$\sigma=3$(克)，并且比较稳定. 某食品厂生产一批出口用的这种罐头，从中抽取25罐进行检验，其平均净重是251克，按规定检验水平$\alpha=0.001$，问这批罐头是否合乎出口标准？(每罐净重X服从正态分布).

解 假设$H_0: \mu=\mu_0=250, H_1: \mu\neq250$.

在H_0成立的条件下，选用统计量

$$U=\frac{\overline{X}-\mu_0}{\sigma/\sqrt{n}}\sim N(0,1).$$

由$P\{|U|>u_{\frac{\alpha}{2}}\}=0.001$，查正态分布表，得$u_{\frac{\alpha}{2}}=3.3$. 于是得拒绝域为$|U|>3.3$；接受

域为$|U|<3.3$.

由已知$\overline{X}=251,n=25,\mu_0=250,\sigma=3$,得

$$U=\frac{251-250}{3/\sqrt{25}}\approx 1.67.$$

比较可知$|U|=1.67<3.3$,落入接受域.从而判定这批罐头合乎出口标准.

我们可以得出左边检验 $H_0:\mu\geqslant\mu_0$,$H_1:\mu<\mu_0$,其拒绝域为(如图10-17所示)

$$U=\frac{\overline{X}-u_0}{\sigma/\sqrt{n}}<-u_\alpha.$$

右边检验 $H_0:\mu\leqslant\mu_0$,$H_1:\mu>\mu_0$,其拒绝域为(如图10-18所示)

$$U=\frac{\overline{X}-u_0}{\sigma/\sqrt{n}}>u_\alpha.$$

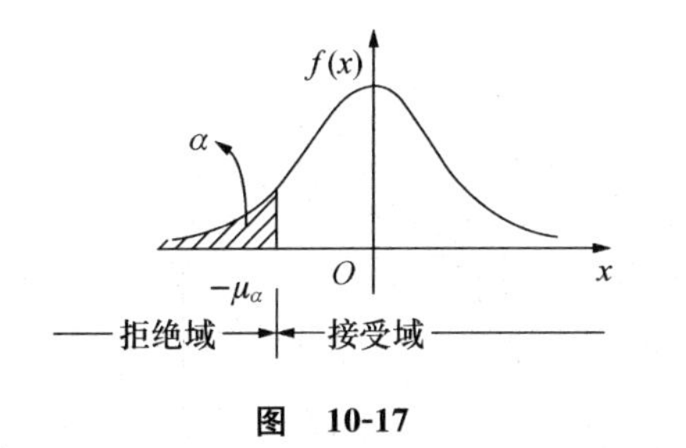

图　10-17

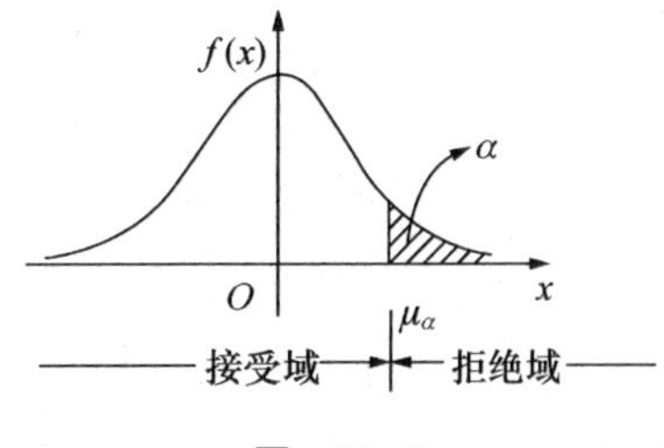

图　10-18

例2　某工厂生产的固体燃料推进器的燃烧率服从正态分布$X\sim N(\mu,\sigma^2)$,$\mu=40\,\text{cm/s}$,$\sigma=2\,\text{cm/s}$,现在用新方法生产了一批推进器.从中随机取25只,测得燃烧率的样本均值为$\overline{X}=41.25\,\text{cm/s}$,设在新方法下总体均方差仍为2 cm/s,问用新方法生产的推进器的燃烧率是否较以往生产的推进器的燃烧率有显著的提高($\alpha=0.05$)?

解　假设$H_0:\mu\leqslant\mu_0=40$　(即假设新方法没有提高燃烧率),

$H_1:\mu>\mu_0$　(即假设新方法提高了燃烧率).

这是右边检验问题,由(9.19)式可知其拒绝域为

$$U=\frac{\overline{X}-u_0}{\sigma/\sqrt{n}}>u_{0.05}=1.645.$$

由已知,得

$$U=\frac{41.25-40}{2/\sqrt{25}}=3.125>1.645.$$

比较可知,U的值落入拒绝域中,所以在显著性水平$\alpha=0.05$下拒绝H_0.

因此,用新方法生产的推进器的燃烧率较以往生产的有显著的提高.

(2) σ^2未知(T检验法)

设总体$X\sim N(\mu,\sigma^2)$,其中μ,σ未知,设$x_1,x_2,\cdots,x_n$是正态总体X的一个样本.这时我们来求检验问题$H_0:\mu=\mu_0$,$H_1:\mu\neq\mu_0$的拒绝域(显著性水平为α).

由于σ^2未知,现在不能利用统计量$U=\dfrac{\overline{X}-u_0}{\sigma/\sqrt{n}}$来确定拒绝域,注意到$S^2$是$\sigma^2$的无偏估计,我们用$S$来代替$\sigma$,采用统计量

$$T=\frac{\overline{X}-u_0}{S/\sqrt{n}}.$$

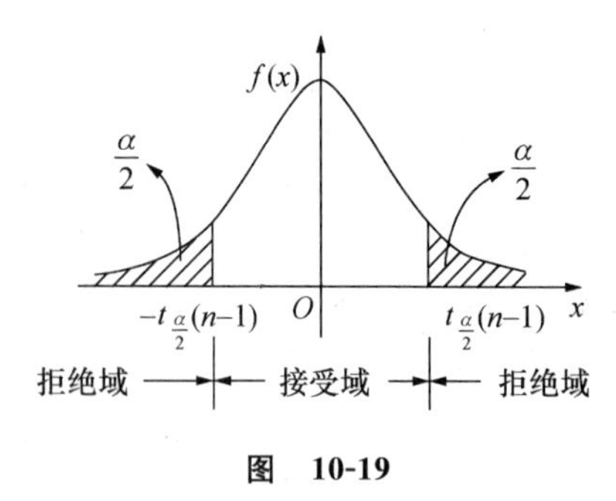

图　10-19

当观测值 $|T|=\left|\dfrac{\overline{X}-u_0}{S/\sqrt{n}}\right|$ 过大就拒绝 H_0，因此其拒绝域的形式为（如图10-19所示）

$$|T|=\left|\frac{\overline{X}-u_0}{S/\sqrt{n}}\right|>t_{\frac{\alpha}{2}}(n-1).$$

设总体 $X\sim N(\mu,\sigma^2)$，当 μ、σ 未知时，关于 μ 的单边检验的拒绝域由表10-2中给出.

上述利用 T 统计量的检验法称为 **T 检验法**. 其步骤如下：

第一步，提出假设 $H_0:\mu=\mu_0$，$H_1:\mu\neq\mu_0$；

第二步，在 H_0 成立的条件下，选用 T 统计量

$$T=\frac{\overline{X}-\mu_0}{S/\sqrt{n}}\sim t(n-1);$$

第三步，确定 H_0 的拒绝域. 给定显著性水平 $\alpha(0<\alpha<1)$，由 $P\left\{|T|>t_{\frac{\alpha}{2}}(n-1)\right\}=\alpha$ 查 t 分布表得 $t_{\frac{\alpha}{2}}(n-1)$，由此确定拒绝域为 $|T|>t_{\frac{\alpha}{2}}(n-1)$，接受域为 $|T|<t_{\frac{\alpha}{2}}(n-1)$；

第四步，作推断. 根据样本值计算 T 的实现值，比较 $|T|$ 与 $t_{\frac{\alpha}{2}}(n-1)$ 的大小，若 $|T|>t_{\frac{\alpha}{2}}(n-1)$，则否定 H_0；若 $|T|<t_{\frac{\alpha}{2}}(n-1)$，则接受 H_0.

例3　某厂生产灯泡的质量标准要求其平均使用寿命为1000小时，灯泡的使用寿命 X 服从正态分布. 该厂对某项工艺进行了改造，从改造后生产的一批灯泡中随机抽取10只进行寿命测试，得到如下数据（单位：小时）：

1021　1012　980　974　995　1006　992　984　1100　1016

试从这一质量标准，检验这项工艺改造是否可行（$\alpha=0.05$）.

解　提出假设 $H_0:\mu=1000$，$H_1:\mu\neq1000$. 在 H_0 成立的条件下，选用统计量

$$T=\frac{\overline{X}-1000}{S/\sqrt{n}}\sim t(n-1).$$

由于自由度 $n-1=9$，根据 $P\left\{|T|>t_{\frac{\alpha}{2}}(n-1)\right\}=0.05$，查 t 分布表，得

$$t_{\frac{\alpha}{2}}(n-1)=2.2622,$$

于是拒绝域为 $|T|>2.262$；接受域为 $|T|<2.262$.

因为根据已知数据得 $\overline{X}=1008$，$S\approx18.85$，所以

$$T=\frac{\overline{X}-1000}{S/\sqrt{n}}=\frac{1008-1000}{18.85/\sqrt{10}}\approx1.342.$$

比较可知 $|T|=1.342<2.262$. 故接受 H_0，即这项工艺改造是可行的.

例4　某制药厂试制一种抗生素，根据其他制药厂的经验知道生产正常时主要指标 $X\sim N(23.0,\sigma^2)$，某日开工后抽测了5瓶，其主要指标的值为：

22.3　21.5　22.0　21.8　24.4

试问该日生产是否正常（$\alpha=0.01$）？

解　提出假设 $H_0:\mu=23.0$，$H_1:\mu\neq23.0$. 在 H_0 成立的条件下，选用统计量

$$T=\frac{\overline{X}-23.0}{S/\sqrt{n}}\sim t(n-1).$$

由于自由度 $n-1=4$，由 $P\left\{|T|>t_{\frac{\alpha}{2}}(n-1)\right\}=0.01$，查 t 分布表得 $t_{\frac{\alpha}{2}}(n-1)=4.604$，则拒绝域为 $|T|>4.604$；接受域为 $|T|<4.604$.

根据已知数据得 $\overline{X}\approx21.8$，$S\approx0.37$，所以

$$T=\frac{\overline{X}-23.0}{S/\sqrt{n}}=\frac{21.8-23.0}{0.37/\sqrt{5}}\approx7.3.$$

比较知 $|T|=7.3>4.604$，故否定 H_0，即说明该日生产不正常，需查找原因作出调整.

2. 关于方差 σ^2 的检验（χ^2 检验法）

我们知道方差反映了生产波动的程度，是生产稳定状况的一个重要标志，在许多实际问题中要检验 $H_0: \sigma^2=\sigma_0^2$，$H_1: \sigma^2\neq\sigma_0^2$（$\sigma_0^2$ 为已知常数）是否成立. 解决这个问题可将 S^2 与 σ_0^2 进行比较，当 S^2/σ_0^2 的值很大或很小时，则表示 S^2 与 σ_0^2 相差很大，H_0 就不成立. 因此对正态总体方差进行检验时，选用 χ^2 统计量

$$\chi^2=\frac{(n-1)S^2}{\sigma^2}\sim\chi^2(n-1).$$

这种方法叫做 χ^2 **检验法**，其步骤如下：

第一步，提出假设 $H_0: \sigma^2=\sigma_0^2$，$H_1: \sigma^2\neq\sigma_0^2$；

第二步，在 H_0 成立的条件下，选用 χ^2 统计量

$$\chi^2=\frac{(n-1)S^2}{\sigma_0^2}\sim\chi^2(n-1);$$

第三步，给定显著性水平 α，由

$$P\left\{\chi^2<\chi^2_{1-\frac{\alpha}{2}}(n-1)\right\}=\frac{\alpha}{2}\text{ 及 }P\left\{\chi^2>\chi^2_{\frac{\alpha}{2}}(n-1)\right\}=\frac{\alpha}{2}$$

查 χ^2 分布表得 $\chi^2_{1-\frac{\alpha}{2}}(n-1)$，$\chi^2_{\frac{\alpha}{2}}(n-1)$，于是拒绝域为

$$\left(0,\chi^2_{1-\frac{\alpha}{2}}(n-1)\right)\cup\left(\chi^2_{\frac{\alpha}{2}}(n-1),+\infty\right),$$

接受域为

$$\left(\chi^2_{1-\frac{\alpha}{2}}(n-1),\chi^2_{\frac{\alpha}{2}}(n-1)\right);$$

第四步，利用样本值计算 χ^2 的实现值，当 χ^2 的值落入拒绝域中时就否定 H_0；当 χ^2 的值落入接受域中时就接受 H_0（如图 10-20 所示）.

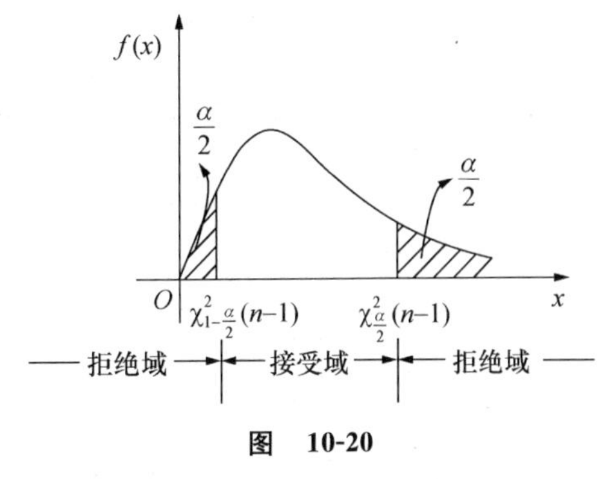

图　10-20

例 5　某厂生产的仪表，已知其寿命 X 服从正态分布，寿命方差经测定为 $\sigma^2=150$. 现在由于某种原材料的改变，需要对生产的一批产品进行检验，抽取 10 个样品测得其寿命（小时）为：

1801　1785　1812　1792　1782　1795　1825　1787　1807　1792

问这批仪表的寿命方差与 $\sigma^2=150$ 比较，差异是否显著？（$\alpha=0.05$）

解　提出假设 $H_0: \sigma^2=150$，$H_1: \sigma^2\neq150$.

在 H_0 成立的条件下，选用统计量

$$\chi^2=\frac{(n-1)S^2}{150}\sim\chi^2(n-1).$$

由 $P\left\{\chi^2<\chi^2_{1-\frac{\alpha}{2}}(n-1)\right\}=0.025$，知

$$P\left\{\chi^2>\chi^2_{1-\frac{\alpha}{2}}(n-1)\right\}=0.975,$$

$$P\left\{\chi^2>\chi^2_{\frac{\alpha}{2}}(n-1)\right\}=0.025,$$

自由度为 $n-1=9$，查 χ^2 分布表得

$$\chi^2_{1-\frac{\alpha}{2}}(n-1)=2.700,\chi^2_{\frac{\alpha}{2}}(n-1)=19.023,$$

于是拒绝域为 $(0,2.700)\cup(19.023,+\infty)$，接受域为 $(2.700,19.023)$.

由已知数据，得 $\overline{X}=1797.8$，$S^2\approx182.4$，所以

$$\chi^2=\frac{(n-1)S^2}{150}=\frac{9\times182.4}{150}\approx10.94.$$

比较可知 $2.700<10.94<19.023$. 故可接受 H_0，即某种原材料改变后该产品寿命方差与原方差没有显著差异.

表 10-2、表 10-3 列出了常用的正态总体的几种假设检验所用的统计量及拒绝域.

表 10-2　$X\sim N(\mu,\sigma^2)$ 均值 μ 的检验法（显著水平为 α）

原假设 H_0	备择假设 H_1	已知参数	检验统计量	统计量分布	拒绝域
$\mu=\mu_0$	$\mu\neq\mu_0$	σ^2	$U=\frac{\overline{X}-\mu_0}{\sigma/\sqrt{n}}$	$N(0,1)$	$\|U\|>u_{\frac{\alpha}{2}}$
$\mu\leqslant\mu_0$	$\mu>\mu_0$	σ^2	$U=\frac{\overline{X}-\mu_0}{\sigma/\sqrt{n}}$	$N(0,1)$	$U>u_\alpha$
$\mu\geqslant\mu_0$	$\mu<\mu_0$	σ^2	$U=\frac{\overline{X}-\mu_0}{\sigma/\sqrt{n}}$	$N(0,1)$	$U<-u_\alpha$
$\mu=\mu_0$	$\mu\neq\mu_0$	—	$T=\frac{\overline{X}-\mu_0}{S/\sqrt{n}}$	$t(n-1)$	$\|T\|>t_{\frac{\alpha}{2}}(n-1)$
$\mu\leqslant\mu_0$	$\mu>\mu_0$	—	$T=\frac{\overline{X}-\mu_0}{S/\sqrt{n}}$	$t(n-1)$	$T>t_\alpha(n-1)$
$\mu\geqslant\mu_0$	$\mu<\mu_0$	—	$T=\frac{\overline{X}-\mu_0}{S/\sqrt{n}}$	$t(n-1)$	$T<-t_\alpha(n-1)$

表 10-3　$X\sim N(\mu,\sigma^2)$，方差 σ^2 的检验法（显著水平为 α）

原假设 H_0	备择假设 H_1	已知参数	检验统计量	统计量分布	拒绝域
$\sigma^2=\sigma_0^2$	$\sigma^2\neq\sigma_0^2$	—	$\chi^2=\frac{(n-1)S^2}{\sigma_0^2}$	$\chi^2(n-1)$	$\left\{\chi^2<\chi^2_{1-\frac{\alpha}{2}}(n-1)\right\}\cup\left\{\chi^2>\chi^2_{\frac{\alpha}{2}}(n-1)\right\}$
$\sigma^2\geqslant\sigma_0^2$	$\sigma^2<\sigma_0^2$	—	$\chi^2=\frac{(n-1)S^2}{\sigma_0^2}$	$\chi^2(n-1)$	$\chi^2<\chi^2_{1-\alpha}(n-1)$
$\sigma^2\leqslant\sigma_0^2$	$\sigma^2>\sigma_0^2$	—	$\chi^2=\frac{(n-1)S^2}{\sigma_0^2}$	$\chi^2(n-1)$	$\chi^2>\chi^2_\alpha(n-1)$

习题 10-5

1. 已知某炼铁厂铁水的含碳量服从正态分布 $N(4.55, 0.108^2)$. 现测定了 9 炉铁水，其平均含碳量为 4.484，估计方差没有变化，可否认为现在生产的铁水的平均含碳量为 4.55($\alpha=0.05$)？

2. 已知某一试验，其温度服从正态分布 $N(\mu,\sigma^2)$，现测量了温度的 5 个值为：

   1250　　1265　　1245　　1260　　1275

   问是否可以认为 $\mu=1277$($\alpha=0.05$)？

3. 某种商品以往平均每天销售约 200 件，为扩大销路，改进了商品包装，经 8 天统计，销售量(件)为：

   202　　205　　198　　204　　197　　210　　224　　218

   已知商品销售量服从正态分布，试检验改进包装对扩大销售是否有效？

4. 一批保险丝，从中任取 25 根，测得其熔化时间为(单位：小时)：

   42　65　75　78　87　42　45　68　72　90　19　24　80
   81　81　36　54　69　77　84　42　51　57　59　78

   若熔化时间服从正态分布，方差 $\sigma^2=200$，试检验该批保险丝的方差与原来的方差的差异是否显著($\alpha=0.05$)？

5. 用切割机切割金属棒，规定每段长度为 10.5 cm，标准差是 0.15 cm，今从一批产品中随机地抽取 15 段进行测量，其结果如下(单位：cm)：

   10.4　10.6　10.1　10.4　10.5　10.3　10.2　10.3
   10.9　10.6　10.8　10.5　10.7　10.2　10.7

   试问该机工作是否正常？

6. 设某产品的性能指标服从正态分布 $N(\mu,\sigma^2)$，从历史资料已知 $\sigma=4$，抽查 10 个样品，求得均值为 17，取显著水平 $\alpha=0.05$，问原假设 H_0：$\mu=20$ 是否成立？

7. 某种元件，要求其使用寿命不得低于 1000 小时，现在从一批这种元件中随机抽取 25 件，测得其平均寿命为 950 小时，已知这种元件的寿命服从标准差 $\sigma=100$ 小时的正态分布，试在显著水平 $\alpha=0.05$ 下确定这批元件是否合格？

8. 某种零件尺寸服从正态分布，抽样检查 6 件，得尺寸数据(单位：mm)为

   31.56　　29.66　　31.64　　30.00　　31.87　　31.03

   在显著水平 $\alpha=0.05$ 时，能否认为这批零件的长度尺寸是 32.50 mm？

9. 按照规定，每 100 g 的罐头番茄汁，维生素 C(Vc)的含量不得少于 21 mg，现从某厂生产的一批罐头中抽取 17 个，已知 Vc 的含量(单位：mg)如下：

   17　22　21　20　23　21　19　15　13　23　17　20　29　18　22　16　25

   已知 Vc 的含量服从正态分布，方差 $\sigma^2=3.98^2$ 不变，试以 $\alpha=0.025$ 的检验水平检验该批罐头的 Vc 含量是否合格？

10. 正常人的脉搏平均为 72 次/分，现某医生测得 10 例慢性四乙基铅中毒患者的脉搏(次/分)如下：

    54　67　68　78　70　66　67　70　65　69

    问四乙基铅中毒患者和正常人的脉搏有无显著性差异？(四乙基铅中毒患者的脉搏服从正态分布).

复习题十

1. 从 7 件一等品和 8 件二等品中任取 3 件，求满足下列条件的概率：

   (1) 恰好有 1 件一等品；　　　　(2) 至少有 2 件二等品.

2. 一袋中装有红球 3 个，黑球 4 个和白球 5 个，从此袋中任取一球，以 $X=1,2,3$ 分别表示取出的球是红球、黑球、白球，求随机变量 X 的分布函数.

3. 设连续型随机变量 X 的分布函数为

$$F(x)=\begin{cases}0, & x<0,\\ Ax^2, & 0\leqslant x<1,\\ 1, & x\geqslant 1.\end{cases}$$

求：(1) 常数 A；　　(2) X 的密度函数；　　(3) $P\{0.3\leqslant X\leqslant 1.3\}$.

4. 设一批晶体管的使用寿命 X(年)近似服从指数分布，其分布密度为

$$f(x)=\begin{cases}\dfrac{1}{5}\mathrm{e}^{-\frac{1}{5}x}, & x\geqslant 0,\\ 0, & x<0,\end{cases}$$

求晶体管能使用1至5年的概率和使用5年以上的概率.

5. 某批钢材的强度 $X\sim N(200,18^2)$，现从中任意抽取一件，(1) 求取出的钢材强度不低于180的概率；(2) 如果要以99%的概率保证强度不低于150，问这批钢材是否合格？

6. 某射手在一次射击时命中的概率为0.8，如果 X 表示射手在100次独立射击中的命中次数，求 $E(X)$，$D(X)$.

7. 根据以往的资料分析，某车间生产的铜丝的折断力 $X\sim N(570,64)$，今换了一种原材料，从性能上看，折断力的方差不会有什么变化，现抽出10个样品，测得折断力分别为(单位：牛顿)：

578　572　570　568　572　570　570　572　596　584

试根据样本值判断新材料所生产的铜丝的折断力的均值有没有显著变化：(1) $\alpha=0.05$；(2) $\alpha=0.01$.

8. 测定某种溶液中的水分，它的10个测定值给出 $\overline{X}=0.452\%$，$S=0.037\%$，设测定值总体为正态分布，μ 为总体均值，试检验假设($\alpha=0.05$)：H_0：$\mu\geqslant 0.5\%$，H_1：$\mu<0.5\%$.

9. 根据长期经验和资料分析，某炼铁厂铁水含碳量服从正态分布 $N(4.48,\sigma^2)$，为了检验铁水的平均含碳量，共测定了8炉铁水，其含碳量分别为：

4.47　4.49　4.50　4.47　4.45　4.42　4.51　4.44

如果方差没有变化，试检验铁水平均含碳量与原来有无显著差异($\alpha=0.05$)？

10. 某车间加工机轴，机轴直径(单位：mm)服从正态分布 $N(38,0.01)$，由于车间新增加了一批工人，为了检验产品质量，抽取了25个样本，测得其平均直径 $\overline{X}=37.9$，样本方差 $\sigma^2=0.15^2$，给定 $\alpha=0.1$，试比较产品质量与原有质量的差异是否显著？

【数学史典故10】

英国统计学家费歇尔——数理统计学的奠基人

20世纪上半叶，数理统计学发展成为一门成熟的学科，这在很大程度上要归功于英国统计学家R. A. 费歇尔(Ronald Aylmer Fisher)的工作. 他的贡献对这门学科的建立起了决定性的作用.

费歇尔1890年2月17日生于伦敦，1909年入剑桥大学学习数学和物理，1913年毕业，之后他曾投资办工厂，到加拿大某农场管理杂务，还当过中学教员，1919年参加了罗萨姆斯泰德试验站的工作，致力于数理统计在农业科学和遗传学中的应用和研究. 1933年他离开了罗萨姆斯泰德，去任伦敦大学优生学高尔顿讲座教授，1943—1957年任剑桥大学遗传学巴尔福尔讲座教授. 他还于1956年起任剑桥冈维尔——科尼斯学院院长. 1959年退休，后去

澳大利亚，在那里度过了他最后的三年.

费歇尔

(1890—1962)

费歇尔在罗萨姆斯泰德试验站工作期间，曾对长达66年之久的田间施肥、管理试验和气候条件等资料加以整理、归纳、提取信息，为他日后的理论研究打下了坚实的基础.

20世纪20—50年代间，费歇尔对当时被广泛使用的统计方法，进行了一系列理论研究，给出了许多现代统计学中的重要的基本概念，从而使数理统计成为一门有坚实理论基础并获得广泛应用的数学学科，他本人也成为当时统计学界的中心人物. 他是一些有重要理论和应用价值的统计分支和方法的开创者. 他对数理统计学的贡献，内容涉及估计理论、假设检验、实验设计和方差分析等重要领域.

在对统计量及抽样分布理论的研究方面，1915年费歇尔发现了正态总体相关系数的分布. 1918年费歇尔利用n维几何方法，即多重积分方法，给出了由英国科学家傲赛特(Gosset 1876—1937)1908年发现的t分布的一个完美严密的推导和证明，从而使多数人们广泛地接受了它，使研究小样本函数的精确理论分布中一系列重要结论有了新的开端，并为数理统计的另一分支——多元分析奠定了理论基础. F分布是费歇尔在20年代提出的，中心和非中心的F分布在方差分析理论中有重要应用. 费歇尔在1925年对估计量的研究中引进了一致性、有效性和充分性的概念作为参数的估计量应具备的性质，另外还对估计的精度与样本所含信息之间的关系，进行了深入研究，引进了信息量的概念. 除了上述几个侧面的工作以外，20年代费歇尔系统地发展了正态总体下种种统计量的抽样分布，这标志着相关、回归分析和多元分析等分支的初步建立.

在对参数估计的研究中，费歇尔在1912年提出了一种重要而普遍的点估计法——极大似然估计法，后来在1921年和1925年的工作中又加以发展，从而建立了以极大似然估计为中心的点估计理论，在推断总体参数中应用这个方法，不需要有关事前概率的信息，这是数理统计史上的一大突破. 这种方法直到目前为止仍是构造估计量的最重要的一种方法.

在数理统计学的一个重要分支——假设检验的发展中费歇尔也起过重要的作用. 他引进了显著性检验等一些重要概念，这些概念成为假设检验理论发展的基础.

方差分析是分析实验数据的一种重要的数理统计学方法，其要旨是对样本观测值的总变差平方和进行适当的分解，以判明实验中各因素影响的有无及其大小，这是由费歇尔于1923年首创的.

多元统计分析是数理统计学中有重要应用价值的分支. 1928年以前，费歇尔已经在狭义的多元分析(多元正态总体的统计分析)方面做过许多工作.

费歇尔在统计学上一项有较大影响的工作，是他在30年代初期引进的一种构造区间估计的方法——信任推断法. 其基本观点是：设要作θ的区间估计，在抽样得到样本$(x_1,x_2,\cdots,x_n)$以前，对θ一无所知，样本$(x_1,x_2,\cdots,x_n)$透露了θ的一些信息，据此可以对θ取各种值给予各种不同的"信任程度"，而这可用于对θ作区间估计. 这种方法不是基于传统的概率思想，但对某些困难的统计问题，特别是著名的贝伦斯-费歇尔问题，提供了简单可行的解法.

在费歇尔众多的成就中，最使人们称颂的工作是他在20年代期间创立的实验设计(又称试验设计，研究如何制订实验方案，以提高实验效率，缩小随机误差的影响，并使实验结果能有效地进行统计分析的理论与方法），其中提出了实验设计应遵守三个原则：随机化、局部控制和重复.

费歇尔不仅是一位著名的统计学家，还是一位闻名于世的优生学家和遗传学家.他是统计遗传学的创始人之一，他研究了突变、连锁、自然淘汰、近亲婚姻、移居和隔离等因素对总体遗传特性的影响，以及估计基因频率等数理统计问题.他的《生物学、农业和医学研究的统计表》是一份很有价值的统计数表.

费歇尔一生发表的学术论文有300多篇，其中294篇代表作收集在《费歇尔论文集》中.他还发表了许多专著，诸如《研究人员用的统计方法》(1925)、《实验设计》(1935)、《统计表》(与F.耶茨合著)(1938)、《统计方法与科学推断》(1956)等，大都已成为有关学科的经典著作.

由于费歇尔的成就，他曾多次获得英国和许多国家的荣誉，1952年还被授予爵士称号.

（摘自《百度文库》）

附录 1　常用积分表

(一) 含有 $ax+b$ 的积分

1. $\int \frac{dx}{ax+b} = \frac{1}{a}\ln|ax+b|+C.$

2. $\int (ax+b)^{\mu}dx = \frac{1}{a(\mu+1)}(ax+b)^{\mu+1}+C \quad (\mu \neq -1).$

3. $\int \frac{x}{ax+b}dx = \frac{1}{a^2}(ax+b-b\ln|ax+b|)+C.$

4. $\int \frac{x^2}{ax+b}dx = \frac{1}{a^3}\left[\frac{1}{2}(ax+b)^2-2b(ax+b)+b^2\ln|ax+b|\right]+C.$

5. $\int \frac{dx}{x(ax+b)} = -\frac{1}{b}\ln\left|\frac{ax+b}{x}\right|+C.$

6. $\int \frac{dx}{x^2(ax+b)} = -\frac{1}{bx}+\frac{a}{b^2}\ln\left|\frac{ax+b}{x}\right|+C.$

7. $\int \frac{x}{(ax+b)^2}dx = \frac{1}{a^2}\left(\ln|ax+b|+\frac{b}{ax+b}\right)+C.$

8. $\int \frac{x^2dx}{(ax+b)^2} = \frac{1}{a^3}\left(ax+b-2b\ln|ax+b|-\frac{b^2}{ax+b}\right)+C.$

9. $\int \frac{dx}{x(ax+b)^2} = \frac{1}{b(ax+b)}-\frac{1}{b^2}\ln\left|\frac{ax+b}{x}\right|+C.$

(二)含有 $\sqrt{ax+b}$ 的积分

10. $\int \sqrt{ax+b}\,dx = \frac{2}{3a}\sqrt{(ax+b)^3}+C.$

11. $\int x\sqrt{ax+b}\,dx = \frac{2}{15a^2}(3ax-2b)\sqrt{(ax+b)^3}+C.$

12. $\int x^2\sqrt{ax+b}\,dx = \frac{2}{105a^3}(15a^2x^2-12abx+8b^2)\sqrt{(ax+b)^3}+C.$

13. $\int \frac{x}{\sqrt{ax+b}}dx = \frac{2}{3a^2}(ax-2b)\sqrt{ax+b}+C.$

14. $\int \frac{x^2}{\sqrt{ax+b}}dx = \frac{2}{15a^3}(3a^2x^2-4abx+8b^2)\sqrt{ax+b}+C.$

15. $$\int \frac{dx}{x\sqrt{ax+b}} = \begin{cases} \frac{1}{\sqrt{b}}\ln\left|\frac{\sqrt{ax+b}-\sqrt{b}}{\sqrt{ax+b}+\sqrt{b}}\right|+C & (b>0), \\ \frac{2}{\sqrt{-b}}\arctan\sqrt{\frac{ax+b}{-b}}+C & (b<0). \end{cases}$$

16. $\int \frac{dx}{x^2\sqrt{ax+b}} = -\frac{\sqrt{ax+b}}{bx}-\frac{a}{2b}\int\frac{dx}{x\sqrt{ax+b}}.$

17. $\int \frac{\sqrt{ax+b}}{x}dx = 2\sqrt{ax+b}+b\int\frac{dx}{x\sqrt{ax+b}}.$

18. $\int \frac{\sqrt{ax+b}}{x^2}dx = -\frac{\sqrt{ax+b}}{x}+\frac{a}{2}\int\frac{dx}{x\sqrt{ax+b}}.$

(三)含有 $x^2 \pm a^2$ 的积分

19. $\int \frac{dx}{x^2+a^2} = \frac{1}{a}\arctan\frac{x}{a} + C.$

20. $\int \frac{dx}{(x^2+a^2)^n} = \frac{x}{2(n-1)a^2(x^2+a^2)^{n-1}} + \frac{2n-3}{2(n-1)a^2}\int \frac{dx}{(x^2+a^2)^{n-1}}.$

21. $\int \frac{dx}{x^2-a^2} = \frac{1}{2a}\ln\left|\frac{x-a}{x+a}\right| + C.$

(四)含有 $ax^2+b(a>0)$ 的积分

22. $\int \frac{dx}{ax^2+b} = \begin{cases} \frac{1}{\sqrt{ab}}\arctan\sqrt{\frac{a}{b}}x + C & (b>0), \\ \frac{1}{2\sqrt{-ab}}\ln\left|\frac{\sqrt{a}x-\sqrt{-b}}{\sqrt{a}x+\sqrt{-b}}\right| + C & (b<0). \end{cases}$

23. $\int \frac{x}{ax^2+b}dx = \frac{1}{2a}\ln|ax^2+b| + C.$

24. $\int \frac{x^2}{ax^2+b}dx = \frac{x}{a} - \frac{b}{a}\int \frac{dx}{ax^2+b}.$

25. $\int \frac{x}{x(ax^2+b)}dx = \frac{1}{2b}\ln\frac{x^2}{|ax^2+b|} + C.$

26. $\int \frac{dx}{x^2(ax^2+b)} = -\frac{1}{bx} - \frac{a}{b}\int \frac{dx}{ax^2+b}.$

27. $\int \frac{dx}{(ax^2+b)^2} = \frac{x}{2b(ax^2+b)} + \frac{1}{2b}\int \frac{dx}{ax^2+b}.$

(五)含有 $ax^2+bx+c(a>0)$ 的积分

28. $\int \frac{dx}{ax^2+bx+c} = \begin{cases} \frac{2}{\sqrt{4ac-b^2}}\arctan\frac{2ax+b}{\sqrt{4ac-b^2}} + C & (b^2<4ac), \\ \frac{1}{\sqrt{b^2-4ac}}\ln\left|\frac{2ax+b-\sqrt{b^2-4ac}}{2ax+b+\sqrt{b^2-4ac}}\right| + C & (b^2>4ac). \end{cases}$

29. $\int \frac{x}{ax^2+bx+c}dx = \frac{1}{2a}\ln|ax^2+bx+c| - \frac{b}{2a}\int \frac{dx}{ax^2+bx+c}.$

(六)含有 $\sqrt{x^2+a^2}(a>0)$ 的积分

30. $\int \frac{dx}{\sqrt{x^2+a^2}} = \ln(x+\sqrt{x^2+a^2}) + C.$

31. $\int \frac{dx}{\sqrt{(x^2+a^2)^3}} = \frac{x}{a^2\sqrt{x^2+a^2}} + C.$

32. $\int \frac{x}{\sqrt{x^2+a^2}}dx = \sqrt{x^2+a^2} + C.$

33. $\int \frac{x}{\sqrt{(x^2+a^2)^3}}dx = -\frac{1}{\sqrt{x^2+a^2}} + C.$

34. $\int \frac{x^2}{\sqrt{x^2+a^2}}dx = \frac{x}{2}\sqrt{x^2+a^2} - \frac{a^2}{2}\ln(x+\sqrt{x^2+a^2}) + C.$

35. $\int \frac{x^2}{\sqrt{(x^2+a^2)^3}}dx = -\frac{x}{\sqrt{x^2+a^2}} + \ln(x+\sqrt{x^2+a^2}) + C.$

36. $\int \frac{dx}{x\sqrt{x^2+a^2}} = \frac{1}{a}\ln\frac{\sqrt{x^2+a^2}-a}{|x|} + C.$

37. $\int \frac{\mathrm{d}x}{x^2\sqrt{x^2+a^2}} = -\frac{\sqrt{x^2+a^2}}{a^2x} + C.$

38. $\int \sqrt{x^2+a^2}\,\mathrm{d}x = \frac{x}{2}\sqrt{x^2+a^2} + \frac{a^2}{2}\ln(x+\sqrt{x^2+a^2}) + C.$

39. $\int \sqrt{(x^2+a^2)^3}\,\mathrm{d}x = \frac{x}{8}(2x^2+5a^2)\sqrt{x^2+a^2} + \frac{3a^4}{8}\ln(x+\sqrt{x^2+a^2}) + C.$

40. $\int x\sqrt{x^2+a^2}\,\mathrm{d}x = \frac{1}{3}\sqrt{(x^2+a^2)^3} + C.$

41. $\int x^2\sqrt{x^2+a^2}\,\mathrm{d}x = \frac{x}{8}(2x^2+a^2)\sqrt{x^2+a^2} - \frac{a^4}{8}\ln(x+\sqrt{x^2+a^2}) + C.$

42. $\int \frac{\sqrt{x^2+a^2}}{x}\mathrm{d}x = \sqrt{x^2+a^2} + a\ln\frac{\sqrt{x^2+a^2}-a}{|x|} + C.$

43. $\int \frac{\sqrt{x^2+a^2}}{x^2}\mathrm{d}x = -\frac{\sqrt{x^2+a^2}}{x} + \ln(x+\sqrt{x^2+a^2}) + C.$

(七)含有$\sqrt{x^2-a^2}\,(a>0)$的积分

44. $\int \frac{\mathrm{d}x}{\sqrt{x^2-a^2}} = \ln\left|x+\sqrt{x^2-a^2}\right| + C.$

45. $\int \frac{\mathrm{d}x}{\sqrt{(x^2-a^2)^3}} = -\frac{x}{a^2\sqrt{x^2-a^2}} + C.$

46. $\int \frac{x}{\sqrt{x^2-a^2}}\mathrm{d}x = \sqrt{x^2-a^2} + C.$

47. $\int \frac{x}{\sqrt{(x^2-a^2)^3}}\mathrm{d}x = -\frac{1}{\sqrt{x^2-a^2}} + C.$

48. $\int \frac{x^2}{\sqrt{x^2-a^2}}\mathrm{d}x = \frac{x}{2}\sqrt{x^2-a^2} + \frac{a^2}{2}\ln\left|x+\sqrt{x^2-a^2}\right| + C.$

49. $\int \frac{x^2}{\sqrt{(x^2-a^2)^3}}\mathrm{d}x = -\frac{x}{\sqrt{x^2-a^2}} + \ln\left|x+\sqrt{x^2-a^2}\right| + C.$

50. $\int \frac{\mathrm{d}x}{x\sqrt{x^2-a^2}} = \frac{1}{a}\arccos\frac{a}{|x|} + C.$

51. $\int \frac{\mathrm{d}x}{x^2\sqrt{x^2-a^2}} = \frac{\sqrt{x^2-a^2}}{a^2x} + C.$

52. $\int \sqrt{x^2-a^2}\,\mathrm{d}x = \frac{x}{2}\sqrt{x^2-a^2} - \frac{a^2}{2}\ln\left|x+\sqrt{x^2-a^2}\right| + C.$

53. $\int \sqrt{(x^2-a^2)^3}\,\mathrm{d}x = \frac{x}{8}(2x^2-5a^2)\sqrt{x^2-a^2} + \frac{3}{8}a^4\ln\left|x+\sqrt{x^2-a^2}\right| + C.$

54. $\int x\sqrt{x^2-a^2}\,\mathrm{d}x = \frac{1}{3}\sqrt{(x^2-a^2)^3} + C.$

55. $\int x^2\sqrt{x^2-a^2}\,\mathrm{d}x = \frac{x}{8}(2x^2-a^2)\sqrt{x^2-a^2} - \frac{a^4}{8}\ln\left|x+\sqrt{x^2-a^2}\right| + C.$

56. $\int \frac{\sqrt{x^2-a^2}}{x}\mathrm{d}x = \sqrt{x^2-a^2} - a\arccos\frac{a}{|x|} + C.$

57. $\int \frac{\sqrt{x^2-a^2}}{x^2}\mathrm{d}x = -\frac{\sqrt{x^2-a^2}}{x} + \ln\left|x+\sqrt{x^2-a^2}\right| + C.$

(八)含有$\sqrt{a^2-x^2}\,(a>0)$的积分

58. $\int \frac{\mathrm{d}x}{\sqrt{a^2-x^2}} = \arcsin\frac{x}{a} + C.$

59. $\int \frac{dx}{\sqrt{(a^2-x^2)^3}} = \frac{x}{a^2\sqrt{a^2-x^2}} + C.$

60. $\int \frac{x}{\sqrt{a^2-x^2}}dx = -\sqrt{a^2-x^2} + C.$

61. $\int \frac{x}{\sqrt{(a^2-x^2)^3}}dx = \frac{1}{\sqrt{a^2-x^2}} + C.$

62. $\int \frac{x^2}{\sqrt{a^2-x^2}}dx = -\frac{x}{2}\sqrt{a^2-x^2} + \frac{a^2}{2}\arcsin\frac{x}{a} + C.$

63. $\int \frac{x^2}{\sqrt{(a^2-x^2)^3}}dx = \frac{x}{\sqrt{a^2-x^2}} - \arcsin\frac{x}{a} + C.$

64. $\int \frac{dx}{x\sqrt{a^2-x^2}} = \frac{1}{a}\ln\frac{a-\sqrt{a^2-x^2}}{|x|} + C.$

65. $\int \frac{dx}{x^2\sqrt{a^2-x^2}} = -\frac{\sqrt{a^2-x^2}}{a^2x} + C.$

66. $\int \sqrt{a^2-x^2}dx = \frac{x}{2}\sqrt{a^2-x^2} + \frac{a^2}{2}\arcsin\frac{x}{a} + C.$

67. $\int \sqrt{(a^2-x^2)^3}dx = \frac{x}{8}(5a^2-2x^2)\sqrt{a^2-x^2} + \frac{3}{8}a^4\arcsin\frac{x}{a} + C.$

68. $\int x\sqrt{a^2-x^2}dx = -\frac{1}{3}\sqrt{(a^2-x^2)^3} + C.$

69. $\int x^2\sqrt{a^2-x^2}dx = \frac{x}{8}(2x^2-a^2)\sqrt{a^2-x^2} + \frac{a^4}{8}\arcsin\frac{x}{a} + C.$

70. $\int \frac{\sqrt{a^2-x^2}}{x}dx = \sqrt{a^2-x^2} + a\ln\frac{a-\sqrt{a^2-x^2}}{|x|} + C.$

71. $\int \frac{\sqrt{a^2-x^2}}{x^2}dx = -\frac{\sqrt{a^2-x^2}}{x} - \arcsin\frac{x}{a} + C.$

(九)含有 $\sqrt{\pm ax^2+bx+c}$ $(a>0)$ 的积分

72. $\int \frac{dx}{\sqrt{ax^2+bx+c}} = \frac{1}{\sqrt{a}}\ln\left|2ax+b+2\sqrt{a}\sqrt{ax^2+bx+c}\right| + C.$

73. $$\int \sqrt{ax^2+bx+c}\,dx = \frac{2ax+b}{4a}\sqrt{ax^2+bx+c} + \frac{4ac-b^2}{8\sqrt{a^3}}$$
$$\times\ln\left|2ax+b+2\sqrt{a}\sqrt{ax^2+bx+c}\right| + C.$$

74. $$\int \frac{x}{\sqrt{ax^2+bx+c}}dx = \frac{1}{a}\sqrt{ax^2+bx+c}$$
$$-\frac{b}{2\sqrt{a^3}}\ln\left|2ax+b+2\sqrt{a}\sqrt{ax^2+bx+c}\right| + C.$$

75. $\int \frac{dx}{\sqrt{c+bx-ax^2}} = \frac{1}{\sqrt{a}}\arcsin\frac{2ax-b}{\sqrt{b^2+4ac}} + C.$

76. $$\int \sqrt{c+bx-ax^2}\,dx = \frac{2ax-b}{4a}\sqrt{c+bx-ax^2}$$
$$+\frac{b^2+4ac}{8\sqrt{a^3}}\arcsin\frac{2ax-b}{\sqrt{b^2+4ac}} + C.$$

77. $\int \frac{x}{\sqrt{c+bx-ax^2}}dx = -\frac{1}{a}\sqrt{c+bx-ax^2} + \frac{b}{2\sqrt{a^3}}\arcsin\frac{2ax-b}{\sqrt{b^2+4ac}} + C.$

(十)含有$\sqrt{\frac{a\pm x}{b\pm x}}$或$\sqrt{(x-a)(b-x)}$的积分

78. $\int\sqrt{\frac{x+a}{x+b}}\mathrm{d}x=\sqrt{(x+a)(x+b)}+(a-b)\ln(\sqrt{x+a}+\sqrt{x+b})+C.$

79. $\int\sqrt{\frac{a-x}{b-x}}\mathrm{d}x=-\sqrt{(a-x)(b-x)}+(b-a)\ln(\sqrt{a-x}+\sqrt{b-x})+C.$

80. $\int\sqrt{\frac{b-x}{x-a}}\mathrm{d}x=-\sqrt{(x-a)(b-x)}+(b-a)\arcsin\sqrt{\frac{x-a}{b-a}}+C\quad(a<b).$

81. $\int\sqrt{\frac{x-a}{b-x}}\mathrm{d}x=-\sqrt{(x-a)(b-x)}+(b-a)\arcsin\sqrt{\frac{x-a}{b-a}}+C\quad(a<b).$

82. $\int\frac{\mathrm{d}x}{\sqrt{(x-a)(b-x)}}=2\arcsin\sqrt{\frac{x-a}{b-a}}+C\quad(a<b).$

(十一)含有三角函数的积分

83. $\int\sin x\mathrm{d}x=-\cos x+C.$

84. $\int\cos x\mathrm{d}x=\sin x+C.$

85. $\int\tan x\mathrm{d}x=-\ln|\cos x|+C.$

86. $\int\cot x\mathrm{d}x=\ln|\sin x|+C.$

87. $\int\sec x\mathrm{d}x=\ln|\sec x+\tan x|+C=\ln\left|\tan\left(\frac{\pi}{4}+\frac{x}{2}\right)\right|+C.$

88. $\int\csc x\mathrm{d}x=\ln|\csc x-\cot x|+C=\ln\left|\tan\frac{x}{2}\right|+C.$

89. $\int\sec^2x\mathrm{d}x=\tan x+C.$

90. $\int\csc^2x\mathrm{d}x=-\cot x+C.$

91. $\int\sec x\tan x\mathrm{d}x=\sec x+C.$

92. $\int\csc x\tan x\mathrm{d}x=-\csc x+C.$

93. $\int\sin^2x\mathrm{d}x=\frac{x}{2}-\frac{1}{4}\sin2x+C.$

94. $\int\cos^2x\mathrm{d}x=\frac{x}{2}+\frac{1}{4}\sin2x+C.$

95. $\int\sin^nx\mathrm{d}x=-\frac{1}{n}\sin^{n-1}x\cos x+\frac{n-1}{n}\int\sin^{n-2}x\mathrm{d}x.$

96. $\int\cos^nx\mathrm{d}x=\frac{1}{n}\cos^{n-1}x\sin x+\frac{n-1}{n}\int\cos^{n-2}x\mathrm{d}x.$

97. $\int\frac{\mathrm{d}x}{\sin^nx}=-\frac{1}{n-1}\frac{\cos x}{\sin^{n-1}x}+\frac{n-2}{n-1}\int\frac{\mathrm{d}x}{\sin^{n-2}x}\quad(n\neq1).$

98. $\int\frac{\mathrm{d}x}{\cos^nx}=\frac{1}{n-1}\frac{\sin x}{\cos^{n-1}x}+\frac{n-2}{n-1}\int\frac{\mathrm{d}x}{\cos^{n-2}x}\quad(n\neq1).$

99. $\int \cos^m x \sin^n \mathrm{d}x = \frac{1}{m+n}\cos^{m-1}x\sin^{n+1}x + \frac{m-1}{m+n}\int \cos^{m-2}x\sin^n x\,\mathrm{d}x$

$= -\frac{1}{m+n}\cos^{m+1}x\sin^{n-1}x + \frac{n-1}{m+n}\int \cos^m x\sin^{n-2}x\,\mathrm{d}x.$

100. $\int \sin ax\cos bx\,\mathrm{d}x = -\frac{1}{2(a+b)}\cos(a+b)x - \frac{1}{2(a-b)}\cos(a-b)x + C \quad (a^2 \neq b^2).$

101. $\int \sin ax\sin bx\,\mathrm{d}x = -\frac{1}{2(a+b)}\sin(a+b)x + \frac{1}{2(a-b)}\sin(a-b)x + C \quad (a^2 \neq b^2).$

102. $\int \cos ax\cos bx\,\mathrm{d}x = \frac{1}{2(a+b)}\sin(a+b)x + \frac{1}{2(a-b)}\sin(a-b)x + C \quad (a^2 \neq b^2).$

103. $\int \frac{\mathrm{d}x}{a+b\sin x} = \frac{2}{\sqrt{a^2-b^2}}\arctan\frac{a\tan\frac{x}{2}+b}{\sqrt{a^2-b^2}} + C \quad (a^2 > b^2).$

104. $\int \frac{\mathrm{d}x}{a+b\sin x} = \frac{1}{\sqrt{b^2-a^2}}\ln\left|\frac{a\tan\frac{x}{2}+b-\sqrt{b^2-a^2}}{a\tan\frac{x}{2}+b+\sqrt{b^2-a^2}}\right| + C \quad (a^2 < b^2).$

105. $\int \frac{\mathrm{d}x}{a+b\cos x} = \frac{2}{a+b}\sqrt{\frac{a+b}{a-b}}\arctan\left(\sqrt{\frac{a-b}{a+b}}\tan\frac{x}{2}\right) + C \quad (a^2 > b^2).$

106. $\int \frac{\mathrm{d}x}{a+b\cos x} = \frac{1}{a+b}\sqrt{\frac{a+b}{a-b}}\ln\left|\frac{\tan\frac{x}{2}+\sqrt{\frac{a+b}{b-a}}}{\tan\frac{x}{2}-\sqrt{\frac{a+b}{b-a}}}\right| + C \quad (a^2 < b^2).$

107. $\int \frac{\mathrm{d}x}{a^2\cos^2 x + b^2\sin^2 x} = \frac{1}{ab}\arctan\left(\frac{b}{a}\tan x\right) + C.$

108. $\int \frac{\mathrm{d}x}{a^2\cos^2 x - b^2\sin^2 x} = \frac{1}{2ab}\ln\left|\frac{b\arctan x + a}{b\arctan x - a}\right| + C$

109. $\int x\sin ax\,\mathrm{d}x = \frac{1}{a^2}\sin ax - \frac{1}{a}x\cos ax + C.$

110. $\int x^2\sin ax\,\mathrm{d}x = -\frac{1}{a}x^2\cos ax + \frac{2}{a^2}x\sin ax + \frac{2}{a^3}\cos ax + C.$

111. $\int x\cos ax\,\mathrm{d}x = \frac{1}{a^2}\cos ax + \frac{1}{a}x\sin ax + C.$

112. $\int x^2\cos ax\,\mathrm{d}x = \frac{1}{a}x^2\sin ax + \frac{2}{a^2}x\cos ax - \frac{2}{a^3}\sin ax + C.$

(十二)含有反三角函数的积分(其中 $a>0$)

113. $\int \arcsin\frac{x}{a}\mathrm{d}x = x\arcsin\frac{x}{a} + \sqrt{a^2-x^2} + C.$

114. $\int x\arcsin\frac{x}{a}\mathrm{d}x = \left(\frac{x^2}{2}-\frac{a^2}{4}\right)\arcsin\frac{x}{a} + \frac{x}{4}\sqrt{a^2-x^2} + C.$

115. $\int x^2\arcsin\frac{x}{a}\mathrm{d}x = \frac{x^3}{3}\arcsin\frac{x}{a} + \frac{1}{9}(x^2+2a^2)\sqrt{a^2-x^2} + C.$

116. $\int \arccos\frac{x}{a}\mathrm{d}x = x\arccos\frac{x}{a} - \sqrt{a^2-x^2} + C.$

117. $\int x\arccos\frac{x}{a}\mathrm{d}x=\left(\frac{x^2}{2}-\frac{a^2}{4}\right)\arccos\frac{x}{a}-\frac{x}{4}\sqrt{a^2-x^2}+C.$

118. $\int x^2\arccos\frac{x}{a}\mathrm{d}x=\frac{x^3}{3}\arccos\frac{x}{a}-\frac{1}{9}(x^2+2a^2)\sqrt{a^2-x^2}+C.$

119. $\int\arctan\frac{x}{a}\mathrm{d}x=x\arctan\frac{x}{a}-\frac{a}{2}\ln(a^2+x^2)+C.$

120. $\int x\arctan\frac{x}{a}\mathrm{d}x=\frac{1}{2}(a^2+x^2)\arctan\frac{x}{a}-\frac{ax}{2}+C.$

121. $\int x^2\arctan\frac{x}{a}\mathrm{d}x=\frac{x^3}{3}\arctan\frac{x}{a}-\frac{a}{6}x^2+\frac{a^3}{6}\ln(a^2+x^2)+C.$

(十三)含有指数函数的积分

122. $\int a^x\mathrm{d}x=\frac{1}{\ln a}a^x+C.$

123. $\int \mathrm{e}^{ax}\mathrm{d}x=\frac{1}{a}\mathrm{e}^{ax}+C.$

124. $\int x\mathrm{e}^{ax}\mathrm{d}x=\frac{1}{a^2}(ax-1)\mathrm{e}^{ax}+C.$

125. $\int x^n\mathrm{e}^{ax}\mathrm{d}x=\frac{1}{a}x^n\mathrm{e}^{ax}-\frac{n}{a}\int x^{n-1}\mathrm{e}^{ax}\mathrm{d}x.$

126. $\int xa^x\mathrm{d}x=\frac{x}{\ln a}a^x-\frac{x}{(\ln a)^2}a^x+C.$

127. $\int x^na^x\mathrm{d}x=\frac{1}{\ln a}x^na^x-\frac{n}{\ln a}\int x^{n-1}a^x\mathrm{d}x.$

128. $\int \mathrm{e}^{ax}\sin bx\mathrm{d}x=\frac{1}{a^2+b^2}\mathrm{e}^{ax}(a\sin bx-b\cos bx)+C.$

129. $\int \mathrm{e}^{ax}\cos bx\mathrm{d}x=\frac{1}{a^2+b^2}\mathrm{e}^{ax}(b\sin bx+a\cos bx)+C.$

130. $\int \mathrm{e}^{ax}\sin^n bx\mathrm{d}x=\frac{1}{a^2+b^2n^2}\mathrm{e}^{ax}\sin^{n-1}bx(a\sin bx-nb\cos bx)$

$$+\frac{n(n-1)b^2}{a^2+b^2n^2}\int \mathrm{e}^{ax}\sin^{n-2}bx\mathrm{d}x.$$

131. $\int \mathrm{e}^{ax}\cos^n bx\mathrm{d}x=\frac{1}{a^2+b^2n^2}\mathrm{e}^{ax}\cos^{n-1}bx(a\cos bx+nb\sin bx)$

$$+\frac{n(n-1)b^2}{a^2+b^2n^2}\int \mathrm{e}^{ax}\cos^{n-2}bx\mathrm{d}x.$$

(十四)含有对数函数的积分

132. $\int\ln x\mathrm{d}x=x\ln x-x+C.$

133. $\int\frac{\mathrm{d}x}{x\ln x}=\ln|\ln x|+C.$

134. $\int x^n\ln x\mathrm{d}x=\frac{x^{n+1}}{n+1}\left(\ln x-\frac{1}{n+1}\right)+C.$

135. $\int(\ln x)^n\mathrm{d}x=x(\ln x)^n-n\int(\ln x)^{n-1}\mathrm{d}x.$

136. $\int x^m(\ln x)^n\mathrm{d}x=\frac{x^{m+1}}{m+1}(\ln x)^n-\frac{n}{m+1}\int x^m(\ln x)^{n-1}\mathrm{d}x.$

附录 2　概率与数理统计有关数值表

附表 1　标准正态分布函数数值表

$$\Phi(x)=\frac{1}{\sqrt{2\pi}}\int_{-\infty}^{x}\mathrm{e}^{-\frac{t^2}{2}}\mathrm{d}t=P\{X\leqslant x\}\quad \Phi(-x)=1-\Phi(x)$$

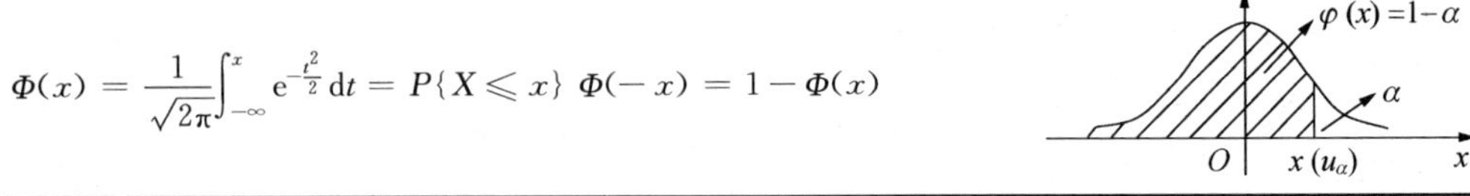

x ╲ $\Phi(x)$ ╲ x	0.00	0.01	0.02	0.03	0.04	0.05	0.06	0.07	0.08	0.09
0.0	0.5000	0.5040	0.5080	0.5120	0.5160	0.5199	0.5239	0.5279	0.5319	0.5359
0.1	0.5398	0.5438	0.5478	0.5517	0.5557	0.5596	0.5636	0.5675	0.5714	0.5753
0.2	0.5793	0.5832	0.5871	0.5910	0.5948	0.5987	0.6026	0.6064	0.6103	0.6164
0.3	0.6179	0.6217	0.6255	0.6293	0.6331	0.6368	0.6406	0.6443	0.6480	0.6517
0.4	0.6554	0.6591	0.6628	0.6664	0.6700	0.6736	0.6772	0.6808	0.6844	0.6879
0.5	0.6915	0.6950	0.6985	0.7019	0.7054	0.7088	0.7123	0.7157	0.7190	0.7334
0.6	0.7257	0.7291	0.7324	0.7357	0.7389	0.7422	0.7554	0.7486	0.7517	0.7549
0.7	0.7580	0.7611	0.7642	0.7673	0.7703	0.7734	0.7764	0.7794	0.7823	0.7852
0.8	0.7881	0.7910	0.7939	0.7967	0.7995	0.8023	0.8051	0.8078	0.8106	0.8133
0.9	0.8159	0.8186	0.8212	0.8238	0.8264	0.8289	0.8315	0.8340	0.8365	0.8389
1.0	0.8413	0.8438	0.8461	0.8485	0.8508	0.8531	0.8554	0.8577	0.8599	0.8621
1.1	0.8643	0.8665	0.8686	0.8708	0.8729	0.8749	0.8770	0.8790	0.8810	0.8830
1.2	0.8849	0.8869	0.8888	0.8907	0.8925	0.8944	0.8962	0.8980	0.8997	0.9075
1.3	0.9032	0.9049	0.9066	0.9082	0.9099	0.9115	0.9131	0.9147	0.9162	0.9177
1.4	0.9192	0.9207	0.9222	0.9236	0.9251	0.9265	0.9278	0.9292	0.9306	0.9319
1.5	0.9332	0.9345	0.9357	0.9370	0.9382	0.9394	0.9406	0.9418	0.9430	0.9441
1.6	0.9452	0.9463	0.9474	0.9484	0.9495	0.9505	0.9515	0.9525	0.9535	0.9545
1.7	0.9554	0.9564	0.9573	0.9582	0.9591	0.9599	0.9608	0.9616	0.9625	0.9633
1.8	0.9641	0.9648	0.9656	0.9664	0.9671	0.9678	0.9686	0.9693	0.9700	0.9706
1.9	0.9713	0.9719	0.9726	0.9732	0.9738	0.9744	0.9750	0.9756	0.9762	0.9767
2.0	0.9772	0.9778	0.9783	0.9788	0.9793	0.9798	0.9803	0.9808	0.9812	0.9817
2.1	0.9821	0.9826	0.9830	0.9834	0.9838	0.9842	0.9846	0.9850	0.9854	0.9857
2.2	0.9861	0.9864	0.9868	0.9871	0.9874	0.9878	0.9881	0.9884	0.9887	0.9890
2.3	0.9893	0.9896	0.9898	0.9901	0.9904	0.9906	0.9909	0.9911	0.9913	0.9916
2.4	0.9918	0.9920	0.9922	0.9925	0.9927	0.9929	0.9931	0.9932	0.9934	0.9936
2.5	0.9938	0.9940	0.9941	0.9943	0.9945	0.9946	0.9948	0.9949	0.9951	0.9952
2.6	0.9953	0.9955	0.9956	0.9957	0.9959	0.9960	0.9961	0.9962	0.9963	0.9964
2.7	0.9965	0.9966	0.9967	0.9968	0.9969	0.9970	0.9971	0.9972	0.9973	0.9974
2.8	0.9974	0.9975	0.9976	0.9977	0.9977	0.9978	0.9979	0.9979	0.9980	0.9981
2.9	0.9981	0.9982	0.9982	0.9983	0.9984	0.9984	0.9985	0.9985	0.9986	0.9986
3.0	0.9987	0.9990	0.9993	0.9995	0.9997	0.9998	0.9999	0.9999	0.9999	1.0000

注：本表最后一行自左至右依次是 $\Phi(3.0)$，…，$\Phi(3.9)$的值.

附表 2　t 分布临界值表

$P\{t(n)>t_{\alpha}(n)\}=\alpha$

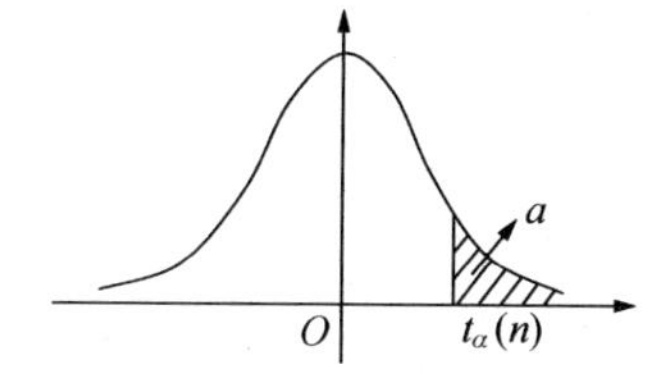

自由度(n)	临界概率(α)及其相应的临界值					
	α=0.25	0.10	0.05	0.025	0.01	0.005
1	0.0000	3.0777	6.3138	12.7062	31.8207	63.6574
2	0.8165	1.8856	2.9200	4.3027	6.9646	9.9248
3	0.7649	1.6377	2.3534	3.1824	4.5407	5.8409
4	0.7407	1.5332	2.1318	2.7764	3.7469	4.6041
5	0.7267	1.4759	2.0150	2.5706	3.3649	4.0322
6	0.7176	1.4398	1.9432	2.4469	3.4127	3.7074
7	0.7111	1.4149	1.8946	2.3646	2.9980	3.4995
8	0.7064	1.3968	1.8595	2.3060	2.8765	3.3554
9	0.7027	1.3830	1.8331	2.2622	2.8214	3.2498
10	0.6998	1.3722	1.8124	2.2281	2.7638	3.1693
11	0.6974	1.3634	1.7959	2.2010	2.7181	3.1058
12	0.6955	1.3562	1.7823	2.1788	2.6810	3.0545
13	0.6938	1.3502	1.7709	2.1604	2.6503	3.0123
14	0.6924	1.3450	1.7613	2.1448	2.6245	2.9768
15	0.6912	1.3406	1.7531	2.1315	2.6025	2.9467
16	0.6901	1.3368	1.7459	2.1199	2.5835	2.9208
17	0.6892	1.3334	1.7396	2.1098	2.5669	2.8982
18	0.6884	1.3304	1.7341	2.1009	2.5524	2.8784
19	0.6876	1.3277	1.7291	2.0930	2.5395	2.8609
20	0.6870	1.3253	1.7247	2.0860	2.5280	2.8453
21	0.6864	1.3232	1.7207	2.0796	2.5177	2.8314
22	0.6858	1.3212	1.7171	2.0739	2.5083	2.8188
23	0.6853	1.3195	1.7139	2.0687	2.4999	2.8073
24	0.6848	1.3178	1.7109	2.0639	2.4922	2.7969
25	0.6844	1.3163	1.7081	2.0595	2.4851	2.7874
26	0.6840	1.3150	1.7056	2.0555	2.4786	2.7787
27	0.6837	1.3137	1.7033	2.0518	2.4727	2.7707
28	0.6834	1.3125	1.7011	2.0484	2.4671	2.7633
29	0.6830	1.3114	1.6991	2.0452	2.4620	2.7564
30	0.6828	1.3104	1.6973	2.0423	2.4573	2.7500
31	0.6825	1.3095	1.6955	2.0395	2.4528	2.7440
32	0.6822	1.3086	1.6939	2.0369	2.4487	2.7385
33	0.6820	1.3077	1.6924	2.0345	2.4448	2.7333
34	0.6828	1.3070	1.6909	2.0322	2.4411	2.7284
35	0.6816	1.3062	1.6896	2.0301	2.4377	2.7238

附表3 χ^2 分布临界值表

$P\{\chi^2(n)>\chi^2_\alpha(n)\}=\alpha$

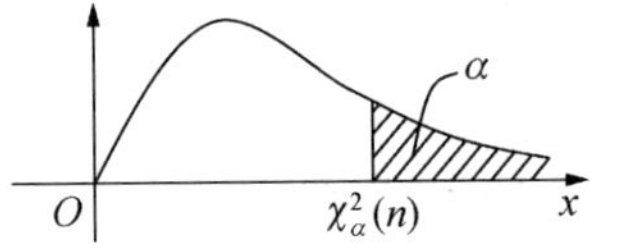

自由度 n	临界概率(α)及其相应的临界值											
	$\alpha=$ 0.995	0.99	0.975	0.95	0.90	0.75	0.25	0.10	0.05	0.025	0.01	0.005
1			0.001	0.004	0.016	0.102	1.323	2.706	3.841	5.024	6.635	7.879
2	0.010	0.020	0.051	0.103	0.211	0.575	2.773	4.605	5.991	7.378	9.210	10.597
3	0.072	0.115	0.216	0.352	0.584	1.213	4.108.	6.251	7.815	9.348	11.345	12.838
4	0.207	0.297	0.484	0.711	1.064	1.923	5.385	7.779	9.488	11.143	13.277	14.860
5	0.412	0.554	0.831	1.145	1.610	2.657	6.626	9.236	11.071	12.833	15.086	16.750
6	0.676	0.872	1.237	1.635	2.204	3.455	7.841	10.645	12.592	14.449	16.812	18.548
7	0.989	1.239	1.690	2.167	2.833	4.255	.9.037	12.017	14.067	16.013	18.475	20.278
8	1.344	1.646	2.180	2.733	3.490	5.071	10.219	13.362	15.507	17.535	20.090	21.955
9	1.735	2.088	2.700	3.325	4.168	5.899	11.389	14.684	16.919	19.023	21.666	23.589
10	2.156	2.558	3.247	3.940	4.865	6.737	12.549	15.987	18.307	20.483	23.209	25.188
11	2.603	3.053	3.816	4.575	5.578	7.584	13.701	17.275	19.675	21.920	24.725	26.757
12	3.074	3.571	4.404	5.226	6.304	8.438	14.845	18.549	21.026	23.337	26.217	28.299
13	3.565	4.107	5.009	5.892	7.042	9.299	15.984	19.812	22.362	24.736	27.688	29.819
14	4.075	4.660	5.629	6.571	7.790	10.165	17.117	21.064	23.685	26.119	29.141	31.319
15	4.601	5.229	6.262	7.261	8.547	11.037	18.245	22.307	24.996	27.488	30.578	32.801
16	5.142	5.812	6.908	7.962	9.312	11.912	19.369	23.542	26.296	28.845	32.000	34.267
17	5.697	6.408	7.564	8.672	10.085	12.792	20.489	24.769	27.587	30.191	33.409	35.718
18	6.265	7.015	8.231	9.390	10.865	13.675	21.605	25.989	28.869	31.526	34.805	37.156
19	6.844	7.633	8.907	10.117	11.651	14.652	22.718	27.204	30.144	32.852	36.191	38.582
20	7.434	8.260	9.591	10.851	12.443	15.452	23.828	28.412	31.410	34.170	37.566	39.997
21	8.034	8.897	10.283	11.591	13.240	16.344	24.935	29.615	32.671	35.479	38.932	41.401
22	8.643	9.542	10.982	12.338	14.042	17.240	26.039	30.813	33.924	36.781	40.286	42.796
23	9.260	10.196	11.689	13.091	14.848	18.137	27.141	32.007	35.172	38.076	41.638	44.181
24	9.886	10.856	12.401	13.848	15.659	19.037	28.241	33.196	36.415	39.364	42.980	45.559
25	10.520	11.524	13.120	14.611	16.473	19.939	29.339	34.382	37.652	40.646	44.314	46.928
26	11.160	12.198	13.844	15.379	17.292	20.843	30.435	35.563	38.885	41.923	45.632	48.290
27	11.808	12.879	14.573	16.151	18.114	21.749	31.528	36.741	40.113	43.194	46.963	49.645
28	12.461	13.565	15.308	16.928	18.939	22.657	32.620	37.916	41.337	44.461	48.278	50.993
29	13.121	14.257	16.047	17.708	19.768	23.567	33.711	39.087	42.557	45.722	49.588	52.336
30	13.787	14.954	16.791	18.493	20.599	24.478	34.800	40.256	43.773	46.979	50.892	53.672
31	14.458	15.655	17.539	19.281	21.434	25.390	35.887	41.422	44.958	48.232	52.199	55.003
32	15.134	16.362	18.291	20.072	22.271	26.304	36.973	42.585	46.194	49.480	53.486	56.328
33	15.815	17.074	19.047	20.865	23.110	27.219	38.058	43.745	47.400	50.725	54.776	57.648
34	16.501	17.789	19.806	21.664	23.952	28.136	39.141	44.903	48.602	51.966	56.061	58.964
35	17.192	18.509	20.569	22.465	24.794	29.054	40.223	46.059	49.802	53.203	57.342	60.275
36	17.887	19.233	21.336	23.269	25.643	29.973	41.304	47.212	50.998	54.437	58.619	61.586
37	18.586	19.960	22.106	24.075	26.492	30.893	42.383	48.363	52.192	55.668	59.892	62.883
38	19.298	20.691	22.878	24.884	27.343	31.815	43.462	49.513	53.384	56.896	61.162	64.181
39	19.996	21.426	23.654	25.695	28.196	32.737	44.539	50.660	54.572	58.120	62.468	65.476
40	20.707	22.164	24.433	26.509	29.051	33.660	45.616	51.805	55.758	59.342	63.691	66.766

习题部分参考答案

第一章

习题 1-1

1. (1) $\left(-\infty,\frac{1}{2}\right)\cup\left(\frac{1}{2},+\infty\right)$； (2) $\left[-\frac{5}{3},+\infty\right)$；

(3) $(-\infty,1)\cup(2,+\infty)$； (4) $D=\left\{x\,\middle|\,x\in\mathbf{R},x\neq\frac{1}{2}k\pi+\frac{\pi}{4},k\in\mathbf{Z}\right\}$；

(5) $[-2,1)\cup(1,+\infty)$； (6) $D=\left\{x\,\middle|\,x\in\mathbf{R},x\neq k\pi+\frac{\pi}{2},k\in\mathbf{Z}\right\}$.

2. $1,3,\frac{3+x}{1-x},\frac{2-x}{2+x}$.

3. 5,0,5.

4. (1) $y=\frac{x-2}{3}$； (2) $y=1+\ln x$； (3) $y=\sqrt[3]{x-1}$.

5. (1) 偶； (2) 偶； (3) 奇； (4) 奇.

6. (1) 单调减少； (2) 单调增加.

7. (1) $y=\cos u,u=3x$； (2) $y=\sqrt{v},v=4x-1$；

(3) $y=\ln u,u=\sin x$； (4) $y=u^4,u=2+\tan x$.

8. $V=\pi\left(R^2-\frac{h^2}{4}\right)h$.

习题 1-2

1. (1) 0； (2) 1； (3) 2； (4) 0.

2. (1) 0； (2) 0； (3) 0.

3. (1) 1； (2) 0； (3) 4.

4. $\lim\limits_{x\to0^-}f(x)=-1,\lim\limits_{x\to0^+}f(x)=-1;\lim\limits_{x\to0}f(x)$不存在.

5. (1) 4； (2) 8； (3) 2； (4) 0.

6. (1) 3； (2) 2； (3) e^{-2}； (4) $e^{\frac{1}{2}}$.

7. 10^6.

8. 100.

习题 1-3

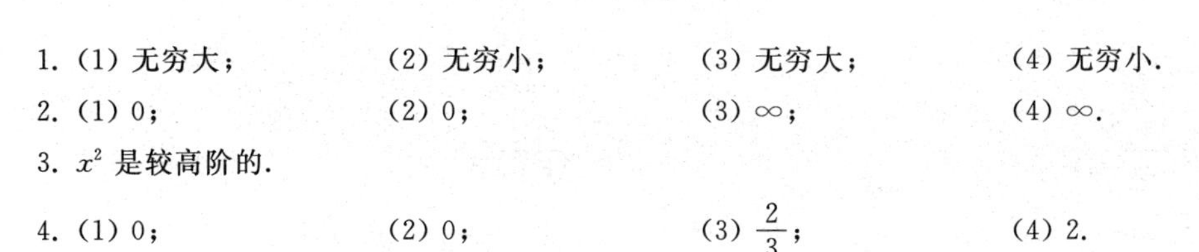

1. (1) 无穷大； (2) 无穷小； (3) 无穷大； (4) 无穷小.

2. (1) 0； (2) 0； (3) ∞； (4) ∞.

3. x^2 是较高阶的.

4. (1) 0； (2) 0； (3) $\frac{2}{3}$； (4) 2.

习 题 1-4

1. (1) 连续； (2) 不连续； (3) 不连续； (4) 不连续.
2. (1) $x=2,x=3$； (2) $x=0$.
3. (1) 2； (2) -1； (3) $2x$； (4) ∞.

复 习 题 一

1. $5,3,9,x^2-5x+9$.
2. 0,1,2.
3. (1) $(-\infty,-1)\cup(-1,1)\cup(1,+\infty)$； (2) $(-\infty,2]\cup[3,+\infty)$；
   (3) $(1,2)$； (4) $\{x\mid x\neq 2k\pi+\pi,x\geqslant -3,k\in\mathbf{Z}\}$.
4. (1) 奇； (2) 偶； (3) 偶； (4) 奇.
5. (1) 2； (2) 0； (3) $\frac{2}{3}$； (4) 0；
   (5) $-\frac{1}{2}$. (6) 0； (7) 3； (8) 0；
   (9) 1； (10) e^2； (11) e^2； (12) e^{-2}.
6. 连续.
7. $x=-1$ 连续，$x=1$ 连续.

第 二 章

习 题 2-1

1. (1) -2； (2) -4.
2. $f'(x)=2ax+b,f'(0)=b,f'(-1)=-2a+b$.
3. (1) 1.5； (2) $6.4,-3.4$.
4. $12x-y-16=0;x+12y-98=0$.
5. $\left(\frac{\pi}{2},1\right),(0,0)$.
6. $a=2,b=-1$.

习 题 2-2

1. (1) $1-\frac{1}{3}\sec^2 x$； (2) $\frac{2x}{(1-x^2)^2}$；
   (3) $\cot x-x\csc^2 x$； (4) $2\sqrt{2}x\sec x+\sqrt{2}x^2\sec x\tan x$；
   (5) $\frac{2}{3}x^{-\frac{1}{3}}$； (6) $\tan x+x\sec^2 x+2\csc x\cot x$；
   (7) $-\frac{6x^2}{(x^3-1)^2}$； (8) $\frac{1}{1+\sin 2t}$；
   (9) $2x-\frac{5}{2}x^{-\frac{7}{2}}-3x^{-4}$； (10) $-\frac{x+1}{2x\sqrt{x}}$；
   (11) $-\frac{3}{(x-4)^2}$； (12) $\frac{2}{(1-x)^2}$；
   (13) $2x\cot x-x^2\csc^2 x-2\csc x\cot x$； (14) $-\frac{1}{(x-1)^2}-14x$；

(15) $\frac{1}{2\sqrt{x}}\tan x+\sqrt{x}\sec^2 x$；　　(16) $\frac{5}{2}x^{\frac{3}{2}}+\frac{9}{2}x^{\frac{1}{2}}-1+\frac{1}{2\sqrt{x}}$.

2. (1) $-\frac{2x}{1-x^2}$；　　(2) $-\frac{1}{3}\csc^2\frac{x}{3}$；

(3) $-\frac{x}{\sqrt{a^2-x^2}}$；　　(4) $-\sin x\tan 2x+2\cos x\sec^2 2x$；

(5) $\frac{\cos x}{x}-\frac{\sin x}{x^2}+\frac{1}{2}\sin 2x$；　　(6) $\frac{2x(x+1)\cos x^2-\sin x^2}{(x+1)^2}$；

(7) $-2\csc^2 2x-2\sec^2 x\tan x$；　　(8) $-\frac{3}{2}\sin\frac{3x+1}{2}$；

(9) $\frac{3\sec^3(\ln x)\cdot\tan(\ln x)}{x}$；　　(10) $\frac{2x+x^3}{(1+x^2)^{\frac{3}{2}}}$.

3. (1) $-2,\pi$；　　(2) $-1,-\frac{1}{9}$；　　(3) $1,-3$；　　(4) $-1,-1$.

(5) -1；　　(6) $-\frac{24}{5}$；　　(7) $\frac{4}{3}\sqrt{3}$；　　(8) $\frac{\sqrt{2}}{2e}$.

4. (1) $6x+4$；　　(2) $5+2\ln x-\frac{2}{x^2}$；

(3) $2\sin\frac{x}{2}+2x\cos\frac{x}{2}-\frac{1}{4}(1+x^2)\sin\frac{x}{2}$；　　(4) $\frac{2}{x}(\ln x+1)$；

(5) $-2\cos 2x\ln x-\frac{\cos^2 x}{x}-\frac{2\sin 2x}{x}$；　　(6) $4(\ln 3)^2\cdot 3^{2x}$；

(7) $-\frac{1}{x^2}$；　　(8) $e^{2x}(4\cos x+3\sin x)$；

(9) $4e^{2x}+2e(2e-1)x^{2e-2}$；　　(10) $e^x\left(\frac{1}{x}-\frac{2}{x^2}+\frac{2}{x^3}\right)$.

5. $2x+y-3=0$.

6. $x+9y-9=0$；$9x-y-\frac{79}{3}=0$.

7. $k=-1,\left(-\frac{1}{3},-1\frac{5}{27}\right),(-1,0)$.

8. (1) $V=v_0-gt$；　　(2) $\frac{v_0}{g}$.

9. $\frac{2}{(0.05t+1)^2}$ ℃/h.

10. 0.

习 题 2-3

1. (1) $\frac{x}{y}$；　　(2) $\frac{\cos y-\cos(x+y)}{x\sin y+\cos(x+y)}$；

(3) $-\frac{ye^x}{e^x+\frac{1}{y}}$；　　(4) $\frac{x+y}{x}$；

(5) $-\frac{e^y}{1+xe^y}$；　　(6) $\frac{y^2-4xy}{2x^2-2xy+3y^2}$.

2. (1) $\frac{(3-x)^4\cdot\sqrt{x+2}}{(x+5)^5}\left(\frac{1}{2(x+2)}+\frac{4}{x-3}-\frac{5}{x+5}\right)$；

(2) $\frac{\ln y-\frac{y}{x}}{\ln x-\frac{x}{y}}$；

(3) $\sqrt[5]{\dfrac{2x+3}{\sqrt[3]{x^2+1}}}\left(\dfrac{2}{5(2x+3)}-\dfrac{2x}{15(x^2+1)}\right)$；

(4) $\left(\dfrac{x}{1+x}\right)^x\left(1+\ln x-\ln(1+x)-\dfrac{x}{x+1}\right)$.

3. (1) $\dfrac{2xy}{3y^2-x^2}$；　(2) $\dfrac{\cos(x+y)}{1-\cos(x+y)}$.

4. $-\dfrac{1}{e}$.

5. (1) $\dfrac{3t^2-1}{2t}$；　(2) $\sec t$.

6. $-\dfrac{(1-\sqrt{3})^2}{2}$.

7. $8x+y-24=0$；$x-8y+127=0$.

8. (1) $\dfrac{v_0\sin\alpha-gt}{v_0\cos\alpha}$；

(2) $v=\sqrt{v_x^2+v_y^2}=\sqrt{\left(\dfrac{dx}{dt}\right)^2+\left(\dfrac{dy}{dt}\right)^2}=\sqrt{v_0^2-2v_0gt\sin\alpha+(gt)^2}$.

习 题 2-4

1. (1) $\Delta y=0.04, dy=0.04$；　(2) $\Delta y=-0.0199, dy=-0.02$.

2. (1) $\left(-\dfrac{1}{x^2}+\dfrac{1}{\sqrt{x}}\right)dx$；　(2) $(\sin 2x+2x\cos 2x)dx$；

(3) $\dfrac{2\ln(1-x)}{x-1}dx$；　(4) $-2e^{-2x}[\cos(3+2x)+\sin(3+2x)\}dx$；

(5) $2e^{\sin 2x}\cos 2x dx$；　(6) $\dfrac{1}{x\ln x}dx$；

(7) $-3\sin 3x dx$；　(8) $-4\tan(1-2x)\sec^2(1-2x)dx$；

(9) $2(3x^3+2x^2-5x)(9x^2+4x-5)dx$；　(10) $2(e^x+e^{-x})(e^x-e^{-x})dx$；

(11) $(2xe^{x^2}\sin 2x+2e^{x^2}\cos 2x)dx$；　(12) $-4\tan 2x dx$；

(13) $-12x^2\sec^2(1-2x^3)\tan(1-2x^3)dx$；　(14) $\left(-\sin x-\dfrac{3}{3x+2}\right)dx$；

(15) $5^{\ln\tan x}\ln 5\cdot\cot x\cdot\sec^2 x dx$；　(16) $-10x(a^2-x^2)^4dx$.

3. (1) $5x+C$；　(2) $\dfrac{x^3}{3}+C$；　(3) $-\dfrac{1}{\omega}\cos\omega x+C$；　(4) $\ln(x-1)+C$；

(5) $e^{x^2}+C$；　(6) $\dfrac{1}{2x+3}$；　(7) $-\dfrac{1}{2}e^{-2x}+C$；　(8) $\sin 2x$.

4. (1) -0.0075；　(2) -0.02.

5. (1) 1.006；　(2) 0.017；　(3) 0.02；　(4) 0.02.

6. 130.

7. 39.25.

复 习 题 二

1. (1)×；　(2)×；　(3)√；　(4)×；　(5)×；　(6)×.

2. (1)D；　(2)B；　(3)B；　(4)A；　(5)C；　(6)C；　(7)B；　(8)C.

3. (1) $y-y_0=f'(x_0)(x-x_0)$；$y-y_0=-\dfrac{1}{f'(x_0)}(x-x_0)(f'(x_0)=0)$；

(2) $f'(x_0)\Delta x$；　(3) $-\sqrt{3}$；　(4) 0；　(5) -1；

(6) 50 米/秒,5 秒.

4. (1) $1+\dfrac{3}{2x\sqrt{x}}+\dfrac{6}{x^2}$; (2) $\dfrac{2}{(1-t)^2}$;

(3) $\sec x$; (4) $-\cot x\cdot\csc^2 x-\tan x$;

(5) $-\dfrac{2}{3}x(1+x^2)^{-\frac{4}{3}}$; (6) $4\sec^2 2x\cdot\tan 2x-3\mathrm{e}^{-3x}$;

(7) $-\dfrac{1}{x^2}\mathrm{e}^{\tan\frac{1}{x}}\left(\sec\dfrac{1}{x}\cdot\tan\dfrac{1}{x}+\cos\dfrac{1}{x}\right)$; (8) $\dfrac{1}{4(1+x)}+\dfrac{1}{4(1-x)}$;

(9) $\dfrac{4x}{\sqrt{1-(2x^2-1)^2}}$; (10) $-\dfrac{1}{2\sqrt{x(1-x)}}$;

(11) 0; (12) $2\mathrm{e}^{2x}-\dfrac{2x}{1+x^4}$.

5. (1) $(a^3\sin 2ax-b^3\sin 2bx)\mathrm{d}x$; (2) $\dfrac{6x^2}{(x^3+1)^2}\mathrm{d}x$;

(3) $\dfrac{3^{\ln 2x}\ln 3}{x}\mathrm{d}x$; (4) $-\dfrac{4}{(1+2x)\ln^3(1+2x)}\mathrm{d}x$;

(5) $\left(\dfrac{\mathrm{e}^x}{1+\mathrm{e}^{2x}}-\dfrac{1}{x^2+1}\right)\mathrm{d}x$; (6) $x^x(1+\ln x)\mathrm{d}x$.

6. (1) $2\mathrm{e}^x+x\mathrm{e}^x=(2+x)\mathrm{e}^x$; (2) $2\csc^2 x\cot x$;

(3) $6x\ln x+5x$; (4) $\dfrac{1}{(x^2-1)\sqrt{1-x^2}}$.

7. $1-\dfrac{a}{\sqrt{\mathrm{e}}},\dfrac{a^2}{\sqrt{\mathrm{e}}}$.

8. (1) $1,\dfrac{7}{2}$; (2) $-\dfrac{16}{\pi^3}$; (3) $0,\pi$; (4) $\dfrac{3}{25},\dfrac{17}{15}$.

9. (1) $\dfrac{ay-x^2}{y^2-ax}$; (2) $\dfrac{\mathrm{e}^y}{1-x\mathrm{e}^y}$;

(3) $\dfrac{\sec^2(x-y)}{1+\sec^2(x-y)}$; (4) $\dfrac{\ln y-\dfrac{y}{x}}{\ln x-\dfrac{x}{y}}$.

10. (1) $\dfrac{\cos t-t\sin t}{1-\sin t-t\cos t}$; (2) $-\dfrac{3\mathrm{e}^t+1}{3\mathrm{e}^{-t}}$.

11. $2x-y-2=0$ 或 $2x-y+2=0$.

12. 2.23.

第 三 章

习 题 3-2

(1) 3; (2) $\dfrac{m}{n}a^{m-n}$; (3) 0; (4) $+\infty$;

(5) $\dfrac{1}{2}$; (6) 1; (7) e^2; (8) e^{-1};

(9) 1; (10) 1; (11) 1; (12) 1.

习 题 3-3

1. (1) 函数 $f(x)$在$(-\infty,0)$内单调减少,在$(0,+\infty)$内单调增加;

(2) 在$(-\infty,1)$和$(2,+\infty)$内单调增加,在$(1,2)$内单调减少;

(3) 在$(0,100)$内单调增加，在$(100,+\infty)$内单调减少；

(4) 在$(0,+\infty)$内单调增加，在$(-1,0)$内单调减少；

(5) 在$(-\infty,-2)$和$(0,+\infty)$内单调增加，在$(-2,-1)$和$(-1,0)$内单调减少；

(6) 在$(-\infty,+\infty)$内单调减少；

(7) 函数$f(x)$在$(-\infty,0)$内单调减少，在$(0,+\infty)$内单调增加；

(8) 函数在$(-\infty,-1)$和$(3,+\infty)$内单调增加，在$(-1,3)$内单调减少.

3. (1) 极大值$f\left(\frac{1}{2}\right)=\frac{9}{4}$；

(2) 极小值$f(2)=-6$，极大值$y|_{x=-1}=21$；

(3) 极大值$y|_{x=1}=1$，极小值$f(-1)=-1$；

(4) 极小值$f(e^{-\frac{1}{2}})=-\frac{1}{2e}$；

(5) 极大值$f(1)=10$，极小值$f(5)=-22$；

(6) 极大值$f(0)=2$，极小值$f(-1)=f(1)=1$；

(7) 无极值点，无极值；

(8) 极大值$f\left(\frac{3}{4}\right)=\frac{5}{4}$；

(9) 极大值$f(0)=-1$；

(10) 无极值；

(11) 极大值$f(1)=1$，$x=0$和$x=2$为极小值点，其极小值$f(0)=f(2)=0$；

(12) 极大值$f(1)=10$，极小值$f(5)=-22$.

4. (1) 极大值$f\left(\frac{\pi}{4}\right)=\sqrt{2}$，极小值$f\left(\frac{5\pi}{4}\right)=-\sqrt{2}$；

(2) 极大值$f(\pi)=\frac{3}{2}$.

习题 3-4

1. (1) 最大值$f(0.01)=f(100)=100.01$，最小值$f(1)=2$；

(2) 最小值$f(0)=-1$，最大值$f(4)=\frac{3}{5}$；

(3) 最大值$f(1)=0$，最小值$f(e^{-2})=-\frac{2}{e}$；

(4) 最大值$f(-2)=26$，最小值$f(-5)=f(4)=-82$；

(5) 最大值$f(2)=\ln 5$，最小值$f(0)=0$；

(6) 最大值$f(4)=6$，最小值$f(0)=0$；

(7) 最大值$f(\pm 2)=13$，最小值$f(\pm 1)=4$；

(8) 最大值$f(4)=80$，最小值$f(-1)=-5$.

3. 底边长$=\sqrt[3]{2V}$，高$=\sqrt[3]{\frac{V}{4}}$时材料最省.

4. $\frac{1}{2}$.

5. $h:b=\sqrt{2}$时强度最大。提示：若以S表示强度，则$S=kbh^2$，其中$k>0$为比例常数，由于$h^2+b^2=d^2$，有$S(b)=kb(d^2-b^2)$，$b\in(0,d)$.

6. 在距O为12 km处上岸，提示：设送信人在距O处x km处上岸，所费时间为t小时，则$t=\frac{\sqrt{x^2+9^2}}{4}+\frac{15-x}{5}$.

习 题 3-5

1. (1) 在$(-\infty,+\infty)$内都是凹的,无拐点;

   (2) 在$(-\infty,4)$内是凹的,在$(4,+\infty)$内是凸的,拐点$(4,2)$;

   (3) 在$(-\infty,0)\cup\left(\frac{2}{3},+\infty\right)$内曲线是凹的,在$\left(0,\frac{2}{3}\right)$内曲线是凸的,拐点$(0,1)$,$\left(\frac{2}{3},\frac{11}{27}\right)$;

   (4) 在$(-\infty,-2)$内是凸的,在$(-2,+\infty)$内是凹的,拐点$(-2,-2e^{-2})$.

2. $a=-\frac{3}{2},b=\frac{9}{2}$.

3. (1) 水平渐近线 $y=\pm\frac{\pi}{2}$;

   (2) 水平渐近线 $y=1$,垂直渐近线 $x=\pm1$;

   (3) 水平渐近线 $y=0$;

   (4) 水平渐近线 $y=0$,垂直渐近线 $x=b$;

   (5) 水平渐近线 $y=1$,垂直渐近线 $x=-3$;

   (6) 垂直渐近线 $x=0$.

复 习 题 三

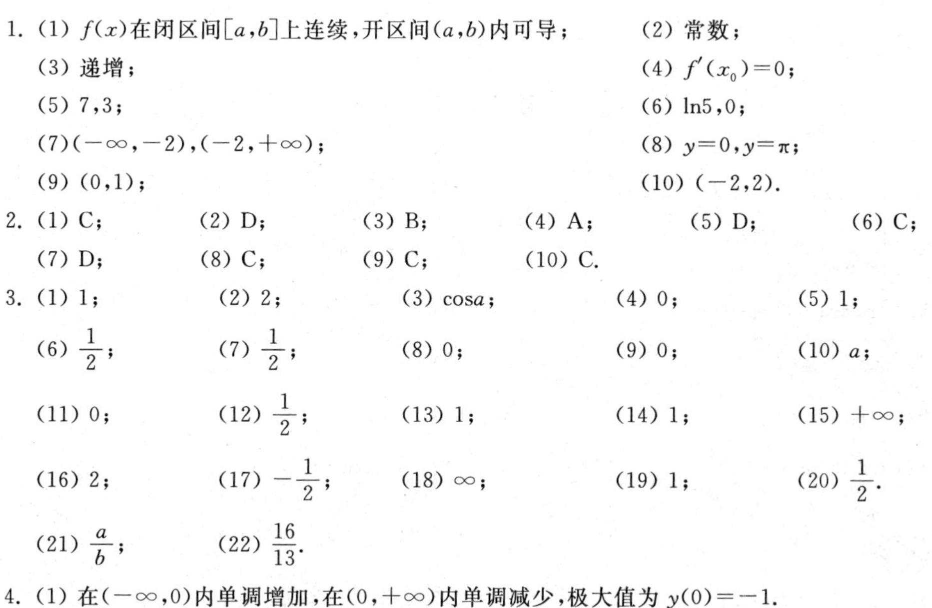

1. (1) $f(x)$在闭区间$[a,b]$上连续,开区间(a,b)内可导;　(2) 常数;

   (3) 递增;　(4) $f'(x_0)=0$;

   (5) 7,3;　(6) ln5,0;

   (7) $(-\infty,-2)$,$(-2,+\infty)$;　(8) $y=0,y=\pi$;

   (9) $(0,1)$;　(10) $(-2,2)$.

2. (1) C;　(2) D;　(3) B;　(4) A;　(5) D;　(6) C;

   (7) D;　(8) C;　(9) C;　(10) C.

3. (1) 1;　(2) 2;　(3) $\cos a$;　(4) 0;　(5) 1;

   (6) $\frac{1}{2}$;　(7) $\frac{1}{2}$;　(8) 0;　(9) 0;　(10) a;

   (11) 0;　(12) $\frac{1}{2}$;　(13) 1;　(14) 1;　(15) $+\infty$;

   (16) 2;　(17) $-\frac{1}{2}$;　(18) ∞;　(19) 1;　(20) $\frac{1}{2}$.

   (21) $\frac{a}{b}$;　(22) $\frac{16}{13}$.

4. (1) 在$(-\infty,0)$内单调增加,在$(0,+\infty)$内单调减少,极大值为 $y(0)=-1$.

   (2) 定义域为$[0,4]$,在$(0,3)$内单调增加,在$(3,4)$内单调减少,极大值为 $y(3)=3\sqrt{3}$.

   (3) 在$\left(\frac{1}{2},+\infty\right)$内单调增加,在$\left(0,\frac{1}{2}\right)$内单调减少,极小值为 $y\left(\frac{1}{2}\right)=\frac{1}{2}+\ln2$.

   (4) 在$\left(-\infty,\frac{1}{2}\right)$内单调减少,在$\left(\frac{1}{2},+\infty\right)$内单调增加,极小值为 $y\left(\frac{1}{2}\right)=-\frac{27}{16}$.

   (5) 在$(-\infty,2)$内单调增加,在$(2,+\infty)$内单调减少,极大值为 $y(2)=1$;

   (6) 在$(0,+\infty)$内单调增加,在$(-\infty,0)$内单调减少,极小值为 $y(0)=0$.

5. (1) 凸区间为$(-\infty,2)$内,凹区间$(2,+\infty)$,拐点为$(2,2-e^2)$.

   (2) 凸区间为$\left(-\frac{\sqrt{3}}{3},\frac{\sqrt{3}}{3}\right)$,凹区间为$\left(-\infty,-\frac{\sqrt{3}}{3}\right)\cup\left(\frac{\sqrt{3}}{3},+\infty\right)$,拐点为$\left(-\frac{\sqrt{3}}{3},\frac{3}{4}\right)$和$\left(\frac{\sqrt{3}}{3},\frac{3}{4}\right)$.

   (3) 凸区间为$(-\infty,1)$内,凹区间为$(1,+\infty)$,拐点为$(1,-2)$.

（4）凸区间为$(0,1)\cup(e^2,+\infty)$内，凹区间为$(1,e^2)$，拐点为(e^2,e^2).

7. $a=1,b=3,c=0,d=2$.

9. 最小值为0，最大值为20.

10. 长为18，宽为12时用料最省.

第四章

习题 4-1

1. （1）$\frac{1}{3}e^{3x}$；（2）$\frac{5^x}{\ln 5}$；（3）$\sin x-\cos x$；（4）$\frac{1}{4}x^4$.

2. （1）$-\cot x+C$；（2）$\frac{1}{2}x^2+C$；（3）$\tan x+C$；
（4）$3x+\sin x+C$；（5）$-\frac{1}{x}+C$；（6）$\frac{1}{4}x^4+C$.

3. （1）$x^3e^x(\sin x+\cos^3 x)+C$；（2）$\frac{1}{\sqrt{x}}dx$；
（3）$\sin x+\cos x$；（4）$e^x\arcsin x+C$.

4. $y=\ln x+1$.

5. $s=t^3+\sin t+10-\pi^3$.

习题 4-2

1. （1）$2x-\frac{5}{\ln 2-\ln 3}\left(\frac{2}{3}\right)^x+C$；（2）$-\frac{2}{3x\sqrt{x}}+C$；
（3）$\frac{3^x e^x}{1+\ln 3}+C$；（4）$x-\arctan x+C$；
（5）$3\arctan x-2\arcsin x+C$；（6）$e^x-2\sqrt{x}+C$；
（7）$\tan x-\cot x+C$；（8）$\frac{1}{2}(x-\sin x)+C$；
（9）$\sin x-\cos x+C$；（10）$-\cot x-2x+C$；
（11）$\tan x-\sec x+C$；（12）$\frac{1}{2}(\tan x+x)+C$；
（13）$\frac{1}{3}x^3+2x-\frac{1}{x}+C$；（14）$\frac{1}{3}x^3-x+2\arctan x+C$；
（15）$\frac{2}{3}x\sqrt{x}-2x+C$；（16）$\ln|x|+2\arctan x+C$；
（17）$-\cot x-\tan x+C$；（18）$\frac{4}{7}x^{\frac{7}{4}}+4x^{-\frac{1}{4}}+C$；
（19）$\arcsin x+C$；（20）$2\arcsin x+C$.

习题 4-3

1. （1）$-\frac{1}{2}$；（2）$\frac{1}{2}$；（3）$-\frac{1}{6}$；（4）-2；
（5）$-\frac{1}{4}$；（6）$-\frac{1}{2}$；（7）$-\frac{1}{5}$；（8）-2；
（9）$\frac{1}{3}$；（10）$\frac{1}{2}$；（11）-1；（12）2；

(13) $-\frac{2}{3}$； (14) -1； (15) $-\frac{1}{2}$； (16) $\frac{1}{2}$.

2. (1) $\frac{(2x+1)^{11}}{22}+C$； (2) $\frac{1}{2}e^{x^2+1}+C$；

(3) $-\frac{3}{4}\ln|1-x^4|+C$； (4) $-\frac{1}{a}\cos ax-be^{\frac{x}{b}}+C$；

(5) $-2\cos\sqrt{t}+C$； (6) $\ln|\ln\ln x|+C$；

(7) $\ln\left|\frac{x-2}{x-1}\right|+C$； (8) $\frac{1}{3}\sin\frac{3}{2}x+\sin\frac{x}{2}+C$；

(9) $\tan x+\frac{2}{3}\tan^3x+\frac{1}{5}\tan^5x+C$； (10) $\frac{1}{7}\sec^7x-\frac{2}{5}\sec^5x+\frac{1}{3}\sec^3x+C$；

(11) $\frac{3}{8}x+\frac{1}{4}\sin 2x+\frac{1}{32}\sin 4x+C$； (12) $\frac{x}{2}+\frac{1}{4\omega}\sin 2(\omega x+\varphi)+C$；

(13) $\frac{1}{11}\tan^{11}x+C$； (14) $\arcsin\frac{2x-1}{\sqrt{5}}+C$；

(15) $\frac{1}{15}(3x+1)^{\frac{5}{3}}+\frac{1}{3}(3x+1)^{\frac{2}{3}}+C$； (16) $-\frac{1}{2}e^{-2t}+C$；

(17) $\frac{1}{10}\left(\frac{x}{2}+5\right)^{20}+C$； (18) $\frac{1}{2}\ln\left|\frac{x+1}{x-1}\right|+C$；

(19) $\frac{2}{3}\ln(x+1)\sqrt{\ln(x+1)}+C$； (20) $\ln|\sin x|+C$；

(21) $\arcsin e^x+C$； (22) $\frac{1}{2}\ln(x^2+9)+\arctan\frac{x}{3}+C$；

(23) $x-2\sqrt{1+x}+2\ln(1+\sqrt{1+x})+C$； (24) $\frac{1}{2}\sin(x^2)+C$；

(25) $x-\ln(1+e^x)+C$； (26) $\ln\frac{\sqrt{1+e^x}-1}{\sqrt{1+e^x}+1}+C$；

(27) $\ln\left|\sqrt{x^2-a^2}+x\right|+C$； (28) $-\frac{\sqrt{4-x^2}}{4x}+C$；

(29) $-\frac{x}{2}\sqrt{9-x^2}+\frac{9}{2}\arcsin\frac{x}{3}+C$； (30) $-\frac{1}{\arcsin x}+C$；

(31) $(\arctan\sqrt{x})^2+C$； (32) $-\frac{1}{x\ln x}+C$.

习 题 4-4

(1) $\frac{1}{2}x\sin 2x+\frac{1}{4}\cos 2x+C$； (2) $-\frac{1}{2}e^{-2x}\left(x^2+x+\frac{1}{2}\right)+C$；

(3) $-\frac{1}{x}(\ln x+1)+C$； (4) $\frac{x^2}{2}\operatorname{arccot}x+\frac{x}{2}-\frac{1}{2}\arctan x+C$；

(5) $x\ln(1+x^2)-2x+2\arctan x+C$； (6) $e^{-x}\left(-\frac{1}{5}\sin 2x-\frac{2}{5}\cos 2x\right)+C$；

(7) $\frac{1}{2}e^x(\sin x-\cos x)+C$； (8) $2(\sqrt{x}-1)e^{\sqrt{x}}+C$；

(9) $\frac{x}{2}(\cos\ln x+\sin\ln x)+C$； (10) $-\frac{1}{4}x\cos 2x+\frac{1}{8}\sin 2x+C$；

(11) $-\frac{4}{5}e^{-x}\left(\sin\frac{x}{2}+\frac{1}{2}\cos\frac{x}{2}\right)+C$； (12) $-\frac{1}{x}(\ln^3x+3\ln^2x+6\ln x+6)+C$；

(13) $x\ln^2x-2x\ln x+2x+C$； (14) $\frac{1}{2}e^x-\frac{1}{5}e^x\sin 2x-\frac{1}{10}e^x\cos 2x+C$；

(15) $\frac{x^2}{2}\arcsin x+\frac{x}{4}\sqrt{1-x^2}-\frac{1}{4}\arcsin x+C$；

(16) $x(\arcsin x)^2+2\sqrt{1-x^2}\arcsin x-2x+C$；

(17) $x\sin x+\cos x+C$；

(18) $\frac{1}{5}e^x(\sin 2x-2\cos 2x)+C$；

(19) $-\frac{1}{2}\left(x^2-\frac{3}{2}\right)\cos 2x+\frac{x}{2}\sin 2x+C$；

(20) $3e^{\sqrt[3]{x}}(\sqrt[3]{x^2}-2\sqrt[3]{x}+2)+C$.

习 题 4-5

(1) $2\ln|2x-3|+C$；

(2) $\ln\left|\frac{x}{x+1}\right|+C$；

(3) $-\frac{2}{x+1}+C$；

(4) $\frac{1}{2}\ln(x^2+2x+5)-\frac{1}{2}\arctan\frac{x+1}{2}+C$；

(5) $\ln|(x-1)(x-2)|+C$；

(6) $\frac{1}{2}\ln|x|-\ln|x+1|+\frac{1}{2}\ln|x+2|+C$；

(7) $\ln|x|-\frac{1}{2}\ln(x^2+1)+C$；

(8) $\frac{1}{2}\ln|x^2+2x-3|+C$；

(9) $\ln|x|-\frac{1}{x}-\ln|x-1|+C$；

(10) $\frac{1}{2}\ln|x+1|+\frac{1}{4}\ln(1+x^2)-\frac{1}{2}\arctan x+C$.

习 题 4-6

(1) $\frac{1}{16}\left(\ln|4x+3|+\frac{3}{4x+3}\right)+C$.

(2) $\frac{1}{\sqrt{3}}\ln\frac{|\sqrt{3+5x}-\sqrt{3}|}{\sqrt{3+5x}+\sqrt{3}}+C=\frac{\sqrt{3}}{3}\ln\frac{|\sqrt{3+5x}-\sqrt{3}|}{\sqrt{3+5x}+\sqrt{3}}+C$.

(3) $\frac{2}{\sqrt{3}}\arctan\frac{2x+1}{\sqrt{3}}+C=\frac{2\sqrt{3}}{3}\arctan\frac{\sqrt{3}(2x+1)}{3}+C$.

(4) $\frac{2}{\sqrt{5}}\arctan\left(\sqrt{5}\tan\frac{x}{2}\right)+C=\frac{2\sqrt{5}}{5}\arctan\left(\sqrt{5}\tan\frac{x}{2}\right)+C$.

(5) $\frac{1}{2}\ln\left|\frac{3x}{2+\sqrt{9x^2+4}}\right|+C$.

(6) $\frac{x}{4(2+7x^2)}+\frac{1}{4\sqrt{14}}\arctan\frac{\sqrt{14}}{2}x+C=\frac{x}{4(2+7x^2)}+\frac{\sqrt{14}}{56}\arctan\frac{\sqrt{14}}{2}x+C$.

(7) $\frac{1}{4}\cos^3 x\sin x+\frac{3x}{8}+\frac{3}{16}\sin 2x+C$.

(8) $\frac{1}{12}x^3-\frac{25}{16}x+\frac{125}{32}\arctan\frac{2x}{5}+C$.

(9) $x\ln^3 x-3x\ln^2 x+6x\ln x-6x+C$.

(10) $\frac{x}{2}\sqrt{3x^2-2}-\frac{\sqrt{3}}{3}\ln\left|\sqrt{3}x+\sqrt{3x^2-2}\right|+C$.

复 习 题 四

1. (1) $F(x)=G(x)+C$；

(2) $\arcsin\frac{x}{a}+C$；

(3) $\arctan f(x)+C$；

(4) $\frac{\sin x}{1+\cos x}+C$；

(5) $x\cos x$；

(6) $\frac{1}{2}(x+\cos 2x)$；

(7) $\arcsin x$；

(8) $xe^{x}dx$；

(9) $x\arctan x+C$；

(10) $f(\ln x)+C$；

(11) $\frac{3}{2}$；

(12) $2\sqrt{x}$；

(13) $F(x)+Ax+C$；

(14) $s=t^{3}+2t^{2}$；

2. (1) B； (2) D； (3) C； (4) B； (5) D；

(6) D； (7) B； (8) D； (9) A； (10) A.

3. (1) $2\sqrt{x}-\frac{4}{3}x^{\frac{3}{2}}+\frac{2}{5}x^{\frac{5}{2}}+C$；

(2) $\frac{1}{2}e^{2x}-e^{x}+x+C$；

(3) $-2\cos\sqrt{x}+C$；

(4) $\frac{1}{4}\ln^{4}x+C$；

(5) $\frac{1}{1-\ln 5}\left(\frac{e}{5}\right)^{x}+C$；

(6) $2e^{\sqrt{x}}+C$；

(7) $\arcsin(x-1)+C$；

(8) $\arctan e^{x}+C$；

(9) $2\sqrt{1+e^{x}}+C$；

(10) $\tan x+\frac{1}{3}\tan^{3}x+C$；

(11) $\frac{2}{5}(x-2)^{\frac{5}{2}}+\frac{4}{3}(x-2)^{\frac{3}{2}}+C$；

(12) $2\arctan\sqrt{x}+C$；

(13) $\frac{1}{3}(1-x^{2})^{\frac{3}{2}}-\sqrt{1-x^{2}}+C$；

(14) $\frac{1}{5}(1+x^{2})^{\frac{5}{2}}-\frac{1}{3}(1+x^{2})^{\frac{3}{2}}+C$；

(15) $\frac{2}{3}(1+\ln x)^{\frac{3}{2}}-2\sqrt{1+\ln x}+C$；

(16) $-\frac{1}{2}(x-1)\cos 2x+\frac{1}{4}\sin 2x+C$；

(17) $-\frac{2}{17}e^{-2x}\left(\cos\frac{x}{2}+4\sin\frac{x}{2}\right)+C$；

(18) $\left(\frac{1}{3}x^{3}+x\right)\ln x-\frac{1}{9}x^{3}-x+C$.

(19) $e^{x}+\frac{5^{x}}{\ln 5}+C$；

(20) $\frac{3^{x}}{\ln 3}+\frac{1}{4}x^{4}+C$；

(21) $\frac{2}{5}x^{\frac{5}{2}}+\frac{1}{2}x^{2}-6\sqrt{x}+C$；

(22) $2\sin x+C$；

(23) $2\left(\sin\frac{x}{2}+\cos\frac{x}{2}\right)+C$；

(24) $\sqrt{\frac{2h}{g}}+C$；

(25) $-\cos e^{x}+C$；

(26) $-2\cos\frac{x}{2}+C$；

(27) $-\frac{1}{2\sin^{2}x}+C$；

(28) $\frac{1}{2}(1+\tan x)^{2}+C$；

(29) $-2\ln\left|\cos\sqrt{x}\right|+C$；

(30) $\ln(x^{2}-x+3)+C$；

(31) $\arctan(x+2)+C$；

(32) $\frac{1}{2}x-\frac{1}{4}\sin 2x+C$；

(33) $\arcsin(\ln x)+C$；

(34) $\frac{1}{2}\arcsin\frac{2}{3}x+\frac{1}{4}\sqrt{9-4x^{2}}+C$；

(35) $x\ln(\ln x)+C$；

(36) $\frac{1}{8\sqrt{2}}\ln\left|\frac{x^{4}-\sqrt{2}}{x^{4}+\sqrt{2}}\right|+C$；

(37) $x-4\sqrt{x+1}+4\ln\left|\sqrt{x+1}+1\right|+C$；　(38) $-(1-x^2)^{\frac{1}{2}}+\frac{2}{3}(1-x^2)^{\frac{3}{2}}-\frac{1}{5}(1-x^2)^{\frac{5}{2}}+C$；

(39) $-\frac{1}{2}\cot\left(2x+\frac{\pi}{4}\right)+C$；　(40) $\frac{1}{4}\arctan\frac{x^2}{2}+C$.

4. $f(x)=x^3-3x+2$.

5. $f(x)=x^3-6x^2+9x+2$.

6. $y=x-\frac{1}{2}x^2-\frac{11}{2}$.

7. (1) $v=4t^3+3\cos t+2$；　(2) $s=t^4+3\sin t+2t-3$.

第五章

习题 5-1

3. (1) $\int_0^{\pi}\sin x\mathrm{d}x$；　(2) $\int_0^{\frac{\pi}{2}}\cos x\mathrm{d}x-\int_{\frac{\pi}{2}}^{\pi}\cos x\mathrm{d}x$；

(3) $\int_a^b f(x)\mathrm{d}x-\int_a^b g(x)\mathrm{d}x$；　(4) $-\int_{-\pi}^{0}\sin x\mathrm{d}x$.

4. (1) $\frac{4}{3}$　(2) $-\frac{5}{3}$；　(3) 0；　(4) 0.

5. (1) $>$　(2) $>$；　(3) $<$；　(4) $>$.

6. (1) $6<\int_1^4(x^2+1)\mathrm{d}x<51$；　(2) $\pi<\int_{\frac{\pi}{4}}^{\frac{5\pi}{4}}(1+\sin^2 x)\mathrm{d}x<2\pi$.

习题 5-2

1. (1) $\frac{1-x^2}{1+x^2}$；　(2) $-3x^2\sqrt{1+x^6}$；

(3) $-\frac{2x}{\sqrt{1+x^4}}+\frac{3x^2}{\sqrt{1+x^6}}$；　(4) $-\sin\theta\cos(\pi\cos^2\theta)-\cos\theta(\cos\pi\sin^2\theta)$.

2. $\frac{\mathrm{d}y}{\mathrm{d}x}=-\mathrm{e}^{-y}\cos x$.

3. (1) 0；　(2) $-\frac{4}{3}$；　(3) $\frac{\pi}{3}$；　(4) $\frac{\pi}{6}$；

(5) $1-\frac{\pi}{4}$；　(6) $\frac{\pi}{6}$；　(7) 4；　(8) $\frac{9}{2}$；

(9) $\frac{29}{6}$；　(10) $\frac{3}{2}$；　(11) $\mathrm{e}-\sqrt{\mathrm{e}}$；　(12) $\frac{\pi}{2}$.

4. $\frac{5}{6}$.

6. 当 $x=0$ 时有极大值 $I(0)=0$.

习题 5-3

1. (1) $4-2\ln 3$；　(2) $\frac{4}{3}$；　(3) $\frac{2}{3}$；　(4) $\frac{2}{3}$；

(5) $\frac{\pi}{4}a^2$；　(6) $2\sqrt{3}-2$.

2. (1) -2；　(2) $\pi-2$；　(3) 0；　(4) $1-2\mathrm{e}^{-1}$；

(5) $2-2\mathrm{e}^{-1}$；　(6) $\frac{5}{3}$.

3. (1) $2\pi-4$;　(2) $\frac{1}{2}\ln\frac{3}{2}$;　(3) $\frac{\pi}{8}$;　(4) $e-2$.

4. (1) 0;　(2) $\frac{3}{2}\pi$;　(3) $1-\frac{\sqrt{3}}{6}\pi$;　(4) 0.

习 题 5-4

1. (1) 1;　(2) 发散;　(3) $-\frac{1}{2}\ln\frac{a-1}{a+1}$;　(4) 1;
(5) 发散;　(6) 0.

2. (1) 1;　(2) 发散;　(3) $-\frac{1}{4}$;　(4) $\frac{\pi}{2}$;
(5) 发散;　(6) $\frac{1}{3}$.

习 题 5-5

1. (1) $A_1=2\pi+\frac{4}{3}, A_2=6\pi-\frac{4}{3}$;　(2) $\frac{3}{2}-\ln 2$;
(3) $e+\frac{1}{e}-2$;　(4) $b-a$;
(5) 3;　(6) $\frac{1}{3}$;
(7) $\frac{9}{2}$;　(8) 3;
(9) $4-\ln 3$;　(10) $\frac{4}{3}$;
(11) $\frac{16}{3}$;　(12) $e-1$.

2. $\frac{64}{3}$. 提示：由 $y'=\frac{2}{y}$ 知过点 M 处的法线斜率为-1.

3. (1) $\frac{32}{3}\pi$;　(2) $\frac{32}{5}\pi, 8\pi$;
(3) $\frac{48}{5}\pi, \frac{24}{5}\pi$;　(4) $4\pi^2, \frac{4}{3}\pi$.
(5) $\frac{13}{6}\pi$;　(6) $\frac{\pi^2}{2}$.

复 习 题 五

1. (1) 6;　(2) 1;　(3) $\frac{1}{200}$;　(4) e^2-e;　(5) 0;
(6) $-\frac{2}{3}$;　(7) $-\frac{3}{10}$;　(8) 2π;　(9) π;　(10) 0;
(11) $\frac{76}{3}$;　(12) 2π;　(13) 0;　(14) 2;　(15) $\frac{\pi}{8}$.

2. (1) C;　(2) C;　(3) C;　(4) C;　(5) C;
(6) B;　(7) A;　(8) A.

3. (1) $2\ln 2-1$;　(2) $\frac{\pi}{2}$;
(3) $-\frac{2}{5}+\frac{1}{5}e^{\pi}$;　(4) $\frac{\pi}{2}$;

(5) $7+2\ln 2$；　　(6) $2(\sqrt{2}-1)$；

(7) 6.5；　　(8) $\frac{\pi}{2}$；

(9) $\frac{\pi}{2}+\ln(2+\sqrt{3})$；　　(10) $\frac{1}{e^2}\left(\frac{\pi}{2}-\arctan\frac{1}{e}\right)$；

(11) $\frac{1}{3}+e$.

4. (1) 18；　　(2) $\frac{8}{3}$.

5. $\frac{9}{4}$.

6. (1) $6\frac{1}{5}\pi$；　　(2) $\frac{1}{2}a^3\pi$；

(3) $\frac{3}{10}\pi$；　　(4) $\frac{2}{15}\pi$；

(5) $\frac{13}{6}\pi$；　　(6) $\frac{\pi^2}{2}$.

8. $2\ln 2$.

9. (1) 发散；　(2) 收敛$\frac{1}{2}$；　(3) 收敛$\frac{\pi}{4}$；　(4) 发散.

10. (1) 发散；　(2) 发散；　(3) 收敛$\frac{\pi}{2}$；　(4) 收敛 2.

第六章

习题 6-1

1. 方程(1)、(2)、(3)、(5)、(6)都是微分方程，其中(1)、(3)为一阶，(2)为二阶，(5)、(6)分别为三阶、四阶.

4. (1) $\ln|x|+C$；　　(2) $\frac{1}{2}x^3+C_1x+C_2$；

(3) $y=\sin x+1$；　　(4) $x=-t^2+2t$.

5. (1) $y'=x^3, y|_{x=1}=\frac{1}{2}$.　　(2) $y'=y+3, y|_{x=0}=-2$

(3) $y'=3y, y|_{x=0}=2$

6. $\frac{1}{12}t^4-\frac{1}{2}t^2+t$.

7. $y=e^x$.

习题 6-2

1. (1) $\ln y=Ce^x$；　　(2) $y=\ln\left(\frac{1}{2}e^{2x}+C\right)$；

(3) $\sin y\cos x=C$；　　(4) $1+y^2=C(1-x^2)$；

(5) $\tan x\cot y=C$；　　(6) $y=-\frac{5}{4}+Ce^{-4x}$；

(7) $\arcsin y=\arcsin x+C$；　　(8) $y=Ce^{x^2}$.

2. (1) $y=\frac{1}{5}x^3+\frac{1}{2}x^2-\frac{8}{5}$；　　(2) $y=1$；

(3) $\frac{2}{x}e^{2-\frac{1}{x}}$；

(4) $y=e^{\tan\frac{x}{2}}$；

(5) $y^4=\frac{2+x}{2-x}$；

(6) $(1+e^x)\sec y=2\sqrt{2}$.

3. $L=A-(A-L_0)e^{-kx}$.

习 题 6-3

1. (1) $y=\frac{x}{2}+\frac{C}{x}+1$；

(2) $x=y^2+Cy$；

(3) $y=(x+C)e^{-x}$；

(4) $y=2x-1+Ce^{-2x}$；

(5) $\frac{1}{3}x^2+\frac{3}{2}x+2+\frac{C}{x}$；

(6) $y=(x+C)e^{-\sin x}$；

(7) $y=x(\cos x+C)$；

(8) $y=\sin x+C\cos x$；

(9) $y=2(x-1)e^{2x}+Ce^x$；

(10) $y=\frac{1}{x^2-1}(\sin x+C)$；

(11) $5x+2y^3=C\sqrt{y}$(提示：把 x 当作未知函数)；

(12) $x=Ce^{\sin y}-2(\sin y+1)$.

2. (1) $y=\tan x-1+e^{-\tan x}$；

(2) $y=\frac{1}{x}(\ln x+2-\ln 2)$；

(3) $y=\frac{1}{2}-\frac{1}{x}+\frac{1}{2x^2}$；

(4) $y=x\sec x$.

5. $y=x\left(4-\frac{x^2}{2}\right)$.

习 题 6-4

1. (1)、(2)、(4)线性无关,(3)线性相关；

2. (1) 四个函数均为方程的特解,因 e^{2x} 与 e^{-3x} 线性无关,所以方程的通解为 $y=C_1e^{2x}+C_2e^{-3x}$；

(2) 四个函数均为方程的特解,方程的通解为 $y=e^x(C_1+C_2x)$；

(3) 除 e^x 外,其它函数均为方程的特解.方程的通解为 $y=e^x(C_1\cos x+C_2\sin x)$.

3. (1) $y=C_1e^x+C_2e^{3x}$；

(2) $y=C_1e^{3x}+C_2e^{-3x}$；

(3) $y=C_1\cos x+C_2\sin x$；

(4) $y=(C_1+C_2x)e^{-2x}$；

(5) $y=e^{-2x}(C_1\cos 3x+C_2\sin 3x)$；

(6) $y=e^{3x}(C_1+C_2x)$.

4. (1) $s=2e^{-t}(3t+2)$；

(2) $y=(2+x)e^{-\frac{x}{2}}$；

(3) $I=e^{-t}(\sin 2t+2\cos 2t)$；

(4) $y=3e^{-2x}\sin 5x$；

5. $y=\cos 3x-\frac{1}{3}\sin 3x$.

习 题 6-5

1. (1) $y^*=-2x^2+2x-3$；

(2) $y^*=-\frac{1}{4}x^2-\frac{3}{4}x$；

(3) $y^*=\frac{1}{5}e^{2x}$；

(4) $y^*=\frac{5}{2}e^{3x}$；

(5) $y^*=x^2e^{4x}$；

(6) $y^*=\frac{1}{15}\cos 3x-\frac{1}{30}\sin 3x$；

(7) $y^* = \frac{1}{4}x\sin 2x$.

2. (1) $y^* = x(Ax^3+Bx^2+Cx+D)$;　(2) $y^* = (Ax^2+Bx+C)e^x$;

(3) $y^* = x^2(Ax+B)e^{-5x}$;　(4) $y^* = x(A\cos 4x+B\sin 4x)$.

3. (1) $y=C_1e^{-x}+C_2e^{3x}-x+\frac{1}{3}$;　(2) $y=C_1\cos x+C_2\sin x-\frac{x}{2}\cos x$;

(3) $y=C_1e^{-x}+C_2e^{\frac{x}{2}}+e^x$;

(4) $y=(C_1+C_2x)e^{3x}+\frac{1}{2}x^2\left(\frac{1}{3}x+1\right)e^{3x}$.

4. (1) $y=-5e^x+\frac{7}{2}e^{2x}+\frac{5}{2}$;　(2) $y=\frac{1}{2}e^x+\frac{1}{2}e^{9x}-\frac{1}{7}e^{2x}$;

(3) $y=-\cos x-\frac{1}{3}\sin x+\frac{1}{3}\sin 2x$.

复 习 题 六

1. (1) D;　(2) B;　(3) C;　(4) B;　(5) B;　(6) D;

(7) B;　(8) C;　(9) A;　(10) D;　(11) C;　(12) B;

(13) A;　(14) C.

2. (1) 未知函数的导数或微分;常数,函数;　(2) $y=e^{\int f(x)dx}+C$;

(3) $y=e^{Cx}$;　(4) $x\ln x$;

(5) $e^y+\sin x-\cos x=C$;　(6) $x=C_1\cos\omega t+C_2\sin\omega t$;

(7) $y''-2y'+y=0$;　(8) $(x+2)e^{-\frac{1}{2}x}$;

(9) $2\pm i$;　(10) $y=e^{\alpha x}(C_1\cos\beta x+C_2\sin\beta x)$.

3. (1) $y=C(1+x^2)^2$;　(2) $y=x\arcsin\frac{x}{C}$;

(3) $y=\frac{1}{x}(C-\cos x)$;　(4) $\tan x\cdot\tan y=C$;

(5) $y=\frac{1}{\ln(C\sqrt{1+x^2})}$ 或 $y=0$;　(6) $y=C_1e^{4x}+C_2e^{2x}$;

(7) $y=-\left(1+\frac{1}{x}\right)e^{-x}-\frac{C}{x}$;　(8) $x=(C_1+C_2t)e^{\frac{5}{2}t}$.

4. (1) $y=x^2-x^2e^{\frac{1}{x}-1}$;　(2) $y\sin x+5e^{\cos x}=1$;

(3) $y^3=y^2-x^2$;　(4) $y=xe^{3x}$;

(5) $y=e^{-\frac{3}{2}x}+2e^{-\frac{5}{2}x}+xe^{-\frac{3}{2}x}$;　(6) $\cos x-\sqrt{2}\cos y=0$.

5. $x^2+y^2=2$.

6. 60 min.

第 七 章

习 题 7-1

1. (1) $\frac{1}{(n+1)\ln(n+1)}$;　(2) $\frac{(-1)^{n-1}a^{n+1}}{2n+1}$;

(3) $\frac{x^{\frac{n}{2}}}{2^n n!}$;　(4) $\frac{2\cdot 5\cdots(3n-1)}{1\cdot 5\cdots(4n-3)}$.

2. (1) 发散； (2) 收敛，$S=\frac{1}{4}$；

(3) 收敛，$S=\frac{1}{2}$； (4) 发散；

(5) 收敛，$S=\frac{1}{3}$； (6) 发散；

(7) 发散； (8) 发散.

习 题 7-2

1. (1) 收敛；(2) 发散；(3) 收敛；(4) 发散；(5) 收敛；(6) 收敛.
2. (1) 收敛；(2) 发散；(3) 收敛；(4) 收敛.
3. (1) 绝对收敛；(2) 绝对收敛；(3) 条件收敛；(4) 发散；

习 题 7-3

1. (1) $R=1,(-1,1)$； (2) $R=1,[-1,1]$；

(3) $R=3,[-3,3)$； (4) $R=\frac{1}{2},\left[-\frac{1}{2},\frac{1}{2}\right]$；

(5) $R=2,(-\sqrt{2},\sqrt{2})$； (6) $R=1,[4,6)$.

2. (1) $\arctan x, x\in[-1,1]$； (2) $e^{x^2}(1+2x^2), x\in\mathbf{R}$；

(3) $\sin x+x\cos x, x\in\mathbf{R}$； (4) $\frac{x-1}{(x-2)^2}$.

习 题 7-4

1. (1) $\sum\limits_{n=0}^{\infty}\frac{x^{2n+2}}{n!},(-\infty,+\infty)$；

(2) $\sum\limits_{n=1}^{\infty}\frac{(-1)^{n-1}}{2^{2n-1}(2n-1)!}x^{2n-1},(-\infty,+\infty)$；

(3) $\ln 2+\sum\limits_{n=1}^{\infty}\frac{(-1)^{n-1}}{n}\left(\frac{x}{2}\right)^n,(-2,2]$；

(4) $\frac{1}{2}+\frac{1}{2}\sum\limits_{n=0}^{\infty}\frac{(-1)^n}{(2n)!}(2x)^{2n},(-\infty,+\infty)$；

(5) $x+\sum\limits_{n=2}^{\infty}\frac{(-1)^n}{n(n-1)}x^n,(-1,1]$；

(6) $\frac{1}{3}\sum\limits_{n=0}^{\infty}[1-(-2)^n]x^n,\left(-\frac{1}{2},\frac{1}{2}\right)$.

2. (1) $\sum\limits_{n=0}^{\infty}(-1)^{n+1}(x-2)^n,(1<x<3)$；

(2) $\ln 3+\sum\limits_{n=1}^{\infty}\frac{(-1)^{n-1}}{3^n n}(x-2)^n,(-1<x\leqslant 5)$.

习 题 7-5

1. (1) $f(x)=|x|=\frac{\pi}{2}-\frac{4}{\pi}\left(\cos x+\frac{1}{3^2}\cos 3x+\frac{1}{5^2}\cos 5x+\cdots\right),(-\infty<x<\infty)$；

(2) $f(x)=2x=4\sum\limits_{n=1}^{\infty}(-1)^{n+1}\frac{\sin nx}{n},x\neq(2k+1)\pi,k\in\mathbf{Z}$；

(3) $f(x)=\begin{cases}\pi-4\sum\limits_{n=1}^{\infty}\dfrac{\sin(2n-1)x}{2n-1}, & x\neq 2k\pi,k\in\mathbf{Z},\\ \dfrac{3\pi}{2}, & x=2k\pi,k\in\mathbf{Z}.\end{cases}$

2. $f(x)$的正弦级数展开式为

$$f(x)=2\left[\sin x-\frac{\sin 2x}{2}+\frac{\sin 3x}{3}-\frac{\sin 4x}{4}+\cdots+(-1)^{n-1}\frac{\sin nx}{n}+\cdots\right]$$

$$=\sum_{n=1}^{\infty}(-1)^{n-1}\frac{2}{n}\sin nx\quad(0<x<\pi).$$

$f(x)$的余弦级数展开式为

$$f(x)=\frac{\pi}{2}-\frac{4}{\pi}\left(\cos x+\frac{\cos 3x}{3^2}+\frac{\cos 5x}{5^2}+\cdots\right)\quad(0\leqslant x\leqslant\pi).$$

3. $\dfrac{3}{2}+\dfrac{1}{\pi}\sum\limits_{n=1}^{\infty}\dfrac{1-(-1)^n}{n}\sin n\pi x\quad x\in(-\infty,\infty),x\neq k\quad(k\in\mathbf{Z}).$

4. $\dfrac{11}{12}+\dfrac{1}{\pi^2}\sum\limits_{n=1}^{\infty}(-1)^{n-1}\cdot\dfrac{1}{n^2}\cos 2n\pi x\quad\left(-\dfrac{1}{2}\leqslant x\leqslant\dfrac{1}{2}\right).$

复 习 题 七

1. (1) 收敛；　(2) $|q|>1$；　(3) 发散；　(4) 0.

2. (1) A；　(2) D；　(3) C；　(4) A.

3. (1) 发散；　(2) 收敛；　(3) 收敛；　(4) 收敛；
   (5) 发散；　(6) 收敛；　(7) 收敛；　(8) 收敛.

4. 绝对收敛.

5. (1) 收敛半径 $R=5$,收敛域为$[-5,5)$；
   (2) 收敛半径为 $R=\infty$,收敛域为$(-\infty,+\infty)$；
   (3) 收敛半径为 $R=1$,收敛域为$(0,2]$；
   (4) $R=3$,收敛域为$[-3,3)$.

6. (1) $\sum\limits_{n=0}^{\infty}\dfrac{x^{n+2}}{(n+1)(n+2)}=(1-x)\ln(1-x)+x,x\in[-1,1]$；
   (2) $S(x)=(2x^2+1)e^{x^2},x\in(-\infty,+\infty)$.

7. $f(x)=\dfrac{\pi^2}{3}+4\sum\limits_{n=1}^{\infty}\dfrac{(-1)^n}{n^2}\cos nx,x\in(-\infty,+\infty),\sum\limits_{n=1}^{\infty}\dfrac{1}{n^2}=\dfrac{1}{6}\pi^2.$

8. 余弦级数为 $f(x)=\dfrac{3\pi}{8}+\sum\limits_{n=1}^{\infty}\dfrac{2}{n^2\pi}\left(\cos\dfrac{n\pi}{2}-1\right)\cos nx$；

   正弦级数为 $f(x)=\sum\limits_{n=1}^{\infty}\left[\dfrac{2}{n^2\pi}\sin\dfrac{n\pi}{2}-\dfrac{(-1)^n}{n}\right]\sin nx.$

9. $f(x)=\dfrac{E}{2}+\dfrac{2E}{\pi}\left(\sin\dfrac{\pi x}{2}+\dfrac{1}{3}\sin\dfrac{3\pi x}{2}+\dfrac{1}{5}\sin\dfrac{5\pi x}{2}+\cdots\right)\quad(-\infty<x<+\infty,x\neq 0,\pm 2,\pm 4,\cdots).$

第 八 章

习 题 8-1

1. (1) 1；　(2) 45；　(3) 6；　(4) -160.

2. (1) $\lambda=5$；　(2) $\lambda=\dfrac{1}{17}$.

习 题 8-2

1. (1) $\begin{pmatrix} 3 & 1 & 3 & 4 \\ -4 & 6 & 0 & 1 \\ 1 & 8 & 3 & 3 \end{pmatrix}$;
(2) $\begin{pmatrix} -6 & 5 & 8 & -1 \\ -6 & 9 & -14 & -2 \\ 12 & 5 & 1 & 1 \end{pmatrix}$;

(3) $\begin{pmatrix} 3 & -2 & -3 & 1 \\ 2 & -3 & 6 & 1 \\ -5 & -1 & 0 & 0 \end{pmatrix}$.

2. (1) $\begin{pmatrix} 8 & 6 \\ 2 & 5 \end{pmatrix}$;
(2) $\begin{pmatrix} 0 & 1 \\ -8 & 13 \end{pmatrix}$;

(3) $(a^2+b^2+c^2)$;
(4) $\begin{pmatrix} a^2 & ab & ac \\ ba & b^2 & bc \\ ca & cb & c^2 \end{pmatrix}$;

(5) $\begin{pmatrix} 8 & -2 & 2 \\ 0 & -3 & 1 \end{pmatrix}$;
(6) $\begin{pmatrix} -11 & 23 & 13 \\ -9 & 9 & 5 \\ 1 & 11 & 6 \end{pmatrix}$.

3. $\begin{pmatrix} 0 & -2 & -2 \\ 2 & 0 & 4 \\ 4 & -4 & 0 \end{pmatrix}$.

4. (1) $\boldsymbol{AB}=\begin{pmatrix} 3 & -2 \\ 15 & 4 \end{pmatrix}$, $\boldsymbol{BA}=\begin{pmatrix} 2 & 1 & 0 \\ -4 & 1 & -8 \\ 9 & 3 & 4 \end{pmatrix}$.

(2) $\boldsymbol{AB}=\begin{pmatrix} 11 & -5 \\ -1 & -1 \\ 11 & -11 \end{pmatrix}$, $\boldsymbol{BA}$ 无意义.

习 题 8-3

1. (1) 3;　(2) 2;　(3) 4;　(4) 3.

2. (1) $\begin{pmatrix} 1 & 0 \\ -\frac{1}{2} & \frac{1}{4} \end{pmatrix}$;
(2) $\begin{pmatrix} 1 & -1 & 0 \\ 0 & 1 & -1 \\ 0 & 0 & 1 \end{pmatrix}$;

(3) $\begin{pmatrix} 0 & 2 & -1 \\ -1 & 0 & 0 \\ 0 & -1 & 1 \end{pmatrix}$;
(4) $\begin{pmatrix} \frac{1}{3} & 0 & 0 \\ 0 & 1 & 0 \\ 0 & 0 & \frac{1}{3} \end{pmatrix}$;

(5) $\begin{pmatrix} 5 & 7 & 0 & 0 \\ -2 & -3 & 0 & 0 \\ 0 & 0 & -1 & 0 \\ 0 & 0 & 0 & \frac{1}{4} \end{pmatrix}$;
(6) $\begin{pmatrix} \frac{1}{2} & 0 & 0 & 0 \\ -\frac{1}{4} & \frac{1}{2} & 0 & 0 \\ 0 & 0 & \frac{1}{3} & 0 \\ 0 & 0 & -\frac{1}{9} & \frac{1}{3} \end{pmatrix}$.

习题 8-4

1. (1) $\begin{pmatrix}-1 & 3 & -2 & 1\\ 2 & -1 & -1 & 2\\ 2 & 2 & 3 & -1\\ 1 & -2 & 1 & 3\end{pmatrix}\begin{pmatrix}x_1\\x_2\\x_3\\x_4\end{pmatrix}=\begin{pmatrix}1\\2\\0\\0\end{pmatrix}$；

(2) $\begin{pmatrix}1 & 3 & 0 & -1\\ 0 & 1 & 2 & 2\\ 1 & 1 & 2 & 0\end{pmatrix}\begin{pmatrix}x_1\\x_2\\x_3\\x_4\end{pmatrix}=\begin{pmatrix}-3\\2\\0\end{pmatrix}$.

2. (1) $\begin{cases}2x_1+x_2-x_3+3x_4=0,\\ -x_1-x_2+2x_3+x_4=1,\\ 3x_1+3x_3+4x_4=-2.\end{cases}$ (2) $\begin{cases}3x_1+2x_2+2x_3+x_4=1,\\ 3x_2-x_3=-2,\\ 2x_4=3.\end{cases}$

(3) $\begin{cases}x_1+4x_2+2x_3-x_4=3,\\ -3x_3+2x_4+x_5=1.\end{cases}$

3. (1) $x_1=-\frac{1}{4},x_2=\frac{23}{4},x_3=-\frac{5}{4}$；

(2) 无解；

(3) 一般解为$\begin{cases}x_1=-\frac{15}{16}x_4+\frac{5}{4},\\ x_2=\frac{7}{16}x_4-\frac{1}{4},\\ x_3=-\frac{3}{4}x_4.\end{cases}$ （其中 x_4 为自由未知量）.

复习题八

1. (1) A； (2) D； (3) D； (4) B；
(5) C； (6) C.

3. (1) 3； (2) 36.

4. (1) $\begin{pmatrix}-7 & 2\\ -5 & 0\\ -8 & 2\end{pmatrix}$； (2) $\begin{pmatrix}7 & 2\\ 3 & 5\end{pmatrix}$；

(3) $\begin{pmatrix}2 & -11\\ 18 & -33\\ -16 & 23\end{pmatrix}$； (4) $\begin{pmatrix}-7a & 2a+3b & 15a-2b\\ 12c & -3b & -18c+2b\\ 3a-16c & 6a & 9a+24c\end{pmatrix}$.

5. (1) $\begin{pmatrix}\frac{1}{3} & -\frac{2}{3} & -\frac{1}{3}\\ -\frac{10}{3} & \frac{17}{3} & \frac{1}{3}\\ \frac{4}{3} & -\frac{8}{3} & -\frac{1}{3}\end{pmatrix}$； (2) $\begin{pmatrix}\frac{1}{7} & \frac{6}{7} & \frac{1}{7}\\ -\frac{2}{7} & \frac{16}{7} & \frac{5}{7}\\ \frac{1}{7} & -\frac{1}{7} & \frac{1}{7}\end{pmatrix}$；

(3) $\begin{pmatrix}-\frac{5}{2} & 1 & -\frac{1}{2}\\ 5 & -1 & 1\\ \frac{7}{2} & -1 & \frac{1}{2}\end{pmatrix}$； (4) $\begin{pmatrix}22 & -6 & -26 & 17\\ -17 & 5 & 20 & -13\\ -1 & 0 & 2 & -1\\ 4 & -1 & -5 & 3\end{pmatrix}$.

6. (1) $\begin{pmatrix} 2 & 3 & -1 & 0 & 2 \\ 0 & 3 & 2 & -7 & -6 \\ 0 & 0 & 0 & 0 & 4 \end{pmatrix}$,秩为 3； (2) $\begin{pmatrix} 1 & -5 & 0 & 4 & -7 \\ 0 & 0 & 2 & -3 & 0 \\ 0 & 0 & 0 & 4 & 41 \\ 0 & 0 & 0 & 0 & 0 \end{pmatrix}$,秩为 3；

(3) $\begin{pmatrix} 3 & 2 & -5 & 1 & 0 \\ 0 & 0 & 3 & -4 & 2 \\ 0 & 0 & 0 & 0 & 0 \\ 0 & 0 & 0 & 0 & 0 \end{pmatrix}$,秩为 2；

(4) $\begin{pmatrix} 1 & -4 & 7 & 0 & 2 \\ 0 & 3 & -3 & 2 & 6 \\ 0 & 0 & 1+a & 0 & 0 \\ 0 & 0 & 0 & 0 & 0 \end{pmatrix}$,当 $a\neq -1$ 时,秩为 3;当 $a=-1$ 时,秩为 2.

7. (1) 当 $\lambda\neq 1,\lambda\neq -2$ 时. 唯一解是 $x_1=\dfrac{(1+\lambda)^2}{2+\lambda},x_2=\dfrac{1}{2+\lambda},x_3=-\dfrac{1+\lambda}{2+\lambda}$；

(2) 当 $\lambda=-2$ 时,无解；

(3) 当 $\lambda=1$ 时,有无穷多个解,解为 $x_1=1-x_2-x_3$(其中 x_2、x_3 为自由未知量).

8. (1) 一般解为 $\begin{cases} x_1=-3x_3-7x_4+3, \\ x_2=2x_3+2x_4-1. \end{cases}$ (其中 x_3、x_4 是自由未知量)；

(2) $x_1=-\dfrac{2}{5},x_2=\dfrac{13}{5},x_3=\dfrac{1}{5},x_4=-1$.

第九章

习题 9-1

(1) $\dfrac{1}{p+1}$； (2) $\dfrac{1}{p^2}$； (3) $\dfrac{\sqrt{5}}{p^2+5}$； (4) $\dfrac{2p}{2p^2+1}$；

(5) $-\dfrac{1}{1+\sqrt{3}p}$； (6) $\dfrac{2p-1}{p(2p+1)}$； (7) $\dfrac{3}{p^2}+\dfrac{2}{p}$； (8) $\dfrac{1}{p}(1-e^{-p})$.

习题 9-2

(1) $\dfrac{2}{p+3}$； (2) $\dfrac{5}{(2p-1)(p+2)}$；

(3) $\dfrac{2}{p^2}+\dfrac{3}{p}$； (4) $\dfrac{1}{2(p-1)}+\dfrac{3}{p^2+1}$；

(5) $\dfrac{1}{2}\left(\dfrac{p}{p^2+1}+\dfrac{3}{p^2+3}\right)$； (6) $\dfrac{1}{(p-1)^2}$；

(7) $\dfrac{6}{(p-3)^2+36}$； (8) $\dfrac{2}{p^2+4}e^{\frac{\pi}{12}p}$；

(9) $\dfrac{1}{p}e^{-\frac{1}{2}p}$； (10) $\dfrac{1}{p}(2e^{-4p}-1)$.

习题 9-3

(1) $e^{-\frac{t}{2}}$； (2) $\cos\dfrac{t}{\sqrt{5}}$；

(3) $3\sin 4t$； (4) $e^{-2t}\cos t$；

(5) $-3\cos t+2\sin t$；

(6) $-\frac{3}{2}e^{-3t}+\frac{5}{2}e^{-5t}$；

(7) $\frac{1}{2}(e^{t}-e^{-t})-t$；

(8) $\frac{1}{2}t^{2}-\frac{1}{3}t^{3}+\frac{1}{24}t^{4}$；

(9) $e^{-t}(\sin t+\cos t)$；

(10) $1+e^{-\frac{1}{2}t}\cos\frac{\sqrt{3}}{2}t$；

(11) $4e^{-2t}-2e^{-t}$；

(12) $e^{-t}+\sin t$；

(13) $1+2te^{t}$；

(14) $\frac{1}{2}-e^{-t}+\frac{1}{2}e^{-2t}$.

习 题 9-4

1. (1) $y=5(e^{-3x}-e^{-5x})$；

(2) $y=\frac{3}{4}+x-\frac{3}{4}e^{-4x}$；

(3) $y=e^{x}(1+x)$；

(4) $y=\frac{1}{3}e^{-x}+4e^{x}-\frac{7}{3}e^{2x}$；

(5) $y=2x+3\cos 4x-\sin 4x$；

(6) $y=1-\frac{1}{3}e^{-x}-\frac{2}{3}e^{\frac{1}{2}x}\cos\frac{\sqrt{3}}{2}x$.

2. (1) $\begin{cases}x=e^{t},\\ y=e^{t};\end{cases}$

(2) $\begin{cases}x=e^{-t}\sin t\\ y=e^{-t}\cos t.\end{cases}$

3. $y=\frac{1}{5}e^{\frac{1}{2}x}+\frac{4}{5}e^{-2x}$.

复 习 题 九

1. (1) D；　(2) B；　(3) A；　(4) C；　(5) A.

2. (1) 拉普拉斯，象，拉普拉斯逆，原象；

(2) $pF(p)$，$p^{2}F(p)$；

(3) 1，延滞，$\delta(t+1)$.

3. (1) $\frac{1}{p}(3-2e^{-p})$；

(2) $-\frac{1}{p^{2}+4}-\frac{1}{p+5}$；

(3) $\frac{p}{(p-2)^{2}+4}$；

(4) $\frac{2}{p(p-3)^{3}}$.

4. (1) $1-e^{t}+te^{t}$；

(2) $e^{t}\left(\frac{1}{2}t^{2}+t^{3}\right)$；

(3) $e^{-t}(3\cos 3t+2\sin 3t)$；

(4) $3e^{-t}+(2-t)e^{2t}$.

5. (1) $y=e^{-x}(1-\cos x)$；

(2) $y=\frac{1}{6}t\sin 3t$；

(3) $y=-3-2t+4t^{3}+\frac{2}{3}e^{-2t}+e^{t}\left(\frac{7}{3}\cos\sqrt{3}t+\frac{1}{\sqrt{3}}\sin\sqrt{3}t\right)$.

6. (1) $\begin{cases}x=\frac{1}{5}\cos 2t,\\ y=\frac{3}{5}\sin 2t.\end{cases}$

(2) $\begin{cases}x=3-2e^{-t}-e^{-2t},\\ y=2-4e^{-t}+2e^{-2t}.\end{cases}$

第 十 章

习 题 10-1

1. (1) 随机事件；

(2) 不可能事件；

2. (1) Ω；　(2) $\varnothing$；　(3) $\{2,4\}$；　(4) $\{5,7,9\}$；

(5) $\{6,8,10\}$.

3. (1) $A\bar{B}\bar{C}$; (2) ABC; (3) $A\bar{B}\bar{C}\cup\bar{A}B\bar{C}\cup\bar{A}\bar{B}C$;

(4) $A\cup B\cup C$; (5) $\bar{A}\bar{B}\bar{C}$;

4. 0.0022, 0.178.

5. $P(A)=0.847, P(B)=0.146$.

6. 0.313.

7. 0.526, 0.474.

习 题 10-2

1. (1) 0.05; (2) 0.72; (3) $\frac{1}{10}$; $\frac{1}{9}$.

2. (1) 0.0045; (2) 0.1455; (3) 0.1755.

3. 0.98, 0.02.

4. 0.4.

5. 0.103, 0.111.

6. 0.88.

7. 0.00003, 0.9999.

习 题 10-3

1.

X	0	1	2
P_k	$\frac{22}{35}$	$\frac{12}{35}$	$\frac{1}{35}$

2. (1) $a=12$; (2) $F(x)=\begin{cases}0, & x<-\frac{1}{2},\\ 4x^3+\frac{1}{2}, & -\frac{1}{2}\leqslant x<\frac{1}{2},\\ 1, & \frac{1}{2}\leqslant x.\end{cases}$ (3) $\frac{1}{8}$.

3. (1) $A=1$; (2) $P\{0.3<X<0.7\}=0.4$;

(3) $f(x)=\begin{cases}2x, & 0\leqslant x\leqslant 1,\\ 0, & x<0 \text{ 或 } x>1.\end{cases}$

4. (1) $P\{X<3\}=\frac{1}{2}$; (2) $P\{-1\leqslant X<3\}=\frac{1}{2}$;

(3) $P\{X\geqslant 2\}=1$.

5. (1) 0.8164; (2) 47.

6. 0.0456.

7. $E(X)=\frac{1}{3}, D(X)=1.347$.

8. 机床A好.

9. $E(X)=0, D(X)=\frac{1}{2}$.

习 题 10-4

1. (1),(2),(4),(6)是统计量.(3),(5)不是统计量.
2. $\overline{X}=0.978, S^2=0.010, S=0.100$.
3. $\overline{X}=20.054, S^2=0.03818, S=0.1954$.
4. (1) 1.3968,1.8595,1.8595； (2) 30.578,5.229.

习 题 10-5

1. 可以认为现在生产的铁水的平均含碳量为4.55.
2. 否认 $\mu=1277$.
3. 差异显著,对扩大销售有效.
4. 该批保险丝的方差与原来的方差的差异显著.
5. μ,σ^2 均无显著差异,可以认为该机工作正常.
6. 原假设 $H_0:\mu=20$ 不成立.
7. 不能认为合格.
8. 不能认为这批零件的长度尺寸是32.50 mm.
9. 未发现这批罐头的 V_C 含量不合格.
10. 四乙基铅中毒患者和正常人的脉搏有显著性差异.

复 习 题 十

1. (1) 0.43； (2) 0.55.
2. $F(x)=\begin{cases}0, & x<1,\\ \frac{1}{4}, & 1\leqslant x<2,\\ \frac{7}{12}, & 2\leqslant x<3,\\ 1, & x\geqslant 3.\end{cases}$
3. (1) $A=1$； (2) $f(x)=\begin{cases}2x, & 0<x\leqslant 1,\\ 0, & \text{其他}；\end{cases}$ (3) 0.91.
4. $e^{-\frac{1}{5}}-e^{-1},\frac{1}{e}$.
5. (1) 0.8665； (2) 合格.
6. 80,80.
7. (1) 有显著变化； (2) 无显著变化.
8. 拒绝 H_0.
9. 铁水平均含碳量与原来无显著差异.
10. 产品质量与原有质量的差异显著.